U0315651

高等学校规划教材

型钢孔型设计

胡 彬 主编

北 京

冶金工业出版社

2019

内 容 提 要

本书共分 11 章,内容包括:孔型设计的基本知识、延伸孔型设计、简单断面型钢孔型设计、连轧机孔型设计、切分轧制孔型设计、复杂断面型钢孔型设计的相关问题、复杂断面型钢孔型设计、万能轧机孔型设计、楔横轧孔型设计、导卫装置设计、计算机辅助孔型设计等。书中重点介绍了型钢孔型设计的基本概念、各类型钢产品的孔型设计计算方法和设计实例。

本书可作为高等学校冶金专业本专科的教学用书,也可作为冶金企业技术人员的培训教材。

图书在版编目(CIP)数据

型钢孔型设计/胡彬主编. —北京:冶金工业出版社,
2010.8(2019.2 重印)
高等学校规划教材
ISBN 978-7-5024-5327-5

Ⅰ. ① 型… Ⅱ. ① 胡… Ⅲ. ① 型钢—孔型(金属压力加工)—设计—高等学校—教材 Ⅳ. ① TG332

中国版本图书馆 CIP 数据核字(2010)第 149514 号

出 版 人　谭学余
地　　　址　北京市东城区嵩祝院北巷 39 号　邮编　100009　电话　(010)64027926
网　　　址　www.cnmip.com.cn　电子信箱　yjcbs@cnmip.com.cn
责任编辑　戈　兰　宋　良　美术编辑　彭子赫　版式设计　孙跃红
责任校对　王永欣　责任印制　牛晓波
ISBN 978-7-5024-5327-5
冶金工业出版社出版发行;各地新华书店经销;北京虎彩文化传播有限公司印刷
2010 年 8 月第 1 版,2019 年 2 月第 5 次印刷
787mm×1092mm　1/16;22.75 印张;605 千字;348 页
45.00 元
冶金工业出版社　投稿电话　(010)64027932　投稿信箱　tougao@cnmip.com.cn
冶金工业出版社营销中心　电话　(010)64044283　传真　(010)64027893
冶金工业出版社天猫旗舰店　yjgycbs.tmall.com
(本书如有印装质量问题,本社营销中心负责退换)

前　言

　　型钢作为与社会基本建设有着密切联系的功能性构造材料,具有断面形状复杂化、产品品种规格和轧制方式多样化的特点。型钢的孔型设计作为制定型钢轧制工艺的重要内容,关系着型钢生产的各个方面,一直是型钢工艺的重要环节和重点研究的方面。理论与实践经验的紧密结合一直是型钢孔型设计的特色和难点。编者在查阅并参考国内外大量的相关资料,结合近年型钢生产的新工艺、新技术以及在多年教学、科研及设计实践的基础上,对本书的编写内容进行了精心的组织和编排,力求使内容既反映传统孔型设计的经典理论、设计方法和型钢生产多年积累的生产实践经验,又结合当今型钢生产的新技术和发展趋势以及轧钢专业学生的培养目标和知识结构的需要。

　　本书系统介绍了孔型设计的基本知识、延伸孔型设计、具有代表性的简单断面和复杂断面型钢的孔型设计以及导卫装置设计。另外,随着科学技术的进步,与环境相协调的钢铁生产工艺技术的开发不断加强,型钢生产在解决高生产性的多品种生产与低成本化的矛盾以实现型钢轧制的连续化、自动化及高质量化方面出现了不少新工艺、新技术和新方法。本书补充了三辊 Y 型轧机和规圆机孔型设计的相关知识,在延伸孔型一章中,结合长材无头轧制和自由规程轧制的技术发展,补充了无孔型轧制方面新的研究动态和无孔型轧机技术在棒线连轧中的应用。棒材连轧的切分轧制技术是近年各小型型钢连轧机组正在大力推广应用的一项高效节能的钢筋生产新技术,本书在切分轧制孔型设计一章中,结合近年各厂切分轧制的生产实践,对切分原理、孔型系统分析、切分孔型和切分导卫装置设计、切分轧制中的相关工艺与调整等方面都做了详细的阐述和分析。再有,随着造船和汽车工业的发展,对复杂断面的球扁钢、不等边角钢和轮辋钢的品种规格的需求不断增加,本书加强了对球扁钢、轮辋钢和不等边角钢轧制变形特点和孔型系统的分析以及对具体的孔型设计方法的探索和研究。同时,在型钢万能轧制法孔型设计和计算机辅助孔型设计方面,本书也做了全面的较为详细的介绍。此外,作为教材,为了使学生更好地掌握各种型钢品种的设计方法,本书多处增加了具体产品的设计实例,并且每章对重点内容设置了思考题。

　　书中内容既体现了理论与实践相结合的孔型设计特色和型钢孔型设计教学需要,又反映了型钢生产在新工艺、新技术方面的发展。

　　本书由胡彬主编,刘饶川任副主编,喻廷信和卿俊锋主审。参与本书编写工作的有:重庆科技学院胡彬(第 1、2、4、5、6、7 章)、刘饶川(第 3、8、11 章)、任蜀焱(第 10 章)、罗晓东(第 9 章)。全书由胡彬、刘饶川负责统稿与整理。

　　本书在编写过程中,得到了有关生产和设计部门的大力帮助,同时参阅了多种相关书籍、期刊资料和国家标准等。在此,编者向相关文献作者一并表示衷心的感谢!

　　由于编者水平有限,书中不妥之处,敬请广大读者批评指正!

编　者
2010 年 4 月

目　　录

1　孔型设计的基本知识 ……………………………………………… 1

1.1　孔型设计的内容和要求 …………………………………………… 1

　1.1.1　孔型设计的内容 ……………………………………………… 1

　1.1.2　孔型设计的要求 ……………………………………………… 1

1.2　孔型设计的基本原则与设计程序 ………………………………… 2

　1.2.1　孔型设计的基本原则 ………………………………………… 2

　1.2.2　孔型设计的程序 ……………………………………………… 2

1.3　孔型及其分类 ……………………………………………………… 5

　1.3.1　轧槽与孔型 …………………………………………………… 5

　1.3.2　孔型的分类 …………………………………………………… 6

1.4　孔型的组成及各部分的作用 ……………………………………… 8

　1.4.1　辊缝 …………………………………………………………… 8

　1.4.2　侧壁斜度 ……………………………………………………… 8

　1.4.3　圆角 …………………………………………………………… 10

　1.4.4　锁口 …………………………………………………………… 11

　1.4.5　槽底凸度 ……………………………………………………… 11

1.5　孔型在轧辊上的配置 ……………………………………………… 11

　1.5.1　轧机尺寸与轧辊直径 ………………………………………… 11

　1.5.2　上压力与下压力 ……………………………………………… 14

　1.5.3　轧辊中线和轧制线 …………………………………………… 15

　1.5.4　孔型在轧辊辊身长度上的配置 ……………………………… 17

　1.5.5　孔型在轧辊上的配置步骤 …………………………………… 19

　1.5.6　孔型配置例题 ………………………………………………… 19

思考题 ……………………………………………………………………… 20

2　延伸孔型设计 ……………………………………………………… 21

2.1　延伸孔型系统 ……………………………………………………… 21

2.2　箱形孔型系统 ……………………………………………………… 22

　2.2.1　箱形孔型系统的优缺点 ……………………………………… 22

　2.2.2　箱形孔型系统的使用范围 …………………………………… 22

　2.2.3　箱形孔型系统的变形特点 …………………………………… 22

2.2.4　箱形孔型系统的组成 ……………………………………………… 23
2.2.5　箱形孔型的构成 …………………………………………………… 24
2.3　菱—方孔型系统 ………………………………………………………… 25
2.3.1　菱—方孔型系统的优缺点 …………………………………………… 25
2.3.2　菱—方孔型系统的使用范围 ………………………………………… 26
2.3.3　菱—方孔型系统的变形特点 ………………………………………… 26
2.3.4　菱—方孔型的构成 …………………………………………………… 28
2.3.5　菱—菱孔型系统 ……………………………………………………… 29
2.4　椭圆—方孔型系统 ……………………………………………………… 32
2.4.1　椭圆—方孔型系统的优缺点 ………………………………………… 33
2.4.2　椭圆—方孔型系统的使用范围 ……………………………………… 33
2.4.3　椭圆—方孔型系统的变形系数 ……………………………………… 33
2.4.4　椭圆—方孔型的构成 ………………………………………………… 34
2.5　六角—方孔型系统 ……………………………………………………… 34
2.5.1　六角—方孔型系统的优缺点 ………………………………………… 34
2.5.2　六角—方孔型系统的使用范围 ……………………………………… 35
2.5.3　六角—方孔型系统的变形特点 ……………………………………… 35
2.5.4　六角—方孔型的构成 ………………………………………………… 35
2.6　椭圆—圆孔型系统 ……………………………………………………… 36
2.6.1　椭圆—圆孔型系统的优缺点 ………………………………………… 36
2.6.2　椭圆—圆孔型系统的使用范围 ……………………………………… 37
2.6.3　椭圆—圆孔型系统的变形特点 ……………………………………… 37
2.6.4　椭圆—圆孔型的构成 ………………………………………………… 37
2.7　椭圆—立椭圆孔型系统 ………………………………………………… 38
2.7.1　椭圆—立椭圆孔型系统的优缺点 …………………………………… 38
2.7.2　椭圆—立椭圆孔型系统的使用范围 ………………………………… 38
2.7.3　椭圆—立椭圆孔型系统的变形特点 ………………………………… 39
2.7.4　椭圆—立椭圆孔型的构成 …………………………………………… 39
2.8　无孔型轧制法 …………………………………………………………… 39
2.8.1　无孔型轧制法的特点 ………………………………………………… 40
2.8.2　无孔型轧制的变形特性 ……………………………………………… 41
2.8.3　无孔型轧制孔型设计原则 …………………………………………… 43
2.8.4　无孔型轧制法的应用 ………………………………………………… 45
2.9　延伸孔型系统的设计方法 ……………………………………………… 49
2.9.1　延伸孔型系统的选择 ………………………………………………… 49
2.9.2　延伸孔型道次的确定 ………………………………………………… 50
2.9.3　延伸孔型尺寸的计算 ………………………………………………… 51
2.10　三辊开坯机孔型设计 …………………………………………………… 59

2.10.1 三辊开坯机的设备和工艺特点 ················· 59

2.10.2 三辊开坯机压下规程的制定 ················· 60

2.10.3 三辊开坯机孔型配置与共轭孔型设计 ················· 61

思考题 ················· 64

3 简单断面型钢孔型设计 ················· 65

3.1 成品孔型设计的一般问题 ················· 65

3.1.1 热断面 ················· 65

3.1.2 公差与负公差轧制 ················· 66

3.2 圆钢孔型设计 ················· 66

3.2.1 轧制圆钢的孔型系统 ················· 66

3.2.2 圆钢成品孔型设计 ················· 68

3.2.3 其他精轧孔型的设计 ················· 71

3.2.4 万能(通用)孔型系统 ················· 75

3.2.5 规圆机的应用 ················· 77

3.2.6 圆钢孔型设计实例 ················· 77

3.3 螺纹钢孔型设计 ················· 79

3.3.1 热轧螺纹钢孔型设计 ················· 79

3.3.2 冷轧螺纹钢孔型设计 ················· 83

3.4 方钢孔型设计 ················· 86

3.4.1 方钢的品种 ················· 86

3.4.2 轧制方钢的成品孔型系统 ················· 86

3.4.3 K_1 方孔的设计 ················· 87

3.4.4 K_3 方孔的设计 ················· 88

3.4.5 K_2 菱形孔的设计 ················· 88

3.4.6 方钢规圆机立辊孔型设计 ················· 89

3.4.7 方钢孔型设计实例 ················· 89

3.5 扁钢孔型设计 ················· 91

3.5.1 概述 ················· 91

3.5.2 扁钢孔型系统的选择 ················· 91

3.5.3 压下量分配和轧件厚度确定 ················· 94

3.5.4 扁钢立轧孔设计 ················· 95

3.5.5 各扁钢孔型中的轧件尺寸确定 ················· 97

3.5.6 扁钢坯料的确定 ················· 97

3.5.7 扁钢孔型设计实例 ················· 98

3.6 六角钢孔型设计 ················· 100

3.6.1 孔型系统的选择 ················· 100

3.6.2 成品孔的构成 ················· 101

3.6.3　成品前孔的确定 ………………………………………………………… 102
3.7　角钢孔型设计 …………………………………………………………………… 103
　3.7.1　概述 …………………………………………………………………………… 103
　3.7.2　轧制角钢的孔型系统 ………………………………………………………… 104
　3.7.3　坯料选择 ……………………………………………………………………… 106
　3.7.4　等边角钢成品孔型设计 ……………………………………………………… 106
　3.7.5　蝶式孔型设计 ………………………………………………………………… 109
　3.7.6　立轧孔型设计 ………………………………………………………………… 117
　3.7.7　切分孔型的设计 ……………………………………………………………… 117
　3.7.8　进入切分孔红坯孔型设计 …………………………………………………… 120
　3.7.9　角钢孔型设计实例 …………………………………………………………… 121
3.8　不等边角钢孔型设计 …………………………………………………………… 124
　3.8.1　轧制不等边角钢的孔型系统 ………………………………………………… 124
　3.8.2　成品孔的设计 ………………………………………………………………… 125
　3.8.3　蝶式孔压下系数、宽展系数的确定 ………………………………………… 127
　3.8.4　蝶式孔的设计 ………………………………………………………………… 128
　3.8.5　不等边角钢孔型设计实例 …………………………………………………… 130
思考题 …………………………………………………………………………………… 133

4　连轧机孔型设计 ……………………………………………………………………… 135
4.1　连轧的基本理论 ………………………………………………………………… 135
　4.1.1　连轧与连轧机 ………………………………………………………………… 135
　4.1.2　连轧常数与堆拉钢系数 ……………………………………………………… 135
4.2　连轧机孔型设计的内容和要求 ………………………………………………… 139
　4.2.1　型钢连轧机孔型设计的内容 ………………………………………………… 139
　4.2.2　型钢连轧的特点和孔型设计的要求 ………………………………………… 139
4.3　连轧机孔型设计的原则和设计方法 …………………………………………… 140
　4.3.1　连轧机孔型设计的原则 ……………………………………………………… 140
　4.3.2　连轧机孔型设计方法 ………………………………………………………… 140
4.4　高速线材精轧机组的孔型设计 ………………………………………………… 141
　4.4.1　高速线材无扭精轧机工艺和设备特点 ……………………………………… 141
　4.4.2　高速线材精轧机组孔型设计程序和设计方法 ……………………………… 142
4.5　Y型轧机孔型设计 ……………………………………………………………… 150
　4.5.1　三辊 Y 型轧机 ………………………………………………………………… 150
　4.5.2　三辊 Y 型轧机的孔型和变形特点 …………………………………………… 151
　4.5.3　三辊 Y 型轧机孔型系统 ……………………………………………………… 151
　4.5.4　几种常用的三辊 Y 型轧机孔型的结构参数 ………………………………… 154
思考题 …………………………………………………………………………………… 160

5　切分轧制孔型设计 ·· 161

　5.1　切分轧制原理 ·· 161

　　5.1.1　切分位置的选择 ·· 161

　　5.1.2　切分方式 ·· 161

　5.2　切分轧制工艺要点 ·· 163

　5.3　切分孔型设计 ·· 164

　　5.3.1　切分轧制孔型系统和变形特点分析 ······················ 164

　　5.3.2　二线切分轧制孔型设计 ·································· 165

　　5.3.3　三线切分轧制孔型设计 ·································· 174

　　5.3.4　四线切分轧制工艺 ······································ 180

　5.4　切分导卫装置的设计 ·· 183

　　5.4.1　切分导卫结构分析 ······································ 183

　　5.4.2　切分轮的结构与设计 ···································· 185

　　5.4.3　切分轧制其他相关导卫及活套装置 ······················ 187

　思考题 ·· 188

6　复杂断面型钢孔型设计的相关问题 ································ 189

　6.1　复杂断面型材的形状特点 ······································ 189

　6.2　复杂断面型钢的变形分析 ······································ 190

　　6.2.1　复杂孔型中断面各部分纵向变形的不同时性 ·············· 190

　　6.2.2　开口腿和闭口腿的变形特征 ······························ 191

　　6.2.3　复杂断面孔型的速度差的影响 ···························· 195

　　6.2.4　不均匀变形的影响 ······································ 197

　　6.2.5　腿部侧压的作用 ·· 198

　　6.2.6　不对称变形 ·· 200

　　6.2.7　不对称断面轧件的稳定性问题 ···························· 201

　6.3　复杂断面型钢孔型设计的基本原则 ······························ 203

　　6.3.1　断面的正确划分 ·· 203

　　6.3.2　不均匀变形量的合理分配 ································ 204

　　6.3.3　腿部增量和缩量的正确把握 ······························ 205

　6.4　轧制复杂断面型钢的孔型系统 ·································· 205

　　6.4.1　孔型系统的分类和组成 ·································· 205

　　6.4.2　孔型系统的合理选择 ···································· 208

　6.5　复杂断面型钢的孔型在轧辊上的配置 ···························· 208

　思考题 ·· 210

7　复杂断面型钢孔型设计 ·· 211

　7.1　槽钢孔型设计 ·· 211

7.1.1　槽钢的断面特点和轧制的变形分析 ················· 211

7.1.2　槽钢的孔型系统 ································ 212

7.1.3　槽钢孔型设计 ································· 215

7.1.4　槽钢孔型设计实例 ······························ 226

7.2　球扁钢孔型设计 ································· 230

7.2.1　球扁钢的形状特点 ······························ 230

7.2.2　球扁钢的孔型系统 ······························ 231

7.2.3　球扁钢孔型设计的基本问题 ······················· 233

7.2.4　成品孔设计与配置 ······························ 233

7.2.5　平轧孔型系统孔型设计 ························· 234

7.2.6　槽式和蝶式孔型系统的孔型设计 ················· 237

7.3　汽车车轮轮辋钢孔型设计 ····················· 241

7.3.1　轮辋钢断面形状特征 ························ 241

7.3.2　轮辋钢的孔型系统 ························· 242

7.3.3　孔型设计 ································· 243

思考题 ·· 248

8　万能轧机孔型设计 ································ 249

8.1　H 型钢孔型设计 ······························ 249

8.1.1　产品规格与技术要求 ························ 249

8.1.2　H 型钢的万能轧制方法与轧机布置 ················ 252

8.1.3　H 型钢万能轧机 X—X 轧法孔型设计 ·············· 254

8.1.4　X—H 轧法孔型设计 ························ 265

8.1.5　万能轧机导卫装置设计 ······················ 266

8.2　重轨万能轧法孔型设计 ························ 268

8.2.1　钢轨分类及断面特性 ························ 268

8.2.2　万能轧法与孔型轧法的比较 ··················· 270

8.2.3　钢轨万能轧法常见工艺布置形式及孔型系统 ·········· 273

8.2.4　连铸坯尺寸的确定 ························· 275

8.2.5　BD 孔型系统与帽形孔设计 ··················· 276

8.2.6　三种重轨成品孔 ·························· 279

8.2.7　50 kg/m 重轨孔型设计 ····················· 282

8.2.8　60 kg/m 重轨孔型设计 ····················· 284

思考题 ·· 290

9　楔横轧孔型设计 ································ 292

9.1　楔横轧的工艺特点和工艺参数 ··················· 292

9.1.1　楔横轧机的类型 ·························· 292

9.1.2　楔横轧的工作原理及工艺特点 ……………………………… 292

9.1.3　楔横轧工艺的主要参数 ……………………………………… 292

9.2　楔横轧孔型设计 …………………………………………………… 294

9.2.1　楔横轧孔型设计的原则 ……………………………………… 294

9.2.2　对称轴类楔横轧孔型设计 …………………………………… 296

9.2.3　楔横轧孔型设计实例 ………………………………………… 298

思考题 ……………………………………………………………………… 303

10　导卫装置设计 …………………………………………………………… 304

10.1　导卫装置的作用 ………………………………………………… 304

10.2　横梁 ……………………………………………………………… 304

10.3　卫板 ……………………………………………………………… 306

10.3.1　简单断面卫板 ……………………………………………… 306

10.3.2　异形断面卫板 ……………………………………………… 307

10.3.3　卫板的安装 ………………………………………………… 311

10.4　导板 ……………………………………………………………… 311

10.5　夹板 ……………………………………………………………… 314

10.6　导板箱 …………………………………………………………… 316

10.7　滚动导卫装置 …………………………………………………… 317

10.7.1　滚动入口导卫装置 ………………………………………… 317

10.7.2　滚动出口导卫装置 ………………………………………… 320

10.7.3　扭转辊 ……………………………………………………… 321

思考题 ……………………………………………………………………… 322

11　计算机辅助孔型设计 …………………………………………………… 323

11.1　计算机辅助孔型设计系统 ……………………………………… 323

11.1.1　计算机辅助孔型设计系统的功能模块 …………………… 323

11.1.2　计算机辅助孔型设计系统程序框图 ……………………… 324

11.2　孔型中轧制的数学模型 ………………………………………… 327

11.2.1　各道次变形系数分配模型 ………………………………… 327

11.2.2　宽展模型 …………………………………………………… 327

11.2.3　轧制温度模型 ……………………………………………… 329

11.2.4　轧制压力模型 ……………………………………………… 331

11.2.5　轧制力矩模型 ……………………………………………… 332

11.2.6　能耗模型 …………………………………………………… 332

11.3　计算机辅助孔型设计的优化 …………………………………… 333

11.3.1　计算机辅助孔型设计的目标函数 ………………………… 333

11.3.2　孔型中轧制时的约束条件 ………………………………… 334

11.3.3　基于动态规划法的孔型设计优化 ……………………………………… 337

11.4　棒材 CARD 系统简介 ………………………………………………………… 340

11.4.1　CARD 系统结构及流程图 …………………………………………… 340

11.4.2　CARD 系统的界面 …………………………………………………… 340

11.4.3　孔型设计的参数化绘图 ……………………………………………… 343

11.4.4　计算机辅助设计中的工程数据库系统 ……………………………… 344

思考题 ……………………………………………………………………………… 346

参考文献 …………………………………………………………………………… 347

1 孔型设计的基本知识

1.1 孔型设计的内容和要求

型钢由于其断面形状的多样化使其品种规格多达几千种,其中绝大部分都是用辊轧法生产的。将坯料在带槽轧辊间经过若干道次的轧制变形,以获得所需要的断面形状、尺寸和性能的产品,为此而进行的设计和计算工作称为孔型设计。

1.1.1 孔型设计的内容

孔型设计是型钢生产的工具设计,完整的孔型设计一般包括以下三个内容:

(1) 断面孔型设计。断面孔型设计是指根据已定坯料和成品的断面形状、尺寸大小和性能要求,确定孔型系统、轧制道次和各道次变形量以及各道次的孔型形状和尺寸。

(2) 轧辊孔型设计。轧辊孔型设计是指根据断面孔型设计的结果,确定孔型在每个机架上的配置方式、孔型在机架上的分布及其在轧辊上的位置和状态,以保证正常轧制且操作方便,使轧制节奏时间短,从而获得较高的轧机产量和良好的成品质量。

(3) 导卫装置及辅助工具设计。导卫装置及辅助工具设计是指根据轧机特性和产品断面形状特点设计出相应的导卫装置,以保证轧件能按照要求顺利地进出孔型,或使轧件进孔型前或出孔型后发生一定的变形,或对轧件起矫正或翻转作用等。而其他辅助工具则包括检查样板等。

1.1.2 孔型设计的要求

孔型设计合理与否将对轧钢生产带来重要影响,它直接影响到成品质量、轧机生产能力、产品成本和劳动条件等。因此,合理的孔型设计应该满足以下几点要求:

(1) 获得优质的产品质量。获得优质的产品质量即要能保证成品断面几何形状正确、断面尺寸达到要求的精度范围、表面光洁无缺陷(如没有耳子、折叠、裂纹、麻点等)、金属内部的残余应力小、金相组织和机械性能良好等。

(2) 轧机生产率高。轧机生产率决定于轧机的小时产量和作业率。影响轧机小时产量的主要因素是轧制道次及其在各机架上的分配。在一般情况下,轧制道次数越少越好。在电机和设备允许的条件下,尽可能实现交叉轧制,以达到加快轧制节奏、提高小时产量的目的。影响轧机作业率的主要因素是孔型系统、负荷分配、孔型和导卫装置的共用性等。孔型系统选择不当会增加操作的困难,造成轧制时间的损失;若孔型的负荷分配不合理,则会影响各轧机能力的发挥或因个别道次轧制困难而影响轧机的生产能力,或因个别孔型磨损过快造成换辊次数增加。这些都会影响轧机作业率的提高。

合理的孔型设计应能充分发挥轧机设备的能力(电动机能力和设备强度),以满足工艺上的允许条件(咬入能力和金属的塑性)等,以求达到轧机的最高生产率。

(3) 生产成本低。合理的孔型设计应做到金属、轧辊及工具消耗最少,轧制能耗最低,并使轧机其他各项技术经济指标达到较高的水平。

生产成本的80%以上取决于金属消耗,节约金属的措施包括按负公差轧制、减少切损和降低废品率等,而这些都与孔型设计的关系很大;轧辊消耗与孔型设计也有密切的关系,孔型设计不佳,会造成孔型的局部磨损和个别孔型磨损严重、轧辊车削量增大、轧辊寿命降低、辊耗增加;轧制电能消耗也与孔型设计相关,若孔型设计使变形均匀或处理不均匀变形得当、变形量分配合理、孔型配制正确以及孔型形状和系统选择合理等,就能起到降低电能消耗的作用。

(4)劳动条件好。孔型设计除保证生产安全外,还应考虑轧制过程应易于实现机械化和自动化,保证轧制稳定、调整方便;轧辊辅件应坚固耐用、装卸容易,以改善劳动条件、降低劳动强度。

(5)适应车间条件。合理的孔型设计应使设计出来的孔型符合车间的工艺与设备条件,使孔型具有实际的可用性。

为了达到上述要求,孔型设计工作者除要很好地掌握金属在孔型内的变形规律外,还应深入生产实际,与工人结合,与实践结合,充分了解和掌握车间的工艺和设备以及它们的特性,同时也可利用一些先进的设计手段,如计算机辅助孔型设计,以保证做出正确、合理和可行的孔型设计。

1.2　孔型设计的基本原则与设计程序

1.2.1　孔型设计的基本原则

孔型设计有以下几项基本原则:

(1)选择合理的孔型系统。选择孔型系统是孔型设计的重要环节,孔型系统选择的合理与否直接对轧机的生产率、产品质量、各项消耗指标以及生产操作等有决定性的影响。在设计新产品的孔型时,应根据形状变化规律拟定出各种可能使用的孔型系统,并经充分的分析对比,然后从中选择合理的孔型系统。

(2)充分利用钢的高温塑性以及变形抗力小的特点,把变形量和不均匀变形集中在前几道次,然后按照轧制程序逐道次减小变形量。

(3)尽可能采用形状简单的孔型;专用孔型的数量要适当。

(4)轧制道次数、各机架间的道次分配以及翻钢和移钢程序要合理,以便缩短轧制节奏,提高轧机产量,并利于操作。

(5)轧件在孔型中应具有良好的稳定性,以利于轧件在孔型中的变形,防止弯扭。

(6)在生产的型钢品种规格较多的型钢轧机上,要考虑其孔型的共用性,以减少轧辊储备和相应的更换轧辊的时间。

(7)确保工作和设备安全,要便于轧机调整使操作简便,同时还要照顾到工人的操作习惯。

1.2.2　孔型设计的程序

孔型设计的程序如下:

(1)查标准,了解产品的技术条件。其中包括产品的断面形状、尺寸及其允许偏差;产品表面质量、金相组织和性能要求。对于某些产品还应了解用户的使用情况及其特殊要求。

(2)了解供料条件,掌握已有坯料的断面形状和尺寸,若按产品要求重新选定坯料尺寸时,要考虑其供料的可能性。

(3)了解轧机性能及其他设备条件。了解轧机性能及其他设备条件,包括轧机的布置,机架数目,轧辊直径与辊身长度,轧制速度,电机能力以及加热炉、翻移钢设备、辊道、剪切机、锯机的性能,车间工艺平面布置情况等。

(4)选择孔型系统。对于新产品应了解类似产品的轧制情况及其存在问题,以此作为新产品孔型设计的依据之一;对于老产品应了解该产品在其他轧机上的轧制情况及存在的问题。在品种多的轧机上,还应考虑采用共用性大的孔型系统,以减少换辊及轧辊的储备量。但在专业化较高的轧机上,应该尽量采用专用的孔型系统,以排除其他产品的干扰,使产量提高。总之,应在充分调查研究、对比分析的基础上,确定出较为合理的孔型系统。

(5)选择坯料尺寸。坯料尺寸对轧机生产率、产品质量以及生产工艺与操作均有很大影响。因此,选择坯料尺寸必须综合考虑各种因素来确定:

1)从坯料到成品应具有一定的压缩比,并能使终轧温度控制在工艺规程要求的范围内,以保证成品的组织和性能要求。这对于用钢锭直接轧制成材、小型轧机或合金钢轧制尤为重要。

2)必须考虑轧机型式与能力。一般对于一定的轧机来讲,应根据该轧机的能力确定合理的道次 n 和平均延伸系数 μ 以及坯料的尺寸范围。对于普通三辊式或二辊式型钢车间粗轧机或开坯机,若坯料断面尺寸选用过大,将因轧辊的切槽深度太深而影响到轧辊强度和咬入能力,引起轧制道次增加。因此,坯料断面的高度 H_0 与粗轧机轧辊名义直径 D_0 必须保持一定的比值 $K = H_0/D_0$。根据实际生产的轧机统计,各类轧机使用的 K 值见表 1-1。

表 1-1 各类轧机使用的 K 值范围

轧 机 名 称	K	备 注
三辊开坯机	0.3 ~ 0.5	生产大断面钢坯时用大值
大型轧机	0.25 ~ 0.48	兼作生产钢坯用的取大值
中型轧机	0.15 ~ 0.27	生产大断面产品时用大值
小型轧机	0.1 ~ 0.30	生产大断面产品时用大值
线材轧机	0.17 ~ 0.20	
初轧机	0.64 ~ 0.8	因初轧机轧辊切槽深度浅,故 K 值大

3)应考虑金属成形的需要,例如轧制工、槽钢时,进入第一个变形孔(切入孔)的钢坯高度应等于成品腿高的 $1.8 \sim 2.5$ 倍,以保证工、槽钢腿部受到良好的加工和腿长;其宽度应等于成品的宽度减去各孔的宽展量,但各孔宽展不宜取得过大,以免将腿拉短。又例如轧制角钢的钢坯轮廓尺寸应能将角钢断面包容进去,如图 1-1 所示;轧制重轨时,最好采用高而扁的钢坯,使轨底部分在各帽形孔内得到良好的加工,这样有利于改善轨底的质量;在轧制扁钢时,钢坯的边长与扁钢的宽度应保持一定的比例。

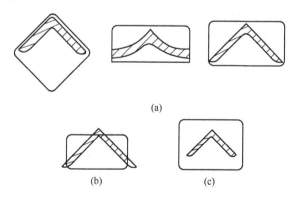

(a)

(b)　　　　　　(c)

图 1-1 角钢钢坯尺寸的确定
(a)合适的钢坯;(b)钢坯尺寸太小;(c)钢坯尺寸太大

4)选用坯料断面尺寸和长度时应考虑加热炉、冷床等辅助设备的允许长度(坯料或成品)以及各设备之间的距离,以免生产时相互干扰。对于线材轧机,为了增大盘重,应在允许的范围内尽量增大坯料重量。

    5）对于多品种型钢车间,要考虑尽量减少坯料的规格。

    (6)确定轧制道次。在孔型设计中表示变形量的指标有绝对压下量、延伸系数和压下系数三种,它们用于不同的轧制产品。因此,确定轧制道次的方法有以下三种:

    1）用绝对压下量确定轧制道次。用绝对压下量确定轧制道次主要用于初轧机与开坯机,即轧制道次

$$n = \frac{\sum \Delta h}{\Delta h} \tag{1-1}$$

式中　$\sum \Delta h$——总压下量,mm。根据图1-2可得:

$$\sum \Delta h = (1.15 \sim 1.20)[(H_0 - h) + (B_0 - b)] \tag{1-2}$$

其中　B_0——坯料的宽度,mm;

        H_0——坯料的高度,mm;

        b——成品的宽度,mm;

        h——成品的高度,mm;

        Δh——平均压下量,mm,由轧机能力所决定,可参照各类轧机上的经验数值选取。

    2）用延伸系数确定轧制道次。大部分型钢轧机设计中采用延伸系数确定轧制道次,即:

$$n = \frac{\lg \mu_\Sigma}{\lg \bar{\mu}} = \frac{\lg F_0 - \lg F_n}{\lg \bar{\mu}} \tag{1-3}$$

式中　μ_Σ——总延伸系数,其值为$\mu_\Sigma = F_0/F_n$;

        F_0——坯料断面积,mm^2;

        F_n——成品断面积,mm^2;

        $\bar{\mu}$——平均延伸系数,与轧机能力和轧制产品有关。

    3）用压下系数确定轧制道次。用压下系数确定轧制道次多用于扁钢孔型设计,即

$$n = \frac{\lg \eta_\Sigma}{\lg \bar{\eta}} \tag{1-4}$$

式中　η_Σ——总压下系数,其值为$\eta_\Sigma = H_0/h$;

        $\bar{\eta}$——平均压下系数。

    (7)分配各道次变形量。道次变形量分配在以上确定的平均变形量基础上进行,但合理分配道次变形量应注意以下问题:

    1）咬入条件。一般情况下咬入条件是限制道次变形量的主要因素,尤其是前几道次。因为此时轧件断面大、温度高、轧件表面常附着氧化铁皮等,故轧辊切槽较深,摩擦系数较小。前几道次的变形量常受咬入条件的限制。

    2）电机能力与轧辊强度在某些情况下也是限制道次变形量的因素。例如当轧槽深时,需考虑轧辊强度;前几道次坯料断面积较大,虽然延伸系数不大,但轧件断面减缩量ΔF较大,轧机负荷较大,

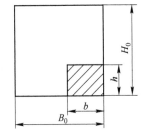

图1-2　按压下量确定
轧制道次

故需考虑电机能力,尤其在横列式轧机上同时过钢根数受限制时要使各道次的负荷均匀。另外,要考虑轧制过程中轧制条件(如温度、张力、速度等)的变化引起轧件塑性的变化,影响到轧机的负荷,所以应在准确估计轧制条件变化的基础上,留有余地地分配道次变形量。

    3）孔型的磨损将影响到轧件的表面质量和换辊次数以及前后孔型的衔接,因此为了保证成

品表面质量,一般成品孔型和成品前孔型的变形量要小些,以减小孔型的磨损程度和磨损速度。在多列机架横列式型钢轧机上,由于各列机架的换辊周期不一样,因此有时前面1~2架的第一孔型和最后一个孔型的延伸系数也应取得略小些,以使换辊后轧制情况正常。

　　4)金属的塑性。经研究表明,金属的塑性一般不成为限制道次变形量的因素。但对于某些合金钢锭,在未加工前其塑性较差,因此要求前几道次的变形量要小些。

　　5)应根据成型要求、轧件的宽展和孔型的形式与作用,合理分配各道次的变形量。具体将在以后各章节中介绍。

　　上述各种因素对变形量分配的影响很复杂,目前很难用严格的数学方法来解决。在大多数情况下,可按经验曲线(如图1-3所示)来分配。在横列式型钢轧机上按图1-3(a)所示曲线来分配变形系数,轧制开始道次考虑到轧件断面大和咬入条件等限制因素,取相对较小的变形系数;随着表面氧化铁皮的脱落和咬入条件的改善,而轧件温度较高,故变形系数逐渐增加到最大值;此后,轧件断面减小、温度降低、变形抗力增加,轧辊强度和电机能力成为限制变形量的主要因素,因此变形系数降低;在最后几道中,为了减小孔型磨损,保证成品尺寸精度和表面质量,故采用较小的变形量。在连轧机上,由于轧制速度较快,轧件温度变化较小,所以各道的变形系数可以取得相等或相近,如图1-3(b)所示。

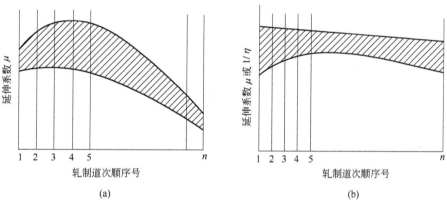

(a)　　　　　　　　　　　　　　(b)

图1-3　变形系数按道次分配的典型曲线
(a)在横列式轧机上;(b)在连轧机上

　　(8)根据各道次的延伸系数确定各道次轧件的断面积,然后根据轧件的断面积和变形关系确定轧件断面积形状和尺寸,并构成孔型,绘制出孔型图。

　　(9)将设计出的孔型按一定的规定配置在轧辊上,并绘制出配置图。

　　(10)进行必要的校核,校核内容包括咬入条件、电机能力、轧辊强度、孔型充满程度以及轧件在孔型中位置的稳定性等。

　　(11)根据孔型图和配辊图设计导卫、轧辊车削和检验样板等辅件。

1.3　孔型及其分类

1.3.1　轧槽与孔型

1.3.1.1　轧槽

　　在一个轧辊上用来轧制轧件的工作部分,即轧制时轧辊与轧件接触部分的轧辊辊面叫轧槽。孔型的形状不同,构成孔型的轧槽形式也不相同,如图1-4所示。

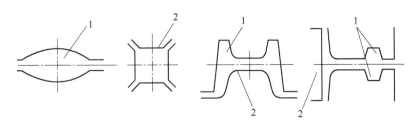

图 1-4 构成孔型的轧槽形式
1—凹槽；2—凸槽

1.3.1.2 轧制面

通过两个或两个以上轧辊的轧辊轴线的垂直平面，即轧辊出口处的垂直平面称为轧制面。

1.3.1.3 孔型

由两个或两个以上轧辊的轧槽，在轧制面上所形成的几何图形称为孔型。孔型尺寸即为孔型设计所确定的尺寸，是指在轧制时的尺寸。

1.3.2 孔型的分类

1.3.2.1 按孔型的形状分类

按孔型的直观形状可将孔型分为圆、方、菱、椭圆、立椭圆、六角、工字、槽、轨形和蝶形等孔型，如图 1-5 所示。

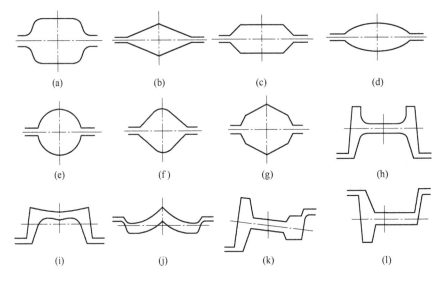

图 1-5 孔型按形状分类

(a) 箱形孔型；(b) 菱形孔型；(c) 六角形孔型；(d) 椭圆形孔型；(e) 圆孔型；(f) 对角方孔型；
(g) 六边形孔型；(h) 工字形孔型；(i) 槽形孔型；(j) 蝶形孔型；(k) 轨形孔型；(l) 丁字形孔型

1.3.2.2 按孔型的用途分类

按孔型的用途可将孔型分为延伸孔型、预轧孔型、成品前孔型和成品孔型等，如图 1-6 所示。

（1）延伸孔型又称开坯孔型、粗轧或压缩孔型。这种孔型的任务是把钢锭或钢坯断面减小，使其延伸。

（2）预轧孔型又称毛轧、荒轧、造型或成型孔型，其任务是继续减小轧件断面的同时，使轧件断面形状逐渐成为与成品相似的雏形。此种孔型在轧制复杂断面型钢时是必不可少的，但在轧制简单断面型钢时则较少甚至没有。

（3）成品前孔型又称精轧前孔型或 K_2 孔型，位于成品孔型的前一个孔型，为成品孔型中轧出合格成品做好准备。

（4）成品孔型又称精轧孔型、K_1 孔型，是指最后一个轧出成品的孔型，其作用是对轧件进行精加工，使轧件断面具有成品所要求的形状和尺寸。

随着成品形状不同，上述四种孔型的形状可以是多种多样的，但一般产品的孔型系统均由上述四种（或三种）孔型组成。有的将后三种孔型组成的孔型系统称为某产品的成品（或精轧）孔型系统，如图1-6(b)、(c)、(d)所示可称为角钢成品孔型系统。

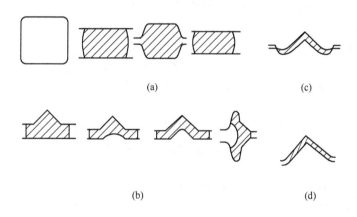

图1-6　孔型按用途分类
（a）延伸孔型；（b）预轧（或毛轧）孔型；（c）成品前孔型；（d）成品孔型

1.3.2.3　孔型按开口位置分类

（1）开口孔型，如图1-7(a)所示，其轧辊的辊缝 s 直接与孔型的几何图形接通。

（2）闭口孔型，如图1-7(b)所示，其轧辊的辊缝 s 由锁口 t 与孔型的几何图形隔开。

（3）半闭（开）口孔型，如图1-7(c)所示，此孔型虽然与开口孔型相似，但由于存在一部分闭口腿，其辊缝又与孔型相通，故称它为半闭（开）孔型，又称控制孔型。此种孔型常用于轧制凸缘型钢时以控制腿高。

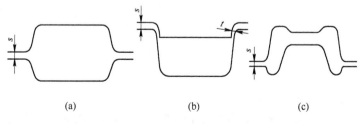

图1-7　孔型按开口位置分类
（a）开口孔型；（b）闭口孔型；（c）半闭（开）孔型

1.4 孔型的组成及各部分的作用

实际生产中虽然使用的孔型形状多种多样,但任何一种孔型的构成均可归纳为一些共同的组成部分,例如辊缝、侧壁斜度和圆角等,如图1-8所示。各组成部分的功用和确定原则分述如下。

1.4.1 辊缝

1.4.1.1 辊缝
轧制时两个轧辊的辊环间的间距称为孔型的辊缝,常用 s 表示。

1.4.1.2 弹跳
在轧制过程中,工作机座里的轧辊、机架、轴承、压下螺丝和螺母等受力零件在轧制力的作用下均会产生弹性变形,而使实际(有载)辊缝增加。通常把这些受力零件的弹性变形总和称为轧辊的弹跳,简称辊跳。

1.4.1.3 辊缝的作用
(1)补偿轧辊的弹跳值,以保证轧后轧件高度。因此辊缝值 s 应大于轧辊的弹跳值。

(2)补偿轧槽磨损,增加轧辊使用寿命。当孔型磨损后,孔型高度增加,可通过调整辊缝(压下)来恢复孔型高度。

(3)提高孔型的共用性,即通过调整辊缝得到不同断面尺寸的轧件。

(4)方便轧机调整。当轧件的温度变化和孔型设计不当时,可通过调整辊缝来调节各个孔型的充满情况。

(5)减小轧辊切槽深度,增加轧辊强度和重车次数,提高轧辊的使用寿命。

1.4.1.4 辊缝取值
在不影响轧件断面形状和轧制稳定性的条件下,辊缝值 s 越大越好。但辊缝太大会使轧槽变浅,起不到限制金属流动的作用,使轧出的轧件形状不正确。所以在接近成品孔型的几个孔型中,其辊缝值不能太大,以保证轧件断面形状和尺寸的正确性。辊缝值 s 一般根据经验数据确定,其数值见表1-2;或按经验关系式确定,成品孔型 $s=(0.005\sim0.01)D_0$,开坯孔型和毛轧孔型的辊缝应取大一些,这是因为最初道次辊缝大对成品质量的影响不大,且辊缝大,调整范围大,切槽浅,增加轧辊重车次数。一般毛轧孔型 $s=0.02D_0$;开坯孔型 $s=0.03D_0$,式中 D_0 表示轧机的名义直径,单位为 mm。

表1-2 各种型钢轧机的辊缝值 s

轧机名称	初轧机 二辊开坯机	500~650 开坯机	轨梁、大型和中型轧机			小型轧机		
			开坯	毛轧	精轧	开坯	毛轧	精轧
辊缝值 s/mm	6~20	6~15	8~15	6~10	4~6	6~10	3~5	1~3

1.4.2 侧壁斜度

1.4.2.1 孔型侧壁斜度表示方法
孔型的侧壁几乎在任何情况下都不垂直于轧辊轴线,而与轧辊轴线的垂直线成 φ 角(称为侧壁角)。通常将侧壁相对轧辊轴线的垂直线的倾斜度称为孔型侧壁斜度,如图1-8所示,其值用下式表示:

$$\tan\varphi = \frac{B_K - b_K}{2h_P} \tag{1-5}$$

或

$$y = \frac{B_K - b_K}{2h_P} \times 100\% \tag{1-6}$$

式中符号如图 1-8 所示。

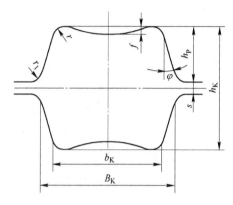

图 1-8　孔型的构成

B_K—槽口宽度；b_K—槽底宽度；φ—侧壁角；s—辊缝；

f—槽底凸度；r—槽底圆角；r_1—槽口圆角；h_P—轧槽深度

1.4.2.2　侧壁斜度的作用

侧壁斜度的作用如下：

（1）侧壁斜度能使孔型的入、出口部分形成喇叭口。轧件进入孔型时能自动对中、方便操作；轧件出孔型时脱槽方便，防止产生缠辊事故。

（2）改善咬入条件，这是因为孔型侧壁对轧件具有支持作用，使咬入条件改为

$$\tan\alpha \leqslant f\sin\varphi \tag{1-7}$$

（3）减小轧辊的重车量，提高轧辊的使用寿命。在轧制过程中，孔型不断磨损，其形状、尺寸发生变化，工作表面呈现凹凸不平的磨痕等缺陷，继续使用将影响产品的质量。此时需要重车以恢复孔型原来的形状和尺寸。当无侧壁倾斜度时，如图 1-9（a）所示，需要重车去全部原来孔型才能恢复轧槽原有宽度；而有侧壁倾斜度时，设轧槽的磨损量为 a，则一次重车轧辊的直径减小（即重车量）为

$$D - D' = 2a/\sin\varphi \tag{1-8}$$

由式（1-8）可见，侧壁倾斜度越大，重车量越小，如图 1-9（b）所示，由新辊至旧辊的重车次数也越多，轧辊的使用寿命增大，消耗下降。

（4）孔型侧壁倾斜度能增加孔型内的宽展余地，这意味着孔型允许轧制变形量有较大的变化范围，而出耳子的危险性减小。因此，可通过控制轧件在孔型中的充满程度来得到不同尺寸的轧件，提高孔型的公用性。这一点对于初轧机的开坯机以及型钢轧机的粗轧孔型很重要。

（5）对于轧制复杂断面型钢，侧壁斜度大小往往与允许变形量（侧压量）有关，侧壁斜度越大，允许变形量越大。采用大侧壁斜度有时可以减少轧制道次，并有利于轧机的调整，这对节约轧辊、减少电能消耗也有利。

孔型的侧壁斜度虽然有上述重要的作用，但侧壁斜度过大将影响孔型中轧出轧件形状的正确性，也会导致孔型对轧件夹持作用的减小，影响轧件在孔型中的稳定性。因此侧壁斜度应根据孔型在整个成型过程中的作用以及产品的尺寸公差范围等相关因素确定。一般取：

延伸用箱形孔 $\varphi = 10\% \sim 20\%$

闭口扁钢毛轧孔 $\varphi = 5\% \sim 17\%$

钢轨、工字钢、槽钢毛轧孔 $\varphi = 5\% \sim 10\%$

异形钢成品孔 $\varphi = 1\% \sim 1.5\%$

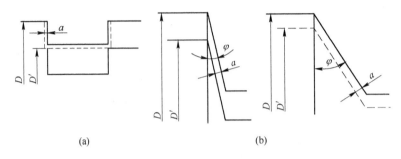

(a)   (b)

图 1-9　侧壁斜度与轧辊重车量的关系

(a) 无侧壁斜度时；(b) 不同侧壁斜度时

1.4.3　圆角

孔型的角部一般都设计成带圆弧形的圆角,如图 1-8 所示。根据圆角在孔型上的位置可分为槽底圆角 r(内圆角)和槽口圆角 r_1(外圆角)两种。其作用分别如下述。

1.4.3.1　槽底圆角的作用

槽底圆角的作用如下:

(1) 防止轧件角部急剧地冷却而引起轧件角部开裂和孔型的急剧磨损。

(2) 改善轧辊强度,防止因尖角部分的应力集中而削弱轧辊强度。

(3) 通过改变槽底圆角半径 r 可以改变孔型的实际面积,从而改变轧件在孔型中的变形量以及轧件在下孔型中的宽展余地、调整孔型的充满程度。有时还对轧件的局部起到一定的加工作用。

在初设计孔型时,一般槽底圆角半径应取大一些,因为大半径在加工中可以改小,而由小改大则困难。成品孔型的槽底圆角半径取决于成品断面的标准要求。

1.4.3.2　槽口圆角的作用

槽口圆角的作用如下:

(1) 当轧件在孔型中略有过充满(即出耳子)时,槽口圆角避免在耳子处形成尖锐的折线,如图 1-10(a)所示,而仅形成钝而厚的耳子,如图 1-10(b)所示,这样可防止轧件在继续轧制时形成折叠缺陷。

(2) 当轧件进入孔型不正时,槽口圆角能防止辊环刮切轧件侧面而产生刮丝现象。刮丝不仅会使轧件表面产生表面缺陷,而且还将损伤导卫装置造成事故。

(3) 对于复杂断面孔型,增大槽口圆角半径能提高辊环强度,防止产生辊环爆裂。

在轧制某些简单断面型钢时,其成品孔型的槽口圆角半径作用(1)已失去意义,故半径可取小,甚至为零,以保证成品断面达到标准要求。

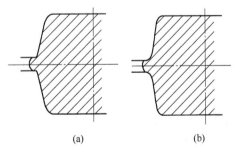

(a)   (b)

图 1-10　槽口圆角对耳子形状的影响

(a) 无外圆角；(b) 有外圆角

1.4.4 锁口

在闭口孔型中用来隔开孔型与辊缝的两轧辊的辊隙 t，如图1-11所示，称为孔型的锁口。其作用是控制轧件断面的形状，便于闭口孔型的调整。此外用锁口的孔型需要注意，为了保证轧件形状正确，要求相邻孔型的锁口位置应上下交替设置。

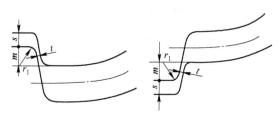

图1-11 孔型的锁口

当轧制几种厚度或高度轧件共用同一孔型时，为防止轧制厚或高的轧件时，孔型直接与辊缝相接，金属有可能挤入辊缝内，锁口长度应适当增加。

锁口高度 m 的设计一般应满足以下关系：

$$m = r_1 + (2 \sim 8)\,\text{mm} \tag{1-9}$$

式中 r_1——辊环之圆角半径，mm；

2~8——锁口直线段高度，其中包括轧制厚或高规格时的调整量，mm。

锁口 t 的确定在后面有关章节中介绍。

1.4.5 槽底凸度

某些孔型，例如图1-8所示的箱形孔型，将槽底做成具有一定高度、形状的凸起，这些凸起称为槽底凸度。其作用是：

（1）使轧件断面边稍凹，在辊道上运行比较稳定，进入下一道孔型时咬入条件也较好；另外可提高轧槽的使用寿命。

（2）给翻钢后的孔型增加宽展余地，减小出耳子的危险性。

（3）保证轧件侧面平直。

1.5 孔型在轧辊上的配置

1.5.1 轧机尺寸与轧辊直径

孔型在轧制面垂直方向上的配置涉及许多与此有关的概念，而这些基本概念正是配辊的基础。下面对这些基本概念做简要叙述。

1.5.1.1 轧机的名义直径

型钢轧机往往需要几个机架，而且有时各机架排成几列，各机列和各机架中所用的轧辊直径又各不相同；在使用过程中，即使是在同一架上的轧辊因重车而每次使用的轧辊直径也各不相同。因此型钢轧机的大小不能按实际使用的轧辊直径来表示，而采用传动轧辊的齿轮座内齿轮的中心距或节圆的直径 D_0 来表示型钢轧机规格的大小，如图1-12所示，因为它是不变化的。通常把 D_0 称为轧机的名义直径。

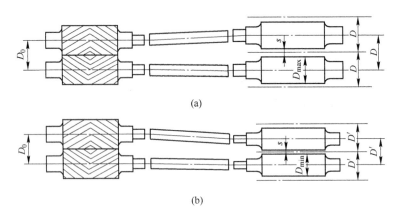

(a)

(b)

图 1-12 轧机名义直径与轧辊尺寸

1.5.1.2 轧辊原始直径

为了提高轧辊的使用寿命,常使新辊直径 D_{max} 大于 D_0,而最终使用报废前的轧辊直径 D_{min} 小于 D_0。因孔型配置到轧辊上的需要,假想把辊缝值也包括在轧辊直径内,这时的轧辊直径 D 称为轧辊的原始直径。轧辊使用时,对应于轧辊的 D_{max} 和 D_{min},原始直径也有最大值 D 和最小值 D',如图 1-12 所示。原始直径与轧辊直径间的关系为 $D = D_{max} + s$;$D' = D_{min} + s$。孔型配置时是以新轧辊直径 D_{max} 对应的轧辊原始直径 D 为基准直径的。

1.5.1.3 轧辊重车系数(或重车率)

轧辊重车系数(或重车率)是指轧辊总的重车量与轧机名义直径 D_0 之比,以 K 表示:

$$K = (D_{max} - D_{min})/D_0 = (D - D')/D_0 \tag{1-10}$$

式中,D 和 D' 的大小一般受连接轴允许倾角的限制。当用万向或万能联轴节时,其倾角可达 $10°$;用梅花联轴节时,其倾角不得超过 $4.5°$,一般不大于 $2°$。因此,对应于用万向联轴节或万能联轴节时,重车系数 $K = 0.18 \sim 0.2$;用梅花联轴节时,$K = 0.14 \sim 0.16$。最理想的是新、旧辊式接轴向上、向下倾角相等,即 $(D + D')/2 = D$。此时新旧轧辊直径可按下式确定:

$$\begin{cases} D_{max} = (1 + K/2)D_0 - s \\ D_{min} = (1 - K/2)D_0 - s \end{cases} \tag{1-11}$$

1.5.1.4 轧辊平均工作直径

轧辊与轧件接触处的轧辊直径叫做轧辊工作直径。在孔型轧制时,由于孔型的形状各式各样,轧件与孔型接触的工作直径是变化的,如图 1-13 所示,所以孔型各点的圆周速度也不相同,而轧件只能以其中某一速度从孔型中轧出,通常把轧件出口速度相对应的轧辊直径(不考虑前滑)称为轧辊的平均工作直径 D_K。对于平辊及箱型孔型轧辊的工作直径,如图 1-14 所示,有:

$$D_K = D - h \tag{1-12}$$

式中 D——轧辊原始直径,mm;

h——孔型高度,mm。

对于其他形状孔型的平均工作辊径可用以下方法确定:

A   平均高度法

用轧辊的平均直径 $\overline{D}$ 近似表示轧辊平均工作直径,即

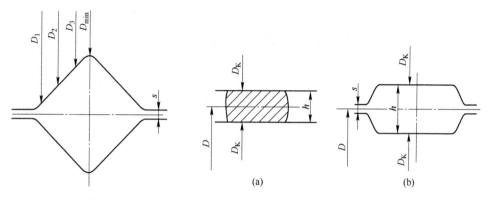

图 1-13 对角方孔型中轧辊工作直径的变化

图 1-14 轧辊工作直径

(a) 平辊；(b) 箱形孔型轧辊

$$D_K = \overline{D} = D - \overline{h} \tag{1-13}$$

式中　D——轧辊原始直径，mm；

　　　$\overline{h}$——孔型或轧件断面的平均高度，mm，其值为：

$$\overline{h} = \frac{F_K}{B_K} \quad 或 \quad \overline{h} = \frac{F}{b} \tag{1-14}$$

　　　F_K——孔型断面积，mm^2；

　　　F——轧后轧件断面积，mm^2；

　　　B_K——孔型槽口宽度，mm；

　　　b——轧后轧件宽度，mm。

B　孔型周边法

在复杂形状的孔型中轧制时，可按图 1-15 所示的方法来确定轧辊的平均工作直径。图 1-15(a)所示为轧件在孔型中的实际接触情况，轧件与孔型周边接触的线段有 $\overline{AB}$、$\overline{CD}$、$\overline{DK}$、$\overline{KL}$、$\overline{MN}$ 和 $\overline{C'D'}$、$\overline{D'K'}$、$\overline{K'L'}$。图 1-15(b)表示沿接触线段的轧辊直径展开图，其纵坐标为轧辊辊径，横坐标为接触线段展开长度，则平均工作辊径 D_K 按下式确定。

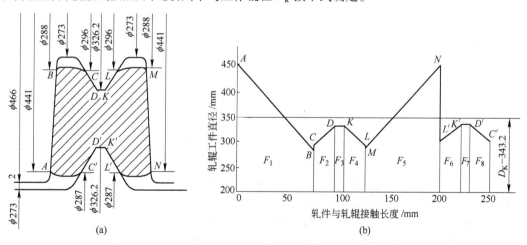

图 1-15 切入孔型中确定平均工作直径的图解

(a) 轧件与孔型周边接触情况；(b) 沿接触线轧辊直径展开图

$$D_{\mathrm{K}} = \frac{F_1 + F_2 + F_3 + F_4 + F_5 + F_6 + F_7 + F_8}{\overline{AB} + \overline{CD} + \overline{DK} + \overline{KL} + \overline{MN} + \overline{C'D'} + \overline{D'K'} + \overline{K'L'}} \qquad (1-15)$$

或

$$D_{\mathrm{K}} = \frac{\sum F_i}{\sum l_i} \qquad (1-16)$$

式中　$\sum F_i$——沿接触线轧辊直径展开图下所围的总面积，mm^2；

　　　$\sum l_i$——轧件与孔型周边接触长度总和，mm。

1.5.2　上压力与下压力

1.5.2.1　上下压力的定义

当一对轧辊的转速相同而其中一个轧辊的工作直径大于另一个轧辊的工作直径，轧制时因大直径轧辊圆周线速度大于小直径轧辊，使轧件出轧辊时向小直径轧辊方向弯曲，如图 1-16 所示。当上轧辊工作直径大于下轧辊工作直径时，轧件向下弯曲，如图 1-16(a)所示，称之为上压力；反之，当下轧辊工作直径大于上轧辊工作直径时，轧件向上弯曲，如图 1-16(b)所示，称之为下压力。上、下压力的大小用一对轧辊的工作直径差来表示，单位用 mm。

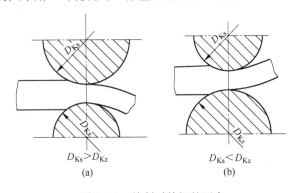

图 1-16　轧制时轧辊的压力

(a) 上压力；(b) 下压力

1.5.2.2　上、下压力的作用

孔型设计把孔型配置到轧辊上时，总是希望轧件能够平直地从孔型中出来，不希望产生弯曲，以免造成缠辊、冲击导卫等事故。然而常常由于以下的原因造成轧件弯曲：

(1) 轧件断面温度不均匀，如加热过程中产生阴阳面，使轧件出槽时向温度低的一侧弯曲；

(2) 孔型上、下轧槽磨损不均匀，造成了上、下辊径差；

(3) 轧辊及导卫装置安装位置不正确，如轧辊轴线不在同一垂直平面上、导卫板装得偏高或偏低等；

(4) 孔型的侧壁斜度不够，或孔型侧壁破落以及孔型表面有凹坑等。

由以上因素造成的轧件弯曲带有随机性，轧件可以向上弯曲或向下弯曲，事先难以预料。为了解决这个问题，在配辊时人为地配以上压或下压，然后在轧件弯曲方向上采取有力的措施，将轧件矫直，以使轧件平直地轧出。例如型钢机上常配置适当的上压力，在轧机的出口侧装设牢固的下卫板，使出口轧件紧贴在下卫板平稳地轧出，从而可省掉安装不方便的上卫板；在初轧机则多采用下压力配置，以减轻轧件前端对出口机架辊的冲击。再因初轧坯断面较大，不会因为不太大的下压力而产生明显弯曲和缠辊现象；轧制复杂断面型钢时（如工字钢、槽钢等），应根据孔型的开口（锁口）位置来选定配置上压力或下压力，开口位置向下者配以上压力，如图 1-17(a)所示,开口位置向上都配以下压力,如图 1-17(b)所示,以保证轧件顺利脱槽。

1.5.2.3　确定配置压力值

配辊时采用一定的压力对控制轧件是有利的,但压力值配置过大会使辊径差过大以及上下辊压下量分配不均匀,造成上、下辊磨损不均。辊径差造成了轧辊圆周线速度不等,结果使轧辊与金属间的滑动增加;辊径差使轧制时产生冲击负荷,容易损坏设备。所以应考虑孔型的用途确定上、下压力值的取值:

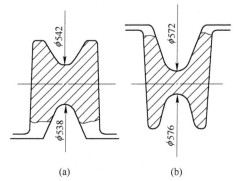

图 1-17　复杂断面孔型配置的上、下压力
(a) 下开口孔型;(b) 上开口孔型

(1) 初轧机上取 $10 \sim 15 \text{mm}$ 的下压力;

(2) 对开坯轧机上的箱型孔配置压力值不大于 $(2\% \sim 3\%) D_0$;

(3) 对其他延伸孔型配置压力值不大于 $1\% D_0$;

(4) 闭口孔型配置压力取 $2 \sim 6 \text{ mm}$;

(5) 成品孔型力求不配置压力值。

需要指出的是,在相同的条件下,轧制速度较高的轧机上所配置的压力值应略小些。

1.5.3　轧辊中线和轧制线

为了正确地配置轧辊,特别是在将孔型以一定"压力"值配置在轧辊上时,需要明确两个概念:

(1) 轧辊中线。通常把等分上、下轧辊轴线之间距离 D 的等分线称为轧辊中线,如图 1-18 所示。

(2) 轧制线。轧制线是配置孔型的基准线。配辊时孔型中性线和轧制线重合。

1.5.3.1　轧辊中线和轧制线的关系

如果不采用"压力",配辊时应将孔型中性线(对于箱形孔、方形孔、菱形孔、椭圆孔等简单对称孔型,孔型中性线就是孔型水平对称轴线;对于不对称孔型,中性线的确定在后面章节将专门讨论)与轧辊中线重合,这也就是此时的轧制线。也即在不配"压力"时,孔型中性线、轧辊中线和轧制线三线重合,如图 1-18 所示。

当采用"压力"配置时,孔型的中性线必须配置在离轧辊中线一定距离的另一条水平线上,以保证一个轧辊的工作直径大于另一个轧辊,即轧制线将偏离轧辊中线一定的距离。当采用"上压力"时,轧制线应在轧辊中线之下,反之则相反。

下面我们设"上压力"值为 m,在配辊时,轧制线与轧辊中线之间的距离 x 可按下面的方法确定,如图 1-19 所示。

由"压力"值 $m = D_{\text{K上}} - D_{\text{K下}} = \Delta D_{\text{K}}$ 得:

$$R_{\text{K上}} - R_{\text{K下}} = \frac{m}{2} \tag{1-17}$$

由图 1-19 可知:

$$R_{\text{上}} = R_{\text{C}} + x; R_{\text{K上}} = R_{\text{上}} - h/2 \tag{1-18}$$

$$R_{\text{下}} = R_{\text{C}} - x; R_{\text{K下}} = R_{\text{下}} - h/2 \tag{1-19}$$

由上述关系得:

$$R_{\text{K上}} - R_{\text{K下}} = 2x \tag{1-20}$$

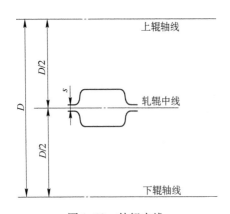

图 1-18　轧辊中线

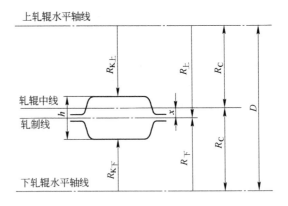

图 1-19　采用上压力时轧辊的配置情况

所以

$$x = \frac{m}{4} \tag{1-21}$$

1.5.3.2　确定孔型中性线的方法

对于具有水平对称轴线的孔型,其水平对称轴线便是该孔型的孔型中性线,如箱形、圆形、椭圆形、菱形、工字形等孔型;而对于复杂断面孔型;应根据上下轧辊对其作用的力矩相等并使轧件平直出孔的原则来确定孔型中性线。由于影响上下轧辊作用于轧件使之力矩相等的因素较多,因而这类孔型中性线的确定比较复杂。通常采用的方法有以下几种。

A　面积平分法

孔型中性线为孔型上下面积的水平等分线,故此方法用 CAD 绘图的相关命令求解起来非常方便。其方法如图 1-20 所示。在孔型上任意位置画两条水平线 AA、BB,用 CAD 绘图的面积(area)命令可以求出 AA、BB 与孔型上、下轮廓及孔型宽度所包围的面积 F_1、F_2(图中阴影部分)。设 $F_1 < F_2$,则面积差 $\Delta F = F_2 - F_1$,求得 $h = \Delta F/b$ 值(b 为孔型宽度),将 h 加在小面积一方画出 CC 水平线,在 BB 与 CC 线之间作出距离平分线 OO,此即为孔型中性线。

B　重心法

孔型中性线通过孔型平面图形的重心。求平面图形重心的方法有以下两种:

(1)静面矩法。先将孔型图分割成若干块简单几何形状图形(图 1-21),而简单几何图形的重心可以从数学手册查得。任取一基准线 $x - x$ 作为计算的基准(断面重心与基准线位置无关),则孔型重心到基准线的距离按下式计算:

$$y_c = \frac{F_1 y_{c1} + F_2 y_{c2} - F_3 y_{c3}}{F_1 + F_2 - F_3} = \frac{\sum F_i y_{ci}}{F} \tag{1-22}$$

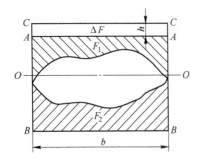

图 1-20　面积平分法求孔型中性线

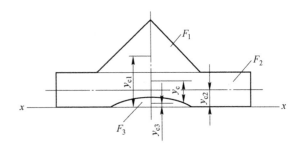

图 1-21　静面矩法求孔型中性线

式中，F_1、F_2、F_3 和 F 为孔型图划分出各简单断面的面积和孔型总面积，其中 F_3 为多划入的面积，mm^2；y_{c1}、y_{c2}、y_{c3} 为划分出各简单断面的重心到基准线的距离，mm。

（2）孔型轮廓线重心法。此法认为孔型中性线是通过孔型轮廓线的重心。确定孔型轮廓线重心的方法是：先取一条基准线，然后用下式分别求出上、下轧槽轮廓线的重心位置，而上、下轧槽轮廓线重心位置的平均值，即为整个孔型轮廓线的重心。

$$y_c = \frac{l_1 c_1 + l_2 c_2 + l_3 c_3 + \cdots + l_i c_i}{l_1 + l_2 + l_3 + \cdots + l_i} = \frac{\sum l_i c_i}{\sum l_i} \qquad (1-23)$$

式中　l_1、l_2、l_2…——构成轧槽轮廓线的每段长度，mm；

　　　c_1、c_2、c_3…——l_1、l_2、l_3…线段的中点至基准线的距离，mm。

下面以图 1-22 所示槽形孔型为例说明确定孔型重心的孔型轮廓线重心法。

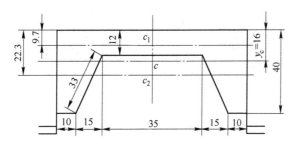

图 1-22　用孔型轮廓线重心法求孔型重心

上轧槽轮廓线的重心位置为：

$$y_{c1} = \frac{(2 \times 40) \times 20 + 85 \times 0}{2 \times 40 + 85} = 9.7 \text{ mm}$$

下轧槽轮廓线的重心位置为：

$$y_{c2} = \frac{(2 \times 10) \times 40 + (2 \times 33) \times 26 + 35 \times 12}{(2 \times 10) + (2 \times 33) + 35} = 22.3 \text{ mm}$$

则孔型重心位置为：

$$y_c = \frac{1}{2}(y_{c1} + y_{c2}) = \frac{1}{2}(9.7 + 22.3) = 16 \text{ mm}$$

必须指出，上述几种确定孔型中性线的方法，究竟哪一种方法确定出的孔型中性线能符合轧制过程的实际，还很难断言。这是因为对孔型中性线的研究，无论在理论上或实践上都很不够，因此用任何方法求出的孔型中性线都要在生产实践中加以校验和修正。

1.5.4　孔型在轧辊辊身长度上的配置

1.5.4.1　孔型在轧辊辊身长度上的配置原则

型钢轧辊上需配置多个孔型，具体配孔数目与辊身长度、孔型宽度以及辊环宽度有关，一般在可能条件下应尽量多配孔，以增加轧辊的使用寿命。孔型沿辊身长度方向配置的一般原则是：

（1）分配各机架的道次时，应尽量使各架的轧制时间均衡。例如，在横列式轧机上，开始道次轧件短、轧制时间短；随着轧制的进行，轧件逐渐增长，轧制时间也逐渐增长。从均衡出发，第一机架上应多配置一些孔型，在后面机架上配置的孔型数则应递减。

（2）成品孔和成品前孔型一定要单独配置在一条轧制线上，最好单独配置在一架机架上，以保证成品尺寸精度、调整方便，使之不受其他孔型轧制的干扰。

（3）立轧孔（包括控制孔）不要与其前后孔型配置在同一台轧机的同一条轧制线上，以保证立轧孔调整的灵活性。

（4）在一套孔型中，轧制负荷较重、磨损较快、对成品质量影响大的孔型应配置一定数量的备用孔型，均衡换辊时间，减少备用辊的数量。例如，成品孔的备用孔要多配些，这样当一个孔型磨损以后，可以只换槽而不必换辊就可继续轧制。

（5）对于左右不对称的孔型，为了减少轧制时的轴向力，防止轧辊轴向窜动造成厚度不均，在配辊时应使孔型在纵轴上的投影相等。如图1-23（a）所示的配置方法从理论上讲，轧辊不受轴向力，而图1-23（b）所示的配置方法将会产生较大的轴向窜动，某些复杂断面孔型因设计的需要不可避免地会产生轴向力，如图1-23（c）所示的斜配孔，这时应采用加止推辊环的方法来解决轴向窜动的问题。

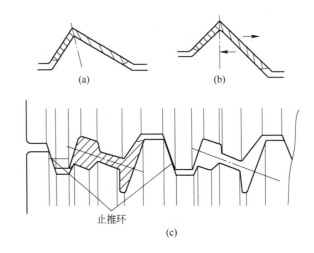

图1-23　左右不对称孔型在轧辊上的配置

（a）无轴向力配置；（b）有轴向力配置；（c）斜配孔加止推环配置

（6）配置孔型时要与轧机前后的操作设备相适应，减少辅助操作时间和手工操作，充分利用原来的操作设备，以便于实现机械化。

1.5.4.2　确定孔型的间距即辊环宽度

用来隔开相邻两个孔型的轧辊凸缘称为辊环，如图1-24所示。辊环有边辊环（辊身两侧的辊环）和中间辊环之分。为了充分利用辊身长度、多配孔型，辊环宽度不宜过大，但辊环宽度过小容易折断，同时应考虑到安装和调整辊环导卫装置的操作条件。中间辊环强度主要决定于轧

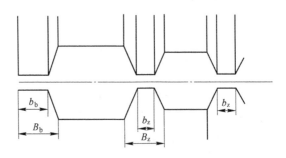

图1-24　辊环的宽度确定

辊的材质和轧槽深度 h_p，对钢轧辊的中间辊环宽度 $b_z \geq 0.5h_p$；对铸铁轧辊中间辊环宽度 $b_z \geq h_p$。当孔型侧壁斜度较大、槽底圆角半径较大时，孔型 b_z 可取小些。

轧辊边辊环宽度 B_b 在初轧机上要考虑推床的最大开口宽度和夹板的厚度，在型钢轧机上要为导卫装置调整留出足够的位置。大中型轧机一般取 $B_b = 100 \sim 150$ mm，小型轧机 B_b 一般不小于 40 mm。

1.5.5　孔型在轧辊上的配置步骤

根据上述分析，孔型在轧制面上配置的步骤为（参见图 1-18）：

（1）按轧辊原始直径 D 画出上、下轧辊轴线；

（2）在两个轴线间作一条等分线，即为轧辊中线；

（3）按照上述方法确定各孔型的中性线；

（4）按轧辊辊身长度、工艺要求的该机架的轧制道次、各孔型宽度以及孔型在辊身方向上的配置原则确定出所配孔型在辊身上横向的位置；

（5）当不配置"压力"时，即让孔型中性线与轧辊中线重合作为轧制线，画出孔型图，如图 1-18 所示；

（6）当配置"压力"时，确定出合适的"压力"值 m 后，在距轧辊中线 $x = \dfrac{m}{4}$ 处画出轧制线；上压力时轧制线在轧辊中线之下，下压时轧制线在轧辊中线之上；然后使孔型中性线与轧制线重合，画出孔型图，如图 1-19 所示。

（7）确定孔型各处的轧辊直径与尺寸，画出配辊图。

1.5.6　孔型配置例题

已知某 1100 mm 方坯初轧机，其中箱型孔型高度为 220 mm，辊缝 $s = 15$ mm，采用 $m = 10$ mm 下压配置，试将此孔型配置到轧辊上。

解答如下：

（1）按公式（1-11）计算轧辊原始直径，并绘制出上、下轧辊轴线（图 1-25），取重车系数 $K = 0.12$，则

$$D = (1 + K/2)D_0 = (1 + 0.12/2) \times 1100 = 1165 \text{ mm}$$

（2）在两轧辊轴线间画出轧辊中线，与上、下轧辊的距离为 $D/2 = 582.5$ mm。

（3）按公式（1-16）确定轧制线位置。因配置下压力，故轧制向上偏移 x 值为：

$$x = \frac{\Delta D_K}{4} = \frac{10}{4} = 2.5 \text{ mm}$$

（4）按 1.5.3.2 小节介绍的方法确定孔型中性线。简单对称断面孔型的水平对称轴线即为孔型中性线，使孔型中性线与轧制线重合，绘制出孔型图。

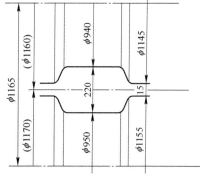

图 1-25　1100 mm 初轧机配辊图例

（5）计算有关尺寸，绘制出轧辊配辊图（图 1-25）：

上辊辊环直径　　　$D_{hs} = D - 2x - s = 1165 - 2 \times 2.5 - 15 = 1145$ mm

下辊辊环直径　　　$D_{hx} = D + 2x - s = 1165 + 2 \times 2.5 - 15 = 1155$ mm

上辊槽底轧辊直径　$D_{Ks} = D_{hs} + s - h = 1145 + 15 - 220 = 940$ mm

下辊槽底轧辊直径　　　$D_{Kx} = D_{bx} + s - h = 1155 + 15 - 220 = 950 \text{ mm}$

思　考　题

1-1　孔型设计的内容和要求是什么?

1-2　孔型设计的程序是什么?

1-3　在坯料断面选定的情况下,如何确定轧制道次,并合理地分配道次延伸系数?

1-4　孔型的概念、孔型基本组成部分的作用是什么?

1-5　什么是轧辊的名义直径、原始直径、轧辊的重车率,它们之间的关系是什么?

1-6　什么是轧辊平均工作直径,计算方法有哪些?

1-7　什么是上压力和下压力,配置压力的作用是什么?

1-8　什么是轧辊中线、轧制线和孔型中性线,在配辊中它们的关系如何?

1-9　孔型在轧辊上的配置步骤如何?

2 延伸孔型设计

2.1 延伸孔型系统

为了获得某种型钢,通常在成品孔和预轧孔之前有一定数量的延伸孔型或开坯孔型。延伸孔型系统就是这些延伸孔型的组合。常见的延伸孔型系统有:箱形孔型系统、菱—方孔型系统、菱—菱孔型系统、椭圆—方孔型系统、六角－方孔型系统、椭圆－圆孔型系统和椭圆－立椭圆孔型系统等,如图 2-1 所示。

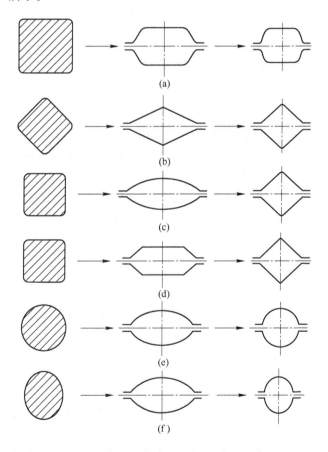

图 2-1 各种延伸孔型系统图

在对具体的产品进行孔型设计时,选用哪种孔型系统主要根据具体的轧制条件(轧机型式、轧辊直径、轧制速度、电机能力、轧机前后的辅助设备、原料尺寸、钢种、生产技术水平及操作习惯等)来确定。由于各种轧制条件不同,所以选用的孔型系统也不相同,有时也会选择几种延伸孔型系统组合的混合孔型系统。为了在孔型设计时合理地选择孔型系统,下面分别介绍各种孔型系统的优缺点和适用范围。

2.2 箱形孔型系统

箱形孔型系统由平箱孔型和立箱孔型组成,如图2-2所示。

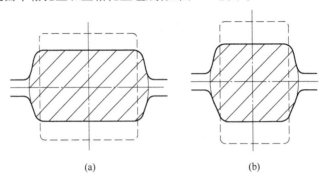

(a)   (b)

图 2-2   箱形孔型系统

(a) 平箱孔型;(b) 立箱孔型

2.2.1   箱形孔型系统的优缺点

2.2.1.1   优点

箱形孔型系统的优点是:

(1) 在轧件整个宽度上变形均匀,因此孔型磨损均匀,且变形能耗少。

(2) 在同一孔型中,用改变辊缝的方法可以轧制多种尺寸不同的轧件,共用性好。这样可以减少孔型数量,减少换孔或换辊次数,提高轧机的作业率。

(3) 轧件侧表面的氧化铁皮易于脱落,这对改善轧件表面质量是有益的。

(4) 与相等断面面积的其他孔型相比,箱型孔型在轧辊上的切槽浅,轧辊强度较高,故可以采用较大的道次变形量。

(5) 轧件断面温度降较为均匀。

2.2.1.2   缺点

箱形孔型系统的缺点是:

(1) 由于箱形孔型的结构特点,孔型侧壁斜度较大,所以难以从箱型孔型轧出几何形状精确的轧件。

(2) 轧件在孔型中只能受到两个方向的压缩,故轧件侧表面不易平直,甚至出现皱纹。

2.2.2   箱形孔型系统的使用范围

由于箱形孔型系统所具有的上述优缺点,所以它一般用作大型和中型断面的延伸孔型,如在初轧机、大中型轧机的开坯机及小型或线材轧机的粗轧机架上使用。

在轧制小型断面时,由于箱形孔中轧出的断面形状不规整,带来轧制时的稳定性较差。箱形孔型轧制断面的大小取决于轧机的大小。轧辊直径越小,所能轧的断面规格越小。例如,在850 mm的轧辊上用箱形孔型轧制方断面的尺寸不应小于90 mm;在辊径为650 mm的轧辊上不应小于80 mm。

2.2.3   箱形孔型系统的变形特点

2.2.3.1   稳定性

轧制矩形断面轧件时,如果轧件不发生扭转和倒坯现象,则轧件在孔型中是稳定的,否则便是不稳定。影响轧件在箱形孔中的稳定性的因素有：

（1）轧件断面尺寸。当轧件断面较小时，由于其抗扭转的能力较小，故稳定性较差；

（2）轧件断面高宽比 h/b。当轧件断面高宽比 $h/b > 1.2$ 时，容易产生倒坯的现象，稳定性较差；当 $h/b < 1.2$ 时，即使在平辊上轧制也比较稳定。由于平辊上轧制不需切槽，轧辊利用较好，所以在适当的阶段可采用平辊轧制来简化轧辊加工和生产操作过程，这也就是目前在型钢轧制中所采用的无孔型轧制技术，相关内容我们将在后面的章节中介绍。

（3）孔型的侧壁斜度和槽底宽度 b_K。孔型的侧壁斜度对轧件有扶正作用，因此侧壁角 φ 减小，轧制的稳定性提高。箱形孔槽底宽度 b_K 要使咬入开始时的轧件首先与孔型侧壁四点接触，如图 2-3（a）所示，使产生一定的侧压以夹持轧件，以提高稳定性和咬入能力。图 2-3（b）所示的情况，由于 b_K 太大无侧压作用所以稳定性差；而图 2-3（c）所示的情况，由于 b_K 过小侧压过大，使孔型磨损太快或出耳子影响质量。

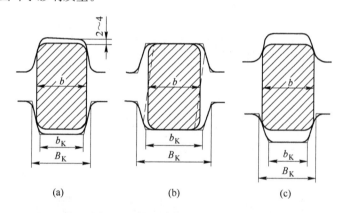

图 2-3 箱形孔槽底宽度的影响
（a）b_K 合适，轧制稳定；（b）b_K 过大，轧制稳定性降低；（c）b_K 过小，侧压过大

2.2.3.2 宽展与延伸

箱形孔内的宽展与压缩面积（压下量）和孔型侧壁斜度大小有关。压下量增加，宽展增大，孔型侧壁斜度减小，限制宽展作用增大，宽展减小，延伸增加，轧制变形效率增加。一般在不同情况下各类箱形孔中的宽展系数如表 2-1 所示。

表 2-1 轧件在箱形孔型中的宽展系数

轧制条件	中、小型开坯机轧制钢锭或钢坯			型钢轧机轧制钢坯	
	前 1~4 道轧锭	扁箱形孔型	方箱形孔型	扁箱形孔型	方箱形孔型
宽展系数 $\beta = \dfrac{\Delta b}{\Delta h}$	0~0.1	0.15~0.30	0.15~0.25	0.25~0.45	0.2~0.3

由于箱形孔型适用于轧制大、中断面，压下量受咬入条件、电机能力和轧辊强度等因素的限制，故常用的道次延伸系数在 1.16~1.4 之间，平均延伸系数在 1.15~1.34 之间。

2.2.4 箱形孔型系统的组成

箱形孔型系统常有如图 2-4 所示的几种组成形式。

图 2-4（a）所示为箱形孔型系统的典型组成形式，即平、立、平、立的系统。这种孔型系统由于在两个方向上交替进行加工，故从加工质量上讲是比较合理的。在水平轧机上这种系统需要

逐道翻钢,操作上比较麻烦,但在当今的型钢连轧机上,如采用平立交替的轧机,则可以解决翻钢问题。

　　总之,具体选用何种轧制方式应根据设备条件和对产品的质量要求而定。

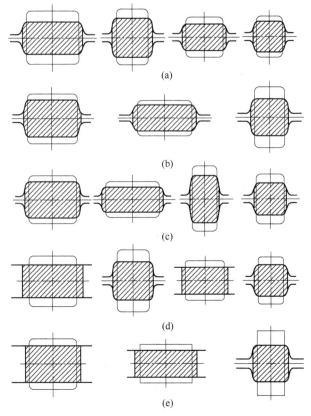

图 2-4　箱形孔型系统的组成方式

2.2.5　箱形孔型的构成

　　箱形孔型按孔型的高宽比分为立箱孔型($h/B_K \geqslant 1$)和平箱孔型($h/B_K < 1$)两种,其结构如图 2-5 所示,箱形孔型的构成参数及关系列于表 2-2。

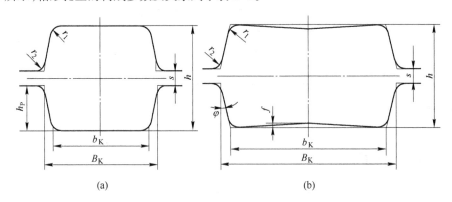

图 2-5　箱形孔型的构成
(a) 立箱孔型;(b) 平箱孔型

表 2-2 箱形孔型的构成参数及关系

参 数 名 称	关系式(单位:mm)	说 明
孔型槽底宽度	$b_K = B - (0 \sim 6)$	
孔型槽口宽度	$B_K = B + \beta\Delta h + (5 \sim 10)$	
孔型高度	$h = H - \Delta h$	
孔型侧壁斜度	$\tan\varphi = y = \dfrac{B_K - b_K}{2h_P} \times 100\%$	B—来料宽度; Δh—本孔型压下量; β—本孔型宽展系数; H—来料高度; 平箱孔型 $y = 10\% \sim 20\%$; 立箱孔型 $y = 15\% \sim 25\%$; D_0—轧辊名义直径
槽底圆角半径	$r_1 = (0.12 \sim 0.20)B$	
槽口圆角半径	$r_2 = (0.10 \sim 0.12)B$	
辊 缝	$s = (0.02 \sim 0.05)D_0$	
轧槽深度	$h_P = \dfrac{h - s}{2}$	
槽底凸度	$f = (0.03 \sim 0.05)B$	
轧件断面面积	$F = h(B + \beta\Delta h)$	

　　箱形孔型构成时,采用槽底凸度 f 的作用是:使轧件在辊道上位置稳定,不易倒钢,操作方便;为翻钢后轧制时留有宽展余地,防止产生过充满;再有由于槽底中部容易磨损,结果使轧件上、下面鼓起,采用槽底凸度可克服这种缺点,提高轧辊寿命。但应注意的是,为了避免因在轧件表面上出现皱纹而引起的成品表面质量不合格,当用箱形孔型轧成品坯或成品方钢时,最后一个箱形孔型应无凸度;作为开坯延伸孔型的最后一个箱形孔型槽底也应无凸度。

2.3　菱—方孔型系统

　　菱形和方形孔型组合的孔型系统称为菱—方孔型系统,如图 2-6 所示。

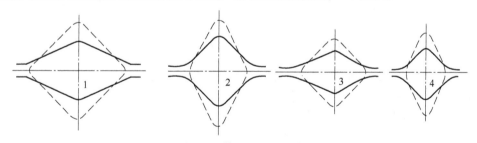

图 2-6　菱—方孔型系统

2.3.1　菱—方孔型系统的优缺点

　　2.3.1.1　优点

菱—方孔型系统的优点是:

(1) 能轧出几何形状正确的方形断面轧件。

(2) 由于有中间方孔型,所以能从一套孔型中轧出不同规格的方形断面轧件;用调整辊缝的方法,还可以从同一个孔型中轧出几种相邻尺寸的方形断面轧件。

(3) 孔型形状使轧件各面都受到良好的加工,有利于改善金属组织,使变形基本均匀。

(4) 轧件在孔型中轧制稳定,所以对导卫装置的设计、安装和调整的要求都不高。

　　2.3.1.2　缺点

菱—方孔型系统的缺点是:

（1）与同等断面尺寸的箱形孔型相比，轧槽切入轧辊较深，影响轧辊强度。
（2）在轧制过程中，轧件角部位置固定，温度较低，因此在轧件角部易出现裂纹。
（3）由于轧件的侧面紧贴在孔型侧壁上，所以去除氧化铁皮的能力差，影响轧件表面质量。
（4）同一轧槽内的辊径差大，各点的线速度差也大，附加摩擦大，轧槽磨损不均匀。

2.3.2　菱—方孔型系统的使用范围

根据菱—方孔型系统的优缺点，可以将它作为延伸孔型，也可以用它来轧制 60 mm × 60 mm 以下的方坯和方钢。当把它作延伸孔型使用时，最好将其接在箱形孔型之后。菱—方孔型系统被广泛应用于钢坯连轧机、三辊开坯机、型钢轧机的粗轧和精轧道次。

2.3.3　菱—方孔型系统的变形特点

2.3.3.1　菱—方孔型中宽展

从菱—方孔型结构特点可以看出，轧件在方形孔内的宽展由于孔型侧壁抑制了金属的横向流动，故其宽展小于自由宽展；而在菱形孔中，由于孔型的侧壁斜度较大，对宽展的限制程度小于方孔，横向移位体积较大，故轧件宽展比方孔大。另外，由于菱形孔的形状特征，即使在金属横向移位体积相同的条件下，也会产生较大绝对宽展值，并且绝对宽展值随菱形孔顶角的增大而增大，如图 2-7 所示。

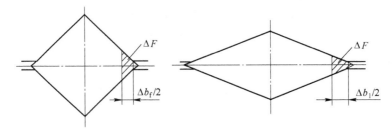

图 2-7　菱、方孔内移位体积形成的宽展量

因此，在利用经验计算方法计算菱形和方形轧件的尺寸时，宽展系数的选取范围如下：
（1）方断面轧件在菱形孔型中的宽展系数 $\beta_1 = 0.3 \sim 0.5$。
（2）菱形断面轧件在方孔型中的宽展系数 $\beta_f = 0.2 \sim 0.4$。

2.3.3.2　菱—方孔型的延伸系数

A　方轧件在菱形孔型中轧制时的延伸系数

方轧件在菱形孔型中轧制时，方形和菱形轧件的尺寸如图 2-8 所示。

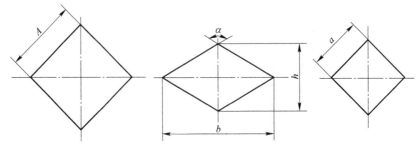

图 2-8　菱—方轧件尺寸的确定

即 $$b = 1.41A + \beta_1(1.41A - h) = (1 + \beta_1)1.41A - \beta_1 h \tag{2-1}$$

因而

$$\frac{b}{h} = \frac{(1 + \beta_1) \times 1.41A - \beta_1 h}{h} \tag{2-2}$$

$$h \frac{b}{h} = (1 + \beta_1) \times 1.41A - \beta_1 h \tag{2-3}$$

$$h = \frac{(1 + \beta_1) \times 1.41A}{\dfrac{b}{h} + \beta_1} \tag{2-4}$$

$$b = \frac{\dfrac{b}{h}(1 + \beta_1) \times 1.41A}{\dfrac{b}{h} + \beta_1} \tag{2-5}$$

菱形的面积 F_1 为:

$$F_1 = \frac{hb}{2} = \frac{\dfrac{b}{h}(1 + \beta_1)^2 A^2}{\left(\dfrac{b}{h} + \beta_1\right)^2} \tag{2-6}$$

方轧件在菱形孔型中的延伸系数 μ_1 为:

$$\mu_1 = \frac{A^2}{F_1} = \frac{\left(\dfrac{b}{h} + \beta_1\right)^2}{\dfrac{b}{h}(1 + \beta_1)^2} \tag{2-7}$$

由式(2-7)可见,方形断面轧件在菱形孔型中的延伸系数 μ_1 取决于菱形孔型的轴比 $\dfrac{b}{h}$ 和宽展系数 β_1。

B 菱形轧件在方孔型中轧制时的延伸系数

$$h = 1.41a - \beta_f(b - 1.41a) = 1.41a(1 + \beta_f) - \beta_f b \tag{2-8}$$

$$\frac{b}{h} = \frac{b}{1.41a(1 + \beta_f) - \beta_f b} \tag{2-9}$$

$$b = \frac{\dfrac{b}{h}(1 + \beta_f) \times 1.41a}{1 + \beta_f \dfrac{b}{h}} \tag{2-10}$$

$$h = \frac{(1 + \beta_f) \times 1.41a}{1 + \dfrac{b}{h}\beta_f} \tag{2-11}$$

菱形面积 F_1 为:

$$F_1 = \frac{\dfrac{b}{h}(1 + \beta_f)^2 a^2}{\left(1 + \dfrac{b}{h}\beta_f\right)^2} \tag{2-12}$$

轧件在方孔型中的延伸系数 μ_f 为:

$$\mu_{\mathrm{f}} = \frac{F_{\mathrm{f}}}{a^2} = \frac{\dfrac{b}{h}(1 + \beta_{\mathrm{f}})^2}{\left(1 + \dfrac{b}{h}\beta_{\mathrm{f}}\right)^2} \tag{2-13}$$

由式(2-13)可知,菱形断面轧件在方孔型中的延伸系数 μ_{f} 取决于菱形件的宽高比 $\dfrac{b}{h}$ 和在方孔型中的宽展系数 β_{f}。

当宽展系数为某一数值时,菱形孔和方孔的延伸系数只与菱形孔的轴比 $\dfrac{b}{h}$,即顶角 α 有关。

设 $\beta_1 = 0.4$ 或 $\beta_{\mathrm{f}} = 0.3$,则对应于 α 的 μ_1、μ_{f} 为:

$$\alpha = 110 \qquad \mu_1 = 1.194 \qquad \mu_{\mathrm{f}} = 1.183$$
$$\alpha = 120 \qquad \mu_1 = 1.339 \qquad \mu_{\mathrm{f}} = 1.268$$
$$\alpha = 130 \qquad \mu_1 = 1.540 \qquad \mu_{\mathrm{f}} = 1.342$$

顶角 α 越大,则菱形孔和方形孔的延伸系数越大。

2.3.3.3　菱—方孔型的稳定性

轧件顶角与孔型顶角之差越小,孔型侧壁对轧件的夹持作用越大,轧件在孔型中越稳定。但从前面对菱—方孔型的延伸系数的分析中,得到菱—方孔型的延伸系数随菱形轧顶角的增大而增大的结论,而顶角的增大又会带来轧件与孔型的顶角差增大,使稳定性下降。在实际生产中,顶角差(方形孔为 $90° - \beta$,菱形孔为 $\alpha - 90°$)小于 $10°$ 时,轧件在孔型内十分稳定,即使没有导卫板轧件也能自动对正孔型;当菱形孔的顶角 $\alpha > 100°$ 时,就必须安装导卫板;当顶角差大于 $30°$ 时,稳定性明显下降。此外,轧件在孔型中的稳定性还与菱—方孔型的圆角大小有关。所以为了保证菱—方孔型内轧件的稳定性和具有一定的延伸系数,菱形孔的顶角 α 一般取 $98° \sim 120°$,即菱形孔型的宽高比为:

$$\tan\frac{98°}{2} \leqslant \frac{b}{h} \leqslant \tan\frac{120°}{2} \tag{2-14}$$

即

$$1.15 \leqslant \frac{b}{h} \leqslant 1.73 \tag{2-15}$$

由此条件确定的菱形孔尺寸,它的菱—方孔型系统的道次延伸系数在 $1.15 \sim 1.6$ 之间,常用 $1.2 \sim 1.4$。

2.3.4　菱—方孔型的构成

菱—方孔型的构成如图 2-9 所示,孔型的构成参数及关系列于表 2-3 和 2-4。

表 2-3　菱形孔型的构成参数及关系

参 数 名 称	关系式(单位:mm)	说　　明
孔型高度	$h_{\mathrm{K}} = h - 2r_1\left[\sqrt{1 + \left(\dfrac{b}{h}\right)^2} - 1\right]$	b—菱形孔对角宽度; h—菱形孔对角高度; $\beta = 2\arctan\dfrac{h}{b}$
轧槽宽度	$B_{\mathrm{K}} = b\left(1 - \dfrac{s}{h}\right)$	
菱形边长	$C = \dfrac{b}{2\sin\dfrac{\alpha}{2}}$	
孔型顶角	$\alpha = 180° - \beta$	
孔型圆角半径	$r_1 = (0.1 \sim 0.2)h$ $r_2 = (0.1 \sim 0.35)h$	
辊　缝	$s = 0.1h$	

表 2-4　方形孔型的构成参数及关系

参数名称	关系式（单位：mm）	说　明
方孔对角宽度	$b = (1.41 \sim 1.42)a$	
方孔对角高度	$h = (1.4 \sim 1.41)a$	b—方形孔对角宽度；h—方形孔对角高度；a—方轧件的边长
孔型高度	$h_K = h - 0.828 r_1$	
轧槽宽度	$B_K = b - s$	
孔型圆角半径	$r_1 = (0.1 \sim 0.2)h$ $r_2 = (0.1 \sim 0.35)h$	
辊　缝	$s \approx 0.1a$	

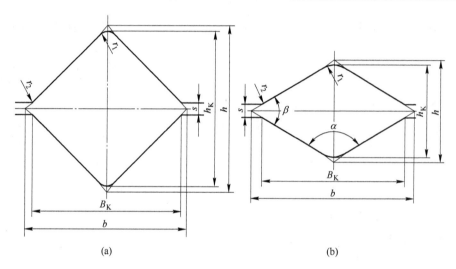

(a) (b)

图 2-9　菱—方孔型的构成

（a）方孔型；（b）菱孔型

2.3.5　菱—菱孔型系统

下面我们再介绍一种与菱—方孔型系统变形特点和设计方法相似的菱—菱孔型系统，如图 2-10 所示。

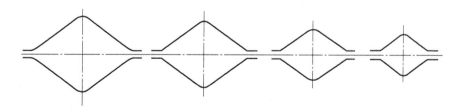

图 2-10　菱—菱孔型系统

2.3.5.1　优点

菱—菱孔型系统的优点是：

（1）在一套菱—菱孔型系统中，用翻 90°的方法能轧出多种不同断面尺寸的轧件；在任意一对孔型中皆能轧出方坯，只是所轧方坯不是很规整，如图 2-11 所示。这对于轧制多品种的旧式

轧机是有利的。

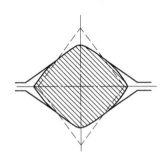

图 2-11　在菱—菱孔型系统中轧出相似方形轧件

（2）利用菱—菱孔型系统可将方形断面由偶数道次过渡到奇数道次，如图 2-12 所示。

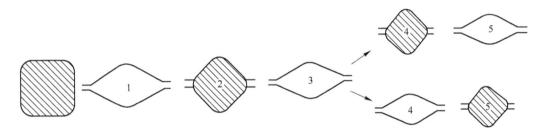

图 2-12　菱形孔型在菱—菱孔型系统中的作用

（3）易于喂钢和咬入，故对导卫板要求不严。

2.3.5.2　缺点

菱—菱孔型系统的缺点是：

（1）菱—菱孔型系统除具有菱—方孔型系统的缺点外，还有在菱形孔型系统中轧出的方坯具有明显的八边形，如图 2-11 所示，这对连续式加热炉的操作不利，钢坯在炉中运行时易产生翻炉事故。

（2）轧件在孔型中的稳定性较菱—方孔型为差。

（3）延伸系数较小，很少超过 1.3。

2.3.5.3　菱—菱孔型系统的使用范围

鉴于上述菱—菱孔型系统的优缺点，故其常用于小批量、多品种优质钢和合金钢的轧制。当轧制系统中有时需要在奇数道次获得方坯时，往往采用菱—菱孔型系统作为过渡孔型。

2.3.5.4　菱—菱孔型系统的变形系数

菱—菱孔型系统的宽展系数：$\beta_1 = 0.2 \sim 0.35$。

菱—菱孔型系统的延伸系数 μ_1 主要取决于菱形孔型的顶角 α。为了轧件在孔型中轧制稳定，其顶角 α 不宜超过 120°，在生产实践中一般采用 $\alpha = 97° \sim 110°$。延伸系数 $\mu_1 = 1.25 \sim 1.45$，一般常用 $\mu_1 = 1.2 \sim 1.38$。

2.3.5.5　菱—菱孔型系统的设计方法

菱—菱孔型系统是根据相邻两个菱形的内接圆直径的关系或前后菱形边长之间的关系进行设计的。

A　按内接圆直径

此方法是以菱形内接圆直径作为设计的依据。相邻两个菱形的内接圆直径的关系如表 2-5

及图 2-13 所示。

表 2-5　相邻两个菱形内接圆直径的关系

直 径 关 系	开坯机	型钢轧机的开坯孔型	精轧机
相邻菱形的内接圆直径之比 $\dfrac{D}{d}$	1.08 ~ 1.2	1.08 ~ 1.14	1.05 ~ 1.14
相邻菱形的内接圆直径之差 $(D-d)$ mm	8 ~ 15	6 ~ 12	4 ~ 8

B　按菱形边长

前后菱形边长之间的关系,如表 2-6 及图 2-13 所示。

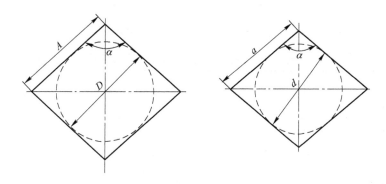

图 2-13　菱形的内接圆直径和边长

表 2-6　相邻菱形的边长关系

边 长 关 系	开坯机	型钢轧机的开坯孔型	精轧机
相邻菱形的边长比 $\dfrac{A}{a}$	1.08 ~ 1.2	1.08 ~ 1.17	1.05 ~ 1.17
相邻菱形的边长差 $(A-a)/$ mm	8 ~ 15	6 ~ 12	6 ~ 8

不论哪一种设计方法,其菱形的顶角均与 $\dfrac{D}{d}$ 或 $\dfrac{A}{a}$ 成正比。菱形的顶角 α 与轧件断面大小的关系如表 2-7 所示。菱形孔型的顶角 α 虽然最大可达 120°,但在大多数的生产实践中很少超过 115°。

表 2-7　菱形顶角与轧件断面大小的关系

轧件断面的边长或内接圆直径(A 或 D)	>50 mm	30 ~ 50 mm	10 ~ 30 mm
菱形顶角 $\alpha/(°)$	93 ~ 98	95 ~ 100	100 ~ 105

2.3.5.6　万能菱形孔型的构成

菱形孔型的构成可按菱—方孔型系统中菱形孔型的构成方法。有时为了加大菱—菱孔型系统的延伸系数,可设计成万能菱形孔型,其结构如图 2-14 所示。为了保证轧制时的稳定性,万能菱形孔型采用小顶角,一般取 $\alpha = 95° ~ 98°$,并在轧槽槽口采用大圆弧 R 过渡,以增加孔型的宽展余地,使道次延伸系数增加到 1.15 ~ 1.6 之间,常用 1.25 ~ 1.45。万能菱形孔型的构成参数及关系如表 2-8 所示。

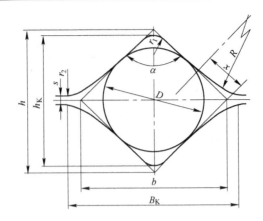

图 2-14　万能菱形孔型的构成

表 2-8　万能菱形孔型的构成参数及关系

参 数 名 称	关系式(单位:mm)	说　　明
方孔对角宽度	$h = D/\sin\dfrac{\alpha}{2}$	
方孔对角高度	$b = D/\cos\dfrac{\alpha}{2}$	
孔型高度	$h_K = h - 2r_1\left(1/\sin\dfrac{\alpha}{2} - 1\right)$	
轧槽宽度	$B_K = b + (10 \sim 20)$	D—菱形孔内接圆直径;
槽口过渡圆弧半径	$R \approx D$	α—孔型顶角
菱形直线段长	$x = \left(\dfrac{1}{3} \sim \dfrac{2}{5}\right)D$	
顶角圆角半径	$r_1 = (0.15 \sim 0.2)D$	
槽口圆角半径	$r_2 \approx 0.1B_K$	
辊　缝	$s = 5 \sim 10$	

　　菱形孔型各部分的尺寸确定之后,应校核轧件在孔型中的宽展量和轧后的轧件宽度,并需满足轧制顺序前一孔型高度小于后一孔型轧槽宽度 B_K,即 $h_K = B_K - (0.2 \sim 0.4)\Delta h$,其中,$h_K$ 为前一孔型的实际高度;B_K 为后一孔型的槽口宽度;Δh 为轧件在最后一孔型中的压下量。若未能满足这一条件,则应增大前一孔型顶角的内圆角半径,或修改顶角的角度 α,或修改菱形的内接圆直径 D 与 d 或边长 A 与 a。

2.4　椭圆—方孔型系统

　　椭圆—方孔型系统如图 2-15 所示。

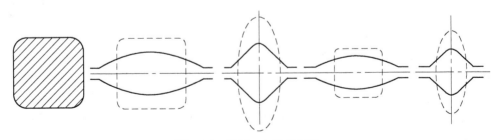

图 2-15　椭圆—方孔型系统

2.4.1 椭圆—方孔型系统的优缺点

2.4.1.1 优点

椭圆—方孔型系统的优点是：

（1）延伸系数大。方轧件在椭圆孔型中的最大延伸系数可达 2.4，椭圆件在方孔型中的延伸系数可达 1.8。因此，采用这种孔型系统可以减少轧制道次、提高轧制温度、减少能耗和轧辊消耗。

（2）没有固定不变的棱角。如图 2-16 所示，在轧制过程中棱边和侧边部分互相转换，因此，轧件表面温度比较均匀。

（3）轧件能在多方向上受到压缩，如图 2-16 所示，有利于改善金属的组织性能和防止角部裂纹的产生，这对提高产品质量是有利的。

（4）轧件在孔型中的稳定性较好。

2.4.1.2 缺点

椭圆—方孔型系统的缺点是：

（1）不均匀变形严重，特别是方轧件在椭圆孔型中轧制时更甚，结果使孔型磨损加快且不均匀。

（2）由于在椭圆孔型中的延伸系数较方孔为大，故椭圆孔型比方孔型磨损快。若用于连轧机，易破坏既定的连轧常数，从而使轧机调整困难。

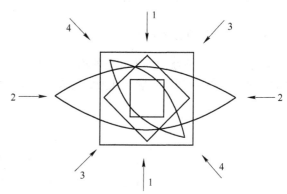

图 2-16 椭圆—方孔型系统角部位置的变化

2.4.2 椭圆—方孔型系统的使用范围

由于椭圆—方孔型系统延伸系数大，所以它被广泛用于小型和线材轧机上作为延伸孔型轧制 40 mm×40 mm ~ 75 mm×75 mm 以下的轧件。

2.4.3 椭圆—方孔型系统的变形系数

2.4.3.1 椭圆—方孔型系统的宽展系数

椭圆—方孔型系统的宽展系数 $\beta_f = 0.3 \sim 0.6$，常采用 $\beta_f = 0.3 \sim 0.5$。

方件在椭圆孔型中的宽展系数与方件边长之间的关系如表 2-9 所示。

表 2-9 方件在椭圆孔型中的宽展系数与其边长的关系

方件边长/mm	6 ~ 9	9 ~ 14	14 ~ 20	20 ~ 30	30 ~ 40
β_t	1.4 ~ 2.2	1.2 ~ 1.6	0.9 ~ 1.4	0.7 ~ 1.1	0.55 ~ 0.9

2.4.3.2 椭圆—方孔型系统的延伸系数

椭圆—方孔型系统常用的延伸系数值如表 2-10 所示，相邻方件边长差与其边长的关系如表 2-11 所示。

表 2-10　常用的延伸系数值

椭圆方孔型系统的平均延伸系数		方轧件在椭圆孔型中的延伸系数		椭圆件在方孔型中的延伸系数	
μ_c	μ_{cmax}	μ_t	μ_{tmax}	μ_f	μ_{fmax}
1.25 ~ 1.6	1.7 ~ 2.2	1.25 ~ 1.8	2.424	1.2 ~ 1.6	1.89

表 2-11　相邻方件边长差与其边长的关系

方件边长/mm	6 ~ 9	9 ~ 14	14 ~ 20	20 ~ 30	30 ~ 40
边长差/mm	1.5 ~ 2.5	2.5 ~ 4.0	2.5 ~ 6	5 ~ 10	6 ~ 12

2.4.4　椭圆—方孔型的构成

椭圆—方孔型系统中的方孔型的构成与菱—方孔型系统中的方孔型的构成相同,其椭圆孔型的构成如图 2-17 所示。椭圆孔型的构成参数及关系列于表 2-12。

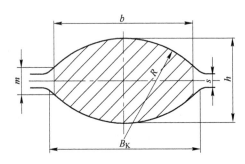

图 2-17　椭圆孔型构成

表 2-12　椭圆孔型的构成参数及关系

参 数 名 称	关系式(单位:mm)	说　　明
轧件宽度	$b = A + \beta\Delta h$	
椭圆半径	$R = \dfrac{(h-s)^2 + B_K^2}{4(h-s)}$	
椭圆钝边	$m = s + 1$	Δh—压下量; A—来料边长; β—宽展系数;
轧槽宽度	$B_K = (1.088 \sim 1.11)b$	h—孔型高;
槽口圆角半径	$r = (0.08 \sim 0.12)B_K$	孔型充满时 $m = s$
辊　缝	$s = (0.2 \sim 0.3)h$	
轧件断面面积	$F = \dfrac{1}{3}\left(\dfrac{m}{h} + 2\right)bh$	

2.5　六角—方孔型系统

2.5.1　六角—方孔型系统的优缺点

六角—方孔型系统(如图 2-18 所示)与椭圆—方孔型系统很相似,可以把六角孔型看成是

变化的椭圆孔型。所以,六角—方孔型系统除具有椭圆—方孔型系统的优点外,还有以下特点:

（1）变形均匀;

（2）单位压力小（能耗小、轧辊磨损亦小）;

（3）轧件在孔型中稳定性好。但六角孔型充满不良时,则易失去稳定性。

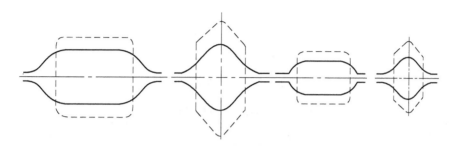

图 2-18　六角—方孔型系统

2.5.2　六角—方孔型系统的使用范围

六角方孔型系统被广泛用于粗轧和毛轧机上,它所轧制的方件边长在 17 mm × 17 mm ~ 60 mm × 60 mm 之间。它常用在箱形孔型系统之后和椭圆—方孔型系统之前,组成混合孔型系统。这样克服了小断面轧件在箱形孔型中轧制不稳定和大断面轧件在椭圆孔型中轧制严重不均匀变形的缺点。

2.5.3　六角—方孔型系统的变形特点

2.5.3.1　宽展系数

轧件在六角—方孔型系统中的宽展系数如表 2-13 所示。

表 2-13　六角—方孔型系统孔型中的宽展系数

方件在六角孔型中的宽展系数 β_l		六角形轧件在方孔型中的宽展系数 β_f	
$A > 40$ mm 0.5 ~ 0.7	$A < 40$ mm 0.65 ~ 1	0.25 ~ 0.7	常用 0.4 ~ 0.7

2.5.3.2　延伸系数

设计六角—方孔型系统时,应特别注意方件在六角孔型中的延伸系数 μ_l 不得小于 1.4,若 $\mu_l < 1.4$,则六角孔型将充不满,从而造成轧制不稳定。六角—方孔型系统的延伸系数如表 2-14 所示。

表 2-14　六角—方孔型系统中的延伸系数

平均延伸系数 μ_c		方件在六角孔型中的延伸系数 μ_l	六角形轧件在方孔中的延伸系数 μ_f
范围 1.35 ~ 1.8	常用 1.4 ~ 1.6	1.4 ~ 1.8	1.4 ~ 1.6

2.5.4　六角—方孔型的构成

六角—方孔型的构成与椭圆—方孔型的构成相同。六角孔型的构成如图 2-19 所示,六角孔型的构成参数及关系列于表 2-15。

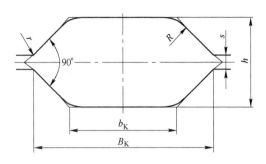

图 2-19　六角孔型的构成

表 2-15　六角孔型的构成参数及关系

参 数 名 称	关系式(单位:mm)	说　　　　明
轧件宽度	$b = A + \beta \Delta h$	
槽口宽度	$B_K = (0.85 \sim 0.95) b$	
槽底宽度	$b_K = A$(或用作图法确定)	
侧壁角	$a > 40$ 时,$\alpha = 90°$ $a < 40$ 时,$\alpha = 85° \sim 90°$	A—来料方坯边长; β—宽展系数; Δh—压下量; α—下一方孔边长; h—孔型高
槽口圆角半径	$r = (0.2 \sim 0.4) h$	
槽底圆角半径	$R = (0.4 \sim 0.5) h$	
辊　缝	$s = (0.2 \sim 0.3) h$	
轧件断面面积	$F = h b_K + \dfrac{1}{2}(h^2 - s^2)$	

2.6　椭圆—圆孔型系统

椭圆—圆孔型系统如图 2-20 所示。

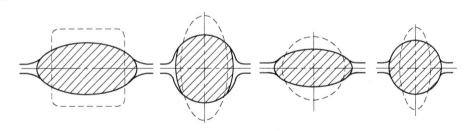

图 2-20　椭圆—圆孔型系统

2.6.1　椭圆—圆孔型系统的优缺点

2.6.1.1　优点
椭圆—圆孔型系统的优点是:

(1)变形较均匀,轧制前后轧件的断面形状能平滑地过渡,可防止由不均匀变形产生的局部应力。

(2)由于轧件没有明显的棱角,冷却比较均匀,从而消除了因断面温度分布不均而引起轧制裂纹的因素。

(3) 轧制中有利于去除轧件表面的氧化铁皮,改善轧件的表面质量。

(4) 需要时可在延伸孔型中轧出成品圆钢,因而可减少轧辊的数量和换辊次数。

2.6.1.2 缺点

椭圆—圆孔型系统的缺点是:

(1) 延伸系数较小,一般为 1.15 ~ 1.4,故造成轧制道次增加。

(2) 椭圆件在圆孔型中轧制不稳定。

(3) 圆孔型对来料尺寸的波动适应能力差,易出耳子,故对调整要求高。

2.6.2 椭圆—圆孔型系统的使用范围

椭圆—圆孔型系统无椭圆—方孔型系统的"蛇头"缺陷,有利于实现轧件的自动进钢,因而广泛用作棒、线材连轧机延伸孔型甚至精轧孔型。另外圆孔型轧出的轧件断面只有最大和最小直径两个尺寸,进入椭圆孔型能自动认面进钢,从而减小轧件断面尺寸波动,利于连轧。尽管椭圆—圆孔型系统的延伸系数小,但在轧制优质钢或高合金钢时,要获得质量好的产品是主要的,采用椭圆—圆孔型系统尽管轧制道次有所增加,但减少了精整和次品率,经济上仍然是合理的。

2.6.3 椭圆—圆孔型系统的变形特点

2.6.3.1 延伸系数

椭圆—圆孔型系统的延伸系数一般为 1.3 ~ 1.4。轧件在椭圆孔型中的延伸系数为 1.2 ~ 1.6,轧件在圆孔型中的延伸系数为 1.2 ~ 1.4。

2.6.3.2 宽展系数

轧件在椭圆孔型中的宽展系数为 0.5 ~ 0.95,轧件在圆孔型中的宽展系数为 0.3 ~ 0.4。

2.6.4 椭圆—圆孔型的构成

椭圆—圆孔型系统中椭圆孔型的构成同前所述。圆孔型的构成有两种方法,如图 2-21 所示。圆孔型的构成参数及关系列于表 2-16。

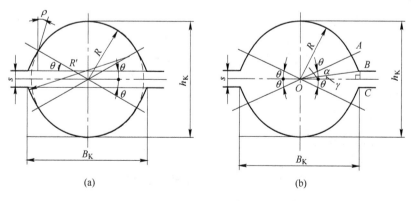

图 2-21 圆孔型的构成
(a) 圆弧侧壁的圆孔型;(b) 直线侧壁的圆孔型

表 2-16　圆孔型的构成参数及关系

参　数　名　称	关系式(单位:mm)	说　　明
孔型高	$h_K = d$	
孔型半径	$R = d/2$	
辊　缝	$s = (0.10 \sim 0.15) h_K$	
孔型外圆角半径	$r = 1.5 \sim 5$	d—圆孔直径
孔型开口倾角	$\theta = 15° \sim 30°$ 通常取 $\theta = 30°$	
孔型宽度	$b_K = h + (1 \sim 4)$ 或用作图法确定	
孔型开口连接圆弧半径	$R' = \dfrac{B_K^2 + s^2 + 4R^2 - 4R(s\sin\theta + B_K\cos\theta)}{8R - 4(\sin\theta + B_K\cos\theta)}$ 或用作图法确定	
直线侧壁斜度圆孔型切点对应的扩张角	$\theta = \alpha + \gamma = \arccos\left[\dfrac{2R}{\sqrt{B_K^2 + s^2}}\right] + \arctan\left(\dfrac{s}{B_K}\right)$	此圆孔的结构如图 2-31 (b)所示,多用于高速线材和连续棒材轧机的圆孔型

2.7　椭圆—立椭圆孔型系统

为了克服椭圆—圆孔型系统中圆孔型轧制时轧件稳定性差的问题,将椭圆—圆孔型系统中的圆孔型改为立椭圆孔型即可得到椭圆—立椭圆孔型系统,如图 2-22 所示

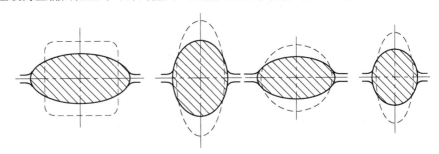

图 2-22　椭圆—立椭圆孔型系统

2.7.1　椭圆—立椭圆孔型系统的优缺点

2.7.1.1　优点
椭圆—立椭圆孔型系统的优点是:
(1) 孔型对轧件的夹持作用增加,提高了轧件在孔型中的稳定性。
(2) 能平稳地实现轧件的断面过渡,轧件变形和冷却较均匀。
(3) 轧件与孔型的接触线长,因而轧件宽展较小,变形效率更高。
(4) 轧件的表面缺陷如裂纹、折叠等较少。

2.7.1.2　缺点
椭圆—立椭圆孔型系统的缺点是:
(1) 轧槽切入轧辊较深。
(2) 孔型各处速度差较大,孔型磨损较快,电能消耗也因之增加。

2.7.2　椭圆—立椭圆孔型系统的使用范围

椭圆—立椭圆孔型系统主要用于轧制塑性极低的钢材。近来,由于连轧机的广泛使用,特别

是在水平辊机架与立辊机架交替布置的连轧机和45°轧机上,为了使轧件在机架间不进行翻钢,以保证轧制过程的稳定和消除卡钢事故,因而椭圆—立椭圆孔型系统代替了椭圆—方孔型系统被广泛用于小型和线材连轧机上。

2.7.3 椭圆—立椭圆孔型系统的变形特点

2.7.3.1 宽展系数

轧件在立椭圆孔型中的宽展系数 $\beta_1 = 0.3 \sim 0.4$。轧件在平椭圆孔型中的宽展系数 $\beta_1 = 0.5 \sim 0.6$。

2.7.3.2 延伸系数

椭圆—立椭圆孔型系统的延伸系数主要取决于平椭圆孔型的宽高比,其比值为 $1.8 \sim 3.5$,平均延伸系数为 $1.15 \sim 1.34$。轧件在平椭圆孔型中的延伸系数 $\mu_1 = 1.15 \sim 1.55$,一般用 $\mu_1 = 1.17 \sim 1.34$。轧件在立椭圆孔型系统中的延伸系数为 $\mu_1 = 1.16 \sim 1.45$,一般用 $\mu_1 = 1.16 \sim 1.27$。

2.7.4 椭圆—立椭圆孔型的构成

平椭圆孔型尺寸及其构成与椭圆—圆孔型系统中的椭圆相同。立椭圆孔型的结构如图2-23所示,立椭圆孔型的构成参数及关系列于表2-17。

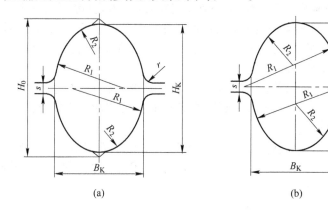

(a)　　　　　　　　　　　　(b)

图 2-23　立椭圆孔型的构成

表 2-17　立椭圆孔型的构成参数及关系

参 数 名 称	关系式(单位:mm)	说　明
孔型高度	$H_K = h$	
槽口宽度	$B_K = h/1.295$	
孔型顶部圆弧半径	$R_2 = (0.2 \sim 0.25)R_1$	h—轧件高度
侧壁弧形半径	$R_1 = (0.7 \sim 1.0)B_K$	
槽口外圆角半径	$r = (0.5 \sim 0.75)R_2$	
辊　缝	$s = (0.1 \sim 0.25)h$	

2.8　无孔型轧制法

如前所述,简单断面轧件的一般轧制方法是在孔型中轧制。根据轧制阶段不同,设计有初轧开坯孔型、延伸孔型和精轧孔型。但是,这种孔型轧制使轧辊消耗及储备量增加,换辊频繁,严重影响生产率并使生产成本提高。无孔型轧制是在没有轧槽的平辊上轧制钢坯和棒材的方法,也叫平辊轧制、圆边矩形轧制或无槽轧制。因此,世界上许多国家研究在钢坯和简单断面型钢生产中,用无轧槽平辊代替粗轧机组和中轧机组中的全部有轧槽轧辊,进行无孔型轧制,仅精轧机组采用常规孔型轧制。目前,在世界上一些国家的中小钢厂的轧制生产中,无孔型轧制得到了推广应用,并通过不断实践,取得了很大进展,并已成为能优化棒线材生产的新轧制技术之一。近年来,我国轧钢厂也已开始在棒线材的粗轧道次采用平辊轧制,并收到良好效果。

无孔型轧制即在不刻槽的平辊上,通过方—矩变形过程,完成延伸孔型轧制的任务,减小断面到一定程度,再通过数量较少的精轧孔型,最终轧制成方、圆、扁等简单断面轧件。

2.8.1　无孔型轧制法的特点

无孔型轧制法是轧件在上、下两个平辊辊缝间轧制,辊缝高度即为轧件高度,轧件宽度即为自由宽展后的轧件宽度,无孔型侧壁的作用。因此,无孔型轧制法区别于孔型轧制法,归纳起来有以下特点:

2.8.1.1　优点

无孔型轧制法的优点如下:

(1)由于轧辊无孔型,改轧产品时,可通过调节辊缝来改变压下规程。因此,换辊及换孔型的次数减少了,提高了轧机作业率。日本水岛厂钢坯车间采用无孔型轧制法,作业率提高了5%。

(2)由于轧辊不刻轧槽,轧辊辊身和硬度层可充分利用,辊身可利用的辊径范围增大,使轧辊增值;同时可减少轧辊的最大直径,从而减少轧辊的订货重量;由于轧件变形均匀,轧辊磨损量小且均匀,故轧辊的使用寿命提高了2~4倍。

(3)轧辊车削量小且车削简单,节省了车削工时,可减少轧辊加工车床。

(4)由于轧辊可以通用,故轧机可做到同机组轧辊备用,因而大幅度减少了备用轧辊的数量。

(5)由于轧件是在平辊上轧制,所以不会出现耳子、充不满、孔型错位等孔型轧制中的缺陷。如图2-24所示,(a)图为无孔型轧制情况,(b)、(c)、(d)图为孔型中的轧制常见缺陷的情况。轧制缺陷的减少也能减少由此产生的轧制事故。

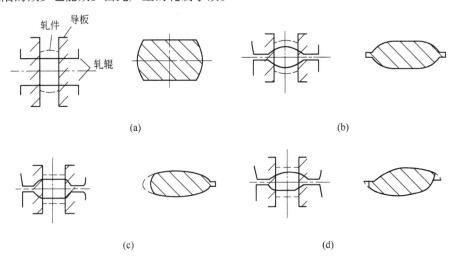

图2-24　无孔型轧制与孔型轧制的比较
(a)无孔型轧制;(b)耳子;(c)充不满;(d)孔型错位

（6）轧件沿宽度方向压下均匀，故使轧件头尾的舌头、鱼尾区域短，切头、切尾小，成材率提高了0.4%。

（7）由于减少了孔型侧壁的限制作用，沿宽度方向变形均匀，因此降低了变形抗力；同时，由于可自由调整轧机负荷，增大了轧件变形量，所以减少了轧机数量，从而轧制能耗减少了7%。

无孔型轧制法存在很多难得的优点，有推广价值，但也存在一些不可忽视的缺点。在采用此法时必须给予足够的重视。

2.8.1.2　缺点

无孔型轧制法的缺点如下：

（1）由于轧件是在平辊间轧制，失去了孔型侧壁的夹持作用，故容易出现歪扭脱方的现象，如图2-25（a）所示，如果脱方严重，将影响轧制的正常进行。

（2）经多道次平辊轧制后，轧件角部易出现尖角，若此轧件进入精轧孔型，则容易形成折叠，如图2-25（b）所示。

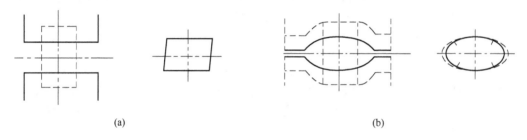

（a）　　　　　　　　　　　　　　　　　　　　　（b）

图2-25　歪扭脱方及折叠

（a）歪扭脱方；（b）折叠

（3）如果无孔型轧制在水平连轧机上进行，则轧件在机架间要扭转90°，此时，由于轧件与导卫板接触而容易产生刮伤，且加剧了脱方和尖角等缺陷。

在采用无孔型轧制法时，必须克服上述缺点，才能使无孔型轧制顺利进行。

2.8.2　无孔型轧制的变形特性

为了使无孔型轧制获得成功，必须了解无孔型轧制法使用平辊轧制型钢的方法。轧件在平辊间的变形特点既不同于板轧制，也不同于孔型轧制，因此必须掌握其轧制特性，如宽展特性、自由变形特性、轧件歪扭脱方的产生及表层金属流动特点等。

2.8.2.1　宽展特性

无孔型轧制虽然也是矩形轧件在平辊间轧制，但与板轧制不同，主要表现为宽厚比（B_0/H_0）、径厚比（D/H_0）都很小。一般$B_0/H_0 = 1 \sim 2$，因此宽展量大。设计压下规程时，需要精确计算宽展量。

计算宽展可用S.艾克隆德公式和B.П.巴赫契诺夫公式，也可用筱仓公式。式（2-16）为计算宽展的筱仓公式，式（2-17）为计算平均宽展的筱仓公式，式（2-18）为计算最大宽展的筱仓公式。

$$\beta = 1 + \alpha\left[2L_c/(H_{0c} + 2B_0)\right]\left[(H_{0c} - H)/H_{0c}\right] \qquad (2-16)$$

$$\beta_c = 1 + 0.8\left[2L_c/(H_{0c} + 2B_0)\right]\left[(H_{0c} - H)/H_{0c}\right] \qquad (2-17)$$

$$\beta_{max} = 1 + 0.95\left[2L_c/(H_{0c} + 2B_0)\right]\left[(H_{0c} - H)/H_{0c}\right] \qquad (2-18)$$

式中　β——平均宽展系数；

β_{max}——最大宽展系数;

L_c——平均接触弧长度,$L_c = \sqrt{D(H_0 - H)/2}$,mm;

H_{0c}——轧前轧件平均高度,$H_{0c} = F_0/B_0$,mm;

H——轧后轧件高度,mm;

B_0——轧前轧件宽度,mm;

α——由轧制方式决定的系数。

2.8.2.2　自由面的变形特性

与板轧制不同,用无孔型轧制法轧制棒材时,轧件的各个面反复成为轧辊压下面和自由宽展面。自由宽展面的形状对轧制的稳定性和成品的表面质量都有重要影响。因此,必须掌握自由宽展面的变形特点,并将它反映到压下规程中来。

自由宽展面的形状随轧制条件的不同而变化,棒材轧制均属高件轧制,随压下率、宽厚比、径厚比不同,自由宽展面即轧件侧表面可能出现单鼓形。通常压下率、宽厚比、径厚比越大越容易出现单鼓形。单鼓和双鼓的临界压下率用式(2-19)表示:

$$\frac{\Delta h}{H_{0c}} = \frac{0.22}{\dfrac{B_0}{H_0} \times \dfrac{D}{H_{0c}} - 1.5} \tag{2-19}$$

如果单鼓过于严重,则下一道轧制不稳定,容易产生歪扭脱方现象如图2-25所示;如果双鼓过于严重,则容易产生折叠等表面缺陷。衡量单鼓、双鼓大小的指标用单鼓率β_a和双鼓率β_u表示。β_a和β_u的定义如下:

$$\beta_a = \frac{B_a}{H} \tag{2-20}$$

$$\beta_u = \frac{B_u}{H} \tag{2-21}$$

式中　B_a、B_u——单鼓、双鼓的宽度,如图2-26所示。

为了使轧制顺利进行,应用控制临界压下率的方法控制单鼓率β_a和双鼓率β_u的大小,使其在允许的范围内。

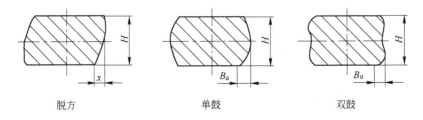

脱方　　　　　　　　单鼓　　　　　　　　双鼓

图2-26　无孔型轧制轧件变形示意图

2.8.2.3　轧件歪扭脱方现象

无孔型轧制由于轧件是在平辊间轧制,轧件两侧无孔型侧壁夹持,稍有不当,易产生轧件歪扭脱方现象。造成歪扭脱方的因素很多,如单鼓、双鼓、宽高比、烧钢温度不均、轧辊调整不当、导卫板安装不良和操作水平不高等均能引起轧制不稳定而造成脱方。

其中轧件宽高比B_0/H_0、单鼓率β_a、双鼓率β_u对歪扭脱方的影响均需在孔型设计时加以考虑。该道次轧前坯料的宽高比越大,单鼓率和双鼓率越小,歪扭脱方率越小。

根据实践经验,如果将B_0/H_0控制在0.7以上,再加上合理导卫装置的辅助作用,相对压下量控制在单鼓与双鼓的临界压下量附近,就可以保证很少出现歪扭脱方现象,使轧制顺利进行。

2.8.2.4 表面层金属流动特点

为了保证线材和棒材的表面质量及脱碳层均匀,希望在轧制过程中,表面层金属流动均匀。实践表明,无孔型轧制表面层金属分布远比椭圆—方孔型系统均匀。图 2-27 是具有层状胶泥的 60 方坯经二道次轧成 45 方坯时的表面层金属流动特点。

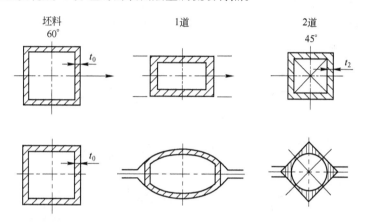

图 2-27 无孔型轧制和椭圆—方孔型系统表面层金属流动特点

一般认为,表面层厚度均匀可使脱碳层均匀,并对减少表面层缺陷有利。

2.8.3 无孔型轧制孔型设计原则

无孔型轧制法的孔型设计分两部分:精轧孔型设计和粗轧、延伸孔型设计。

2.8.3.1 精轧孔型设计

精轧孔型设计与通常的孔型轧制法精轧孔的孔型设计相同。

2.8.3.2 粗轧和延伸孔型设计

粗轧和延伸孔型设计可采用部分或全部无孔型轧制法进行设计,选用无孔型轧制法的道次数依轧机特点、产品规格、操作水平及导卫装置等辅助设施的情况而定。

无孔型轧制法压下规程的设计原则如下:

(1) 按咬入条件、最大允许轧制压力、电机功率控制各道压下量。

(2) 用宽展公式精确计算每道宽展量,编制压下规程,计算每道轧件尺寸。

(3) 防止歪扭脱方。措施如下:

1) 控制轧件入口断面宽高比,使 $B_0/H_0 > 0.6 \sim 0.7$。断面越小,轧件越容易脱方。为防止脱方,B_0/H_0 的比值则应较大些。

2) 导卫控制。在无孔型轧制时,入口导卫对轧件进入轧辊和在轧辊间轧制的稳定性起着决定性作用。轧件轧前和轧制时各尺寸之间的相互关系如图 2-28 所示。

我们定义一个导板间隙系数 a:

$$a = \frac{G - B}{B}$$

式中 G——入口导板间距;

B——轧前轧件宽度。

为确保轧件轧制时不翻转和扭转,在轧辊之间保持稳定,同时轧后轧件对角线之差较小,以保证轧件的断面形状和尺寸精度，a 值应满足：

$$a \leqslant \frac{\dfrac{H}{B} + \dfrac{B}{H}}{2K\dfrac{H}{B}} \Delta S_c \tag{2-22}$$

式中　ΔS_c——轧件失稳时的临界对角线差，$\Delta S_c = 0.055 \sim 0.060$；

　　　K——修正系数，取决于轧前轧件的 H/B。当 $H/B \geqslant 16$ 时，$K = 1$；当 $H/B \leqslant 1.6$ 时，$K = [(H/B)/1.6]^2$。

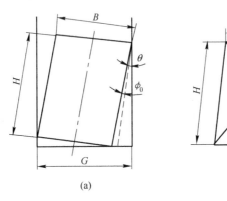

图 2-28　轧件形状和尺寸之间相互关系
(a) 轧制状态形状尺寸；(b) 轧前轧件形状尺寸

3）控制每道次的压下量，一般失稳前的极限压下量为：

$$\Delta h_{KP} \leqslant 0.23 \left(1 - \frac{2r}{B}\right) \frac{(B+b)^2}{4H} \left(1 - 3\frac{\Delta s}{2B} \sqrt{B^2 + H^2}\right) \cdot K_f \tag{2-23}$$

式中　H——轧前轧件断面高度，mm；

　　　B——轧前轧件断面宽度，mm；

　　　r——轧前轧件断面圆角半径，mm；

　　　Δs——轧前轧件断面对角线差，mm；

　　　b——轧后轧件断面宽度，mm；

　　　K_f——摩擦影响系数。

同时设计宽度合适的贯通型导板，用机械法控制歪扭脱方效果也很好。

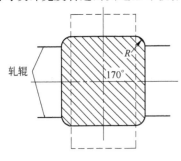

图 2-29　带圆弧的轧制道次

（4）防止尖角。当反复多道次进行无孔型轧制时，轧件断面的四个顶角容易形成尖角，带有尖角的矩形或方形断面进入椭圆孔轧制时，容易形成折叠。为防止产生折叠，应在适当的道次设计一个带圆弧的轧制道次，如图 2-29 所示，并增加该道次的压下率，用充分宽展的方法保证充满圆弧 R。

（5）无孔型轧制时，由于无孔型侧壁的夹持作用，轧件头部容易弯曲，如果使用通常的导卫装置，则轧件头部容易顶撞出口导板的前端，如图 2-30 所示。为防止此事故的发生，应设计成贯通型导板，如图 2-31 所示。

2.8.3.3　导卫装置设计特点

在一般情况下，导卫装置均设计成入口导板、出口导板和卫板。但在无孔型轧制中，如上所述,应设计成贯通型导板。贯通型导板就是把入口导板和出口导板通过辊缝连接起来,成为贯通的整体。该导板的设计方法可仿照一般导板进行设计,但 $h_b = h_{min} - \Delta$,其中,h_{min} 为该孔型轧件的最小厚度;Δ 为余量。

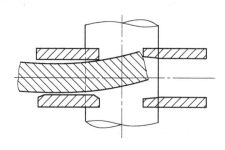

图 2-30　常规导卫板的缺点

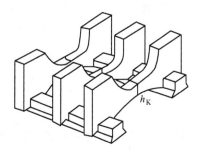

图 2-31　贯通型导板

如果无孔型轧制在水平辊连轧机上进行,则导卫装置应设计成如图 2-32 所示的出口扭转导板、扭转导辊、入口滚动导板和侧导板。

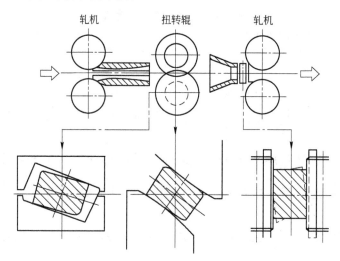

图 2-32　水平连轧机诱导装置

2.8.4　无孔型轧制法的应用

无孔型轧制法的作用在于减小断面尺寸,因此主要用于开坯及延伸孔型系统中。由于无孔型轧制技术对不同坯料和轧制程序的适应性很强,尤其是棒线材生产存在产品规格多、坯料不统一问题,采用无孔型轧制可获得明显的经济效益,所以近年来无孔型轧制已成为能优化棒线材生产的新的轧制技术。例如,新疆八一钢铁股份公司小型材厂自 1999 年 4 月开始进行无孔型轧制试验,并将其逐步转入生产以来,取得了较好效果,其中轧辊使用寿命提高了 2~4 倍,加热炉燃料消耗减少了约 6%,轧制能耗减少了约 7%,而且多规格产品可共用坯料,大幅度提高了轧机作业率,取得了显著的社会和经济效益。

无孔型轧制与孔型轧制相比所具有的优点,使其在中小型二辊可逆式轧机及棒线连轧机的粗轧、中轧机组中具有广泛的应用价值。

2.8.4.1　连续棒材轧机无孔型轧制工艺

图 2-33 所示为一条全连续棒材生产线的工艺平面布置。全线由 18 架平立交替轧机组成,

其中粗、中精轧机组各6架轧机。采用 150 mm×150 mm×12 m 的连铸坯轧制 $\phi10\sim40$ mm 的圆钢和带肋钢筋,其中 $\phi10\sim18$ mm 规格采用切分轧制。最高轧制速度为 18 m/s,生产能力达 100 万吨/年。

生产线所采用的 $\phi20$ mm 带肋钢筋无孔型轧制工艺如图 2-34(b)所示,$\phi18$ mm 带肋钢筋二切分无孔型轧制工艺如图 2-34(c)所示,$\phi20$ mm 带肋钢筋常规孔型轧制工艺比较如图 2-34(a)所示。

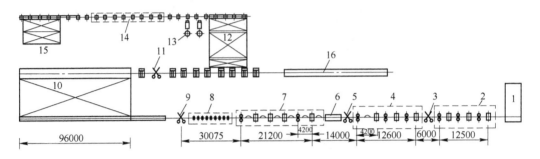

图 2-33　棒材生产线平面布置示意图

1—步进梁式加热炉;2—粗轧机组;3—1 号飞剪;4—中轧机组;5—2 号飞剪;6—控冷水箱;7—精轧机组;
8—穿水辊道;9—3 号飞剪;10—冷床;11—定尺摆剪;12—三段链收集;13—打捆机;14—称重辊道;
15—二段链收集;16—短尺收集

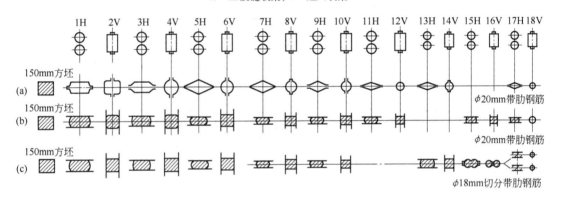

图 2-34　典型品种常规轧制与无孔型轧制工艺对比示意图

表 2-18 列出了某小型连轧机组使用二切分无孔型轧制 $\phi18$ mm 带肋钢筋的相关轧制参数。

表 2-18　某棒材连轧机 $\phi18$ mm 带肋钢筋无孔型轧制参数

道次	轧件断面面积/mm²	断面收缩率/%	轧辊直径/mm	轧制速度/m·s⁻¹
0	22500	—	—	—
1	16763.7	25.5	505	0.275
2	12540.0	25.5	490	0.374
3	9509.0	24.2	440	0.516
4	6916.0	27.3	410	0.677
5	5367.5	22.4	440	0.864
6	3990.0	25.7	420	1.201

续表2-18

道次	轧件断面面积/mm²	断面收缩率/%	轧辊直径/mm	轧制速度/m·s⁻¹
7	2829.1	29.1	350	1.636
8	2276.7	19.5	340	2.142
9	1841.4	19.1	360	2.663
10	1414.5	23.2	350	3.280
11	空过	—	—	—
12	空过	—	—	—
13	1191.0	15.8	290	4.013
14	1014.6	14.8	290	4.536
15	858.7	15.4	290	5.604
16	781.2	9.0	290	6.467
17	678.0	13.2	290	7.935
18	522.3	23.0	290	10.545

2.8.4.2 高速线材轧机无孔型轧制工艺

图2-35所示为一条高速线材生产线的工艺平面布置图,机组全线共有30架轧机,其中粗轧机组6架、中轧机组8架为闭口式轧机,预精轧机组4架为悬臂式轧机,采用平立交替布置,由交流电机单独传动,实现了微张力及活套控制轧制。精轧机组8架为45°顶交V形悬臂式轧机,采用集体传动。减/定径机组为2×2架45°顶交V型悬臂式轧机,采用集体传动。高线机组设计年产量为40万吨/年,实际生产能力达70万吨/年。产品规格为$\phi 5 \sim 20$ mm圆钢盘卷和$\phi 6.5 \sim 14$ mm带肋钢筋盘卷。设计最大轧制速度为120 m/s,生产保证速度为110 m/s。产品保证精度为±0.1 mm。

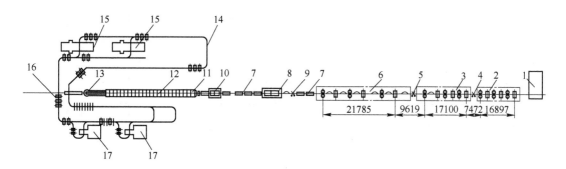

图2-35 高速线材生产线工艺平面布置示意图

1—加热炉;2—粗轧机组;3—中轧机组;4—1号飞剪;5—2号飞剪;6—预精轧机组;7—冷却水箱;
8—精轧机组;9—3号飞剪;10—减/定径机组;11—吐丝机;12—风冷线辊道;
13—集卷站;14—P/F线;15—打捆机;16—成品秤;17—卸卷站

生产线所采用的$\phi 5.5$ mm线材无孔型轧制工艺和$\phi 5.5$ mm线材常规孔型轧制工艺的比较如图2-36所示。(a)为常规孔型轧制$\phi 5.5$ mm线材的工艺方案;(b)为无孔型轧制$\phi 5.5$ mm线材的工艺方案;(c)甩11、12架轧机无孔型轧制$\phi 5.5$ mm线材的工艺方案。

表2-19列出了某高速线材轧机无孔型轧制$\phi 5.5$ mm线材的相关轧制参数。

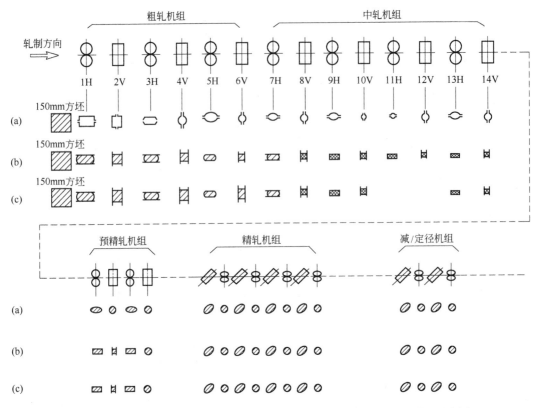

图 2-36　高线轧机 ϕ5.5 mm 线材常规孔型轧制与无孔型轧制工艺对比示意图

表 2-19　无孔型轧制 ϕ5.5 mm 线材的相关轧制参数

道次	轧件断面面积/mm²	断面收缩率/%	轧辊直径/mm	轧制速度/m·s
0	22500.0	—	—	—
1	16435.0	26.9	522	0.14
2	12619.8	23.2	510	0.19
3	9044.0	28.3	535	0.27
4	6454.3	28.6	408	0.36
5	4643.6	28.0	445	0.50
6	3477.0	25.1	430	0.67
7	2874.7	17.3	380	0.90
8	2234.4	22.3	372	1.12
9	1790.7	19.8	390	1.14
10	1516.2	15.3	382	1.77
11	1185.6	21.8	395	2.21
12	940.5	20.6	390	2.85
13	760.0	19.2	400	3.54
14	592.2	22.1	395	4.12
15	451.8	23.5	285	4.65

道次	轧件断面面积/mm²	断面收缩率/%	轧辊直径/mm	轧制速度/m·s
16	386.7	14.4	285	5.92
17	317.3	18.0	285	7.47
18	271.4	14.5	285	9.00
19	221.3	18.5	212	
20	175.3	20.8	212	
21	139.1	20.7	212	
22	109.7	21.1	212	
23	88.2	19.7	212	54.18
24	69.5	21.1	212	
25	55.2	20.6	212	
26	44.5	19.4	212	
27	36.6	17.9	212	74.72
28	30.1	17.8	212	
29	27.2	9.6	212	98.03
30	24.4	10.3	212	

2.9 延伸孔型系统的设计方法

延伸孔型的主要任务是压缩轧件断面,在保证红坯质量的前提下,用较少的轧制道次、较快的变形速率为成品孔型系统提供符合要求的红坯。几乎每种产品的孔型系统的前面均设置一定数量的延伸孔型,大多数简单断面钢材,由于其成品孔型系统数目较少(一般为2~4个孔型),故延伸孔型在整个孔型中占有很大的比例。因此,合理设计延伸孔型系统是一项十分重要的工作,延伸孔型设计的主要内容是孔型系统的选择和各轧制道次孔型尺寸的计算。

2.9.1 延伸孔型系统的选择

延伸孔型系统的选择将直接对轧机的生产率、产品质量、各种消耗指标以及生产操作产生决定性的影响,选择时必须参照具体的原料条件(坯料断面尺寸及其波动范围,内在与表面质量以及钢种等)、设备条件(轧机布置形式、轧机结构形式与数量、主电机功率以及辅助设备的配置等)、产品情况(产品种类、规格范围以及尺寸精度要求等)以及操作条件等选用合适的延伸孔型系统。

延伸孔型系统选择时须注意以下几点:

(1)根据设备能力选择延伸系数较大的延伸孔型系统,以便迅速地压缩轧件断面,减少轧制道次。

(2)能为成品孔型提供质量好的红坯。为了保证成品质量,要求延伸孔型具有充分去除氧化铁皮的能力(尤其是前几道孔型),能防止出耳子、折叠、裂纹以及轧件端部开裂等缺陷,力求轧件断面上温度均匀,形状过渡缓和。

(3)对于多品种车间,延伸孔型系统应具备良好的共用性,以减少换辊次数,提高作业率,并可减少轧辊和工具储备、简化备件管理。

（4）延伸孔型系统必须与轧机的性能、布置相适应,既能充分发挥设备能力,又能使各机组负荷均衡,特别是连轧机组,应力求在轧制过程中各孔型轧槽磨损相对均匀,保证连轧过程中金属秒流量达到较长时间的相对稳定。

（5）合理安排过渡孔型,因为常规延伸孔型系统一般在偶数道次出方或圆,当需要在奇数道次出时,就需要增设一个过渡孔型来实现孔型系统间的衔接。常用的过渡孔型系统如图 2-37 所示。

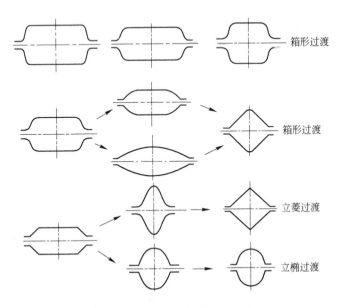

图 2-37　常用的过渡孔型系统

2.9.2　延伸孔型道次的确定

当孔型系统选定后,由于成品孔型系统根据不同产品有专门的设计方法,因此根据成品孔型系统专门设计方法确定进入成品孔型系统的红坯断面尺寸。已知红坯断面尺寸 F_n 和选用的坯料断面尺寸 F_0,求得延伸孔型系统总的延伸系数 μ'_Σ 为:

$$\mu'_\Sigma = \frac{F_0}{F_n} \qquad (2-24)$$

再根据所选用的延伸孔型系统的延伸能力（见表 2-20 所示）和车间轧机布置能力,确定出延伸孔型的轧制道次为:

$$n' = \frac{\lg \mu'_\Sigma}{\lg \overline{\mu'}} \qquad (2-25)$$

式中　$\overline{\mu'}$——延伸孔型系统的平均延伸系数。

表 2-20　各种延伸孔型系统的平均延伸系数 $\overline{\mu'}$ 的范围

孔型系统名称	$\overline{\mu'}$	说　明
箱　形	1.10 ~ 1.32	$a < 50$ mm 时可达 1.6
菱一方	1.2 ~ 1.4	$a < 75$ mm 时可取上限

孔型系统名称	$\bar{\mu}'$	说　明
椭—方	1.3~1.6	最大可达1.9
六角—方	1.4~1.65	最大可达1.8
椭圆—圆	≤1.3~1.4	
菱—菱	≤1.3	万能菱形孔 1.25~1.4

2.9.3　延伸孔型尺寸的计算

计算各道次轧件尺寸是孔型设计的第一步,得到各道次轧件尺寸(高度、宽度)就可以按前面各延伸孔型系统孔型的构成关系计算出孔型相关尺寸。

归纳前面介绍的各种延伸孔型系统的共同特点,发现延伸孔型系统大都是由等轴孔型(方孔或圆孔)中间插入一个非等轴孔型(平箱孔、菱形孔、椭圆孔、六角孔等)所组成。因此孔型设计可利用这一特点,首先确定延伸孔型系统中各等轴孔型轧件的断面尺寸,然后再根据相邻两个等轴断面轧件的断面形状和尺寸来设计中间扁轧件的断面形状和尺寸。具体设计方法如下:

2.9.3.1　等轴断面轧件尺寸的计算

首先将延伸孔型系统分成若干组,之后按组分配延伸系数。

已知
$$\mu_{\Sigma} = \frac{F_0}{F_n} \tag{2-26}$$

则
$$\mu_{\Sigma} = \mu_1\mu_2\mu_3\cdots\mu_{n-1}\mu_n = \mu_{\Sigma2}\mu_{\Sigma4}\mu_{\Sigma6}\cdots\mu_{\Sigma i}\cdots\mu_{\Sigma n} \tag{2-27}$$

式中　μ_{Σ}——延伸孔型系统的总延伸系数;

$\quad\quad F_0$——坯料断面面积;

$\quad\quad F_n$——延伸孔型系统轧出的最终断面面积;

$\quad\quad \mu_{\Sigma i}$——相邻一对等轴断面孔型间的延伸系数,

$$\mu_{\Sigma i} = \mu_{\Sigma i-1} \cdot \mu_i \tag{2-28}$$

已知一对等轴断面孔型间的延伸系数$\mu_{\Sigma i}$后,按下列关系可以求出各中间等轴断面轧件的面积和尺寸。

$$\mu_{\Sigma2} = \frac{F_0}{F_2} \quad\quad F_2 = \frac{F_0}{\mu_{\Sigma2}}$$

$$\mu_{\Sigma4} = \frac{F_2}{F_4} \quad\quad F_4 = \frac{F_2}{\mu_{\Sigma4}}$$

$$\vdots \quad\quad\quad\quad \vdots$$

$$\mu_{\Sigma n} = \frac{F_{n-2}}{F_n} \quad\quad F_n = \frac{F_{n-2}}{\mu_{\Sigma n}} \tag{2-29}$$

如果等轴轧件为方形或圆形,在已知其面积的情况下是不难求出其边长或直径的。

当方孔轧件的边长和圆孔轧件的直径确定后,即可按前面各延伸孔型系统各箱方、对角方孔和圆孔型的构成关系表设计出各孔型。

2.9.3.2　中间扁断面轧件尺寸的计算

两个等轴断面轧件之间的中间扁轧件可以是矩形、菱形、椭圆或六角形等。中间轧件断面尺寸的计算应根据轧件在各孔型中充满良好的原则,即前一等轴孔型来料应保证中间孔充满良好;中间孔型轧出的轧件在下一等轴孔型中也充满良好,图2-38所示为各延伸孔型系统各相关孔型轧件尺寸的关系图。

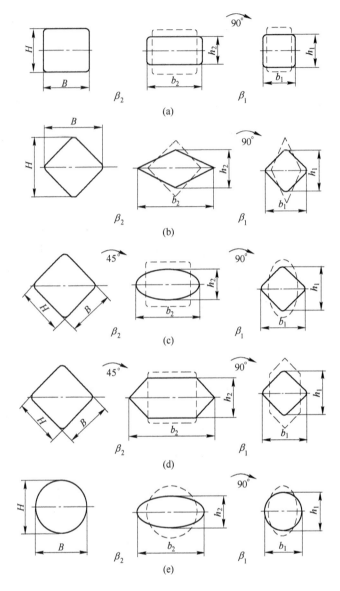

图 2-38　中间孔型内轧件断面尺寸的关系

（a）箱形孔型系统；（b）菱—方孔型系统；（c）椭圆—方孔型系统；

（d）六角—方孔型系统；（e）椭圆—圆孔型系统

由此可得中间扁孔轧件的尺寸为：

$$b_2 = B + \Delta b_2 \tag{2-30}$$

$$h_2 = b_1 - \Delta b_1 \tag{2-31}$$

式中　Δb_2——轧件在中间矩形孔型中的宽展量；

　　　Δb_1——轧件在小等轴孔中的宽展量。

由此不难看出，确定中间扁轧件的尺寸时首先需要计算孔型中的宽展量，在计算宽展量时要用到宽展公式。由于采用不同的宽展公式就形成了不同的设计方法。下面我们就介绍几种设计方法。

A 绝对宽展系数法

a 用绝对宽展系数法进行设计

这种方法也就是利用人们根据经验选择宽展系数的方法进行设计。

由绝对宽展定义：

$$\beta = \frac{\Delta b}{\Delta h} \tag{2-32}$$

得

$$\beta_2 = \frac{b_2 - B}{H - h_2} \tag{2-33}$$

$$\beta_1 = \frac{b_1 - h_2}{b_2 - h_1} \tag{2-34}$$

解式(2-33)和式(2-34)得出中间扁孔中轧件的尺寸为：

$$\begin{cases} b_2 = \dfrac{B + H\beta_2 - b_1\beta_2 - h_1\beta_1\beta_2}{1 - \beta_1\beta_2} \\ h_2 = \dfrac{b_1 + h_1\beta_1 - B\beta_1 - H\beta_1\beta_2}{1 - \beta_1\beta_2} \end{cases} \tag{2-35}$$

式中 B——进入中间孔的轧件宽度，mm；

H——进入中间孔的轧件高度，mm；

b_1——中间孔下一孔轧出的轧件宽度，mm；

h_1——中间孔下一孔轧出的轧件高度，mm；

β_1、β_2——中间孔型和下一孔型内的绝对宽展系数(见表2-21)，也可查前几节相关延伸孔型
系统变形特点中的宽展系数。

根据大量生产实测资料统计结果，轧制普碳钢时各种延伸孔型系统的绝对宽展系数范围如表2-21所示。

表2-21 各种延伸孔型系统的绝对宽展系数 β_1、β_2 的经验值

孔型系统名称		中间扁孔 β_2	下一等轴孔 β_1
箱 形		0.20 ~ 0.45	0.25 ~ 0.35
菱一方		0.25 ~ 0.40	0.15 ~ 0.30
椭一方		0.6 ~ 1.6	0.45 ~ 0.55
椭一圆		0.5 ~ 0.95	0.26 ~ 0.4
六角一方	a > 40 mm	0.5 ~ 0.7	0.45 ~ 0.65
	a > 40 mm	0.65 ~ 1	0.45 ~ 0.65
椭圆一立椭		0.5 ~ 0.6	0.3 ~ 0.4

公式(2-35)计算得到的是中间扁孔轧后的轧件的尺寸。构成孔型时，h_2 为孔型的实际高度（即扣除顶部圆角的影响），槽口宽度 B_k 应略大于 b_2，以防止产生过充满，椭圆孔和菱形孔更应注意。

从以上介绍可以看出，这种方法很简单而设计正确的关键在于宽展系数的正确选择，这对没有经验的设计人员是很困难的。对于没有经验的设计人员尽可能正确地选择宽展系数的方法是，参考与自己生产条件相似的宽展系数的取值，并结合自身的生产实际情况进行适当的修正和完善。修正时可参考如下原则：

（1）在其他条件相同的情况下，轧件温度越高，宽展系数越小。在一般情况下，在轧制过程中轧件温度是逐渐降低的，这样对同类孔型系统宽展系数的取值应越来越大。

（2）轧辊材质的影响。使用钢轧辊时应取较大的宽展系数。

（3）轧件断面大小的影响。轧件断面越大，宽展系数越小。在轧制过程中，轧件断面面积减小的速度大于轧辊直径变化的速度。所以，宽展系数应沿轧制道次逐渐增加。

（4）轧制速度的影响。在其他条件相同时，轧制速度越高，宽展系数越小。

（5）轧制钢种的影响。在其他条件相同时，合金钢的宽展系数大于普碳钢。

（6）另外，还有其他因素影响宽展系数的取值范围。凡是有利于宽展的因素，宽展系数取较大值。在轧制过程中往往是多种因素同时起作用，所以选择宽展系数的大小应考虑诸因素的综合影响，当然要分清主要影响因素和次要影响因素。

b　设计实例

用 100 mm × 100 mm 方坯在 $\phi500$ 轧机上经两个箱形孔型系统轧制成 77 mm × 75 mm 的矩形坯，如图 2-39 所示，试设计两个箱形孔型。

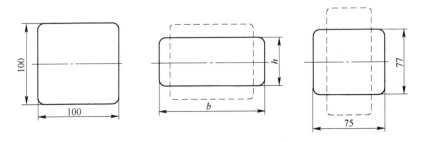

图 2-39　100 mm × 100 mm→77 mm × 75 mm 箱形孔型示意图

设计如下：

设计方法为绝对宽展系数法，孔型系统与计算符号如图 2-39 所示。首先选定方坯在平箱形孔中的宽展系数 β_2 和平箱孔轧出轧件进入立箱孔的宽展系数 β_1。由表 2-21 中箱形孔宽展系数可知，平箱形孔型的宽展系数 $\beta = 0.20 \sim 0.45$，立箱形孔型的宽展系数 $\beta = 0.25 \sim 0.35$，结合轧制条件取 $\beta_2 = 0.2$，$\beta_1 = 0.25$，按式（2-35）得中间矩形孔轧件尺寸为：

$$\begin{cases} b_2 = \dfrac{100 + 100 \times 0.2 - 75 \times 0.2 - 77 \times 0.2 \times 0.25}{1 - 0.2 \times 0.25} = 106 \\ h_2 = \dfrac{75 + 77 \times 0.25 - 100 \times 0.25 - 100 \times 0.2 \times 0.25}{1 - 0.2 \times 0.25} = 67 \end{cases}$$

在已知 b_2 和 h_2 后，按前面所讲的平箱和立箱形孔型的构成参数即可设计出具体的孔型尺寸，如图 2-40 所示。

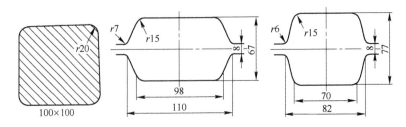

图 2-40　箱形孔型的结构尺寸图

B 乌萨托夫斯基法

Z. 乌萨托夫斯基给出了在平辊上轧制时的相对宽展公式:

$$\beta = \eta^{-W} \tag{2-36}$$

$$W = 10^{-1.269\delta\varepsilon^{0.556}} \tag{2-37a}$$

$$W = 10^{-3.457\delta\varepsilon^{0.968}} \tag{2-37b}$$

式中 β——相对宽展系数,$\beta = \dfrac{b}{B}$(b 和 B 为轧后和轧前轧件的宽度);

W——相对宽展指数,当 $\eta = 0.1 \sim 0.5$ 时用式(2-37a);

η——压下系数的倒数 $\eta = \dfrac{h}{H}$(h 和 H 为轧后和轧前轧件的高度);

δ——轧件断面形状系数 $\delta = \dfrac{B}{H}$;

ε——辊径系数,$\varepsilon = \dfrac{H}{D}$。

由此不难看出,乌萨托夫斯基认为影响轧件相对宽展系数的主要因素是压下系数、轧件断面形状系数和辊径系数。

在乌萨托夫斯基宽展公式中未考虑轧件轧制温度、轧制速度、轧辊表面加工情况和轧辊材质对宽展系数的影响,这可在式(2-36)中乘以修正系数来解决。这样,宽展系数修正后的公式应为:

$$\beta_{\text{正}} = acde\eta^{-W} \tag{2-38}$$

延伸修正后的公式应为:

$$\mu_{\text{正}} = \frac{1}{acde}\eta^{-(1-W)} \tag{2-39}$$

式中 a——温度修正系数;

c——轧制速度修正系数;

d——轧件钢种修正系数;

e——轧辊材质和加工修正系数。

一般轧制温度修正系数为:轧制温度为 $750 \sim 900$℃时,$a = 1.005$;超过 900℃时,$a = 1.00$。实际测定的 a 值参考表 2-22。

表 2-22 各种轧制温度相对宽展的修正系数 a

温度/℃	$a = \dfrac{\beta_{\text{实样}}}{\beta_{\text{计算}}}$	温度/℃	$a = \dfrac{\beta_{\text{实样}}}{\beta_{\text{计算}}}$	温度/℃	$a = \dfrac{\beta_{\text{实样}}}{\beta_{\text{计算}}}$
700	1.00406	950	1.00103	1150	0.99253
750	1.00573	1000	0.99890	1200	0.9904
800	1.00740	1050	0.99688	1250	0.98827
850	1.00523	1100	0.99465	1300	0.98615
900	1.00315				

相对宽展的轧制速度修正系数,当轧制速度在 $0.4 \sim 17$ m/s 之间时应为:

$$c = (0.00341\eta - 0.002958)v + (1.07168 - 0.10431\eta) \tag{2-40}$$

式中 v——轧制速度,m/s。

轧件钢种修正系数 d 可从表 2-23 中查得。

表 2-23　轧件钢种宽展修正系数 d

顺序号	成分(质量分数)/%						d	钢　种
	C	Si	Mn	Ni	Cr	W		
1	0.06	残余	0.22				1.00000	转炉沸腾钢
2	0.20	0.20	0.50				1.02026	}碳素结构钢
3	0.30	0.25	0.50				1.02338	
4	1.04	0.30	0.45				1.00734	}碳素工具钢
5	1.25	0.20	0.25				1.01454	
6	0.35	0.50	0.60				1.01636	}含锰耐热钢
7	1.00	0.30	0.50				1.01066	
8	0.50	1.70	0.70				1.01410	弹簧钢
9	0.50	0.40	24.0				0.99741	}高锰耐磨钢
10	1.20	0.35	13.0				1.00887	
11	0.06	0.20	0.25	3.50	0.40		1.01034	渗碳钢
12	1.30	0.25	0.30		0.50	1.80	1.00902	}合金工具钢
13	0.40	1.90	0.60	2.00	0.30		1.02719	

　　轧辊材质和加工表面情况的相对宽展修正系数 e 为:铸铁轧辊、表面加工粗糙时,$e=1.025$;硬面轧辊、表面加工光滑时,$e=1.000$;磨光钢轧辊时,$e=0.975$。

　　在孔型内轧制时,因孔型压下量不均匀,在应用式(2-36)至式(2-37b)时,应以 η_c 和轧辊平均工作直径 D_{kc} 来代替 η 和 D。

　　因此式(2-36)可改写成:

$$\beta = \eta_c^{-W_c} \tag{2-41}$$

$$\varepsilon_c = \frac{H_c}{D_{kc}} \tag{2-42}$$

$$\delta_c = \frac{B}{H_c} \tag{2-43}$$

$$\eta_c = \frac{h_c}{H_c} \tag{2-44}$$

$$H_c = \frac{F_0}{B} \tag{2-45}$$

$$D_{kc} = D - h_c \tag{2-46}$$

$$h_c = \frac{F_1}{b} \tag{2-47}$$

式中　H_c——轧件轧前平均高度,mm;

　　　　h_c——轧件轧后平均高度,mm;

　　　　B——轧件轧前宽度,mm;

　　　　b——轧件轧后宽度,mm;

　　　　D_{kc}——轧辊平均工作直径,mm;

　　　　F_0——轧件轧前截面积,mm²;

　　　　F_1——轧件轧后截面积,mm²。

　　一般孔型的平均高度和最大高度之比是一个常数,即

$$\frac{h_c}{h_{max}} = m \tag{2-48}$$

或 $$h_c = mh_{max} \qquad (2-49)$$

式中 m——平均高度系数。

用平均高度法求出各种孔型的 m 值后,当计算各种孔型的平均高度时,只要把该种孔型的最大高度乘以 m 值就可求得该孔的平均高度。

确定各种孔型平均高度 h_c 的示意图如图 2-41 所示,m 值如表 2-24 所示。

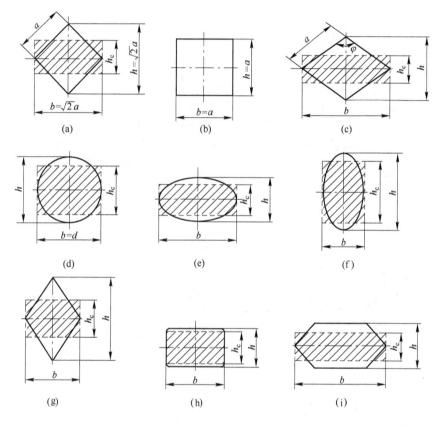

图 2-41 确定各种孔型平均高度的示意图

表 2-24 常用延伸孔型的 m 值

孔型形状	(a)	(b)	(c)	(d)	(e)	(f)	(g)	(h)	(i)
m	0.5	1	0.5	0.785	2/3 ~ 2/2.7 (平均0.7)	另行计算	0.5	0.96 ~ 0.99	0.70 ~ 0.88

C 斯米尔诺夫法

B. K. 斯米尔诺夫利用总功率最小的变分原理得到了计算轧件在简单断面孔型中轧制时的宽展公式:

$$\beta = 1 + c_0\left(\frac{1}{\eta} - 1\right)^{c_1} A^{c_2} a_0^{c_3} a_K^{c_4} \delta_0^{c_5} \psi^{c_6} \tan\varphi^{c_7} \qquad (2-50)$$

式中 β——宽展系数,$\beta = b/B$;

        A——轧辊转换直径,$A = D/H_1$;

        a_0——轧件轧前的轴比,$a_0 = H_0/B_0$;

        a_K——孔型轴比,$a_K = B_K/H_1$;

δ_0——轧件在前一孔型中的充满程度,它等于前一孔型中轧件的宽度 B_1 与 B_k 之比(这与我国常用的孔型充满程度的表示方法,即 B_1/B_k 是略有不同的);

ψ——摩擦指数,其值见表 2-25;

$\tan\varphi$——箱形孔型的侧壁斜度;

c_0、c_1、$\cdots$、c_7——与孔型系统有关的常数,其值见表 2-26,对箱形孔型,$c_7 = 0.362$,对其他孔型,$c_7 = 0$。

对各延伸孔型,D、H_1、B'_K 和 B_K 的表示方法如图 2-42 所示。

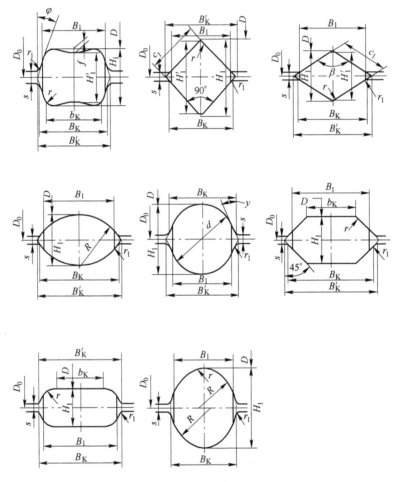

图 2-42　各延伸孔型

表 2-25　普碳钢、低合金和中合金钢在光滑表面轧辊上变形时不同孔型系统的摩擦指数值

轧 制 图 示	轧件不同温度(℃)时的 ψ 值				
	>1200	1100～1200	1000～1100	900～1000	<900
矩形—箱形孔,矩形—平辊,圆形—平辊	0.5	0.6	0.7	0.8	1.0
方—菱,菱—方,菱—菱	0.5	0.5	0.6	0.7～0.8	1.0
方—平椭,方—六角,圆—椭,立椭—椭,椭—方,椭—圆,平椭—圆,六角—方,椭—椭,椭—立椭	0.5	0.7	0.8	0.9	1.0

注:轧制高合金和轧辊表面粗糙或磨损时,上述指数 ψ 增加 0.1(这种修正仅对计算变形时有用)。

表 2-26 式(2-50)中的各系数值

孔型系统	c_0	c_1	c_2	c_3	c_4	c_5	c_6
箱形孔型	0.0714	0.862	0.746	0.763			0.160
方—椭圆	0.377	0.507	0.316		-0.405		1.136
椭圆—方	2.242	1.151	0.352	-2.234		-1.647	1.137
方—六角	2.075	1.848	0.815		-3.453		0.659
六角—方	0.948	1.203	0.368	-0.852		-3.450	0.629
方—菱	3.090	2.070	0.500		-4.850	-4.865	1.543
菱—方	0.972	2.010	0.665	-2.458		-1.300	-0.700
菱—菱	0.506	1.876	0.695	-2.220	-2.220	-2.730	0.587
圆—椭圆	0.227	1.563	0.591		-0.852		0.587
椭圆—圆	0.386	1.163	0.402	-2.171		-1.324	0.616
椭圆—椭圆	0.405	1.163	0.403	-2.171	-0.789	-1.324	0.616
立椭圆—椭圆	1.623	2.272	0.761	-0.582	-3.064		0.486
椭圆—立椭圆	0.575	1.163	0.402	-2.171	-4.265	-1.324	0.616
方—平椭圆	0.134	0.717	0.474		-0.507		0.357
平椭圆—圆	0.693	1.286	0.368	-1.052		-2.231	0.629
箱形—平辊	0.0714	0.862	0.555	0.763			0.455
圆—平辊	0.179	1.357	0.291				0.511
六角—六角形	0.300	1.203	0.368	-0.852		-3.450	0.629

2.10 三辊开坯机孔型设计

在传统的轧钢生产系统中,钢坯生产是不可少的,它的作用是用初轧机或三辊开坯机将钢锭轧成各种规格的钢坯,然后再通过成品轧机轧成各种钢材。20 世纪 80 年代钢坯连铸技术开始迅速发展和应用,在普碳钢生产中,绝大多数实现了一火成材,部分还实现了连铸坯热送热装,甚至连铸连轧。这些技术的应用和发展不仅提高了钢材的成材率,还大幅度地节约了能源,降低了生产成本,缩短了生产周期。但由于合金钢钢种品种多、质量要求高、坯料规格多变的特性,连铸技术的广泛应用受到限制,所以有些合金钢钢种仍然要按传统的生产方式生产。本章简单介绍一下三辊开坯机的孔型设计。

2.10.1 三辊开坯机的设备和工艺特点

为了把钢锭或连铸坯轧成下一成品车间或成品轧机所需的钢坯,通常需要采用 φ500 ～650 mm 的三辊开坯机进行开坯。为了减少投资,三辊开坯机通常由 1～4 架组成。它可以单独设在开坯车间,也可成为型钢轧机的开坯机架。由于在机架数目有限、轧机能力有限的条件下,希望能按成品需要提供多种规格的钢坯,从而出现了轧制道次多、辊身长度受限、配辊困难的问题。为了解决这一矛盾,在三辊开坯机上采取的唯一办法就是采用共轭孔型的配辊方法。共轭孔型的配辊方式即是采用平—平—立—立箱形孔型系统,配置时一个孔型位于另一个孔型之上,形成一对,此时中辊的轧槽为这对孔型所共用,这样既节约了辊身长度,又可以实现轧制时每两道次翻一次钢的操作方式。这样,轧件从上轧制线出来后,可以利用自动翻钢板自动翻钢,不但缩短了轧制节奏时间,提高了轧机产量,而且还可以改善劳动强度,很好地满足了三辊开坯设备和工艺的要求。但采用共轭箱形孔型配置的缺点是,不能轧出几何形状正确的方形和矩形轧件。为保证钢坯断面几何形状规整,故常在共轭箱形孔型之后用菱—方孔型系统;另外在共轭孔型配置时必然会产生"压力",如压力使用不当,会使操作发生困难,并加快轧辊和接轴的磨损。共轭孔型的配置方式与常规配置配辊图如图 2-43 所示。

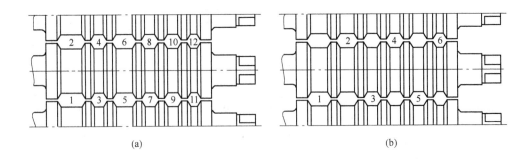

图 2-43　两种孔型在轧辊上的配置方式图

(a) 共轭孔型轧辊配置图；(b) 不共轭孔型轧辊配置图

2.10.2　三辊开坯机压下规程的制定

2.10.2.1　压下量

由于三辊开坯机轧制坯料断面较大，一般都采用箱形孔型，所以道次压下量的选择主要受电机能力和咬入条件的限制。若按咬入条件，道次允许的最大压下量 Δh_{max} 为：

$$\Delta h_{max} = D_{kmin}\left(1 - \frac{1}{\sqrt{1 + f^2}}\right) \quad \text{或} \quad \Delta h_{max} = D_{kmin}(1 - \cos\alpha_{max}) \qquad (2\text{-}51)$$

式中　D_{kmin}——最后一次车修轧辊后的轧辊工作直径；

　　　α_{max}——允许的最大咬入角（见表 2-27）；

　　　f——轧件与轧辊的接触摩擦系数。

f 与 α_{max} 的数值与轧辊和轧件的材质、轧制速度和温度以及轧辊表面有无刻痕等因素有关。f 值通常由下式确定：

$$f = k_1 k_2 k_3 (1.05 - 0.0005t) \qquad (2\text{-}52)$$

式中　t——轧制温度；

　　　k_1——考虑轧辊材质的系数，用钢轧辊时，$k_1 = 1$，用铸铁轧辊时，$k_1 = 0.8$；

　　　k_2——考虑轧制速度影响的系数，k_2 与轧制速度的关系如图 2-44 所示；

　　　k_3——考虑轧件材质的系数，k_3 与轧件材质的关系如表 2-28 所示。

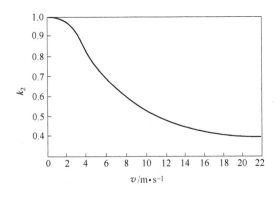

图 2-44　系数 k_2 与轧制速度的关系

表 2-27 允许咬入角与辊面和轧制速度的关系

轧辊	在下列轧制速度(m/s)下的允许咬入角/(°)								
	0	0.5	1.0	1.5	2.0	2.5	3.0	3.5	4~7
光辊	25.5	24.5	23.5	22.5	19.5	16	12.5	12	
有孔型	29.0	27.5	26.0	24.5	21.0	17	13.0	12	
刻痕	33.0	32.0	31.0	30.0	28.0	26	24.0	21	20

注:速度为零是指用辊道将轧件送到轧辊时才开始使轧辊回转。

表 2-28 k_3 与轧件材质的关系

钢 种	钢 号	k_3
碳素钢		1.0
莱氏体钢		1.1
珠光体 – 马氏体钢	GCr15	1.3
奥氏体钢		1.4
含碳素体或莱氏体的奥氏体钢	1Cr18Ni9Ti	1.47
铁素体钢		1.55
含碳化物的奥氏体钢		1.6

在制订三辊开坯机的压下规程时,当电机能力较小时,并不希望每道次都采用最大压下量,因为这样可能使轧机同时轧制的道次数减少,使轧制节奏时间增加,轧机生产能力降低。因此为了实现多条轧制,应合理分配各道次的压下量。

一般取道次的平均压下量为:

$$\Delta h_c = (0.8 \sim 1.0)\Delta h_{max}$$

另外,由于采用共轭配置,为减少配置压力,上轧制线孔型压下量希望小些。

2.10.2.2 宽展系数

在平箱形孔型中的宽展系数可取 0.2~0.3;在立箱形孔型中的宽展系数可取 0.15~0.25。绝对宽展量一般可取 0~10 mm。当轧制钢锭时,前四道次的宽展系数可取 0~0.1。

2.10.2.3 总压下量的确定

坯料的断面尺寸 H 和 B、翻钢程序、各道次压下变形的分配以及成品坯的断面尺寸 h 和 b 如图 2-45 所示。

总压下量:

$$\begin{aligned}\sum \Delta h &= \sum \Delta h_H + \sum \Delta h_B \\ &= (1+\beta)[(H-h)+(B-b)]\end{aligned}$$

式中 β——宽展系数,一般取 0.15~0.25。

2.10.2.4 总轧制道次的确定

总轧制道次:

$$n = \frac{\sum \Delta h}{\Delta h_c} = \frac{(1+\beta)[(H-h)+(B-b)]}{\Delta h_c}$$

轧制道次的确定必须与轧机布置相适应。一般三辊开坯机一架或一列布置时,轧制道次要求为奇数。

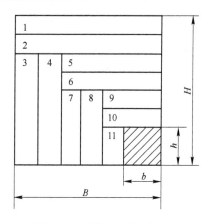

图 2-45 制订压下规程图示

2.10.3 三辊开坯机孔型配置与共轭孔型设计

2.10.3.1 孔型在轧辊上的配置

由于轧件在每对共轭孔型中轧制两道,所以偶数道次(即上轧制线)孔型的压下量必须靠减少上轧辊轧槽高度来实现。这样,采用共轭孔型时,上压力是不可避免的。同时,由于中辊轧槽是共用的,所以中辊的磨损比其他辊快,为了使上压力能均匀地分配在上、下两个轧制线上,同时克服中辊磨损快的缺点,在孔型设计时,当上、下轧制线辊缝相等,轧槽深度一般按下式选取,如图 2-46 所示。

$$h_{K2} = \frac{(H_1 + H_2) - 2s}{4}$$

$$h_{K1} = H_1 - h_{K2} - s$$

$$h_{K3} = H_2 - h_{K2} - s$$

下面分两种情况讨论共轭孔型的配置问题,如图 2-46、图 2-47 所示。

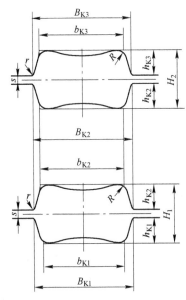

图 2-46　共轭孔型的结构尺寸关系

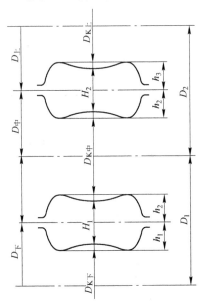

图 2-47　共轭孔型的配置

A　当上、中、下轧辊原始直径相等时

当上、中、下轧辊原始直径相等时,即

$$D_上 = D_中 = D_下$$

则三个轧辊的轧制直径分别为:

$$D_{K上} = D_上 - 2h_3$$

$$D_{K中} = D_中 - 2h_2$$

$$D_{K下} = D_下 - 2h_1$$

由于

$$h_1 > h_2 > h_3$$

所以

$$D_{K上} > D_{K中} > D_{K下}$$

此时,上、中辊的辊径差为:

$$\Delta D = D_{K上} - D_{K中} = 2(h_2 - h_3)$$

将 $h_2 = \dfrac{H_1 + H_2}{4}$ 和 $h_3 = H_2 - h_2$ 代入上式得:

$$\Delta D = 2 \times \left[\frac{H_1 + H_2}{4} - \left(H_2 - \frac{H_1 + H_2}{4} \right) \right]$$

$$= H_1 - H_2 = \Delta h_上$$

$$(2-53)$$

同理可推出中下辊的辊径差,即

$$\Delta D = D_{K中} - D_{K下} = 2(h_1 - h_2) = H_1 - H_2 = \Delta h_{上} \tag{2-54}$$

从式(2-53)和式(2-54)可以看出,在 $h_2 = \dfrac{H_1 + H_2}{4}$ 的情况下,三辊开坯机的上压力等于上轧制线共轭孔型中的压下量,而与下轧制线孔型中的压下量无关。由此不难得出结论,为了减小轧辊的上压力,在制订压下规程时,上轧制线共轭孔型中的压下量应取小一些(这样也可以解决上轧制线咬入条件差的问题)。

B 当上、中、下轧辊原始直径不相同时

当上、中、下轧辊原始直径不相同时,例如

$$D_{下} > D_{中} > D_{上}$$

此时上、中辊和中、下辊的辊径差分别为:

$$\Delta D = (D_{上} - D_{中}) + (H_1 - H_2)$$
$$\Delta D = (D_{中} - D_{下}) + (H_1 - H_2)$$

如想采用无上压力轧制,则设 $\Delta D = 0$,

则

$$D_{中} - D_{上} = H_1 - H_2 = \Delta h_{上} \tag{2-55}$$
$$D_{下} - D_{中} = H_1 - H_2 = \Delta h_{上} \tag{2-56}$$

式(2-55)和式(2-56)表明,当采用共轭孔型而又不希望出现上压力轧制时,下、中、上辊的原始直径差应等于上轧制线孔型中的压下量。

采用第二种配置方法,特别是采用无上压力轧制时,会引起连接轴倾角过大,影响轧机正常工作。所以,采用这种方法时,一般取轧辊原始直径差等于或小于 $\dfrac{1}{2}\Delta h_{上}$。

在实际生产中,为了生产管理方便,大量采用三个轧辊原始直径相等的配辊方法,但也有采用第二种或其他方法的。

2.10.3.2 共轭孔型的构成

由于共轭孔型中辊轧槽是上、下孔型共用的,因此,其孔型构成与一般的箱形孔型构成方法有所区别。共轭孔型的结构尺寸关系如图2-46所示,其孔型构成参数关系列于表2-29。

表2-29 共轭孔型构成参数及关系

构成参数名称		关系式	说 明
孔型高		$H_1 = h_1$ $H_2 = h_2$	h_1、h_2—下孔、上孔轧件高度,由压下规程得到
槽底宽度	下 辊	$b_{K1} = B - (0 \sim 5)$	B—坯料宽度
	中 辊	$b_{K2} = b_{K1} + (0 \sim 4)$	常取2
	上 辊	$b_{K3} = b_{K2} + (0 \sim 4)$	常取2
槽口宽度	下 辊	$B_{K1} = b_1 - (6 \sim 12)$	b_1、b_2—下孔、上孔轧件宽度,由压下规程得到;为了方便,调整 $B_{K1} = B_{K2} = B_{K3} = b_2 + (6 \sim 12)$
	中 辊	$B_{K2} = b_2 + (6 \sim 12)$	
	上 辊	$B_{K3} = b_2 + (6 \sim 12)$	
轧槽深度	下 辊	$h_{K1} = H_1 - h_{K2} - s$	
	中 辊	$h_{K2} = \dfrac{H_1 + H_2 - 2s}{4}$	
	上 辊	$h_{K3} = H_2 - h_{K2} - s$	

续表 2-29

构成参数名称	关 系 式	说　　明
辊　缝	$s = 10 \sim 25$	
槽口圆角半径	$r = (0.05 \sim 0.1)H_1$	
槽底圆角半径	$R = (0.15 \sim 0.2)H_1$	
侧壁斜度	$y = (8 \sim 15)\%$ $y = (10 \sim 25)\%$	立箱形孔型 平箱形孔型

思　考　题

2-1　延伸孔型系统有哪几种类型?

2-2　箱形孔型系统的特点和适用性有哪些?

2-3　椭圆孔型系统的特点和适用性有哪些?

2-4　什么是无孔型轧制,其特点是什么?

2-5　无孔型轧制孔型设计的原则是什么?

2-6　延伸孔型系统的孔型结构特点有哪些,孔型尺寸的计算方法怎样?

2-7　怎么进行三辊开坯延伸共轭孔型设计和轧辊的配置?

3 简单断面型钢孔型设计

3.1 成品孔型设计的一般问题

轧件经成品孔型轧制后,便得到成品钢材,所以成品孔型设计的合理与否对成品质量、轧机产量和轧辊消耗都有一定的影响。成品孔型设计时需要考虑以下几方面问题。

3.1.1 热断面

成品孔型的尺寸和形状与成品轧件名义尺寸和形状并不完全一样,这是因为一方面轧件从高温冷却到室温时尺寸要产生收缩,另一方面断面温度不均对产品尺寸和断面形状都会产生影响。

3.1.1.1 热断面尺寸

轧件从成品孔型轧出后温度一般波动在 800~1000℃之间,轧后热状态轧件的尺寸与冷却后轧件尺寸的关系为:

$$\frac{h_r}{h} = \frac{b_r}{b} = \frac{l_r}{l} = 1 + \alpha t \tag{3-1}$$

式中　h_r、b_r、l_r——轧件的热尺寸;

　　　h、b、l——轧件的冷尺寸;

　　　t——终轧温度;

　　　α——热膨胀系数,对钢通常取 $\alpha = 1.2 \times 10^{-5}$。

为简化计算,不同终轧温度时的 $1 + \alpha t$ 列于表 3-1。

表 3-1　不同终轧温度时的 $1 + \alpha t$

终轧温度/℃	$1 + \alpha t$	终轧温度/℃	$1 + \alpha t$
800	1.010	1100	1.013
900	1.011	1200	1.0145
1000	1.012		

为了使成品尺寸精确,设计成品孔型时必须考虑轧件的终轧温度,使成品孔型的主要尺寸为成品名义尺寸的 1.010~1.0145 倍。

3.1.1.2 热断面形状

轧件在成品孔型中轧制时,断面各部分的温度是不均匀的,在某些条件下,这种温度差将会影响冷却后成品的断面形状。例如,轧制方钢时,菱形轧件进入精轧孔型之前,其锐角部位的温度比钝角部位的低,如图 3-1 所示,因此成品孔型轧出方钢的水平轴温度高于垂直轴,这样冷却后水平轴的收缩量将大于垂直轴,结果造成垂直轴处的顶角小于 90°。同时方钢成品孔型在使用中顶角部位磨损较快,使磨损后的顶角将小于 90°,如图 3-2 所示。为了防止这种现象的发生,因此不论是从保证成品断面形状正确,还是从延长孔型的使用寿命出发,使成品孔的水平轴略大于垂直轴是有益的,因此成品孔型设计的顶角为90°30′,而不是90°。

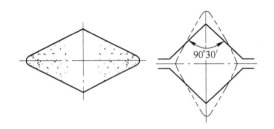

图 3-1   温度不均匀对方断面的影响

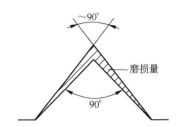

图 3-2   顶角磨损对方断面的影响

3.1.2   公差与负公差轧制

在实际生产中,轧制条件是在不断变化的,如设备零部件和孔型的不断磨损、轧制温度的变化等,想要轧出没有尺寸偏差的成品是不可能的,因此每种轧制产品都规定有一定的尺寸允许偏差,成为公差。公差的大小是根据钢材的用途和当时轧钢技术的发展水平由国家有关部门颁发的标准决定的。随着轧钢技术水平的发展,公差规定的范围越来越小。

由于存在偏差,成品钢材单位长度的重量是变化的。例如 10 号角钢标准重量为 15.1 kg/m,在接近最大允许负偏差时的重量为 13.6 kg/m,在接近最大允许正偏差时的重量则为 16.6 kg/m。与理论重量相比,采用最大允许负偏差轧制可节约的钢材为(16.6 – 13.6)/15.1 = 20%。

在实际生产中全部采用最大允许负偏差轧制是不可能的,也是很危险的。采用负偏差轧制节约钢材量的多少,取决于轧钢设备的装备水平和轧钢调整工利用允许负偏差的程度。为实现负偏差轧制,这些因素在孔型设计时必须予以考虑。

综上所述,成品孔型设计的一般程序为:

(1) 根据终轧温度确定成品断面的热尺寸;

(2) 考虑负偏差轧制和轧机调整,从热尺寸中减去部分(或全部)负偏差或加上部分(或全部)正偏差;

(3) 考虑断面不均匀收缩、孔型磨损不均匀、孔型的使用寿命以及便于轧件脱槽等因素对以上计算出的尺寸和断面形状加以修正。

3.2   圆钢孔型设计

3.2.1   轧制圆钢的孔型系统

按照规定,直径为 5 ~ 9 mm 的圆钢称为线材又叫盘圆,绝大部分成盘状交货。其他圆钢直径为 10 ~ 250 mm。

圆钢的孔型系统在这里是指轧制圆钢的最后 3 ~ 5 个孔型,即精轧孔型系统。常见的圆钢孔型系统有如下四种。

A   方—椭圆—圆孔型系统

方—椭圆—圆孔型系统(如图 3-3 所示)的优点是:延伸系数较大;方轧件在椭圆孔型中可以自动找正,找正稳定;能与其他延伸孔型系统很好衔接。其缺点是:方轧件在椭圆孔型中变形不均匀;方孔型切槽深;孔型的共用性差。由于这种孔型系统的延伸系数大,所以被广泛应用于小型和线材轧机轧制 32 mm 以下的圆钢。

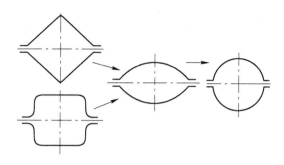

图 3-3 方—椭圆—圆孔型系统

B 圆—椭圆—圆孔型系统

与方—椭圆—圆孔型系统相比,这种孔型系统(如图 3-4 所示)的优点是:轧件变形和冷却均匀;易于去除轧件表面的氧化铁皮,成品表面质量好;便于使用围盘;成品尺寸比较精确;可以从中间圆孔型轧出多种规格的圆钢,故共用性较大。其缺点:延伸系数较小;椭圆件在圆孔中轧制不稳定,需要使用经过精确调整的夹板夹持,否则在圆孔型中轧制容易出"耳子"。这种孔型系统被广泛应用于小型和线材轧机轧制 40 mm 以下的圆钢。在高速线材轧机的精轧机组,采用这种孔型系统可以生产多种规格的线材。

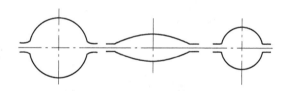

图 3-4 圆—椭圆—圆孔型系统

C 椭圆—立椭圆—椭圆—圆孔型系统

这种孔型系统(如图 3-5 所示)的优点有:轧件变形均匀;易于去除轧件表面氧化铁皮,成品表面质量好;椭圆件在立椭圆孔型中能自动找正,轧制稳定。其缺点是:延伸系数较小;由于轧件产生反复应力,容易出现中部部分疏松,甚至当钢质不良时会产生轴心裂纹。这种孔型系统一般用于轧制塑性较低的合金钢或小型和线材连轧机上。

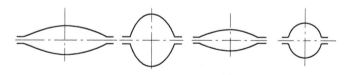

图 3-5 椭圆—立椭圆—椭圆—圆孔型系统

D 万能孔型系统

这种孔型系统(如图 3-6 所示)的优点是:各个孔型调整范围宽、灵活、共用性强,可以用一套孔型通过调整轧辊的方法,轧出几种相邻规格的圆钢(如图 3-7 所示);轧件变形均匀;使用立轧孔易于去除轧件表面的氧化铁皮,成品表面质量好。其缺点是:延伸系数较小,$\mu = 1.1 \sim 1.35$;立轧孔设计不当时,轧件易扭转。这种孔型系统适用于轧制 18~200 mm 的圆钢。

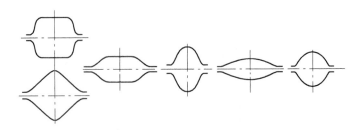

图 3-6　万能孔型系统

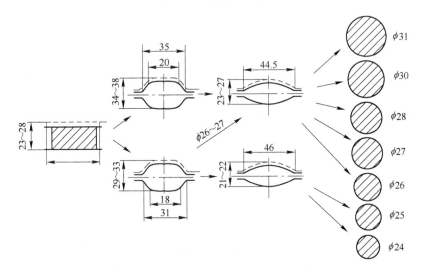

图 3-7　万能孔型系统共用性实例

3.2.2　圆钢成品孔型设计

圆钢成品孔型是轧制圆钢的最后一个孔型,圆钢成品孔型设计的好坏直接影响到成品的尺寸精度、轧机调整和孔型寿命。设计圆钢成品孔型时,一般应考虑到使椭圆度变化最小,并且能充分利用所允许的偏差范围,即能保证调整范围最大。为了减少过充满和便于调整,圆钢成品孔型的形状应采用带有扩张角的圆形孔。

目前广泛使用的成品孔构成方法有两种,一种是双半径圆弧法,另一种是由孔型两侧用切线连结的扩张角法,如图 3-8 所示。双半径圆弧法长期以来是圆钢成品孔惯用的设计方法,但随着对圆钢产品质量要求的提高,这种方法已不适应高精度圆钢的生产,因为这种成品孔的设计造成公差带减小,调整范围变窄,成品尺寸难以控制。

由孔型两侧用切线连结的扩张角法具有以下 5 个优点:

(1) 作图简单,便于制作轧槽样板;

(2) 其中心张角比较小,使轧件的真圆度提高,轧制时金属超出标准圆的部位比较少;

(3) 增大了侧压作用,使限制轧件宽展的作用增强,更有利于控制成品宽度方向的尺寸;

(4) 轧件充满孔型时,辊缝斜线直径仍不会超出公差范围;

(5) 可以减少因孔型磨损后在中心张角 30°对应的圆周上直径超出公差范围的现象。

目前用切线法设计成品孔,不仅在国外普遍应用,而且在国内一些连轧机上也广泛推广应用。

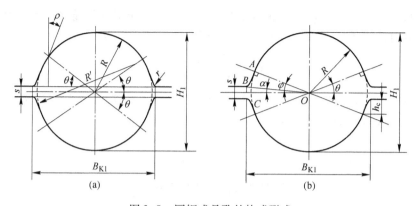

图 3-8 圆钢成品孔的构成形式

(a) 圆弧侧壁圆孔型;(b) 直线侧壁圆孔型

3.2.2.1 双半径圆弧成品孔

成品孔的主要尺寸为高度尺寸 H_1 和宽度尺寸 B_{K1}。因为成品孔垂直方向的温度低于水平方向的温度,又由于宽展条件的变化,因此为防止成品过充满出现耳子缺陷,应使 $B_{K1} > H_1$。

孔型高度有两种选择,一种按部分负公差或负公差设计,即

$$H_1 = (1.007 \sim 1.02)\left[d_0 - (0 \sim 1.0)\Delta^-\right] \tag{3-2}$$

另一种按标准尺寸设计,即

$$H_1 = (1.007 \sim 1.02)d_0 \tag{3-3}$$

式中,d_0 为圆钢的公称直径或称之为标准直径;Δ^- 为允许负偏差;1.007 ~ 1.02 为热膨系数,其具体数值根据终轧温度和钢种而定,各钢种可根据表 3-2 取为:

表 3-2 常用钢种热膨胀系数

普碳钢	碳素工具钢	滚珠轴承钢	高速钢
1.011 ~ 1.015	1.015 ~ 1.018	1.018 ~ 1.02	1.007 ~ 1.009

成品孔的宽度 B_{K1} 为:

$$B_{K1} = (1.007 \sim 1.02)\left[d + (0.5 \sim 1.0)\Delta^+\right] \tag{3-4}$$

式中,Δ^+ 为允许正偏差。

成品孔的扩张角 θ,一般可取 $\theta = 20° \sim 30°$,常用 $\theta = 30°$。

成品孔的扩张半径 R' 应按如下步骤确定,即先确定侧壁角 ρ,其值为:

$$\rho = \arctan\frac{B_{K1} - 2R\cos\theta}{2R\sin\theta - s} \tag{3-5}$$

式中 R——基圆半径,$R = \dfrac{1}{2}H_1$;

s——辊缝,可由表 3-3 选取。

表 3-3 圆钢成品孔辊缝 s 与 d_0 的关系

d_0/mm	6 ~ 9	10 ~ 19	20 ~ 28	30 ~ 70	70 ~ 200
s/mm	1 ~ 1.5	1.5 ~ 2	2 ~ 3	3 ~ 4	4 ~ 8

当按式(3-5)求出的 $\rho < \theta$ 时,才能求扩张半径 R'。若 $\rho = \theta$ 时,则只能在孔型的两侧用切线扩张;当 $\rho < \theta$ 时,则应按下式或作图法确定 R' 之值:

$$R' = \frac{2R\sin\theta - s}{4\cos\theta\sin(\theta - \rho)} \tag{3-6}$$

若 $\rho > \theta$ 时,有两种调整方法。其一,调整 B_{K1}、R 和 s 值,使 $\rho \leqslant \theta$;其二,调整 θ 角,使 $\rho = \theta$,并用切线扩张。这时,如图 3-8(b)所示,有

$$\alpha = \arctan\frac{s}{B_{K1}} \tag{3-7}$$

$$\varphi = \arccos\frac{R}{OB} = \arccos\frac{2R}{\sqrt{B_{K1}^2 + s^2}} \tag{3-8}$$

则

$$\theta = \alpha + \gamma = \arccos\frac{2R}{\sqrt{B_{K1}^2 + s^2}} + \arctan\frac{s}{B_{K1}} \tag{3-9}$$

3.2.2.2 切线侧壁成品孔

用这种方法构成的成品孔,其孔型的宽度 B_K 较小,且扩张角 θ 总是小于 30°,因此该方法也称为高精度法,如图 3-8(b)所示。可以根据下面的方法确定扩张角 θ。

如图 3-8(b)所示,连接 OB 及 BC,且 BC 垂直于 OC,得到两个直角三角形,即 $\triangle OAB$ 和 $\triangle OCB$。$OA = R$,$OC = \dfrac{B_{K1}}{2}$,$BC = \dfrac{s}{2}$。在 $\triangle OCB$ 中,$\tan\alpha = \dfrac{BC}{OC}$,则

$$\angle\alpha = \arctan\frac{BC}{OC} = \arctan\frac{s}{B_{K1}}$$

$$OB = \sqrt{OC^2 + BC^2} = \frac{B_{K1}}{2}\sqrt{1 + \left(\frac{s}{B_{K1}}\right)^2}$$

在 $\triangle OAB$ 中,$\cos\varphi = \dfrac{R}{OB} = \dfrac{OA}{OB}$,则

$$\angle\varphi = \arccos\frac{R}{OB} = \arccos\frac{H_1}{B_{K1}\sqrt{1 + \left(\dfrac{s}{B_{K1}}\right)^2}}$$

因为 $\angle\theta = \angle\alpha + \angle\varphi$

所以 $$\angle\theta = \arccos\frac{H_1}{B_{K1}\sqrt{1 + \left(\dfrac{s}{B_{K1}}\right)^2}} + \arctan\frac{s}{B_{K1}} \tag{3-10}$$

以某厂 400 连轧机为例,其成品为 $\phi 20$ mm 圆钢,$h_K = 20.26$ mm,$b_K = 20.626$ mm,$s = 2$ mm。将上面的数据带入式(3-10)得:

$$\angle\theta = \arccos\frac{20.26}{20.626\sqrt{1 + \left(\dfrac{2}{20.626}\right)^2}} + \arctan\frac{2}{20.626} = 12.13° + 5.54° = 17.67°$$

即 $\theta < 30°$。

表 3-4 列出了国外某厂一套 400 连轧机生产不同规格圆钢时,用切线法设计成品孔的数据,可以发现扩张角均小于 30°,并且规格越大扩张角越小。

表 3-4 扩张角 θ 与 d_0、h_c 对应表

规格	d_0/mm	θ	h_c/mm	s/mm	规格	d_0/mm	θ	h_c/mm	s/mm
12.2	12.5	22°10′	1.358	2	16.75	16.97	19°10′	1.786	2
12.45	12.6	22°5′	1.369	2	17	17.22	19°	1.803	2
12.7	12.86	21°55′	1.4	2	17.3	17.5	19°	1.849	2
13	13.17	21°40′	1.431	2	17.5	17.73	18°50′	1.862	2
13.25	13.42	21°30′	1.459	2	17.75	17.98	18°40′	1.877	2
13.5	13.7	21°20′	1.492	2	18	18.23	18°30′	1.892	2
13.75	13.93	21°5′	1.505	2	18.25	18.49	18°30′	1.933	2
14	14.18	20°55′	1.531	2	18.5	18.74	18°20′	1.947	2
14.2	14.38	20°50′	1.557	2	18.75	18.99	18°20′	1.987	2
14.45	14.64	20°35′	1.573	2	19	19.25	18°10′	2.001	2
14.75	14.95	20°20′	1.597	2	19.3	19.55	18°	2.021	2
15	15.2	20°10′	1.62	2	19.5	19.75	18°	2.052	2
15.3	15.5	20°	1.651	2	19.6	19.9	17°55′	2.061	2
15.5	15.7	19°50′	1.663	2	19.75	20.01	17°50′	2.064	2
15.75	16	19°40′	1.692	2	20	20.26	17°40′	2.074	2
16	16.21	19°40′	1.728	2	20.3	20.6	17°30′	2.097	2
16.25	16.46	19°30′	1.747	2	20.5	20.77	17°25′	2.108	2

应指出,上述尺寸关系适用于轧制一般圆钢的成品孔型。对于轧制某些合金钢,则应根据生产工艺和其他要求,有时不但不用负偏差,而且还要用正偏差来设计成品孔,但上述的孔型构成仍适用于后者。

3.2.3 其他精轧孔型的设计

到目前为止,其他精轧孔型都是根据经验数据确定的,此时确定的是孔型尺寸,而不是轧件尺寸,这一点与延伸孔型设计不同。为了可靠,在确定各精轧孔型之后,必须验算轧件在孔型中的充满程度。当孔型充满程度不合适时,应修改孔型尺寸。下面介绍圆钢精轧孔型的设计。

3.2.3.1 圆—椭圆—圆孔型系统

椭圆前 K_3 圆孔型的基圆直径 D_3 为:

当圆钢的直径 d_0 为 8～12 mm 时:

$$D_3 = H_3 = (1.18 \sim 1.22)d_0$$

当圆钢直径 d_0 为 13～30 mm 时:

$$D_3 = H_3 = (1.21 \sim 1.26)d_0$$

其形状同成品孔,也带有 30°的扩张角。

圆钢轧制成品前椭圆孔(K_2 孔)的构成和尺寸对成品的质量有很大的影响。为了获得精确的成品断面,椭圆断面的宽高比 b_2/h_2 越接近于 1 越好,因这时轧件进成品孔的强迫宽展小,成品尺寸容易控制,但是成品孔进口夹板难夹持轧件,轧件在成品孔内的稳定性下降,因此从提高夹板的夹持作用来说,b_2/h_2 应大些,特别是轧制小直径圆钢时更是如此。实际生产中,对轧制小直径圆钢的 K_2 孔,b_2/h_2 取大些,轧制大直径圆钢则应取小些。

对于轧制 φ80 mm 以下圆钢的 K_2 孔均采用单半径椭圆孔型,如图 3-9 所示。分析某些轧机轧制中、小型圆钢时成品前 K_2 孔的孔型参数,发现有以下规律:

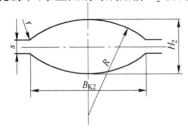

图 3-9　K_2 椭圆孔型的构成

(1) 在同一台轧机上轧制不同规格圆钢时,H_2/d_0 随 d_0 的增大而增大,B_{K2}/d_0 则随 d_0 的增大而减小,各类轧机上均有较明显的反映,其原因主要在于成品前孔宽展量随着 d_0 的增大而减小的缘故。

(2) 轧制同样规格的圆钢,B_{K2}/d_0 值当轧辊直径大时也大,H_2/d_0 值则小些,这是因为轧辊直径增大宽展增加。

(3) B_{K2}/d_0 值随轧制速度的提高而减小,而 H_2/d_0 值随轧制速度的提高而增加。

从以上对实际生产的分析可见,圆钢成品前 K_2 孔的设计,B_{K2} 和 H_2 的尺寸不仅取决于成品的尺寸,而且与轧制条件(轧辊直径、轧制速度、轧制温度、轧辊与轧件的材质等)有关。因此设计方法不能生搬硬套,而需要结合本轧机的具体条件进行设计。

K_2 孔型尺寸可按表 3-5 结合具体条件选定,或按类似两圆夹一扁的前述延伸孔型设计方法,根据压下量和宽展系数的关系来确定椭圆件的高度和宽度,再根据轧件尺寸考虑孔型的充满度来确定椭圆孔型的尺寸。其计算公式如下:

表 3-5　椭圆孔型构成尺寸与成品圆钢直径 d_0 的关系

成品规格 d_0/mm	国内资料		国外资料	
	H_2/d_0	B_{K2}/d_0	H_2/d_0	B_{K2}/d_0
12 ~ 19	0.75 ~ 0.88	1.42 ~ 1.80	0.65 ~ 0.77	1.56 ~ 1.82
20 ~ 29	0.77 ~ 0.91	1.34 ~ 1.78	0.72 ~ 0.83	1.54 ~ 1.81
30 ~ 39	0.86 ~ 0.92	1.32 ~ 1.6	0.78 ~ 0.863	1.62 ~ 1.718
40 ~ 50	0.88 ~ 0.93	1.44 ~ 1.6	0.781 ~ 0.861	1.505 ~ 1.723

$$b_2 = \frac{D(1+\beta_2) - d_0\beta_2(1+\beta_1)}{1-\beta_1\beta_2} \tag{3-11}$$

$$H_2 = d_0(1+\beta_1) - b_2\beta_1 \tag{3-12}$$

式中　d_0——成品圆钢直径,mm;

　　　D——孔方的边长或圆的直径,mm;

β_1、β_2——K_1 和 K_2 孔的宽展系数,由表 3-6 选定。

$$R_2 = \frac{(H_2 - s)^2 + B_{K2}}{4(H_2 - s)}$$

槽口圆角为 $r = 1.0 ~ 1.5$ mm;辊缝 s 可参照表 3-3 选取或取的更大些。

表 3-6　轧件在圆—椭圆精轧孔型中的宽展系数 β

孔　型	成品孔型 β_1	椭圆孔型 β_2	圆孔型 β_3	椭圆孔型 β_4	
				$d = 15 ~ 20$ mm	$d = 20 ~ 25$ mm
β	0.3 ~ 0.5	0.8 ~ 1.2	0.4 ~ 0.5	0.85 ~ 1.2	0.50 ~ 0.85

对于轧制大规格圆钢来说,采用单半径椭圆孔,当孔型充不满时,椭圆两侧边是平的,翻钢进入成品孔时,椭圆轧件的棱部与孔型接触,使孔型磨损加快,因而常采用多半径椭圆孔和平椭圆孔型,如图 3-10 所示。平椭圆还可以使 K_1 孔进口夹板容易夹持轧件,提高轧件在孔型内的稳定性。平椭圆孔型构成参见图 3-10(b),参数的确定见表 3-7。

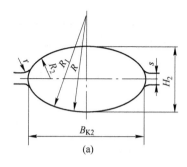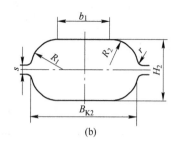

图 3-10 大规格圆钢采用的 K₂ 孔型

(a) 多半径椭圆孔;(b) 平椭圆孔

表 3-7 圆钢用 K₂ 平椭圆孔型构成参数　　　　　　　　　　　　　(mm)

圆钢直径 d_0	槽口宽度 B_K	槽底宽度 b_K	椭圆圆弧半径 R_1	槽底圆弧半径 R_2	槽口圆弧半径 r	辊缝 s
50 ~ 60		$(0.5 ~ 0.53)d_0$		8 ~ 11	6	6 ~ 8
65 ~ 80	$1.26d_0$	$(0.48 ~ 0.52)d_0$	$0.5d_0$	10 ~ 12	6	6 ~ 8
85 ~ 115		$(0.46 ~ 0.48)d_0$		12 ~ 15	6 ~ 8	6 ~ 8
120 ~ 150		$(0.40 ~ 0.44)d_0$		15 ~ 18	6 ~ 8	10 ~ 12

3.2.3.2 方—椭圆—圆孔型系统

椭圆—方孔型的构成如图 3-11 所示,其尺寸与成品圆钢的关系如表 3-8 所示。方孔型的构成高度 h,宽度 b 以及内外圆角半径 R 和 r 分别为:$h = (1.4 ~ 1.41)a$、$b = (1.41 ~ 1.42)a$、$R = (0.19 ~ 0.2)a$、$r = (0.1 ~ 0.15)a$,成品前方孔边长 a 与 d_0 的关系见表 3-8。当轧制直径小于 34 mm 的圆钢时,取辊缝 $s = 1.5 ~ 4$ mm,$d_0 > 34$ mm 时则取 $s = 4 ~ 6$ mm,但注意 s 值与 R 值应相对应,即使 $s < \left(\dfrac{1}{0.707}R - \dfrac{0.414}{0.717}r\right)$,以保证获得正确方形断面的条件。成品前椭圆孔主要尺寸构成见表 3-8。轧件在椭圆—方孔型中的宽展系数 β 可以按表 3-9 选取。

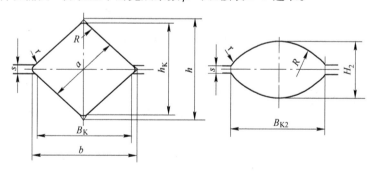

图 3-11 椭圆—方孔型尺寸

表 3-8 椭圆—方孔型构成尺寸与成品圆钢直径 d_0 的关系

成品规格 d_0/mm	成品前椭圆孔型尺寸与 d_0 的关系		成品前方孔边长 a 与 d_0 的关系
	H_2/d_0	B_{K2}/d_0	
6 ~ 9	0.70 ~ 0.78	1.64 ~ 1.96	$(1.0 ~ 1.08)d_0$
9 ~ 11	0.74 ~ 0.82	1.56 ~ 1.84	$(1 ~ 1.08)d_0$
12 ~ 19	0.78 ~ 0.86	1.42 ~ 1.70	$(1 ~ 1.14)d_0$

成品规格 d_0/mm	成品前椭圆孔型尺寸与 d_0 的关系		成品前方孔边长 a 与 d_0 的关系
	H_2/d_0	B_{K2}/d_0	
20 ~ 28	0.82 ~ 0.83	1.34 ~ 1.64	$(1 ~ 1.14)d_0$
30 ~ 40	0.86 ~ 0.90	1.32 ~ 1.60	$d_0 + (3 ~ 7)$
40 ~ 50	约 0.91	约 1.4	$d_0 + (8 ~ 12)$
50 ~ 60	约 0.92	约 1.4	$d_0 + (12 ~ 15)$
60 ~ 80	约 0.92	约 1.4	$d_0 + (12 ~ 15)$

表 3-9　轧件在椭圆—方孔型中的宽展系数 β 的数据

d_0/mm	β		
	成品孔型	椭圆孔型	方孔型
6 ~ 9	0.4 ~ 0.6	1.0 ~ 2.0	0.4 ~ 0.8
10 ~ 32	0.3 ~ 0.5	0.9 ~ 1.3	0.4 ~ 0.75

3.2.3.3　椭圆—立椭圆—椭圆—圆孔型系统

立椭圆—椭圆精轧孔型中成品前椭圆孔型(K_2)的尺寸可由表 3-5 确定。立椭圆的高宽比为 1.04 ~ 1.35,一般取 1.2。立椭圆的构成法有两种,如图 3-12 所示。

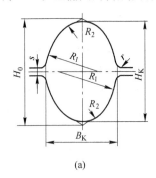
(a)

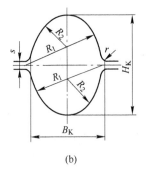
(b)

图 3-12　立椭圆孔型的构成

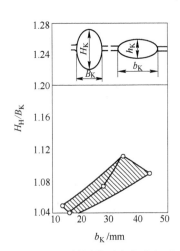

图 3-13　立椭圆孔型高宽比与后
一平椭圆孔型宽度的关系

立椭圆孔型高宽比与平椭圆孔型宽度的关系如图 3-13 所示。

一般,立椭圆孔型的高度 H_K 与轧件的高度 H 相等,其宽度 $B_K = (1.055 ~ 1.1)B$。其中 B 为轧出轧件的宽度。立椭圆孔型的弧形侧壁半径可取 $R_1 = (0.7 ~ 1)B_K$,$R_2 = (0.2 ~ 0.25)R_1$,外圆角半径 $r = (0.5 ~ 0.75)R_2$,辊缝 $s = (0.1 ~ 0.25)H_K$。

立椭圆孔的高度 H_K、宽度 B_K 与成品圆钢直径 d_0 或成品前椭圆孔高度 h_K、宽度 b_K 之间的关系见表 3-10。

目前对辊缝 s 都有放大的趋势,一方面是为了提高轧槽的利用率,另一方面是为了提高轧槽的共用性和轧机的作业率。

表 3–10 H_K、B_K 与 d_0 或 h_K、b_K 的关系

成品规格 d_0/mm	H_K、B_K 与 d_0 的关系		H_K、B_K 与 h_K、b_K 关系	
	H_K/d_0	B_K/d_0	H_K/h_K	B_K/b_K
12.2 ~ 13.5	1.133 ~ 1.254	1.030 ~ 1.14	1.7	0.627
13.75 ~ 15.5	1.123 ~ 1.256	1.033 ~ 1.165	1.758	0.663
15.75 ~ 16.75	1.218 ~ 1.295	1.144 ~ 1.216	1.659	0.659
17 ~ 17.75	1.228 ~ 1.282	1.159 ~ 1.210	1.773	0.707
18 ~ 18.75	1.227 ~ 1.278	1.161 ~ 1.209	1.651 ~ 1.742	0.667 ~ 0.705
19 ~ 19.75	1.23 ~ 1.279	1.168 ~ 1.214	1.665	0.69
20 ~ 21.25	1.209 ~ 1.285	1.152 ~ 1.224	1.558	0.666
21.5 ~ 22.8	1.206 ~ 1.297	1.157 ~ 1.226	1.628	0.702
23 ~ 24.7	1.194 ~ 1.283	1.148 ~ 1.233	1.613	0.712
25 ~ 30.5	1.056 ~ 1.288	1.02 ~ 1.244	1.353 ~ 1.602	0.722 ~ 0.631
31 ~ 32.5	1.234 ~ 1.297	1.199 ~ 1.257	1.576 ~ 1.523	0.717 ~ 0.738
33 ~ 34.5	1.243 ~ 1.3	1.207 ~ 1.262	1.573 ~ 1.471	0.703 ~ 0.747
35 ~ 36	1.267 ~ 1.303	1.224 ~ 1.259	1.51	0.728
36.5 ~ 38	1.268 ~ 1.321	1.227 ~ 1.278	1.555 ~ 1.507	0.73 ~ 0.753
38.4 ~ 41.5	1.234 ~ 1.333	1.197 ~ 1.293	1.551 ~ 1.472	0.731 ~ 0.715
42 ~ 48.5	1.260 ~ 1.456	1.216 ~ 1.404	1.707 ~ 1.613	0.825 ~ 0.776
49.2 ~ 50	1.264 ~ 1.285	1.234 ~ 1.254	1.404	0.802

3.2.4 万能(通用)孔型系统

圆钢万能孔型系统最突出的优点是共用性大。根据我国的经验,共用范围如表 3–11 所示。该系统设计时应充分考虑共用性这一特点,即除了成品圆孔型外,其他各个孔型的宽度应按此套孔型所轧的最大圆钢直径 d_{0max} 进行计算,而孔型高度则按最小直径 d_{0min} 计算,轧制大规格时,应根据需要抬高辊缝。表中的 d_{0max} 和 d_{0min} 分别为轧制一组圆钢中最大和最小圆钢直径,$d_{0max} - d_{0min}$ 的差值越大,设计出的立压孔高宽比将越小,轧件在立压孔中越不稳定。

表 3–11 一组万能精轧孔型的共用程度

圆钢直径/mm	14 ~ 16	16 ~ 30	30 ~ 50	50 ~ 80	> 80
相邻圆钢直径差 $(d_{0max} - d_{0min})$/mm	2	3	4 ~ 5	5	10

根据国内某厂实际经验,圆钢万能孔型系统的设计参数列于表 3–12 中,K_2 ~ K_4 孔型的构成如图 3–14 所示。

表 3–12 圆钢万能孔型系统 K_2 ~ K_4 孔型构成参数

孔型尺寸		圆钢直径/mm		
		19 ~ 32	40 ~ 100	100 ~ 160
椭圆孔 K_2	H_2	$(0.86 ~ 0.9)d_{0min}$	$(0.88 ~ 0.95)d_{0min}$	$(0.87 ~ 0.95)d_{0min}$
	B_{K2}	$(1.38 ~ 1.78)d_{0max}$	$(1.26 ~ 1.50)d_{0max}$	$(1.22 ~ 1.40)d_{0max}$

孔型尺寸		圆钢直径 mm		
		19 ~ 32	40 ~ 100	100 ~ 160
立椭孔 K_3	H_3	$(1.25 \sim 1.32)d_{0min}$	$(1.2 \sim 1.3)d_{0min}$	$(1.15 \sim 1.25)d_{0min}$
	B_{K3}	$(1.15 \sim 1.2)d_{0max}$	$(1.05 \sim 1.1)d_{0max}$	$(1.0 \sim 1.05)d_{0max}$
	R	$0.75H_3$	$0.75H_3$	$0.75H_3$
平孔型 K_4	H_4	$(1.0 \sim 1.1)d_{0min}$	$(0.9 \sim 1.0)d_{0min}$	$(0.96 \sim 1)d_{0min}$
	B_{K4}	$(1.55 \sim 1.8)d_{0max}$	$(1.35 \sim 1.5)d_{0max}$	$(1.45 \sim 1.5)d_{0max}$
方孔型 K_5	A_5	$(1.25 \sim 1.47)d_{0max}$	$(1.2 \sim 1.4)d_{0max}$	$(1.2 \sim 1.3)d_{0max}$

注:1. 表中 d_{0min}、d_{0max} 为共用规格的最大直径和最小直径;

　　2. 轧件断面小时,H 用下限值,B_K 用上限值,轧件断面大时相反。

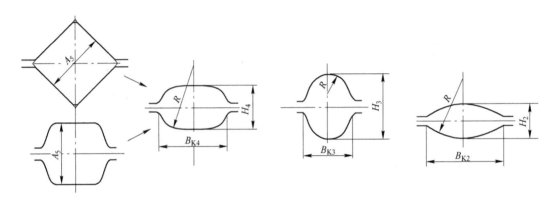

图 3-14　圆钢万能孔型系统 $K_2 \sim K_4$ 孔型的构成

K_3 立压孔型槽底一般都采用弧形,$R \approx 0.75H_3$ 或 $R \approx (0.7 \sim 1)d_0$;侧壁与槽底的过渡圆弧取 $R' \approx \dfrac{R}{3}$;侧壁斜度取 $\varphi = 30\% \sim 50\%$。在设计立压孔时,要注意使 $H_3 > B_{K3}$,并且使 H_3 大于立压孔型任一方向的尺寸,以保证轧件在立压孔型中轧制稳定。

K_4 扁孔型最好做成弧形槽底,采用这种孔型的好处是方轧件进入弧底扁孔型中时能自动找正,轧件在立轧孔型中的变形较为均匀,轧件侧面少或无折纹,这对于轧制优质钢尤为重要。孔型槽底弧形半径 $R = (2 \sim 5)d_{0max}$;内圆角半径 $r = (0.05 \sim 0.2)B_K$;外圆角半径 $r' = (0.15 \sim 0.2)B_K$;孔型侧壁斜度 $\varphi = 30\% \sim 50\%$,采用较大的侧壁斜度易轧出水平轴尺寸为最大的扁轧件,这种轧件在立压孔型中轧制时较为稳定。

K_5 对角方孔型中轧出的方轧件尺寸是用其边长 a 表示的,构成方法同箱型孔,但槽底应为平直的、无凸度。

由于各孔型尺寸都是按经验数据确定的,为了保证轧制顺利及成品质量,应该进行校核,即计算轧件在各轧型中的轧后宽度,要求轧件的轧后宽度应小于孔型的槽口宽度($b < B_K$)。校核或计算轧件在各孔型中宽度,可根据方件边长 a 从扁孔型开始直到成品孔型为止。

为了确定轧件在各精轧孔型中的尺寸,根据方断面边长 a 或成品直径来选择轧件在各精轧机孔型中的宽展系数 β 可参考表 3-13 中的数据。这样或用其他方法求出的轧件宽度 b 应小于轧槽宽度 B_K,并使 $\dfrac{b}{B_K} \leqslant 0.95$ 或 $\dfrac{b}{B_K} = 0.85 \sim 0.95$ 为宜,否则应对孔型尺寸做相应的修改。

表 3–13 轧件在万能精轧孔型中的宽展系数 β

孔 型		成品孔型	椭圆孔型	立压孔型	扁孔型
β	大圆钢	0.22 ~ 0.3	0.5 ~ 0.8	0.2 ~ 0.3	0.4 ~ 0.6
	小圆钢	0.3 ~ 0.5	0.6 ~ 0.9	0.2 ~ 0.3	0.5 ~ 0.75

3.2.5 规圆机的应用

在普通型钢轧机上轧制圆钢时,轧件在成品孔型中只在高度方向上受压缩,而宽度方向上的尺寸由宽展自然形成;同时设计时,考虑到轧机调整及充分利用公差,一般都使孔宽大于孔高,因此,轧件在孔型的水平宽度方向上不能得到较好的加工,造成两侧留下比较粗糙的未加工痕迹;而且,圆钢的椭圆度公差变化较大,很难控制,特别轧制较小尺寸的圆钢时,轧件的温度波动大,成品宽度更难控制。

在成品孔后加一道立轧—规圆机加工,就能较好地解决上述问题。规圆机主要部分是两个垂直的立辊,如图 3–15 所示。规圆机立辊速度一般考虑比成品孔线速度增大 3% ~ 5%,以避免堆钢事故。规圆机立辊轴一般可沿传动轴线传动,以适应成品孔换槽的需要。规圆机可单独传动,也可通过传动装置与轧机主传动相接。

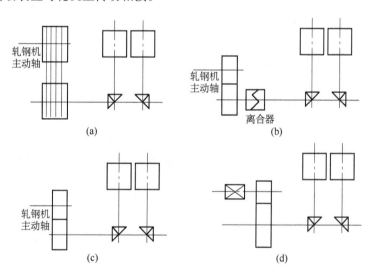

图 3–15 规圆机传动示意图

(a)皮带传动;(b)通过超越离合器传动;(c)直接传动;(d)电机单独传动

规圆机孔型构成与圆钢成品相似,如图 3–16 所示,其主要尺寸为:

$$\begin{cases} H' = B_{K1} - (0.2 \sim 0.7)\,\text{mm} \\ B'_K = H_1 + (0.5 \sim 1.1)\,\text{mm} \end{cases} \quad (3\text{-}13)$$

式中,B_{K1}、H_1 为成品孔型槽口宽度和孔型高度,规圆机孔型其他尺寸同成品孔型。

3.2.6 圆钢孔型设计实例

某 $\phi400/\phi250 \times 5$ 小型轧钢车间分别由两台交流电机传动,

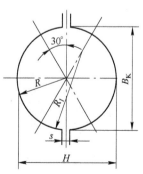

图 3–16 规圆机孔型的构成

成品机架速度为 6.5 m/s。试设计轧制 20 mm 圆钢的精轧孔型。

解答如下：

在 ϕ250 轧机上轧制 20 mm 圆钢可采用方—椭圆—圆孔型系统，也可以采用圆—椭圆—圆孔型系统。考虑到变形均匀、使用围盘，确定采用圆—椭圆—圆孔型系统。

按国家标准 GB702—86,20 mm 圆钢的允许偏差 3 组为 ±0.5 mm,则成品孔型的尺寸(如图 3-17 所示)为：

$$\begin{aligned}
B_K &= \left[d_0 + (0.5 \sim 1.0)\Delta_+ \right] \times (1.007 \sim 1.02) \\
&= \left[20 + 0.7 \times 0.5 \right] \times 1.011 \\
&= 20.6 \text{ mm} \\
h_K &= \left[d - (0 \sim 1.0)\Delta_- \right] \times (1.007 \sim 1.02) \\
&= (20 - 0.9 \times 0.5) \times 1.011 \\
&= 19.8 \text{ mm}
\end{aligned}$$

取 $s = 2$ mm; $\theta = 30°$,则

$$\begin{aligned}
\rho &= \arctan \frac{B_K - 2R\cos\theta}{2R\sin\theta - s} = \arctan \frac{20.6 - 19.8\cos30°}{19.8\sin30° - 2} \\
&= 23.6°
\end{aligned}$$

因为 $\rho < \theta$,故可求出 R' 为：

$$\begin{aligned}
R' &= \frac{2R\sin\theta - s}{4\cos\rho\sin(\theta - \rho)} = \frac{19.8\sin30° - 2}{4\cos23.6°\sin(30° - 23.6°)} \\
&= 19.3 \text{ mm}
\end{aligned}$$

参照表 3-5 确定成品前椭圆孔型尺寸为：

$$h_K = (0.80 \sim 0.83)d = 0.80 \times 20 = 16 \text{ mm}$$
$$B_K = (1.34 \sim 1.64)d = 1.6 \times 20 = 32 \text{ mm}$$

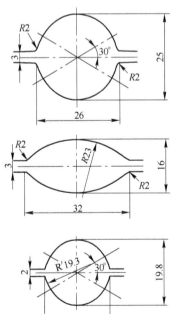

取辊缝 $s = 3$ mm,则椭圆半径 R 为：

$$R = \frac{(h_K)^2 + B_K^2}{4(h_K - s)} = 23 \text{ mm}$$

椭圆前圆孔型的基圆半径 D 为：

$$\begin{aligned}
D_3 &= h_K = (1.21 - 1.26)d_0 = 1.25 \times 20 \\
&= 25 \text{ mm}
\end{aligned}$$

其他尺寸的确定与成品孔类同。

按设计尺寸画出各个孔型如图 3-17 所示。

验算精轧孔型的充满情况。表 3-6 给出了各精轧孔型宽展系数的取值范围,由轧制原理的知识可知,在一般情况下,当成品圆钢直径大时,宽展系数取下限,反之则相反。本例是设计 20 mm 圆钢,则宽展系数则应取偏小值,取椭圆孔型中的宽展系数 $\beta_t = 0.7$,成品孔型中的宽展系数 $\beta_y = 0.35$。

椭圆轧件的尺寸为：

$$h = 16 \text{ mm}$$
$$b = 25 + (25 - 16) \times 0.7 = 31.3 \text{ mm}$$

图 3-17 轧制 ϕ20 mm 圆钢的精轧孔型图

成品孔型中轧件的尺寸为：

$$h = 19.8 \text{ mm}$$
$$b = 16 + (31.3 - 19.8) \times 0.35 = 20 \text{ mm}$$

计算结果表明,椭圆孔型的充满程度为 31.3/32 = 0.98,即充满程度太大,孔型需要修改。取椭圆孔型的充满程度为 0.9。则椭圆孔型的 $B_K = 31.3/0.9 = 34.8$。

再根据 $h_K = 16 \text{ mm}$,$B_K = 34.8 \text{ mm}$ 计算椭圆圆弧半径,即 $R = [(16 - 3) \times (16 - 3) + 34.8 \times 34.8]/4 \times (16 - 3) = 26.4$。

3.3 螺纹钢孔型设计

表面带肋的钢筋称带肋钢筋,又称螺纹钢筋,简称螺纹钢。螺纹钢的公称直径用横截断面面积相等的光面钢筋的公称直径表示。由于螺纹钢在钢筋混凝土结构中与混凝土有较强的握裹力,所以它已经代替光面钢筋广泛用于基本建设中。根据螺纹钢的生产方式可将其分为热轧螺纹钢(热轧带肋钢筋)和冷轧螺纹钢(冷轧带肋钢筋)。

3.3.1 热轧螺纹钢孔型设计

GB1499.2—2007 规定,热轧螺纹钢的横断面通常为圆形,且表面通常带有两条纵肋和沿长度方向均匀分布的横肋,横肋的纵截面呈月牙形,且与纵肋不相交,如图 3-18 所示。

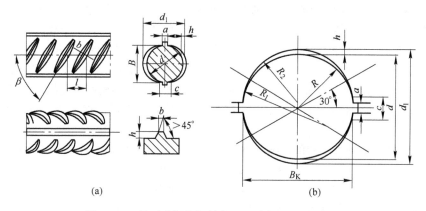

图 3-18 月牙形螺纹钢筋断面尺寸与 K_1 孔的构成

(a) 断面尺寸;(b) K_1 孔

3.3.1.1 螺纹钢的孔型系统

螺纹钢的孔型系统与圆钢非常相似,两者之间的差别仅在于成品孔和成品前孔。在实际生产中,除 K_1 和 K_2 孔外,各轧钢厂相同规格的圆钢和螺纹钢都是共用一套孔型的,所以螺纹钢延伸孔型系统设计与圆钢相同,其精轧孔型系统一般为方—椭圆—螺或圆—椭圆—圆。

3.3.1.2 成品孔(K_1 孔)设计与轧辊加工

A 成品孔的构成

a 成品孔内径 d

内径的设计主要考虑钢筋力学性能、工艺性能的工程能力指数和负偏差轧制之间的矛盾。国标采用截面法计算钢筋强度,而此截面面积即指公称横截面面积。由于钢筋的横截面由底圆、横肋和纵肋三部分组成,从三者所占比例来看,底圆部分占整个横截面面积的 90% 以上,因此内径尺寸的设计便是除坯料成分控制之外的一项重要的工作。目前,企业在竞争激烈的市场经济中,以钢筋定尺、每捆定支数按理论重量交货来占领市场,因此往往在保证钢筋性能的前提下,尽量采用负偏差设计,组织负偏差轧制,使企业取得较好的经济效益。

如果按标准尺寸设计,则

$$d = (1.005 \sim 1.015)d_0 \qquad (3-14)$$

由于螺纹钢圆形槽底的磨损大于其他各处,并考虑负偏差轧制,因此成品孔内径 d 按负偏差设计,即

$$d = [d_0 - (0 \sim 1.0)\Delta^-] \times (1.005 \sim 1.015) \qquad (3-15)$$

式中　　Δ^-——内径允许最大负偏差,mm;

　　　　d_0——成品内径的公称直径,mm。

负偏差选用的多少主要取决于本厂钢筋性能的工序能力指数和控制椭圆度尺寸的程度。一般讲,小规格的钢筋由于其力学性能和工艺性能可更好地满足国标的要求,所以一般 12 mm 以下的钢筋往往采用较大的负偏差设计。钢筋按理论重量交货时,8~12 mm 的钢筋重量偏差允许为 ±7%;14~20 mm 的钢筋重量偏差允许为 ±5%;而 22~40 mm 的钢筋重量偏差允许为 ±4%

b　成品孔内径开口宽度 B_K

圆钢孔型设计中,由于椭圆轧件在成品孔的孔型开口处横向阻力较小,在轧制中多余的金属极容易通过开口处流动而产生耳子,因此,为防止孔型的开口处过充满形成耳子,孔型宽度一般均按最大正偏差设计。只有圆钢精度要求较高或进行负偏差轧制时,才将此开口宽度适当减小。但轧制钢筋时,由于钢筋两侧的纵筋就是金属通过孔型开口处挤出的耳子形成的,因此开口宽度仍按圆钢常规设计方法取最大正偏差。但轧制中,由于轧辊的轴向窜动或偏移以及底圆开口处有圆角,上下轧辊的孔型开口处不可能完全对准,因此极可能出现少量偏移,并且此错位随着槽孔底圆的磨损会超过椭圆度的最大值,最后导致钢筋内径尺寸超标而产生废品。同时,内径宽度按最大正偏差设计也使底圆直径增大,不利于以负偏差轧制来实现按理论重量交货而获得较好的经济效益。

综上所述,为了保证螺纹钢的椭圆度要求,成品孔内径的开口宽度可按下式确定:

$$B_K = d_0 \times (1.005 \sim 1.015) \qquad (3-16)$$

但 B_K 按内径名义尺寸选取会带来两个问题:一是底圆面积的减小,会使钢筋的 σ_s、σ_b 指标有所减小;二是由于 B_K 减小,铣横肋槽时比较困难,主要是在进刀对槽时要务必小心,否则会容易接触到辊环,使横肋与纵肋相连。

因此,B_K 也往往按下式来设计:

$$B_K = d_0 + (0 \sim 0.5) \text{ mm} \qquad (3-17)$$

c　成品孔内径的扩张角和扩张半径 R_1

当成品孔内径的 d 和开口宽度 B 已知时,可利用圆钢成品孔的设计方法求出螺纹钢成品孔内径的扩张角和扩张半径。扩张角 θ 大部分都取 30°。

d　成品孔内径开口处的圆角 r

由于纵肋是由成品前孔椭圆轧件进入成品孔后产生宽展,金属填充进入孔型的开口处辊缝而形成的,因此钢筋的孔型设计与圆钢的孔型设计不同。一般圆钢特别是小型圆钢的孔型,在孔型开口处加工成圆角后,它对产生耳子或像耳子似的轧痕特别敏感,极易产生缺陷。同时,圆钢轧制时,由于开口处有圆角,上下轧辊的孔型也不易对准。但钢筋的成品孔内径开口处必须有圆角,以便能承受在孔型开口处金属向此处的巨大挤压,不会由于没有圆角而产生应力集中,造成在孔型开口处的崩裂,或称为“爆槽”,此“爆槽”使纵肋处产生一规则性的凸块。因此,钢筋成品孔内径开口处必须有圆角 r。r 的设计参考值如下:

钢筋规格 $\phi 10 \sim 25\ mm$　$r = 1 \sim 1.5\ mm$

钢筋规格 $\phi 28 \sim 40\ mm$　$r = 2 \sim 2.5\ mm$

e　纵肋宽度 a

纵肋宽度 a 是指纵肋的厚度,也就是轧辊辊缝处轧出耳子的厚度。一般纵肋宽度按公称尺寸选取。

B　螺纹筋加工尺寸的确定

a　横肋高度 h 和宽度 b

为提高成品孔的使用寿命,防止由于圆形槽底磨损较快而造成横肋高度小于最大负偏差的情况发生,横肋的设计高度通常按部分正偏差设计,即 $h = h_0 + (0 - 0.7)\Delta^+$,$h$ 为公称直径。

横肋顶部宽度 b 不能按负偏差设计,否则金属很难充满横肋,所以横肋宽度的设计尺寸应取公称尺寸,或比公称尺寸大 $0.3 \sim 0.5\ mm$.

b　横肋槽底圆弧半径 R_2

横肋在钢筋截面上的投影半径即是轧槽加工时的铣槽半径。由图 3-19 可知,横肋的弓形弦长 B_1 为:

$$\begin{cases} B_1 = 2\sqrt{R^2 - (c/2)^2} \\ R = d/2 \end{cases} \tag{3-18}$$

式中　R——成品孔的内径,mm;

$\quad\quad c$——横肋末端最大间隙。

横肋的弓形高度 H_1 为:

$$H_1 = R + h - \frac{c}{2}$$

由图 3-20 可知:

$$H_1 = R_2 - \overline{OA} \tag{3-19}$$

$$\overline{OA} = \sqrt{\overline{OM}^2 - \overline{AM}^2} = \sqrt{R_2^2 - (B_1/2)^2}$$

故

$$H_1 = R_2 - \sqrt{R_2^2 - (B_1/2)^2}$$

将上式整理后可得:

$$R_2 = \frac{4H_1^2 + B_1^2}{8H_1} \tag{3-20}$$

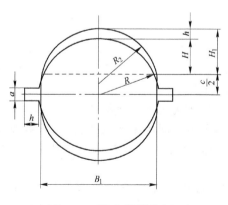

图 3-19　横肋的弓形弦长

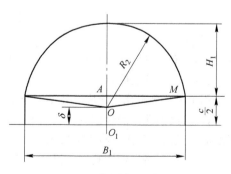

图 3-20　横肋的弓形高度

c　横肋节距1

当横肋槽在专用铣床或万能铣床上加工时,应取部分正偏差,这样,可在不全部车去螺纹槽的条件下进行重车,并仍能保证节距公差,从而可节约轧辊消耗。但要考虑前滑对节距增大和冷缩对节距减小的影响,即

$$l = (l_0 + \Delta^+)(1 - S_h + \alpha t) \tag{3-21}$$

式中　Δ^+——正偏差,mm;

　　　l_0——标准节距,mm;

　　　S_h——前滑值,一般在 0.05 ~ 0.06 范围内;

　　　α——线膨胀系数,1.2×10^{-5};

　　　t——终轧温度,℃。

根据现场统计资料发现,一般规格越大,轧辊直径越大,则前滑值越大。

d　横肋槽数 n　确定本厂不同规格的前滑值即可计算出横肋槽数 n,即

$$n = \frac{D + S - d - h}{L(1 - S_h + \delta)} \times \pi \tag{3-22}$$

式中　n——横肋槽数;

　　　D——轧辊辊环直径;

　　　d——钢筋的内径;

　　　h——横肋高度;

　　　L——横肋间距;

　　　S_h——前滑值;

　　　δ——钢筋的冷收缩系数,$\delta = 1.1\% \sim 1.3\%$。

在式(3-22)中特别指出的是:在计算轧辊周长时,既不能以横肋槽底为工作辊径,也不能以轧辊辊环处直径为工作辊径,而是此处的直径在横肋的一半(即 $h/2$)之处。

横肋与钢筋轴线的夹角 β(即螺旋角)应不小于45°,当该夹角不大于70°时,钢筋两个面上的横肋的方向应相反,螺旋角 β 按下式计算:

$$\beta = \text{arccot}\frac{ND_{kc}}{nd} \tag{3-23}$$

式中　N——螺纹头数;

　　　n——轧辊上横肋槽数;

　　　d——螺纹钢内径,mm;

　　　D_{kc}——轧辊平均工作辊径。

3.3.1.3　成品前孔(K₂孔)设计

由于金属在成品孔内要充满凹槽以形成周期性变化的横肋,而 K₂ 孔的形状是保证成品孔型充满的关键,所以除了正确设计成品孔型外,正确构成 K₂ 孔型也是十分重要的。螺纹钢的成品前孔基本上有三种形式:单半径椭圆孔、平椭圆孔和六角孔。

大量生产实践表明,单半径椭圆孔适用于轧制小规格的螺纹钢。当螺纹钢直径超过 14 mm时,采用单半径椭圆孔将使成品孔不易充满。目前多采用平椭圆孔、槽底大圆弧平椭圆孔或六角孔。这些成品前孔型能保证成品孔型内充满良好、轧槽磨损均匀、调整方便,若成品孔型进口采用滚动导卫装置,其优点将更加突出。

有些生产厂将平椭圆孔做成槽底大圆弧平椭圆孔,如图 3-21 所示;也有些生产厂为了便于平椭轧件翻钢,将平椭圆孔以 6° ~ 8° 的斜配角配置在轧辊上。由于螺纹钢成品孔为简化周期断

面,金属在其中变形复杂,目前还没有精确计算成品孔中金属变形的公式,所以成品前孔的设计目前仍采用经验数据。表3-14给出平椭圆孔主要参数的经验数据,孔型的内圆弧半径一般有两种取法,即 $R = h$ 或 $R = h/2$。

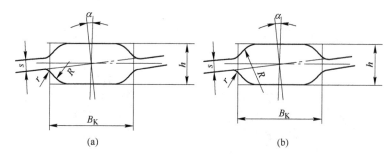

图3-21 两种不同内圆弧半径的平椭圆孔

（a）平椭圆孔；（b）槽底大圆弧平椭圆孔

表3-14 螺纹钢成品前孔参数

规格 d_0	B_K/d	h/d_0
$\phi 12$	1.80 ~ 1.90	0.70 ~ 0.74
$\phi 14$	1.76 ~ 1.84	0.71 ~ 0.75
$\phi 16$	1.70 ~ 1.78	0.7 ~ 0.75
$\phi 18$	1.68 ~ 1.70	0.7 ~ 0.75
$\phi 20$	1.65 ~ 1.68	0.73 ~ 0.76
$\phi 22$	1.63 ~ 1.68	0.74 ~ 0.78
$\phi 25$	1.60 ~ 1.65	0.78 ~ 0.82
$\phi 28$	1.60 ~ 1.65	0.78 ~ 0.82

选取上述参数时,要考虑终轧温度、终轧速度、轧辊直径和 K_3 孔来料大小的影响。当上述因素对轧件宽展有利时, B_K/d_0 取偏大值, h/d_0 取偏小值。

辊缝值可取偏大值,以利于成品孔尺寸的调整。当 $d_0 = 8 \sim 14$ mm 时, $s = 2 \sim 3$ mm;当 $d_0 = 16 \sim 40$ mm 时, $s = 3 \sim 6$ mm。槽口圆角 $r = 2 \sim 4$ mm。

3.3.1.4 成品再前孔(K_3)设计

螺纹钢的成品再前孔一般有两种形式:方孔和圆孔。随着轧钢技术的发展和棒材连续式轧机的广泛应用,目前螺纹钢的成品再前孔在绝大多数轧钢厂采用圆孔型。成品再前圆孔直径的选取与圆钢精轧孔型系统中的圆—椭圆—圆孔型相同。当圆钢精轧孔型系统的平均延伸系数较小时,为了保证螺纹钢成品孔良好充满,可适当加大 K_3 孔的直径。

3.3.2 冷轧螺纹钢孔型设计

由于冷轧螺纹钢筋具有强度高、塑性好、与混凝土握裹力强、节约钢材和水泥、提高钢筋混凝土构件质量的特点,所以它将代替冷拔低碳光面钢筋广泛应用于钢筋混凝土中。国标GB13788—2000制定了CRB550、CRB650、CRB800、CRB970、CRB1170五个牌号,并对冷轧螺纹钢筋的外形、尺寸及测定方法、基本力能性能与工艺性能都做了详细规定。除此之外,标准还规定了原材料(低碳钢无扭控冷热轧盘条)的牌号和化学成分,即CRB550牌号为普通钢筋混凝土用钢筋,其他牌号为预应力混凝土用钢筋。

国内冷轧螺纹钢筋轧机按其轧辊的传动方式可分为主动式和被动式;按轧辊的组合形式分为二辊式和三辊式。由于三辊被动式轧机采用拉拔方式生产冷轧带肋钢筋,而三辊主动式轧机应用较少,故下面重点介绍二辊主动式轧机的孔型设计。二辊式轧机只能生产两面有肋的冷轧钢筋。

根据 GB13788—92《冷轧带肋钢筋》,月牙肋钢筋表面及截面形状如图 3-22 所示。

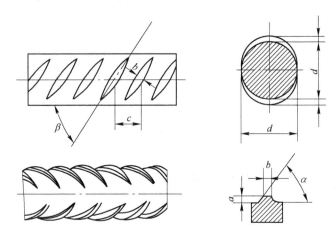

图 3-22　月牙肋钢筋表面及截面形状

d—钢筋内径;α—横肋斜角;β—横肋与轴线夹角;a—横肋高度;c—横肋间距;b—横肋顶宽

3.3.2.1　成品孔设计

由图 3-22 可以看出,冷轧螺纹钢筋的截面形状与热轧螺纹钢筋相似,差异在于冷轧螺纹钢没有纵肋。冷轧螺纹钢筋成品孔的设计除不考虑温度的影响外,可参照热轧螺纹钢筋的成品孔设计。成品孔辊缝为 1.3 ~ 2 mm,小规格取下限。

3.3.2.2　成品前孔设计

成品前孔为单半径椭圆孔。

孔型主要参数可根据下式确定:

$$B_K = (1.4 \sim 1.5)d_0$$
$$h = (0.8 \sim 0.9)d_0$$

式中　d_0——冷轧螺纹钢筋公称直径,mm。

由于成品孔轧件尺寸是靠成品前孔的调整实现的,所以,成品前孔的辊缝不能给得太小,一般为 2 ~ 3 mm,小规格取下限。

3.3.2.3　原料尺寸的确定

冷轧螺纹钢筋的基本力学性能和工艺性能主要取决于原料的牌号及其化学成分,特别是碳和锰的含量,除此之外,还与冷轧过程的总变形量有关。一般都是实测原材料的化学成分、力学性能等,然后进行试生产,找出最佳的总变形量,最后再进行批量生产。

冷轧过程的总延伸系数为:

$$\mu = D^2 / d_0^2$$

式中　D——原料直径,mm。

为了用 Q235 的原料生产 LL550 级合格产品,人们对成品抗拉强度 σ_b 和伸长率 δ_{10} 与总变形量之间的关系进行了大量的研究。图 3-23 所示的原材料性能为 $\sigma_b = 448$ MPa,$\delta_{10} = 30\%$;图

3-24 所示的原材料性能为 $\sigma_b = 402$ MPa, $\delta_{10} = 36.2\%$。上述两图中的横坐标为总延伸系数,原料为直径 6.5 mm 高速线材,材质为 Q235。

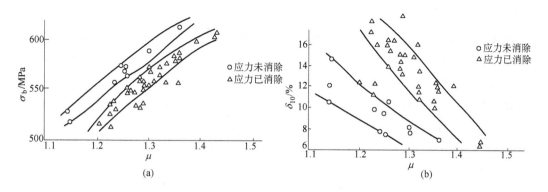

图 3-23 冷轧螺纹钢筋的力学性能与变形量的关系
（a） σ_b 与变形量的关系；（b） δ_{10} 与变形量的关系

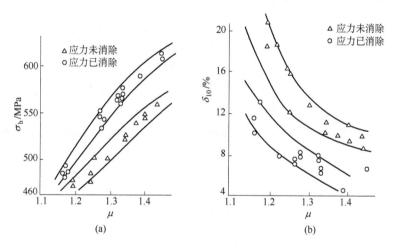

图 3-24 冷轧螺纹钢筋的力学性能与变形量的关系
（a） σ_b 与变形量的关系；（b） δ_{10} 与变形量的关系

从图 3-23 和图 3-24 可以看出:

（1）当延伸系数 $\mu \geq 1.28$ 时,冷轧螺纹钢筋的抗拉强度 $\sigma_b \geq 550$ MPa,这意味着要用 Q235 生产 LL550 级冷轧螺纹钢筋,其延伸系数必须大于 1.28。

（2）当延伸系数 μ 在 1.3~1.4 区间时,通过调整,消除应力,可使抗拉强度 σ_b 和伸长率 δ_{10} 都满足 LL550 级冷轧螺纹钢筋的要求。

（3）当延伸系数 $\mu \geq 1.42$ 时,即使原材料和应力消除工序再好,也不能生产出合乎 LL550 级要求的冷轧螺纹钢筋。

由此可见,冷轧螺纹钢筋的性能除与原材料的化学成分有关外,还决定于冷轧时的延伸系数。在化学成分一定的情况下,为了生产合格的冷轧螺纹钢筋,必须找出最佳的延伸系数区间。当最佳的延伸系数区间已知时,原料规格可按下式确定:

$$D = d_0 \sqrt{\mu_{0p}}$$

式中 μ_{0p}——最佳延伸系数。

3.4　方钢孔型设计

3.4.1　方钢的品种

方钢断面形状按对角部的要求有圆角（普通）方钢和尖角方钢两种。方钢断面几何形状和尺寸公差均由国家标准（GB702—72）统一规定。各类轧机生产的方钢规格范围见表3-15。方钢对角线长度应符合表3-16的规定。

表3-15　几种轧机生产的方钢规格范围

轧机名义直径/mm	方钢边长/mm
φ250～280	8～30
φ300～320	16～50
φ500～650	50～120

表3-16　方钢对角线长度

方钢边长 a/mm	对角线长度/mm
<50	不小于公称边长的1.33倍
≥50	不小于公称边长的1.29倍
工具钢全部规格	不小于公称边长的1.29倍

3.4.2　轧制方钢的成品孔型系统

轧制方钢的延伸孔型系统与轧制圆钢的相似，可根据具体生产条件选择。因此，对于一个生产圆、方钢等多种产品的车间，一般应尽量考虑各种产品公用延伸孔型系统，以减少换辊次数提高作业率和产量；同时减少轧辊的储备量，减轻导卫装置的加工量。方钢的成品孔型系统都采用菱—方形系统。根据产品规格和要求，目前主要有以下三种孔型系统。

3.4.2.1　一次菱—方孔型系统

此系统采用 K_1 成品孔和 K_2 成品前孔两个专用孔型，K_3 孔与轧制圆钢或其他品种共用，如图3-25（a）所示。

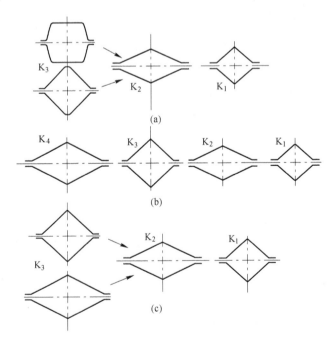

图3-25　轧制方钢的成品孔型系统
（a）一次菱—方孔型系统；（b）二次菱—方孔型系统；（c）三个专用孔型系统

K_3 方孔一般在轧制 100 mm 以上大规格方钢时,采用箱方孔型(尤其是大于 100 mm 的圆角方钢时),轧制中、小规格方钢时采用对角方孔型。

3.4.2.2 二次菱—方孔型系统

此系统采用 $K_1 \sim K_4$ 四个专用孔型,主要用于轧制小规格方钢,如图 3-25(b)所示。

3.4.2.3 方—菱—方或菱—菱—方孔型系统

此系统采用 K_1 成品方孔、K_2 菱形孔和 K_3 方孔或菱形孔三个专用孔型,这样可保证方钢角部几何外形的正确,如图 3-25(c)所示。

轧制方钢的主要矛盾是"秃角"和"外形不正",如何解决这矛盾是方钢孔型设计的关键。

3.4.3 K_1 方孔的设计

方钢成品 K_1 孔的构成如图 3-26 所示,其孔型构成参数确定如下。

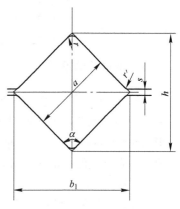

图 3-26 方钢成品孔型的构成

3.4.3.1 K_1 方孔边长

成品孔边长 a 按负偏差或部分负偏差设计,也可直接按公称尺寸给定,即

$$a = (1.012 \sim 1.015)a_0 - (0 \sim 1) \text{ mm} \quad (3-24)$$

或

$$a = a_0$$

式中 a_0——方钢边长公称尺寸,mm。

显然,按公称尺寸设计由于冷却收缩的原因,实际上也是按负偏差或部分负偏差设计。特别注意,方钢成品孔边长不能按正偏差设计,这是因为方钢成品孔的辊缝一般都取得小,以保证水平方向角部的形状。但由于轧机弹跳原因,实际调节的辊缝将更小,这样按正偏差设计的成品孔型,调整困难,尤其当轧槽磨损后就无法通过调整来获得合格的成品,降低了轧槽的利用率,增加了轧辊的消耗,减少了轧机的产量。

3.4.3.2 K_1 方孔对角线尺寸

设计 K_1 成品方孔时其对角高度 h_1 和宽度 b_1 是有差别的,一般 $h_1 > b_1$。这是由于终轧后宽度方向上轧件收缩比高度方向上要大些;另外宽度取大一些也减少了造成方钢出耳子的机会,便于调整。因此成品孔顶角 α 大于 90°,其尺寸按下式确定:$h_1 = 1.41a$;$b_1 = 1.42a$,$\alpha = 2\arctan\dfrac{b_1}{h_1}$。

3.4.3.3 其他尺寸

其他尺寸均按经验选定。辊缝不宜取大,否则水平方向方钢角部不清晰,一般轧机弹跳大的稍取大一些,其值为:

当 $a_0 = 10 \sim 16$ mm 时,$s = 0.8 \sim 1$ mm;

当 $a_0 = 18 \sim 25$ mm 时,$s = 1.2 \sim 1.5$ mm。

槽口圆角也不宜取大(理由同辊缝 s),一般 $r' = (0.05 \sim 0.08)a$,当成品轧机采用规圆机时,$r' = 0$。

轧槽顶部圆角 r 取 $r = 0$ 或 $r = (0.04 \sim 0.06)a$。

成品孔型的 B_K 和 h_K 等参数可参考表 2-4 中的计算式。

3.4.4 K_3 方孔的设计

设计方钢成品孔型系统时,应特别注意 K_1、K_2、K_3 三个孔型的形状和尺寸。实践证明,如果方钢成品孔型系统的延伸系数取的过小,方钢的尖角将很难充满,而如果 K_2 菱形孔的对角线差过小,也将给成品孔轧制带来困难。因此 K_3 方孔的主要尺寸边长 A 按下式确定:

$$A = (1.16 \sim 1.29)a \qquad (3-25)$$

K_3 孔型构成方法同 K_1 成品孔,其他尺寸取值如下:

$$s = (0.105 \sim 0.22)a$$
$$r = (0.07 \sim 0.2)a$$
$$r' = (0.12 \sim 0.22)a$$

3.4.5 K_2 菱形孔的设计

3.4.5.1 K_2 菱形孔的构成形式

K_2 孔是方钢轧制成型的关键性孔型。目前常用的 K_2 孔构成形式有如图 3-27 所示的三种。采用图 3-27(b)、(c)所示的两种构成形成的目的是保证成品孔水平的位置上方钢角部形状清晰。

3.4.5.2 普通菱形孔型设计

根据对三台 $\phi300$ mm 轧机轧 $12 \sim 50$ mm 方钢的孔型设计经验的总结,初步找出孔高 h_K 和孔宽 B_K 与成品方孔边长 a 和 K_3 方孔边长 A 之间的相互关系,如图 3-28、图 3-29 所示,亦可用下式计算:

$$B_K = K_b A - 0.47a \qquad (3-26)$$
$$h_K = K_h a - 0.47A \qquad (3-27)$$

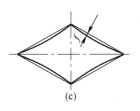

图 3-27 几种方钢 K_2 孔型的构成
(a)普通菱形孔;(b)加假帽菱形孔;
(c)凹边菱形孔

式中,$K_b = 1.94 \sim 1.85$;$K_h = 1.76 \sim 1.85$。大规格 K_b 取小值,K_h 取大值;小规格则相反。或参照图 3-28,图 3-29 相似轧机的 K_h、K_b 值。辊缝 s 的取值,一般大规格方钢取 2 mm,小规格方钢取 1.5 mm。

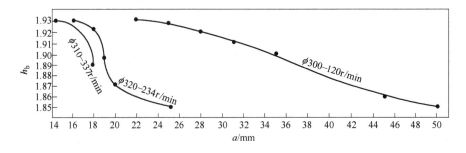

图 3-28 方钢边长 a 与 K_b 的关系

3.4.5.3 加假帽菱形孔型的构成

B_K、h_K、s 值的确定方法同上。其他尺寸确定如下:

假帽高度　　　　　　　$m = (0.5 \sim 2.5)$ mm(大规格取大值)

假帽顶角　　　　　　　$\alpha = 90°$

槽口圆角半径 $r' = (0.2 \sim 0.5)a$

顶角圆角半径 $r = (0.08 \sim 0.2)a$

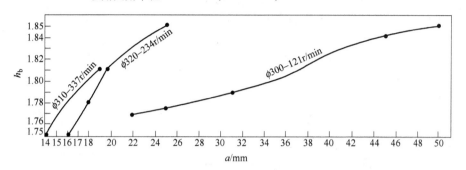

图 3-29 方钢边长 a 与 K_h 的关系

假帽与菱边交接处可用圆弧连接,半径 $R = 30 \sim 40$ mm 或小些。

应该指出,假帽高度(包括孔高)取得不当会形成成品缺陷。假帽取得太高,成品水平对角线出耳子;假冒高度小,成品水平充不满,如图 3-30 所示。

3.4.5.4 凹边菱形孔的构成

B_K、h_K、s 值的确定方法同前述。其他尺寸确定如下:凹边凸度 $f = 0.6 \sim 1$ mm;凹边圆弧半径 R 可用作图法或按下式确定:

$$R = \frac{(h_K - s)^2 + B_K^2 + 16f^2}{32f}$$

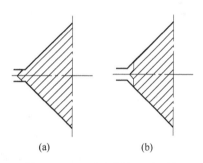

图 3-30 K_2 孔加假帽不当引起
     的方钢缺陷
（a）耳子；（b）充不满

3.4.6 方钢规圆机立辊孔型设计

与圆钢一样,为了改善方钢成品孔出来轧件在辊缝处的角部质量,应缩小方钢公差范围,也可设置立辊对成品孔水平位置角部进行再加工。所以一般使立辊水平实际尺寸等于成品孔槽口宽度。顶角 $\alpha = 90° + (1.5° \sim 3°)$,其他尺寸同成品孔。辊缝可取大一些,以增加调整范围和共用性。

3.4.7 方钢孔型设计实例

16 mm 方钢孔型设计:轧机名义辊径为 310 mm,轧辊转速为 337 r/min,成品采用立辊规方。

(1) 成品孔 K_1 的设计

$$b = 1.42 \times a_0 = 1.42 \times 16 = 22.7 \text{ mm}$$

$$h = 1.41 \times a_0 = 1.41 \times 16 = 22.6 \text{ mm}$$

$$\alpha = 2\arctan\left(\frac{22.7}{22.6}\right) = 90°30'$$

取 $s = 1$ mm,$r' = 0$,$r = 0.04 \times 16 = 0.6$ mm,则

$$B_K = b - s = 22.7 - 1 = 21.7 \text{ mm}$$

$$h_K = h - 0.83r = 22.6 - 0.83 \times 0.6 = 22.1 \text{ mm}$$

绘制孔型图如图 3-31 所示。

（2）立辊孔型设计

$$h_K = 21.7 \text{ mm}(\text{同成品孔的 } B_K)$$

取 $r = 0.6$ mm, $\alpha = 93°$, $h = 22.6$ mm, $s = 1.5$ mm。

$$b = h\tan\alpha/2 = 22.6 \times \tan 46.5° = 23.8 \text{ mm}$$

$$B_K = 22.6 \text{ mm}$$

绘制孔型图如图 3-31 所示。

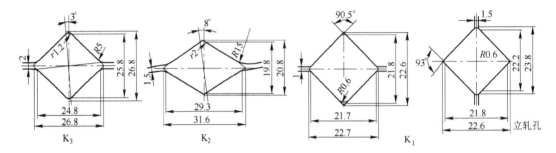

图 3-31　16 mm 方钢成品孔型图

（3）K_3 方孔设计

$$A = 1.19 \times 16 = 19 \text{ mm}$$

$$h = 1.41 \times 19 = 26.8 \text{ mm}$$

$$b = 1.42 \times 19 = 27 \text{ mm}$$

$$s = 0.125 \times a = 2 \text{ mm}$$

$$r = 0.075 \times a = 0.075 \times 16 = 2 \text{ mm}$$

$$r' = 0.3 \times a = 0.3 \times 16 = 5 \text{ mm}$$

$$B_K = 27 - 2 = 25 \text{ mm}$$

$$h_K = h - 0.83r = 26.8 - 0.83 \times 2 = 25.8 \text{ mm}$$

考虑围盘操作 K_3 轧件进 K_2 需要翻 90°，故采 3° 配斜角。绘制孔型图如图 3-31 所示。

（4）K_2 菱形孔设计

取 $K_b = 1.93$, $K_h = 1.8$, 则

$$B_K = 1.93 \times 19 - 0.47 \times 16 = 29.3 \text{ mm}$$

$$h_K = 1.8 \times 16 - 0.47 \times 19 = 19.8 \text{ mm}$$

取 $s = 1.5$ mm, $r = 2$ mm, 槽口圆角 $r' = 15$ mm。根据以上各参数即可绘制出孔型图，如图 3-31 所示。也可根据几何关系计算出顶角和 b、h 值：

$$\frac{\alpha}{2} = 90° - \left[\arctan \frac{\left(\frac{1}{2}h_K - \frac{1}{2}s - r\right)}{\frac{1}{2}B_K} + \arcsin \frac{r}{\sqrt{\left(\frac{1}{2}B_K\right)^2 + \left(\frac{1}{2}h_K - \frac{1}{2}s - r\right)^2}} \right]$$

$$= 90 - \left[\arctan \frac{\left(\frac{1}{2} \times 19.8 - \frac{1}{2} \times 1.5 - 2\right)}{\frac{1}{2} \times 29.3} + \arcsin \frac{2}{\sqrt{\left(\frac{1}{2} \times 29.3\right)^2 + \left(\frac{1}{2} \times 19.8 - \frac{1}{2} \times 1.5 - 2\right)^2}} \right]$$

$$= 56.94°$$

$$b = B_K + s\tan\frac{\alpha}{2} = 29.3 + 1.5\tan56.94° = 31.6 \text{ mm}$$

$$h = h_K + 2r\left(\frac{1}{\sin\frac{\alpha}{2}} - 1\right) = 19.8 + 2 \times 2 \times \left(\frac{1}{\sin56.94°} - 1\right) = 20.6 \text{ mm}$$

3.5 扁钢孔型设计

3.5.1 概述

扁钢是型钢生产中最简单的品种之一,它是一个稍带钝边的矩形断面,其断面尺寸表示方法为厚度 $h \times$ 宽度 b。目前国内生产扁钢的断面尺寸范围为 $(3 \sim 60)$ mm $\times (10 \sim 200)$ mm。

扁钢产品的断面特点是宽高比 $(\delta = b/h)$ 大,如表 3-17 所示。由表中可见,当扁钢厚度同为 4 mm 时,宽度不同的 δ 值范围为 $2.5 \sim 37.5$;而当宽度同为 50 mm 时,厚度不同的 δ 值范围为 $2 \sim 12.5$。这就带来轧制扁钢时高度和宽度方向上压缩变形的不均衡性,此不均衡性随宽高比 δ 的增加而加大。因此扁钢孔型设计中采用压下系数作为主要变形参数。

表 3-17 不同扁钢的 h、b 和 δ 的比较

扁钢宽度 /mm	扁钢厚度 h/mm								
	4	6	8	10	12	16	20	25	30
	δ								
10	2.5	1.67	1.25						
20	5	3.33	2.5	2	1.67				
30	7.5	5	3.75	3	2.5	1.88	1.5		
40	10	6.67	5	4	3.33	2.5	2	1.6	
50	12.5	8.33	6.25	5	4.17	3.13	2.5	2	1.67
60	15	10	7.5	6	5	3.75	3	204	2
80	20	13.3	10	8	6.67	5	4	3.2	2.67
100	25	16.67	12.5	10	8.33	6.25	5	4	3.33
120	30	20	15	12	10	7.5	6	1.8	1

用压下系数 $\eta = \frac{H}{h}$(H 为轧前厚度,h 为轧后厚度)来确定平轧道次数,再根据工艺需要确定立轧孔数目,最后得到总的轧制道次。这种方法给扁钢孔型设计与调整带来方便,即有平轧道次保证扁钢的成品厚度,又用立轧孔来保证扁钢侧边质量和控制宽度。这也是目前扁钢生产采用平—立孔型系统的原因之一。

3.5.2 扁钢孔型系统的选择

扁钢成品孔型系统有四种,分别为闭口孔型系统、对角线轧制孔型系统、带凹边方孔型系统以及平—立孔型系统。

3.5.2.1 闭口孔型系统

扁钢闭口成品孔型系统如图 3-32 所示。此系统带有限制宽展作用,并能对扁钢侧面进行较好的加工。但其主要缺点是共用性差,同一宽度不同厚,共用范围小,而轧不同宽度的扁钢必

须换辊。因此当扁钢品种规格多时,需要大量的轧辊储备。另外,此系统限制宽展孔型,侧壁斜度小,轧槽磨损快,重车量大,增加了轧辊的消耗。所以这种孔型系统目前已不采用。

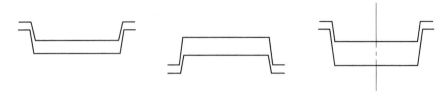

图 3-32　扁钢闭口孔型系统

3.5.2.2　对角线轧制孔型系统

扁钢对角线轧制的孔型系统如图 3-33 所示。其采用将扁钢孔型斜配在轧辊上,以增大对扁钢侧面的压缩,从而保证获得产品表面质量和断面几何形状良好的扁钢。但是斜配后将带来轧制时对轧辊作用较大的轴向力,使轧辊产生轴向窜动,这就要求有较好的轧辊轴向固定和支撑装置。另外轧件由轧辊出来时存在因自重或轧辊速度差而产生扭转倾向,这使导卫装置复杂化。同时此孔型系统还存在与闭口孔型系统相同的缺点,故也很少采用。

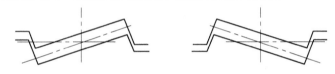

图 3-33　扁钢对角线轧制孔型系统

3.5.2.3　带凹边方孔型系统

扁钢带凹边方孔型系统如图 3-34 所示。这种孔型系统是由扁钢平—立孔型系统演变出来的特殊孔型系统,宜用于轧制宽高比 $\delta < 2.5$ 及宽度 $b < 30$ mm 的小规格扁钢。

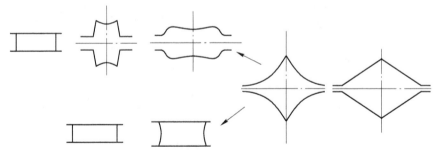

图 3-34　扁钢带凹边方孔型系统

这种孔型系统的优点是能轧制出四角清晰、断面形状正确的扁钢产品。其缺点是凹边方孔的共用性差,对调整的要求较高。目前国内某些厂在生产小规格扁钢时采用此种孔型系统。

3.5.2.4　平—立孔型系统

扁钢平—立孔型系统如图 3-35 所示。这是一种目前在扁钢生产中被广泛使用的孔型系统,与上述前两种孔型系统相比较,具有如下优点:

(1) 孔型形状简单,对孔型尺寸的设计要求不高;

(2) 调整方便,轧件尺寸容易控制;

(3) 孔型系统共用性大,一套轧辊能轧制出多种宽度的产品,平辊道次轧辊孔型的共用性则更大;

(4) 轧辊重车量小,减少了轧辊消耗;

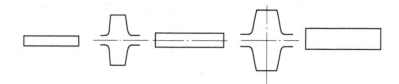

图 3-35 扁钢平—立孔型系统

（5）导卫装置简单,简化导卫加工;

（6）利用立轧孔型具有较好去除氧化铁皮的能力,从而改善产品的表面质量。

综上所述,目前扁钢精轧系统主要采用平—立交替孔型系统,如表3-18所列。对各系统分析如下,供选用时参考:

表 3-18 各种不同的扁钢孔型系统

类别	1	2	3	4	5	6	7	8	9
坯料形状	扁坯	扁坯	扁或方坯	扁或方坯	方坯	方坯	方坯	方坯	方坯或锭
粗、中轧孔型 1	六角形					工形			方形
2	六角形					矩形			矩形
3	菱形					矩形		矩形	矩形
4	椭圆					六角形	矩形		
5	菱形					菱形	矩形	矩形	矩形
6	椭圆	矩形	矩形	矩形	矩形	六角形			矩形
7	菱形	方形	方形	矩形	矩形	矩形	矩形	菱形	矩形
8	矩形	矩形	矩形	矩形	矩形	矩形	矩形	矩形	矩形
9	矩形	矩形	椭圆	矩形	矩形	矩形	矩形	矩形	矩形
10	矩形	矩形	椭圆	矩形	矩形	工形	矩形	矩形	矩形
精轧孔型 11	矩形	矩形	菱形	矩形	矩形	矩形	矩形	矩形	矩形
12	矩形	矩形	菱形	矩形	矩形	工形	矩形	矩形	矩形
13	矩形	矩形	矩形	矩形	矩形	矩形	矩形	矩形	矩形
14	矩形	矩形	矩形	矩形	矩形	工形	矩形	矩形	矩形
15	矩形	矩形	矩形	矩形	矩形	矩形	矩形	矩形	矩形

精轧孔型系统中,当成品宽度≤30 mm 或 δ≤2.5 时,可采用带凹边方孔型系统,这是因为立轧孔的压下量过大,成品质量不容易控制。采用带凹边方孔型系统的作用是起立轧孔凸度作用和避免进下一孔型时需认面操作。成品前孔(K_3)平孔型也采用带凸度的原因是由于成品 b/h 值小,K_2 立轧孔内的压下量相对较大,为防 K_2 立轧孔造成过充满、得到平直的侧边。

精轧孔型系统中也有采用二次或二次以上连续平轧孔型的,这种情况一般在轧制成品的宽高比 δ 值很大或受轧机形式和机械化设备限制时才采用。

中、粗轧扁钢孔型系统随着轧制条件的不同有较大的变化,有以下四种类型:

(1)当进入精轧前的方坯边长 A_p 与成品宽度之值 $A_p/b = 0.75 \sim 0.9$,且 $b/h < 6$ 时,中、粗轧扁钢孔型系统可选用大延伸系数孔型系统,如椭—方或六角—方系统。此部分孔型可与轧制方、圆钢等共用,成品断面越小共用孔型越多,共用性也越大,如表 3-18 中第 1、3、6、8 等孔型系统。

(2)当总延伸系数 $\mu_\Sigma < 12$ 时,只要延伸孔型最后一道方钢轧件满足(1)的条件,中、粗轧孔型可采用任何延伸孔型系统,如表 3-18 中第 1、6 孔型系统。

(3)采用扁坯轧制扁钢可减少平轧道次,增多立轧道次。此时可根据坯料与成品尺寸选用表 3-18 中第 2、3、4 孔型系统的中轧孔型。

(4)当采用较小坯料轧制较大的成品即 $B_p/b = 1 \sim 0.8$,且轧机较小或在连轧机上受轧机设备条件限制时,中、粗轧孔型可采用连续多道平轧(一般 3~4 道)的孔型系统。

3.5.3　压下量分配和轧件厚度确定

3.5.3.1　压下系数 η

在平—立孔型系统中轧制扁钢时,在各平轧孔型中的压下系数的关系为:

$$\eta_\Sigma = \frac{H_0}{h} = \frac{H_0}{h_1} \times \frac{h_1}{h_2} \times \frac{h_2}{h_3} \cdots \frac{h_{n-1}}{h_n} = \eta_1 \times \eta_2 \times \eta_3 \cdots \eta_n \tag{3-28}$$

式(3-28)中没有考虑立轧孔中的宽展所引起平轧孔内压下系数的增加,这是因为平—立系统中轧件宽度和高度分别由立轧孔和平轧孔来控制和调整。因此,简化成式(3-28)的关系式,可使孔型设计工作简化。但对宽展量大的粗轧立轧孔,为避免由于立轧孔的宽展而使下一道平轧道次的实际压下量过大,应在立轧孔后的平轧道次取小的压下系数。平轧孔型单道次的压下系数在 $\eta = 1.15 \sim 1.8$ 范围内。粗、中、精轧的平均压下系数 η 如表 3-19 所示。

表 3-19　扁钢的平均压下系数范围

孔型类别	平均压下系数 η
粗轧机孔型	1.4 ~ 1.45
中轧机孔型	1.25 ~ 1.35
精轧机孔型	1.15 ~ 1.23

3.5.3.2　压下系数的分配原则

压下系数有如下的分配原则:

(1)中、粗孔型在咬入条件、设备强度和电机能力允许的条件下,应采用较大的压下系数。

(2)精轧道次由于钢温降低(在横列式轧机上更明显)和受轧辊磨损的限制,为了保证成品的表面质量和几何形状尺寸的精度,压下系数应取下限,但一般也不应小于 1.15。因为小于此值后,轧制时往往产生轧件的扭转和镰刀弯。

(3)某些情况下,轧制宽的和中等宽度的扁钢时,压下系数可达 2。

(4)采用同一坯料轧制不同厚度的成品时,以最小成品厚度的品种来分配压下系数,因而对较厚的成品的压下系数,并不是用最大值。

(5)平轧孔的共用范围较大,一般厚度共用范围是 4~10 mm,最大可达 20 mm 以上。实际生产中考虑轧机设备上的因素往往不采用减少平轧道次,而是用调整平轧道次压下量来实现不同厚度产品的共用。因此,对较厚的产品轧制时,某些平轧道次的压下系数显得较小。

3.5.3.3 平轧道次轧件厚度的确定

当按上述原则分配好各平轧道次的压下系数后,即可逆轧制方向计算出各平轧道次的轧件厚度(以平—立孔型为例)。

$$\begin{cases} h_3 = h_1\eta_1 \\ h_5 = h_3\eta_3 \\ h_7 = h_5\eta_5 \\ \vdots \end{cases} \tag{3-29}$$

式中 h_1、h_3、h_5……——逆轧制方向平轧道次的厚度,mm。

η_1、η_3、η_5……——逆轧制方向各平轧道次的压下系数。

3.5.4 扁钢立轧孔设计

3.5.4.1 立轧孔的作用

立轧孔配置于扁钢孔型系统中的不同位置时,所起的作用也有所不同,其孔型的构成也不同。根据生产实际经验,立轧孔的作用大致可归纳如下:

(1)成品前的立轧孔起控制成品宽度尺寸的作用;

(2)立轧孔对扁钢侧边和四角加工以使扁钢四角形状清晰;

(3)改善扁钢侧表面质量,消除平轧道次时自由宽展在侧表面所引起的不良应力;

(4)去除轧件表面的氧化铁皮;

(5)粗轧孔型系统中的立轧孔还将起延伸作用。

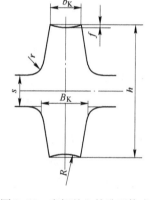

图 3-36 扁钢的立轧孔型构成

3.5.4.2 扁钢立轧孔的构成

扁钢立轧孔型的构成如图 3-36 所示。其构成参数及关系列于表 3-20。

表 3-20 扁钢立轧孔型的构成参数及关系

构成参数名称	关系式(单位:mm)	说　明
槽底宽度	$b_K = B(1 \sim 1.05)$	B—来料厚度
轧槽深度	$h_p = \left(\dfrac{1}{3} \sim \dfrac{1}{5}\right)h$	h—来料高度,按共用规格中最小高度设计
侧壁斜度/%	K_2 孔:$y = 5 \sim 15$ K_4 孔:$y = 8 \sim 20$ K_6 孔:$y = 14 \sim 25$	扁钢宽度大的取小值
槽口宽度	$B_K = b_K + 2h_p y$	
槽底凸度	K_2 孔:$f = 0.2 \sim 0.6$ K_4 孔:$f = 0.5 \sim 0.8$ K_6 孔:$f = 0.8 \sim 1.2$	一般可取 $f = (0.5 \sim 1)\Delta b$,Δb 为下一道平轧道次宽展量;当 $B < 5$ mm 时,$f = 0$。有时为方便,对槽取 $r = 0$ 或倒小角
槽底圆弧半径	$R = \dfrac{f}{2} + \dfrac{b_K^2}{8f}$	
槽口圆角半径	$r = 2 \sim 10$	

设计时一般取 $b_K = B$(来料宽度),而生产时通过调整平轧孔厚度来达到的 B 略小于 b_K,并在操作规程中规定其进料宽度(即前一道平轧道次的厚度)。立轧孔轧制时,若 B 大于 $b_K1 \sim 1.5$ mm,会使立轧孔轧出的轧件四角不易充满而呈圆角,如图 3-37(a)所示,严重的因轧件和孔型侧壁相对滑动而造成小鳞层、折叠等缺陷;而 b_K 过大于 B 时,将使侧壁失去对轧件的夹持作用,造成轧件断面脱矩和对角线差超差,如图 3-37(b)所示。

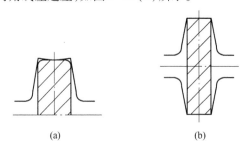

(a)　　　　　　　　　　(b)

图 3-37　扁钢立轧孔 b_K 与 B 配合不当的轧制情况

(a) B 过大于 b_K;(b) B 过小于 b_K

立轧孔槽底采用凸度 f 的作用是保证成品扁钢侧边平直,而槽底凸度逆轧制方向增大的目的在于使扁钢四角得到加工。

3.5.4.3　立轧孔的压下量分配

立轧孔中总的压下量 $\Delta h_{l\Sigma}$ 按下式确定

$$\Delta h_{l\Sigma} = B_p - b_1 + \Delta b_\Sigma = \Delta h_{l2} + \Delta h_{l4} + \cdots \qquad (3-30)$$

式中　　 B_p——坯料的宽度,mm;

　　　　 b_1——扁钢成品的宽度,mm;

Δh_{l2}、$\Delta h_{l4}\cdots$——各道立轧孔的压下量,mm;

　　　　 Δb_Σ——平轧道次总的宽展量($\Delta b_\Sigma = \Delta b_1 + \Delta b_3 + \cdots$),mm。

现厂里为简化设计计算,直接取各平轧道次的宽展量,这是因为若取得不准,将影响立轧道次的压下量,这可通过调整纠正。

精轧立轧孔中的压下量不宜取得过大,一般 $\Delta h_{l2} = 3 \sim 8$ mm, $\Delta h_{l4} = 4 \sim 10$ mm(大规格取大值)。当成品前立轧孔放在 K_3 孔时,其压下量也可以在上述范围内选取。

中、粗轧的立轧孔的压量大小,应根据总的立轧孔压下量 $\Delta h_{l\Sigma}$ 而定。一般采用共用立轧孔轧制扁钢时,不同宽度扁钢在宽度方向上的压下量的调整,将由几个立轧孔来承担,因此其值变化较大,设计时可采用各立轧孔平均分配压下量的方法。

当用较小坯料(即 $B_p/b_1 \leqslant 0.8$ 时)轧制较宽扁钢时,立轧孔的压下量就不能取大,但为了保证扁钢的侧边质量,立轧孔形中又必须具有相应的压下量,此时应在平轧道次中采用强迫宽展的孔型,如图 3-38 所示,才能使扁钢侧边得到满意的结果。

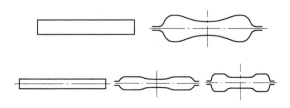

图 3-38　轧制扁钢的强迫宽展孔型

3.5.5 各扁钢孔型中的轧件尺寸确定

按逆轧制方向计算,各孔轧件断面尺寸计算符号如图 3-39 所示。各平轧道次的轧件厚 h 由式(3-31)计算,其他尺寸确定方法如下:

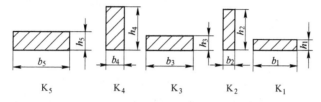

图 3-39 平—立系统各孔轧件尺寸计算符号

$$\begin{cases} h_2 = b_1 - \Delta b_1 \cdots b_2 = h_3 \\ b_3 = h_2 + \Delta h_{12} \cdots h_3 = h_1 \eta_1 \\ h_4 = b_3 - \Delta b_3 \cdots b_4 = h_5 \\ b_5 = h_4 + \Delta h_{14} \cdots h_5 = h_3 \eta_3 \\ \qquad \vdots \end{cases} \qquad (3-31)$$

式中　Δh_{12}、Δh_{14}……——由分配得到各立轧孔中的压下量,mm;

　　　Δb_1、Δb_3……——各平轧道次的宽展量,mm;

　　　η_1、η_3……——由分配得到各平轧道次的压下系数。

3.5.6 扁钢坯料的确定

一般情况下,轧制扁钢可选用不同规格的方坯。但当扁钢的 $\delta > 15$ 或扁钢成品断面积在 30 ~ 300 mm² 范围内时,选用扁坯为宜。此时选用扁坯的优点是:

(1)可减小扁钢高、宽方向上压缩变形的不均衡性,有利于提高侧表面质量;

(2)可减小平轧道次;

(3)改善小断面方坯($A_p < 45$ mm)在连续式加热炉上加料困难的问题,并有利于加热炉推料操作,同时解决开坯车间供小方坯的困难;

(4)在同一轧机上,可扩大扁钢宽度范围。

但采用扁坯后的主要缺点是坯料入炉前需安排排料操作,从而增加操作工人的劳动强度。

坯料尺寸应根据供料条件、扁钢尺寸范围、减少坯料规格、提高共用性等方面来确定,同时还需综合考虑轧机能力和辅助设备能力(如冷床宽度)来选定。选用方坯一般可按下式确定方坯边长,当 $\eta_\Sigma > 5$ 时,能获质量良好的扁钢:

$$A_p = (0.8 \sim 0.9)b \qquad (3-32)$$

另外,从保证扁钢孔型系统成型需要角度确定方坯边长 A_p,按下式计算:

$$A_p = \frac{b + \beta' h + \Delta h_{1\Sigma}}{1 + \beta'} \qquad (3-33)$$

式中　β'——平轧道次的平均宽展系数,可取 0.4 ~ 0.5;

　　　$\Delta h_{1\Sigma}$——各立轧孔的压下量总和,mm;

　　　b——扁钢的宽度,mm;

　　　h——扁钢的厚度,mm。

当选用扁坯时,按下式进行扁坯宽度选定:

$$B_p = (1.2 \sim 1.5)b \qquad (3-34)$$

当 $\eta_\Sigma = 5 \sim 12$ 时,扁坯厚度可选用下式选定:

$$H_p = (1.7 \sim 2.5)h \qquad (3-35)$$

用以上方法确定的坯料尺寸仅表示最小坯料尺寸的近似值。当轧机能力允许,特别是对于小断面的产品,坯料尺寸往往大于计算值。

3.5.7　扁钢孔型设计实例

已知在 $\phi300$ mm 的轧机上,采用 60 mm × 60 mm 方坯轧制成 6 mm × (50 ~ 65) mm、8 mm × (40 ~ 50) mm、10 mm × (35 ~ 50) mm、12 mm × (35 ~ 55) mm、14 mm × (30 ~ 45) mm、16 mm × (30 ~ 40) mm 的扁钢。轧辊材质均为冷硬铸铁。第一机列轧辊转速为 110 r/min,第二机列轧辊转速为 260 r/min。设计该轧机轧制扁钢的孔型系统、孔型和轧件尺寸。

(1) 选择以 12 mm × 40 mm 扁钢为例,主要是考虑到此规格在扁钢产品中规格适中,各工艺参数的确定能前后兼顾。为了满足这些产品的规格变化,按该厂生产经验以及车间工艺布置和操作习惯,选用了共用性大的平—立孔型系统,如图 3-40 所示。本系统中共轧 10 道,其中 K_2、K_4、K_6、K_8 为立轧孔。前四道 $K_7 \sim K_{10}$ 的工艺参数基本上保持不变,即所有规格的扁钢前四道次共用。开始分三个系统,即扁钢厚度 6 mm、8 ~ 10 mm、12 ~ 16 mm。从 K_5 起按扁钢厚度自成一支系,同一厚度的扁钢共用,有专用立轧孔调整扁钢的宽度。

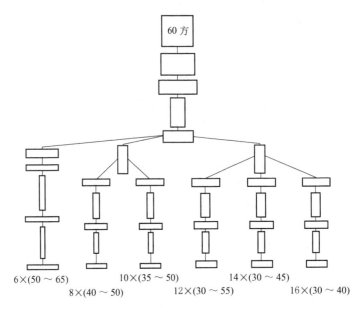

图 3-40　$(6 \sim 16) \times (30 \sim 65)$ mm^2 扁钢轧制的孔型系统

(2) 压下系数的分配

$$\eta_\Sigma = \frac{H_p}{h_1} = \frac{60}{12} = 5$$

K_1、K_3、K_5、K_7、K_9、K_{10} 为平轧道次,各道压下系数分配如下:

$$\eta_\Sigma = \eta_1 \times \eta_3 \times \eta_5 \times \eta_7 \times \eta_9 \times \eta_{10} = 1.15 \times 1.18 \times 1.25 \times 1.6 \times 1.5 = 5$$

压下系数的分配一般是按顺轧制方向递减。本设计考虑到受咬入条件限制,K_{10} 取小些;另外,K_7 道次由于 K_8 粗轧立轧孔的压下量较大,产生的宽展大,使 K_7 道次实际压下量增加,故也取小些;K_1 道次压下系数取 1.15。

(3) 各轧制道次轧件尺寸计算

$$h_3 = h_1 \eta_1 = 1.2 \times 1.15 = 13.5 \text{ mm}$$
$$h_5 = h_3 \eta_3 = 13.5 \times 1.18 = 16 \text{ mm}$$

其他平轧道次同样计算,结果列于表 3-21。

平轧孔的压下量计算为:

$$\Delta h_1 = h_3 - h_1 = 1.5 \text{ mm}$$
$$\Delta h_3 = h_5 - h_3 = 2.5 \text{ mm}$$

根据平轧孔中的压下量大小取各孔的宽展量 Δb、Δh 和 Δb 的结果均列于表 3-21。则立轧孔中总的压下量 $\Delta h_{1\Sigma}$ 为:

$$\Delta h_{1\Sigma} = 60 - 40 + (1 + 1.5 + 2.5 + 6.5 + 7.5) = 42.5 \text{ mm}$$

表 3-21 60^2 方坯轧制成 12×40 扁钢各孔轧件尺寸

孔型序号		压下系数 η	轧件厚度 h/mm	压下量 $\Delta h/\text{mm}$	宽展量 $\Delta b/\text{mm}$	轧件宽度 b/mm	说 明
平轧孔型	K_1	1.15	12	1.5	1	40	$b_i = h_{1i} + \Delta h_{1i+1}$
	K_3	1.18	13.5	2.5	1.5	45.5	
	K_5	1.25	16	4	2	54	
	K_7	1.25	20	5	5	59	
	K_9	1.6	25	15	6.5	73	
	K_{10}	1.5	40	20	7.5	67.5	
立轧孔型	K_2		39	6.5		13.5	$h_i = h_{i-1} - \Delta h_{i-1}$ $b_i = b_{i+1}$
	K_4		44	10		16	
	K_6		52	7		20	
	K_8		54	19		25	

立轧孔中的压下量分别列于表 3-21。立轧孔中轧件宽度等于前道平轧道次轧件的高度,如 $b_2 = h_3$。其 K_1 孔轧件高度计算为:

$$h_2 = b_1 - \Delta b_1 = 40 - 1 = 39 \text{ mm}$$

K_3 孔轧件宽度为:

$$b_3 = h_2 + \Delta h_{12} = 39 + 6.5 = 45.5 \text{ mm}$$
$$h_4 = b_3 - \Delta b_3 = 44.5 - 1.5 = 44 \text{ mm}$$
$$b_5 = h_4 + \Delta h_{14} = 44 + 10 = 54 \text{ mm}$$

其他道次计算方法相同,结果列于表 3-21。

(4) 立轧孔型设计

K_8 立轧孔仅起压缩轧件断面的作用,无其他特殊要求,不需槽底凸度,只需照顾到共用性即可,故按一般立轧孔设计,如图 3-41 所示。

K_6 立轧孔由三种厚度的扁钢共用,为满足 16 mm 扁钢需要,b_K 值取 24 mm,其他尺寸如图 3-41 所示。K_2、K_4 是 12 mm 扁钢的专用立轧孔,则应按 12 mm 要求设计,仅考虑扁钢宽度共用即可,成型构成如图 3-41 所示。

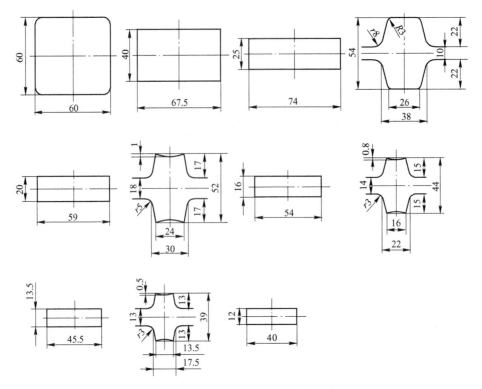

图 3-41　12 mm × 40 mm 扁钢孔型图

3.6　六角钢孔型设计

3.6.1　孔型系统的选择

六角钢的尺寸是用正六角形内切圆的直径表示的,其尺寸为 7 ~ 80 mm。六角钢的孔型设计与普通圆钢的孔型设计相似,常用的轧制方法有以下四种(如图 3-42 所示)。

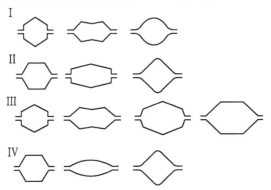

图 3-42　轧制六角钢的孔型系统

第一种方法:此方法成品孔开口在六角形的两侧,优点是能保证轧件的六个角部充填较好;另外开口处两侧留有宽展的地方,便于调整。用此法轧制,其预轧及荒轧都可与圆钢或方钢共用,可节省轧辊储备及换辊时间。

第二种方法:此方法优点是成品前变形均匀,但成品孔开口于角部,由于宽展量的变化,角部很难控制正确,故此法较少使用。

第三种方法:此方法六角形的孔型多,成品形状及尺寸好控制,缺点是固有孔型多不能共用。

第四种方法:此方法优点是孔型系统简单,与圆钢相同,但是缺点也是成品孔两侧尖角不易正确。

以上四种方法,以第一种较好,下面进行重点讨论。六角钢轧制的孔型系统设计,关键在于确定成品前孔和成品孔。成品前孔可以是方形、圆形、六角形等,一般常用的是方形孔和圆形孔,如图3-43所示。其他孔的选择可与圆钢相同。因此,我们在选择六角钢孔型系统时,一般都根据本单位生产的品种规格,尽量选择与其他产品共用孔型,以减少轧辊及备品备件数量,同时还可以减少换辊次数。

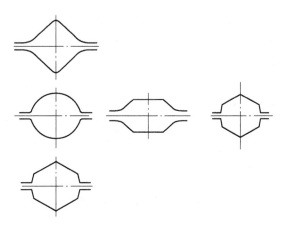

图 3-43 六角钢精轧孔型系统成品前孔

3.6.2 成品孔的构成

3.6.2.1 作图计算

六角钢成品孔构成如图3-44所示。

取

$$a = (1.013 \sim 1.012)a_0 \qquad (3-36)$$

式中,a_0 为产品公称尺寸。

以 a 为直径作圆,然后作其外切正六边形。设边长为 c,则 $c = 0.577a_0$。孔型总高为:

$$h = 2c - 0.309R \approx 2c \qquad (3-37)$$

侧壁斜度 δ 一般取 $5\% \sim 8\%$,小品种取小值。这是因为,侧斜太大,成品两侧面不平、不光,影响表面质量;侧壁斜度太小,则轧辊重车量大,有时甚至不能修复到原设计的形状尺寸。当侧壁斜度 δ 给定后,槽口宽度 B_K 按下式计算:

$$B_K = a + (c - s)\delta \qquad (3-38)$$

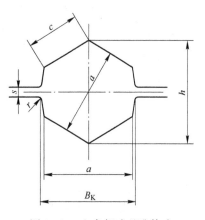

图 3-44 六角钢成品孔构成

辊缝 s 可与方、圆钢成品孔一样取,或略大一些。辊缝取太大,会造成两侧面不平滑;取太小,使调整范围小,槽孔磨损后较快造成碰辊。

槽口倒角 r 一般取 $r = 1 \sim 1.5$ mm 或 $r = 0$。

顶角圆弧 R 一般取 $R = 0.2 \sim 0.5\ \mathrm{mm}$ 或 $R = 0$,这样可以保证成品角部棱角。孔型面积为:

$$F \approx 0.866 a^2 \qquad (3\text{-}39)$$

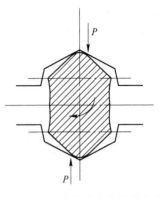

图 3-45　在成品孔内使轧件产生
扭转的受力示意图

3.6.2.2　成品孔形状

上述的成品孔形状是比较普遍采用的,因为它能保证获得质量较好的成品六角材。但这种孔型,对成品前孔的调整及成品孔的调整要求较高,同时对进口的安装也要求比较高,否则,极易造成扭转。造成扭转的原因主要是因调整不当,使成品前轧件进入成品孔时,受力不平衡所致,如图 3-45 所示。

目前有些单位采用了具有自由宽展的成品孔,其形状有两种,如图 3-46 所示。这两种成品孔最大的缺点是:成品两个侧面的公差与表面质量较难控制。

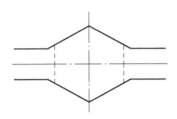　　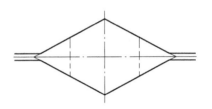

图 3-46　六角钢成品孔的两种构成

3.6.3　成品前孔的确定

为了保证成品孔的良好充满,成品前孔一般都采用带有凸度的扁六角孔,如图 3-47 所示。因为成品道次的压下率较大,能保证成品两侧公差及表面质量,故成品前孔槽底设计成带凸度的是合理的。

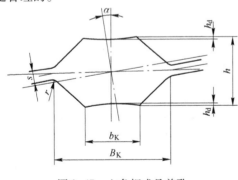

图 3-47　六角钢成品前孔

采用平六角成品前孔,能使成品孔内的变形均匀,延伸也较均匀,能保证钢材的质量。因为六角钢一般用于冷镦或热镦各种机械零件。因此,这一点也是非常重要的。

A　宽度 B_K

给定一个成品孔的压下系数 η,

$$\eta = \frac{B_{K2}}{h_1} = 1.3 \sim 1.45 \qquad (3\text{-}40)$$

则

$$B_{K2} = \eta \times 2c = 1.154 \times \eta \times a \qquad (3\text{-}41)$$

式中　c——成品孔边长;

　　　a——成品孔六角内切圆直径。

B　高度 h_2

给定一个成品孔的宽展系数 β,

$$\beta = \frac{\Delta b}{\Delta h} = \frac{a - h_2}{B_{K2} - 2c} = 0.18 \sim 0.25 \qquad (3\text{-}42)$$

则

$$h_2 = a(1 + 1.154\beta - 1.154\beta\eta) \tag{3-43}$$

C 槽底宽度 b_K

当侧壁斜度为 tan45°时,

$$b_K = B_K - h + s \tag{3-44}$$

D 其他尺寸

槽底凸度 $f = 0.3 \sim 0.5$ mm,大规格取大值。

辊缝 $s = 2 \sim 3$ mm,大规格取大值。

槽口倒角 $r = 1.5 \sim 2.5$ mm,大规格取大值。

斜配角 α,其作用与圆钢、螺纹钢相同。

E 孔型面积

孔型面积 F 为:

$$F = B_K \times h - \left[2\left(\frac{h-s}{2}\right)^2 + b_K \times h_d\right] \tag{3-45}$$

$14 \sim 24$ mm 六角钢的 K_1、K_2 孔型参数见表 3–22。因为成品前孔可以选择方、圆、六角等形状,因此完全可以与圆钢共用粗轧孔型系统。一般选用比六角钢名义尺寸大 1 mm 规格的圆钢的 K_3 孔。这样,K_2 孔的延伸在 $1.15 \sim 1.25$ 之间。

表 3–22　六角钢的 K_1、K_2 孔型参数

六角钢规格	K_1				K_2					轧制条件	
	h	$b_K(a)$	B_K	s	h	b_K	B_K	s	h_d	D/mm	v/m·s^{-1}
14	16.5	14.3	14.6	1.0	12.7	10.8	24	2	0.3		
17	19.97	17.3	17.8	1.5	15.4	12.7	27.5	2	0.3	$\phi310$	6
19	22.28	19.3	20	1.5	17.5	15	32	2.5	0.5		
24	28.1	24.3	26.3	4	22	20	41	4	0.5	$\phi290$	3.6

3.7 角钢孔型设计

3.7.1 概述

3.7.1.1 角钢的种类

角钢是一种通用型钢,用于各种钢结构中,使用范围非常广泛。通常的角钢分为等边角钢、不等边角钢和特种角钢三大类,如图 3–48 所示。

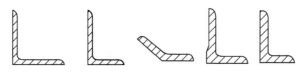

图 3–48　角钢的种类

等边角钢具有 90°的尖锐顶角,两腿的长度相等,根据我国标准,产品的范围从 2 号到 20 号(腿长 20 ~ 200 mm),相同号数的角钢分别有 2 ~ 7 种不同的腿厚,例如,2 号角钢其腿厚有 3 mm、4 mm 两种,5 号角钢有 3 mm、4 mm、5 mm、6 mm 四种。

不等边角钢也具有 90°的尖锐顶角,但两腿的长度不等,根据 GB/T 9788—1988 产品范围是

2.5/1.6~20/12.5。分子、分母分别表示不等边角钢的长、短腿长度(cm),如2.5/1.6表示长腿的长度25 mm,短腿长度16 mm。相同号数的不等边角钢分别有2~4种不同腿厚。

特种角钢的品种不多,生产批量较小,顶角的度数有的90°,有的大于或小于90°。顶角有圆角,也有尖角,腿部尺寸大多是既不等边又不等厚,这类产品还没有标准化,一般按协议生产。

轧制角钢时除要求腿长、腿厚尺寸正确外,还应保证顶角和腿端形状正确。根据实践经验,不同轧机大致适于生产角钢的规格如表3-23所示。不等边角钢可用两腿长的平均值来换算。

3.7.1.2　角钢轧制过程的金属变形

与复杂断面相比角钢的形状比较简单,其变形过程与扁钢断面相近,腿部的变形较均匀,而且两条腿的压下量基本相同。

图3-49是矩形坯轧制角钢时,各道次的变形情况。首先对矩形坯料进行切分和弯折,形成腿部的雏形,然后利用每道次的宽展,腿长不断增长。为了控制角钢的腿长和使轧制过程稳定,必须合理选择孔型系统。

表3-23　不同轧机上轧制的角钢规格范围

轧辊名义直径/mm	角钢号数
250	2~5
300	4~7.5
350	6~9
500	8~14
750~800	12~20

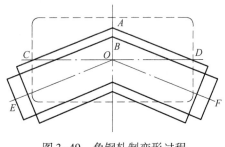

图3-49　角钢轧制变形过程

保证轧制过程中角钢形成尖锐清晰的90°顶角,是角钢孔型设计必须十分注意的一个问题。因为顶角部分温度低,金属流动阻力较大。坯料经过切分孔后,其中心线 COD 由水平位置变成折线 EOF,坯料在轧薄、宽展的过程中顶角 A 点也被压下到 B 点。因此合理地确定弯折角、压下量以及宽展量是角钢孔型设计的重要议题。

在变形过程中,虽然顶角的 A 压到 B,但中心线顶点 O 的位置却保持不变,而且尽管弯折时腿的外侧受拉伸,内侧受压缩,但腿部中心线位置保持不变。因此一般以腿部中心线作为设计计算的基准线。

3.7.2　轧制角钢的孔型系统

轧制角钢可以采用多种孔型系统,其中使用最广泛的是蝶式孔型系统。

蝶式孔型系统中根据使用不使用立轧孔,又可分为带立轧孔的蝶式孔型系统和无立轧孔的蝶式孔型系统。

3.7.2.1　带立轧孔的蝶式孔型系统

图3-50所示为带立轧孔的蝶式孔型系统。其特点是:在孔型系统中有1~2个立轧孔,其中一个立轧孔设在角钢成型孔之前,目的是控制进成型孔轧件的腿长,加工腿端,镦出顶角。另一个立轧孔一般位于切分孔之前,主要目的是控制切分腿长。使用立轧孔的优点是:可以使用开口切入孔;切入孔可以共用,即轧相邻规格时,可以通过调整第一个立轧孔高度来调整进入开口切入孔的来料尺寸;立轧道次易除氧化铁皮,成品表面质量好。缺点是:立轧孔切槽深,轧辊强度差,寿命短;开口切入孔容易切偏,造成两腿长度不等;立轧孔需人工翻钢,劳动强度大。故此系统目前只用于生产2~2.5号角钢的横列式轧机上及人工操作的条件下。

3.7.2.2　无立轧孔的蝶式孔型系统

图 3-51 所示为无立轧孔的蝶式孔型系统,该孔型系统的优点是:使用闭口切入孔,容易保证两腿切分的对称性;使用上、下交替开口的蝶式孔成型和加工腿端;轧制过程中不翻钢,减轻了劳动强度,易实现机械化操作。

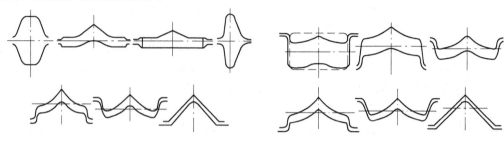

图 3-50　带立轧孔的蝶式孔型系统　　　　　图 3-51　无立轧孔的蝶式孔型系统

3.7.2.3　特殊孔型系统

下面几种孔型系统是在特定的条件下使用的。

A　对角轧制的蝶式孔型系统

当要求使用较小的坯料轧出大规格的角钢时,用正规轧法轧不出要求的腿长,这时可利用对角轧法,对角轧制的蝶式孔型系统如图 3-52 所示。

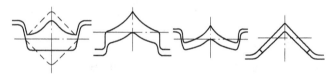

图 3-52　对角轧制的蝶式孔型系统

B　W 型蝶式孔型系统

采用这种孔型系统(如图 3-53 所示)也是因为要用较小的坯料轧出较大规格的角钢。

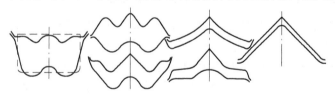

图 3-53　W 型蝶式孔型系统

C　热弯轧制的孔型系统

热弯轧制角钢如图 3-54 所示,热弯轧制法的特点是轧制和弯曲同时进行。

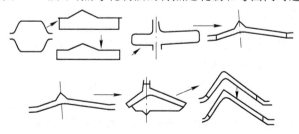

图 3-54　热弯轧制角钢

3.7.3　坯料选择

角钢孔型设计是由成品孔型开始按逆轧制顺序进行的。当孔型系统选定后,应确定蝶式孔和切分孔的数目,设计角钢各变形孔型构成参数,并由第一个变形孔(切分孔)确定其轧制的红坯形状和尺寸,最后根据轧机能力和供坯条件选定坯料。由坯料到进入切分孔的红坯之间的孔型系统设计可按延伸孔型的设计方法设计,这里不再介绍。

由于角钢蝶式孔的结构可以变化,即水平宽度或垂直高度可以在参数选择时适当调节,所以角钢的坯料选择较为灵活,可用方坯和扁坯,也可用方坯以对角线(即扭转45°角)进入第一个蝶式孔。一般说来,角钢号数较大时,用扁坯更好,因为总变形量小。

表3-24列出了某厂轧制中号角钢所用的蝶式孔的数据,包括进入变形孔前的箱形孔尺寸以及它们的压下系数、宽展系数、平均延伸值等。由表可以看出蝶式孔数为4~6,总压下系数为9.7~15,平均压下系数 $\eta_p = 1.25 \sim 1.40$。

表3-24　某厂轧制中号角钢所用的蝶式孔的数据

角钢规格	钢坯尺寸 /mm × mm	钢坯进蝶式孔 尺寸/mm × mm	蝶式孔数	宽展系数	压下系数	道次	平均延伸
6.3	90 × 90	68 × 68	4	0.84	9.7	7	1.406
7.5	90 × 90	90 × 90	4	1.175	12.85	7	1.319
8	115 × 115	102 × 95	6	0.61	13.6	9	1.297
9	115 × 115	115 × 115	5	0.78	12.8	7	1.373
10	136 × 136	136 × 136	5	0.74	11.7	7	1.398
12	125 × 178	125 × 178	6	0.825	11.35	9	1.284
7.5/5	90 × 90	66 × 75	4	0.835	12	7	1.444
9/5.6	90 × 90	90 × 90	4	1.015	12.85	7	1.376
10/6.3	115 × 115	115 × 115	5	0.73	12.8	7	1.297
12.5/8	136 × 136	136 × 136	5	0.693	15	7	1.406
13/9	100 × 165	100 × 165	5	0.635	15	7	1.409

角钢蝶式孔是强化压下的典型,它的平均延伸在各种型钢中最大。实践证明,只要轧辊强度和电机能力不受限制,并且容易咬入,一道次最大压下系数可达2.0~2.3。因此,强化轧制、缩短轧制周期、减少道次、提高产量在轧制角钢时是容易办到的。为了充分挖掘、改革工艺设计,应该充分利用蝶式孔所具备的这个优点。所以角钢坯料和道次的选择关键是如何强化和采用大压下系数。反之,如果压下系数较小,那么不论是成品孔还是蝶式孔都将不稳定。成品孔的压下系数一般不小于1.2,其他各孔在1.3~1.8之间。总之,在选择角钢坯料和确定道次时,在设备允许的情况下,应尽量考虑强化轧制。

3.7.4　等边角钢成品孔型设计

蝶式孔型系统的角钢孔型设计包括成品孔型设计、蝶式孔型设计、切深孔型设计和立轧孔型设计。

等边角钢成品孔型有两种形式,如图3-55所示。

图3-55(a)所示为半闭式成品孔型,其特点是在腿端有一台阶,使成品腿端可以得到加工,使腿端形状正确美观,并可在一定程度上控制腿长。其缺点是共用性差,使轧辊储备增加,孔型加工也较开口孔型麻烦,而且当成品前腿较长时,容易在腿端形成"耳子"而产生废品。因此一般只在大批量生产某一型号角钢并且生产比较稳定的情况下才采用半闭口式成品孔型。轧制腿

厚 $d < 3$ mm 的角钢时,多不采用此种孔型,因腿厚薄,对腿端加工与否没有要求。

在大多数轧钢车间中,为了在一个成品孔型中轧制不同腿厚的角钢,也为了不使成品腿端出"耳子",多采用如图 3-55(b)所示的开口式成品孔型。此种孔型的共用性好,孔型车削比较容易。当采用开口式成品孔型时,成品前孔设计成上开口式蝶式孔,以便在成品前蝶式孔中加工腿端圆弧。如果在开口式成品前 K_2 配下开口蝶式,则将造成成品腿端成反 R 形状,若严格要求是不符合标准的。

等边角钢成品孔按照顶角平分线垂直于轧辊轴线的原则配置到轧辊上,这样使轧件作用于轧槽上的轴向力相互平衡、轧辊不会发生轴向窜动而使轧制稳定、调整方便,有利于保证成品质量。

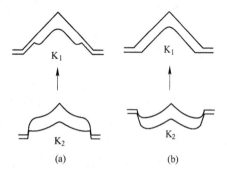

图 3-55 角钢成品孔型的形式
(a) 半闭口;(b) 开口

角钢开口式成品孔的孔型构成如图 3-56 所示,各构成参数关系列于表 3-25。顶角 ϕ 考虑到轧件断面因温度分布不均引起不均匀收缩而使成品顶角减小,因此对大规格和腿厚较大的角钢,取 $\phi > 90°$ 来补偿,一般 10 号以上角钢 $\phi = 90°45'$。成品孔设计时考虑腿长富裕量的目的在于加宽上辊轧槽宽度 B,防止 K_2 孔出来的蝶形轧件进 K_1 孔时,K_1 槽口刮切轧件腿端影响产品表面质量,如图 3-57 所示。腿长余量 C_{K1} 选取后需进行调整,使 $B_{K1} > B_{K2}$。在 $B_{K1} > B_{K2}$ 的条件下,C_{K1} 应取小值,因其过大,孔型高度增加,轧槽变深,削弱了轧辊强度。

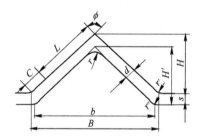

图 3-56 角钢开口式成品孔型构成

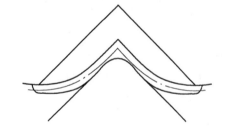

图 3-57 角钢进入孔型时腿端刮切的情况

表 3-25 角钢开口式成品孔型的构成参数及关系

构成参数名称	关系式(单位:mm)	说 明
腿 长	$L = \beta_t L_0$ 或 $L = \beta_t (L_0 + \Delta^+)$	
腿 厚	$d = d_0$	
腿长裕量	$C_{K1} = 2d + (2 \sim 7)$	L_0—成品标准腿长,按最长规格
顶 角	$\phi = 90° \sim 90°45'$	β_t—热膨胀系数,取 1.011 ~ 1.015
上轧槽高度	$H = (L + C)\cos\dfrac{\phi}{2}$	Δ^+—成品腿长正偏差 d_0—成品标准腿厚,按共用规格最薄值计算
上轧槽宽度	$B = 2(L + C)\sin\dfrac{\phi}{2}$	对于 C 值,K_2 水平段长的取上限,大规格取大值
下轧槽高度	$H' = (H + s) - d/\sin\dfrac{\phi}{2}$	B 应大于来料轧件宽度
下轧槽宽度	$b = 2H'\tan\dfrac{\phi}{2}$	

构成参数名称	关系式(单位:mm)	说　　明
辊　缝	$s = 4 \sim 8$	大规格取大值
槽口圆角半径	$r' = 3 \sim 15, r'' = 3 \sim 10$	大规格取大值

随着轧制的正常进行,内跨圆弧半径 r 由于磨损而逐步增大,不利于负偏差轧制,因此设计时可使 r 的取值略小于 r_0,从而适当弥补由于轧槽磨损引起的金属损失。

成品孔的腰部、腿端的厚度在设计中往往是相同的,但是在轧制过程中由于变形的不均匀、温度的不均匀、速度差的存在、轧槽材质的不均等因素的影响,成品孔的磨损将不均匀,如图 3-58 所示。孔型磨损后轧出的轧件往往是腿端厚度 $h_{腿}$ 大于腰部厚度 $h_{腰}$,而顶角 ϕ' 小于原设计值 ϕ,内跨圆弧半径 r' 却大于原设计值 r,如图 3-59 所示。因此,在设计成品孔腰部尺寸时可进行适当的修正,即使腰部的原始厚度大于腿部的原始厚度。一般其差值 $\Delta = 0.15 \sim 0.2$ mm,小规格角钢取小值,大规格取大值。修正后的轧槽刚开始时,$h_{腰}$ 略大于 $h_{腿}$。但随着轧制的进行,轧制吨位的增加,磨损的不均匀性便产生了。$h_{腰}$ 从等于 $h_{腿}$ 将发展到 $h_{腰}$ 略小于 $h_{腿}$,直到换槽为止。经修正后的成品孔如图 3-60 所示,其中 $h_{腰} = h_0 + \Delta$;h_0 为标准厚度;$\phi = 90°30'$;$r < r_0$。

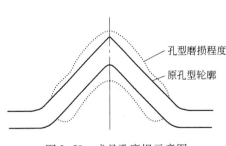

图 3-58　成品孔磨损示意图

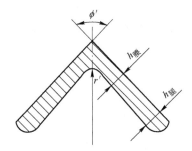

图 3-59　成品孔磨损后轧出的角钢

半闭式成品孔型构成如图 3-61 所示,除以下孔型参数外其他孔型构成参数均与开口式成品孔型相同。

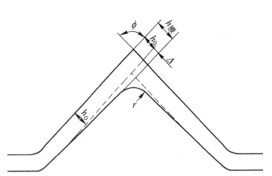

图 3-60　修正后的成品孔

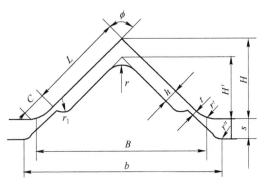

图 3-61　角钢半闭式成品孔型构成

腿厚:$h = h_0 + \Delta^-$

辊缝:$s = 3 \sim 6$ mm

锁口宽度:$t = 1.5 \sim 2$ mm

下轧槽宽度:$b = 2(H + s - \sqrt{2}\,t)$

腿端圆弧半径:$r > h$

槽口圆角半径:r'、$r'' = 3 \sim 6$ mm

成品孔的共用有两个方面:一是厚度;二是长度。不同厚度的可共用一个成品孔,并按最薄的设计,轧厚规格时可将辊缝放大。等边角钢相邻的产品,例如7.5和8号角钢,可共用成品孔轧槽,成品腿长按大号的设计。如果相邻号数的角钢内跨圆弧半径 r 不同,则最好不共用成品孔。

3.7.5 蝶式孔型设计

3.7.5.1 蝶形轧件断面组成

蝶式孔是轧制角钢的成型孔或称变形孔,其作用是压缩轧机断面使之过渡到成品要求的形状与尺寸。蝶式孔中轧出的轧件断面由直线段 L_H、弯曲段 L_R 和水平段 L_b 三部分组成,如图 3-62 所示。

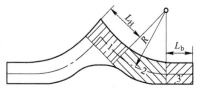

图 3-62 蝶式孔的构成
1—直线段;2—弯曲段;3—水平段

A 直线段 L_H

腿部直线段长度是决定蝶式孔型形状的重要因素之一。L_H 长则轧件断面窄而高,接近于成品孔型形状,如图 3-63(a)所示,轧件在孔型中轧制比较稳定,顶角容易对正,产生顶角偏斜和塌角的次品少。但孔型切槽深度随直线段的增加而加深,对轧辊强度的削弱也增加。直线段短,则情况相反,如图 3-63(b)所示。因此轧制小号角钢时可采用较长的直线段 L_H。设计时 L_H 可按角钢规格在表 3-26 中根据经验数据确定。

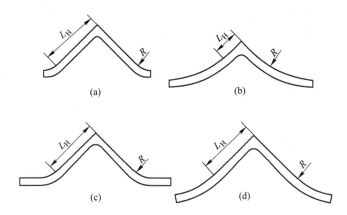

图 3-63 不同直线段和弯曲段对孔型形状的影响
(a) L_H 太长;(b) L_H 太短;(c) R 太小;(d) R 太大

表 3-26 某厂采用的蝶式孔各组成部分的参数

成品规格 L_0/mm	直线段长度 L_H	弯曲段半径 R	水平段长度 L_b/mm
20 ~ 36	$(0.4 \sim 0.55)L_0$	$(0.58 \sim 0.63)L_0$	0 ~ 4.5
40 ~ 63	$(0.3 \sim 0.4)L_0$	$(0.35 \sim 0.63)L_0$	0 ~ 20
75 ~ 120	$(0.4 \sim 0.42)L_0$	$(0.55 \sim 0.60)L_0$	12 ~ 18

B 圆弧弯曲段 L_R 和水平段 L_b

由图 3-63 可见,当直线段 L_H 选定后,L_R 与 L_b 的关系是弯曲段圆弧半径 R 大,L_R 长而 L_b

短,轧件高度大、宽度小,如图 3-63(d)所示。这时,蝶形轧件在成品孔型中比较稳定,腿部轧制过程中变形缓和,腿长波动较小。但因蝶形轧件宽度小将使成品的切槽深度减小,而蝶式孔的切槽深度增加。R 小则水平段 L_b 长,轧件断面形状扁平,如图 3-63(c)所示,这时蝶式孔切槽浅,轧件在蝶式孔内和输送过程中比较稳定,但使成品孔的切槽增加,并且轧件在成品孔的变形较剧烈,容易引起腿端形状不良及腿的表面皱折等疵病。

　　综上分析,当 R 与 L_H 取的较大时,蝶式孔窄而高,轧件在孔型内轧制稳定,但切槽较深;当 R 与 L_H 取的较小时,轧件形状扁平,在辊道上输送平稳,轧槽较浅,这有利于扩大轧机轧制产品的范围。为了改善轧件在成品孔型内的稳定性和轧制变形过于剧烈的毛病,可以通过采用半闭式成品孔和适当增大成品孔内的压下量来加以克服。表 3-26 所列的 4~6.3 号角钢采用较小的 R 与 L_H 参数,就是采用了上述措施,使小型轧机扩大了产品范围,轧制过程也较稳定。

3.7.5.2　蝶形轧件断面形状的过渡方法

　　为了确定各蝶式孔型的尺寸,可将成品断面按其腿长和腿厚绘制成蝶形断面,然后按照假想蝶形断面依次确定各道蝶形轧件的断面尺寸,最后根据蝶形轧件断面构成各个蝶式孔型。下面介绍两种常见蝶形轧件断面形状的过渡方法和画图方法:蝶式孔中心线固定法和蝶式孔上轮廓线固定法。这两种设计方法如图 3-64 所示。

　　(1) 中心线固定法。此种方法是使在轧件断面腿厚中心线上各道的 L_{Hc}、R_c 保持不变,而其顶角 φ 逆轧制方向逐道增加,如图 3-64(a)所示。

　　(2) 上轮廓线固定法。此种方法是所有蝶形轧件上轮廓线的顶角 φ、直线段 L_H、弯曲段圆弧半径 R 均与成品蝶形断面相同。腿厚中心线上的直线段长度随腿厚减薄而增加,弯曲段圆弧半径随腿厚减薄而减小,如图 3-64(b)所示。

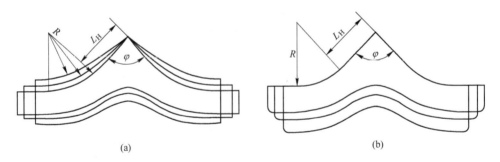

图 3-64　蝶形轧件断面的过渡方法
(a) 中心线固定法;(b) 上轮廓线固定法

　　A　两种设计方法的比较

　　两种设计方法的比较如下:

　　(1) 如图 3-64(a)所示,中心线固定法顶角 φ 逆轧制方向依次增大,各蝶式孔型中在顶角处均存在弯折变形,所以轧制过程中顶角不易充满,容易形成塌角缺陷,必须采用辅助措施(如像方钢那样在顶角处戴假帽)来弥补,而上轮廓线固定法,如图 3-64(b)所示,因顶角均为 90°,故顶角容易充满,角形清晰。

　　(2) 中心线固定法由于顶角顺轧制依次减小,轧件在孔型中轧制时稳定性较差,易轧偏并造成两腿长短不等的缺陷,故对导卫装置和调整水平要求较高。上轮廓线固定法由于顶角相等,故轧件咬入时上辊与轧件吻合好,轧制稳定,便于调整。

(3)中心线固定法由于蝶式孔轮廓线均不同,样板多,加工轧辊复杂。上轮廓线固定法由于上轮廓线相同,减少了样板刀数量,车削方便,轧辊磨损均匀,修复也容易。

(4)中心线固定法多用于大中号角钢由切分孔向成品前精轧蝶式孔的过渡孔型。因为大中号角钢切分孔顶角度数较大,一般均大于100°~110°,一次过渡到90°则顶角差值较大,如能用中心线固定法设计几个蝶式孔,然后过渡到第二种蝶式孔,则可使过渡平稳,轧制稳定,磨损均匀。接近成品的2~3个蝶式孔最好选用上轮廓线固定法设计,使顶角充满良好。

B 两种设计方法的蝶式孔绘制

a 上轮廓线固定的蝶式孔的构成

图3-65所示为上轮廓线固定的蝶式孔的构成图。

欲画蝶式孔型,首先要确定 A、B、C、D、E、F 各点的位置,即所谓画定点图。欲画定点图则要先计算 AC、AE、CE 线段的长度。由图3-65可知在 $\triangle AFC$ 中,$AF = CF = R + L_H$,$\angle AFC = 90°$,则

$$AC = \sqrt{2}(R + L_H) \qquad (3-46)$$

在 $\triangle AME$ 中,$AE = \sqrt{R^2 + L_H^2}$,而 $CE = AE$。

上轮廓线固定的蝶式孔的画法如下(以 K_2 孔为例说明蝶式孔的作图步骤):

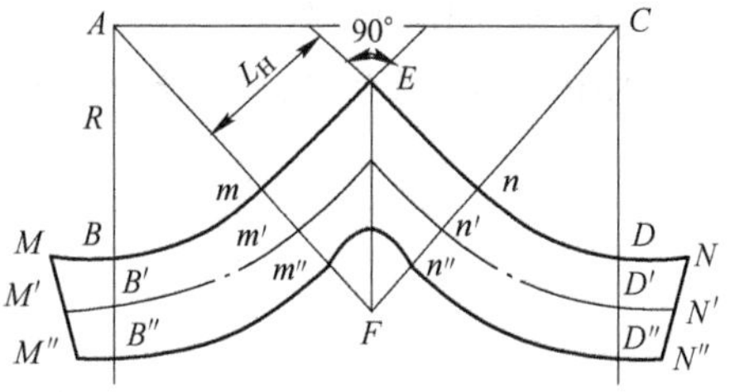

图3-65 上轮廓线固定的蝶式孔的构成图

(1)画水平线,并取线段 $AC = \sqrt{2}(R + L_H)$,确定 A、C 两点位置;

(2)分别以 A、C 为圆心,以 AE、CE 为半径画弧相交于点 E;

(3)过 A、C 作垂线,取 $AB = CE = R$;

(4)连接 AB、CD 并延长;

(5)分别以 A、C 为圆心,以 $(R + L_H)$ 为半径画弧,相交于点 F,连接 AF、CF;

(6)过 E 点向 AF、CF 作垂线,相交于 m、n;

(7)在 AF、CF 上取 $mm' = m'm'' = nn' = n'n'' = d_{K2}/2$;

(8)过 m'、m''、n'、n'' 作 Em、En 的平行线,交 EF 于 $E'E''$;

(9)分别以 A、C 为圆心,以 R、$(R + d_{K2}/2)$、$(R + d_{K2})$ 为半径画圆弧 $\overset{\frown}{Bm}$、$\overset{\frown}{B'm'}$、$\overset{\frown}{B''m''}$、$\overset{\frown}{nD}$、$\overset{\frown}{n'D'}$、$\overset{\frown}{n''D''}$;

(10)分别过 B、B'、B'' 和 D、D'、D'' 作水平线,并取 $B'M' = D'N' = L_{b2}$;

(11)过 M'、N' 作侧壁斜度为 $y\%$ 的斜线。

其他各蝶式孔孔型按上述步骤,只改变腿厚 d_{Ki} 和水平段长度 l_{bi} 即可作出。

b 中心线固定的蝶式孔的构成

图3-66所示为中心线固定的蝶式孔的构成图。从图中可以看出,欲画蝶式孔的构成图,首先要确定 O、C、A、O、C 五点,即画定点图。设 K_2 孔顶角 $\varphi = 90°$,以 K_2 孔为基准画定点图。令 $L_z = L_H$,$OC = R_2 = R + d_{K2}/2$,则

$$OO = \sqrt{2}(L_z + R) \qquad (3-47)$$

$$OA = \sqrt{L_z^2 + R^2} \qquad (3-48)$$

$$OF = R + L_z \qquad (3-49)$$

中心线固定的蝶式孔的画图方法如下:

（1）画水平线，取 $OO = \sqrt{2}(R + L_z)$；

（2）以 O 为圆心，以 OA 为半径画弧，相交于 A 点；

（3）以 O 为圆心，以 OF 为半径画弧，相交于 F 点，连接 OF、AF；

（4）过 O 作垂线，取 $OC = R_z = R + d_{K2}/2$；

（5）取 $CC' = CC'' = d_{K2}/2$；

（6）以 O 为圆心，以 OC'、OC''、OC 为半径画弧 $\overset{\frown}{C'm'}$、$\overset{\frown}{Cm}$、$\overset{\frown}{C''m''}$；

（7）过 A 作 $C'm'$ 的切线，与圆弧 $\overset{\frown}{C'm'}$ 相切于 m'；

（8）连接 Om' 并延长，使其与另两个圆弧相交于 m、m''，过 m、m'' 作 $m'A$ 的平行线；

（9）过 C'、C、C'' 作水平线，去 $CM = L_{b2}$，过 M 点作斜率为 $y\%$ 的斜线；

（10）另一侧作法相同。

其他各孔按上述步骤，只改变腿厚尺寸 d_{Ki} 和中心线长度 l_{Ki} 和 l_{bi} 尺寸即可画出。

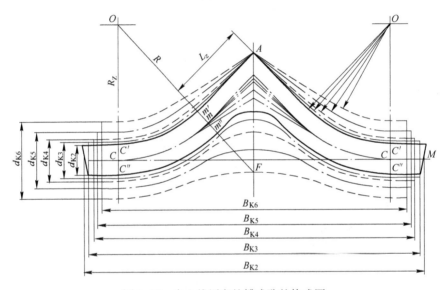

图 3-66　中心线固定的蝶式孔的构成图

3.7.5.3　蝶式孔基本参数的计算

A　蝶式孔数目的确定

角钢道次的选择也是根据轧制条件的变化而变化的。角钢的蝶式孔数目一般根据断面大小取 3~7 个。蝶式孔数目取多时，轧制过程中变形缓和，孔型磨损较均匀，对产品质量有益。但这将会增加轧制道次，使轧辊车削量和储备量相应增加。因此，蝶式孔数目必须根据车间设备能力、产品生产批量以及产品断面大小全面加以权衡，慎重确定。通常轧制小号角钢取 3~4 个蝶式孔，轧制中号角钢取 4~7 个蝶式孔。

B　压下系数和压下量的确定

角钢孔型设计时用压下系数 η 或压下量来分配变形量。变形量的大小取决于电机能力、设备能力、金属塑性、咬入条件和孔型磨损等因素。一般按顺轧制方向变形量逐道减小。表 3-27 所列为我国某些轧机部分角钢实际选用的压下系数与压下量范围。各蝶式孔腿厚由下式计算：

表 3-27　部分角钢的压下量与压下系数

孔型序号	2～3.6 号		4～6.3 号		7.5～12 号	
	Δd/mm	压下系数 η	Δd/mm	压下系数 η	Δd/mm	压下系数 η
K_1	0.5～1	1.15～1.25	1～1.5	1.15～1.3	1～1.5	1.15～1.25
K_2	1～2	1.25～1.35	2～2.5	1.2～1.35	2.5～3.5	1.2～1.4
K_3	2～2.5	1.3～1.5	2.5～3.5	1.25～1.4	4～7	1.35～1.45
K_4	2～3	1.3～1.4	3～4	1.3～1.4	8～10	1.4～1.5

$$\begin{cases} d_2 = d_1\eta_1 \text{ 或 } d_2 = d_1 + \Delta d_1 \\ d_3 = d_2\eta_2 \text{ 或 } d_3 = d_2 + \Delta d_2 \\ d_4 = d_3\eta_3 \text{ 或 } d_4 = d_3 + \Delta d_3 \\ \vdots \end{cases} \tag{3-50}$$

式中　d_1、d_2、$d_3\cdots$——K_1、K_2、$K_3\cdots$孔的腿厚,mm;

　　　η_1、η_2、$\eta_3\cdots$——K_1、K_2、$K_3\cdots$孔的压下系数;

　　　Δd_1、Δd_2、$\Delta d_3\cdots$——K_1、K_2、$K_3\cdots$孔的压下量,mm。

C　蝶式孔水平段长度 L_b 的确定

蝶式孔的水平段长度按腿厚中心线长度计算。

$$\begin{cases} L_{c2} = L_{c1} - \beta_1\Delta d_1 \\ L_{c3} = L_{c2} - \beta_2\Delta d_2 \\ \vdots \end{cases} \tag{3-51}$$

式中　L_{c1}、L_{c2}、$L_{c3}\cdots$——各道次腿厚中心线长度,mm;

　　　β_1、$\beta_2\cdots$——K_1、K_2 孔及其他各蝶式孔中的宽展系数,可参考表 3-28 选取。

表 3-28　部分角钢孔型中的宽展系数 β

孔　型	小 型 角 钢	中 型 角 钢	大 型 角 钢
成品孔	0.7～1.5	0.7～1.0	0.5～1.0
蝶式孔	0.3～0.6	0.3～0.4	0.25～0.45

各蝶式孔水平段长度为中心线长度减去其直线及圆弧段长度,即

$$\begin{cases} L_{b2} = L_{c2} - \left(L_H - \dfrac{d_2}{2}\right) - \left(R + \dfrac{d_2}{2}\right)\dfrac{\pi}{4} \\ L_{b3} = L_{c3} - \left(L_H - \dfrac{d_3}{2}\right) - \left(R + \dfrac{d_3}{2}\right)\dfrac{\pi}{4} \\ \vdots \end{cases} \tag{3-52}$$

　　正确估计角钢轧制时各道的宽展,对成功的孔型设计是一个重要的环节。由于成品孔带有弯折冲压变形,所以宽展比一般蝶式孔大。影响成品孔宽展的因素有:轧制温度、轧件与孔槽接触状态、钢质的变化以及在调整过程中成品前腿的水平段和弯曲段厚度的不均。水平段较厚时,成品孔腿端局部压下量大;反之则小。

　　然而,分析大量试样表明宽展系数波动范围较大(0.8～2.5),而上述诸因素不会使宽展波动这样大。这是忽略了一个重要因素的缘故,即在轧制过程中,操作人员经常用进口托板托住轧件。实践证明,这种外力作用对于腿长短的控制效果比较明显,而且对于成品顶角和稳定性均有好处。因此,成品孔进口导板的托板以及成品进口横梁的高度,已成为考虑角钢宽展的一个实际因素。

　　鉴于上述情况,目前设计成品孔的宽展系数比过去采用的要小,这对角钢的稳定有利。从前

给较大的宽展量,却经常造成腿长和顶角不稳定。当成品孔的宽展系数考虑了进口导板的影响因素之后,一般在 0.5~1.0 范围内波动。

影响蝶式孔宽展的主要因素有:孔型形状、压下量、温度、钢质、不均匀变形、轧辊材质、速度及速度差等。但是上述因素,几乎每孔都有变化,难以计算,实际上都是根据各自的条件凭经验选取的。宽展系数的选取可参见表 3-28,小号取上限,大号取下限。

D　内跨圆角半径 r 的确定

内跨圆角半径逆轧制方向逐渐增大。为了保证轧件进入成品孔的稳定性,相邻蝶式孔的 r 值之差应小一些,如图 3-67 所示,特别是 K_2 孔的内跨圆弧 r_2 与成品角钢的内跨圆弧半径 r_1 之差更应小一些。对中、小号角钢,一般取 $r_2 = r_1 + (1 \sim 2)$ mm。其他蝶式孔的 r 值根据孔型的基本参数来选择,对于水平段较短的蝶式孔型,若是小于 4 号的角钢,则一般取 $r_{n+1} = r_n + (2 \sim 4)$ mm;若是大于 7.5 号的角钢,则一般取 $r_{n+1} = r_n + (4 \sim 5)$ mm。

采用这种经验数据的方法往往会出现顶角压下系数 η_ϕ 小于腿部压下系数 η_d 的现象,即 $\dfrac{g_3}{g_2}$ $< \dfrac{d_3}{d_2}, \dfrac{g_2}{g_1} < \dfrac{d_2}{d_1}, \cdots$,结果顶角充不满。因而采用加假帽的措施来进行补救以提高顶角的压下系数,如图 3-68 所示。假帽由两部分尺寸构成,假帽高度 f 和边长 a,一般 $f = 1.5 \sim 2$ mm;$a = 15 \sim 25$ mm。

接近成品的道次取小值,远离成品的道次逐渐取大值。

对于具有长水平段的平轧系统,为了保证顶角的充满,按照压下系数 $\eta_\phi > \eta_d$ 的原则来确定 r 值,通常取 $\eta_\phi = (1.05 \sim 1.15)\eta_d$。

根据这个原则,当已知第 n 只蝶式孔的内跨圆弧半径 r_n 时,则第 n+1 只孔的内跨圆弧半径 r_{n+1} 为:

$$r_{n+1} = \eta_{dn}\left[(1.05 \sim 1.15)r_n + (0.17 \sim 0.51)d_n\right] \tag{3-53}$$

式中
$$\eta_{dn} = \frac{d_{n+1}}{d_n}$$

用这种方法确定的内跨圆弧半径,保证了 $\eta_\phi > \eta_d$,使蝶式孔不需加假帽、角钢顶角清晰、孔型磨损均匀。

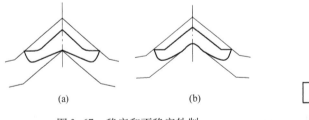 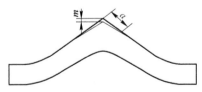

图 3-67　稳定和不稳定轧制　　　　　　图 3-68　蝶式孔加假帽示意图
(a) 不稳定;(b) 稳定

E　开口位置与腿端孔型尺寸确定

开口方式依成品孔(K_1 孔)形式而定,当成品孔为开口式孔型时,因在成品孔内不能加工腿端圆弧,故腿端圆弧在成品前孔加工,因此成品前蝶式孔(K_2 孔)应为上开口式,成品再前孔(K_3 孔)则为下开口式,以后各孔则上下交替;当成品孔为半开口式孔型时,因腿端圆弧在成品孔中加工,故成品前孔可设计成下开口式,成品再前孔为上开口式,以后上下交替。

上下开口的角钢腿端孔型构成如图 3-69 所示。腿端孔型的构成参数及关系列于表 3-29 中。

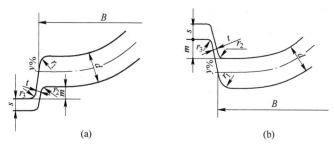

图 3-69　开口形式与孔型构成

（a）下开口；（b）上开口

表 3-29　角钢蝶式孔腿端孔型的构成参数及关系

构成参数名称	关系式（单位：mm）	说　　明
K_2 开口位置	开口 K_1 孔：上开口 半闭口 K_1 孔：下开口	
锁口高度	$m = (0.5 \sim 2.5)d$	共用范围大时系数取大值
锁　口	$t = 0.3 \sim 1$（小号） $t = 0.7 \sim 2.5$（中号）	大规格取大值
侧壁斜度	$\eta = 10\% \sim 20\%$（7.5～12 号） $\eta = 5\% \sim 20\%$（2～6.3 号）	K_2 下开口取 4%，其他各孔逆轧制方向逐渐增加，相邻道次差值不超过 5%～8%
腿端圆半径	上开口 $r' = \left(\dfrac{1}{2} \sim \dfrac{1}{3}\right)d$ $r'' = 0 \sim 2$ 下开口 $r' = \left(\dfrac{1}{4} \sim \dfrac{1}{5}\right)d$ $r'' = 0 \sim 2$	d—成品厚度

在满足调整要求的前提下，锁口尺寸 m 应尽量取偏小值，因为 m 值越大，轧辊刻槽深度越大，影响轧辊强度。

锁口间隙 t 不应取值过大，因取值过大不利于腿端加工，影响腿端形状。角钢号数越大则取值偏大，并且与辊缝大小、锁口斜度有关。

辊缝 s 依轧辊弹跳值和蝶式孔调整范围而定，一般取 $s = 2 \sim 10$ mm。

对于一个厂来说，若生产多种规格角钢，成品前孔的开口方向应该一致，否则，不便于调整。

F　蝶式孔宽度 B_K 的校核

按以上步骤即可设计出各种形式的蝶式孔。当全部孔型设计完成后，还需校核孔型宽度 B_K 是否顺轧制方向依次增大，即应保证：

$$B_{K1} > B_{K2} > B_{K3} > \cdots > B_{Kn}$$

成品孔宽度：$B_{K1} = \sqrt{2}(L_{K1} + C_{K1})$；

蝶式孔宽度：$B_{Ki} = AC + 2l_{bi} = OO + 2l_{bi}$。

G　配辊

蝶式孔型在轧辊上配置的上、下压力值一般应根据孔型的开口位置来确定。为方便轧件脱槽，上开口采用下压力，下开口采用上压力，压力值一般取 2～8 mm。但也有的厂为了避免轧制时因钢温不均与不均匀变形等因素引起轧件上翘及缠辊事故,同时考虑简化出口导卫和便于操作,上、下开口孔型均采用一定的上压力配置。

H　关于同一号数不同腿厚的角钢共用蝶式孔的问题

在角钢规格中,同一号数的角钢往往具有不同的腿厚。例如 5 号角钢,腿长 $L_0 = 50$ mm,其腿厚有四个规格,即 d 可等于 3 mm、4 mm、5 mm、6 mm。不同厚度的角钢可共用一个开口式成品孔,但不宜共用一个蝶式孔,这是因为角钢孔型设计的依据是中心线长度,而不是角钢的边长。同一型号不同腿厚的角钢,中心线长度不同。表 3-30 列出了 5 号角钢各厚度的中心线长度。从表中所列数据可见,腿厚增加,中心线长度减小。要求从蝶式孔轧出的轧件的中心线长度与之相对应,即蝶式孔腿厚增加时,L_c 应减小。但实际上,当共用蝶式孔时,d_K 增加,L_c 增大。从两方面来说明:

表 3-30　5 号角钢各种腿厚的中心线长度

腿长 L_0/mm	腿厚 d/mm	中心线长度 $L_c = L_0 - \dfrac{d}{2}$/mm
50	3	48.5
50	4	48
50	5	47.5
50	6	47

(1) 如果设计腿厚为 d_K,则蝶式孔为如图 3-70 所示的实线,如果腿厚增加 Δ,则轧辊调到虚线位置,此时蝶式孔中心线由①位置变到②位置。①与②相比较,明显可看出中心线长度 L_c 增加了。

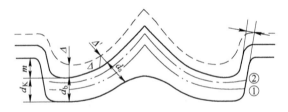

图 3-70　调整辊缝时蝶式孔中心线长度的变化

(2) 当轧辊调整 Δ 以后,水平段腿厚由 $d_b = d_K$ 变成 $d_b = d_b + \Delta$;而直线段腿厚由 $d_s = d_K$ 变成 $d_s = d_s + \Delta' = d_K + \Delta'$,$\Delta' = \Delta \cos \dfrac{\varphi}{2}$;由 $\Delta' < \Delta$ 可知,$d_s' = d_b'$,即轧辊调整 Δ 以后,腿端厚度 d_b' 大于直线段部分的 d_s'。该轧件进入成品孔后,出现腿端水平段压下系数小于直线段压下系数的情况。蝶式孔直线段部分金属所占比例远远大于水平段,因此水平段压下小的部分出现强迫宽展,也使中心线长度增加。

从以上分析可见,当蝶式孔厚度增加时,其中心线长度也增加,与成品角钢要求腿厚增加时,中心线长度缩短的情况刚好相反。相同的分析过程也可得到,当蝶式孔厚度减小时,其中心线长度缩短,与成品角钢要求腿厚减小时,中心线长度增加的情况也相反。由此得出结论,用同一个蝶式孔轧制多个不同腿厚的角钢不能保证腿长要求。为了保证成品腿长,一般采用成品前和成品再前的一个蝶式孔只能轧相邻两个不同厚度角钢的孔型系统,其差值为 2~3 mm,如图 3-71所示。这时成品中心线长度用其平均值,即

$$l_{K1} = L_0 - (d_1/2 + d_2/2)/2 \tag{3-54}$$

式中　d_1、d_2——同一型号相邻两个腿厚。

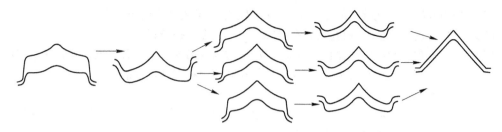

图 3-71 同一型号不同厚度角钢的孔型系统

3.7.6 立轧孔型设计

角钢立轧孔用于带立轧孔的蝶式孔型系统中,但该孔型系统很少使用。角钢立轧孔的作用是加工腿端、控制腿长、镦出顶角,可参考如下方法进行设计,如图3-72所示。

孔高:

$$H_i = B'_{i-1} - \Delta b'_{i-1} \qquad (3-55)$$

式中　B'_{i-1}——下一道(顺轧制方向)蝶式孔宽,mm;

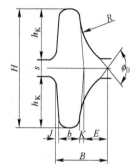

图 3-72　角钢立轧孔型

　　$\Delta b'_{i-1}$——下一道蝶式孔的宽展量,mm,取 $b'_{i-1} = 0 \sim 4$ mm。

孔宽:由 J、b、K、E 四部分组成。

$$b_i = d'_{i-1} + \Delta h'_{i-1} \qquad (3-56)$$

式中　d'_{i-1}——下一道蝶式孔腿厚,mm;

　　$\Delta h'_{i-1}$——下一道蝶式孔的压下量,mm。

J、K 的作用是减小轧辊重车量和使轧件容易脱槽。一般取 $J = 1 \sim 2$ mm,$K = 1 \sim 3$ mm。

为了提高轧制稳定性,取顶角高度 $E + K$ 等于或小于蝶式孔的高度,并取顶角系数 ϕ_0 比下一道蝶式孔的顶角大 $2° \sim 4°$。

弯曲段圆弧半径 R 比下一道蝶式孔圆弧半径稍大一些。

立轧孔作出后应与前后两个蝶式孔重合在一起进行比较,看其是否吻合,变形是否均匀,然后适当加以修改。

立轧孔的垂直压下量取 $6 \sim 8$ mm,侧压则取 $0 \sim 7$ mm 为宜。

3.7.7 切分孔型的设计

3.7.7.1 切分孔的形式与变形系数

切分孔的形式有开口和闭口两种(见图3-73)。

图 3-73　切分孔的形式
(a) 开口式;(b) 闭口式

开口式切分孔的特点有:

(1)共用性好,可借助于更换导卫装置、调节辊缝适用于多种规格角钢的切分孔;

（2）孔型形状简单,轧辊车削方便,轧槽深度较浅,对轧辊强度削弱较小;

（3）轧件在孔型中处于自由宽展状态,轧制力小,孔型磨损较轻;

（4）不易正确切分轧件,两腿长度不易保证,常常需要借助于设置若干道次立轧孔来加以矫正,同时对导卫装置安装调整要求高,以保证轧件在孔型内稳定和切分准确。

闭口式切分孔的特点有:

（1）轧件在孔型中的稳定性较好,能正确地把两腿切分出来,为轧件在以后蝶式孔内稳定轧制创造了条件,对导卫的安装调整要求较低;

（2）省去立轧孔型,给操作带来方便;

（3）共用性差,并需要采用大直径轧辊,从而增加了轧辊的消耗;

（4）轧制压力大,孔型磨损不均匀。

由于闭口式切分孔能保证产品质量,带来操作方便等好处,所以不仅在大、中号规格角钢轧制时大量采用,而且在小号角钢的生产中也经常采用。

切分孔型的变形特点是大变形量、严重不均匀变形和大宽展。切分孔型一般按最大压下量进行孔型设计,考虑到严重不均匀变形和强迫宽展等情况,宽展系数视不均匀变形程度而定。

（1）压下系数的选择。为了保证顶角充满良好,切分孔内的压下系数比一般孔型大,有时由于受轧机能力的限制,可采用两道次切分(双切分孔)。轧制 2 ~ 3.6 号小角钢时,蝶式孔的水平段较短,弯曲段较大,蝶式孔高而窄,进入切分孔采用椭圆坯,为了顶角的充满必须采用较大的压下系数,一般取 $\eta = 2 \sim 3$。轧制 4 ~ 6.3 号角钢时,蝶式孔的水平段较长,蝶式孔扁平,则切分孔的压下系数可取小些,一般取 $\eta = 1.35 \sim 2.2$(常取 2)。轧制 7.5 ~ 12 号角钢时,进入切分孔坯料采用矩形断面,虽然也采用较短水平段的蝶式孔,但受轧机能力和断面的限制,也采用较小的压下系数,一般取 $\eta = 1.4 \sim 1.9$。

（2）切分孔宽展系数的选择。切分孔型内的宽展系数 β 与切分孔的形式有关,常用的切分孔内的宽展系数范围见表 3–31。

表 3–31　切分孔的宽展系数 β

切分孔类型	变形情况	宽展系数
开口式自由宽展切分孔	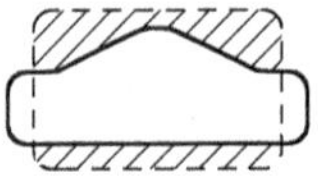	0.7 ~ 1.0
开口式自由宽展切分孔	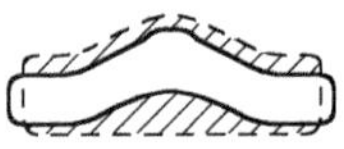	0.4 ~ 0.7
闭口式切分孔	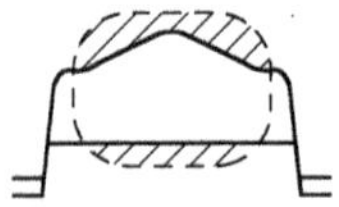 （无水平段）	0.4 ~ 0.7
闭口式切分孔	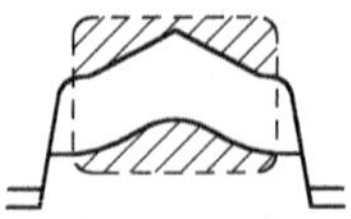 （无水平段）	0.6 ~ 1.0

切分孔类型	变 形 情 况	宽 展 系 数
闭口式切分孔	（较长水平段）	0.6 ~ 1.0
起限制作用的开口式切分孔		0.2 ~ 0.4

3.7.7.2 切分孔型的设计要点

切分孔的设计要点是：尽量使进入切分孔型中的坯料先与切分孔侧壁接触，以保证坯对准中心，切分出两条长度相等的腿。

A 采用平底切分孔

中小号角钢可采用平底切分孔，也称蝶式切分孔，如图 3-74 所示。

蝶式切分孔型可参考如下方法进行设计：

$$B_1 = B + \Delta b$$

式中　B——来料宽度，mm；

　　　Δb——宽展量，$\Delta b = \beta \Delta h$，mm。

$$\phi_1 = 100° ~ 120°$$

$$h_1 / h_1' = 1.30 ~ 2.10$$

$$h_1 = H \Big/ \frac{1}{\eta} \qquad (3-57)$$

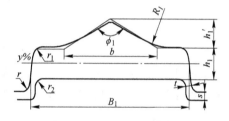

图 3-74　蝶式切分孔型的构成

式中　H——来料高度，mm；

　　　$\dfrac{1}{\eta} = 1.3 ~ 2.1$。

$$b = 2 \times h_1' \tan(\phi/2)$$

$$R_1 = R + (0 ~ 5)\,\text{mm} \qquad (3-58)$$

式中　R——蝶式孔腿部弯曲部分的圆弧半径。

$$t = 2 ~ 3\,\text{mm}$$

$$r_1 = \left(\frac{1}{3} ~ \frac{1}{2} \right) h_1$$

$$s = 6 ~ 8\,\text{mm}$$

$$r = 3 ~ 6\,\text{mm}$$

$$r_2 = 1 ~ 3\,\text{mm}$$

$$y = 16\% ~ 20\%$$

B 采用凸底切分孔

轧制中号角钢时也可采用下槽底为凸形的切分孔型，如图 3-75 所示。

凸底切分孔型可参考如下方法进行孔型设计：

$$B_1 = B + (0 ~ 2)\,\text{mm}$$

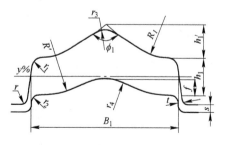

图 3-75　凸底切分孔型的构成

$$\phi_1 = 100° \sim 110°$$

$$h_1 / h_1' = 1.2 \sim 2.9$$

$$h_1 = H \Big/ \frac{1}{\eta}$$

式中，$\frac{1}{\eta} = 1.4 \sim 1.9$。

$$R_1 = R + (0 \sim 5)\,\mathrm{mm}$$

$$R' = R + h_1$$

$$t = 2 \sim 3\,\mathrm{mm}$$

$$s = 8 \sim 10\,\mathrm{mm}$$

$$r = 3 \sim 6\,\mathrm{mm}$$

$$r_1 = \left(\frac{1}{4} \sim \frac{1}{2} \right) h_1$$

$$r_2 = 1 \sim 3\,\mathrm{mm}$$

$$r_3 = 20 \sim 30\,\mathrm{mm}$$

$$r_4 = 30 \sim 40\,\mathrm{mm}$$

$$y = 15\% \sim 30\%$$

$$f = \left(\frac{1}{4} \sim \frac{1}{5} \right) h_1\,\mathrm{mm}$$

若要使切分孔充满良好，应保证其前的延伸孔型具有较大的调整范围，最好设有立轧孔。切分孔应有足够的压下系数，使顶角充满良好。

3.7.8　进入切分孔红坯孔型设计

在轧制中小型角钢的轧机上，进入切分孔的红坯上常用椭圆坯和矩形坯两种。

3.7.8.1　椭圆坯孔型设计

椭圆坯孔型构成如图 3-76 所示，其构成参数的确定方法为：

$$B_\mathrm{K} = (1.2 \sim 1.3) H_\mathrm{q}$$

$$H = B_\mathrm{q} - \Delta b_\mathrm{q}$$

$$\Delta b_\mathrm{q} = (0.4 \sim 0.6)(B_\mathrm{K} - H_\mathrm{q})$$

$$R = 0.4 B_\mathrm{K}$$

3.7.8.2　矩形坯孔型构成

矩形坯孔型构成如图 3-77 所示。其构成参数的确定方法为：

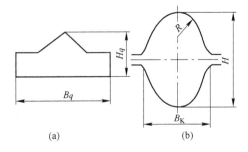

图 3-76　椭圆坯孔型构成

（a）切分孔型；（b）椭圆孔型

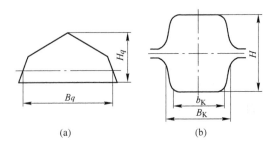

图 3-77　矩形坯孔型构成

（a）切分孔型；（b）矩形孔型

$$B_K = (1.3 \sim 1.4) H_q$$
$$b_K = (0.95 \sim 1.0) H_q$$
$$H = (0.85 \sim 0.9) B_q$$

式中　H_q——切分孔高度,mm;

　　　B_q——切分孔宽度,mm。

3.7.9　角钢孔型设计实例

在 $\phi300$ mm 小型轧机上,进行用 85 mm×85 mm 方坯生产 5 号角钢的孔型设计。

(1)孔型系统选择

采用 6 个角钢成型孔型系统,其中成品孔选用半闭口,$K_2 \sim K_5$ 选用闭口蝶式孔。考虑到轧机能力,蝶式孔采用长水平段,K_6 孔采用蝶式切分孔,K_7 采用立椭圆孔。K_7 以后为延伸孔型可采用延伸孔型设计方法设计。

(2)成品孔型 K_1 设计

顶角:$\phi_1 = 90°$

腿长(按正偏差):$L_1 = 1.013(50 + 0.5) = 52.1$ mm

腿厚(按负偏差):$d_1 = (5 - 0.5) = 4.5$ mm

取 $s = 4$ mm,$t = 1.5$ mm,腿长裕量 $C = 2d + 2 = 11$ mm。

上辊槽高:$H = (52.1 + 11)\cos45° = 44.6$ mm

上辊槽宽:$B = 2(52.1 + 11)\sin45° = 89.2$ mm

下辊槽高:$H' = 44.6 + 4 - \sqrt{2} \times 4.5 = 45.2$ mm

下辊槽宽:$b = 2 \times 45.2\tan45° = 90.4$ mm

内跨圆弧半径同成品,$r = 5$ mm,取 $r' = 6$ mm,$r'' = 3$ mm,$r_1' = 6.6$ mm。绘制孔型图如图 3-56 所示。

(3)蝶式孔型设计

取 $L_H = 0.32 \times 50 = 16$ mm,$R = 0.36 \times 50 = 18$ mm,K_2,K_3 顶角 ϕ 均为 90°,则蝶式孔上沿轮廓线参数为:

$$AC = \sqrt{2}(18 + 16) = 48 \text{ mm}$$
$$EG = 0.293 \times 18 + 0.707 \times 16 = 16.6 \text{ mm}$$
$$AE = \sqrt{18^2 + 16^2} = 24 \text{ mm}$$

压下量分配:取 $\Delta h_1 = 1.5$ mm,$\Delta h_2 = 2$ mm,$\Delta h_3 = 3$ mm,$\Delta h_4 = 3.5$ mm,$\Delta h_5 = 6.5$ mm,则各孔腿厚为:

$$d_2 = 4.5 + 1.5 = 6 \text{ mm}$$
$$d_3 = 6 + 2 = 8 \text{ mm}$$
$$d_4 = 8 + 3 = 11 \text{ mm}$$
$$d_5 = 11 + 3.5 = 14.5 \text{ mm}$$

取各孔宽展系数 $\beta_1 = 3$(因轧制过程中弯曲变形大),$\beta_2 = 0.5$,$\beta_3 = 0.6$,$\beta_4 = 0.6$,$\beta_5 = 0.3$,各宽展量为:

$$\Delta b_1 = 1.5 \times 3 = 4.5 \text{ mm}$$
$$\Delta b_2 = 2 \times 0.5 = 1 \text{ mm}$$
$$\Delta b_3 = 3 \times 0.6 = 1.8 \text{ mm}$$

$$\Delta b_4 = 3.5 \times 0.6 = 2.1 \text{ mm}$$

$$\Delta b_5 = 6.5 \times 0.3 = 2 \text{ mm}$$

各孔腿厚中心线长度为：

$$L_{c1} = 52.1 - \frac{4.5}{2} = 49.9 \text{ mm}$$

$$L_{c2} = L_{c1} - \Delta b_1 = 49.9 - 4.5 = 45.4 \text{ mm}$$

$$L_{c3} = L_{c2} - \Delta b_2 = 45.4 - 1 = 44.4 \text{ mm}$$

$$L_{c4} = 44.4 - 1.8 = 42.6 \text{ mm}$$

$$L_{c5} = 42.6 - 2.1 = 40.5 \text{ mm}$$

各孔腿厚中心线直线长度为：

$$L_{HC2} = L_H - \frac{d_2}{2} = 16 - \frac{6}{2} = 13 \text{ mm}$$

$$L_{HC3} = 16 - \frac{8}{2} = 12 \text{ mm}$$

$$L_{HC4} = 16 - \frac{11}{2} = 10.5 \text{ mm}$$

$$L_{HC5} = 16 - \frac{14.5}{2} = 8.75 \text{ mm}$$

各孔弯曲段腿厚中心弯曲圆弧半径为：

$$R_2 = R + \frac{d}{2} = 18 + \frac{6}{2} = 21 \text{ mm}$$

$$R_3 = 18 + \frac{8}{2} = 22 \text{ mm}$$

$$R_4 = 18 + \frac{11}{2} = 23.5 \text{ mm}$$

$$R_5 = 18 + \frac{14.5}{2} = 25.25 \text{ mm}$$

各孔弯曲段腿厚中心线长度为：

$$L_{RC2} = R_{C2} \cdot \frac{\pi}{4} = 21 \times \frac{\pi}{4} = 16.5 \text{ mm}$$

$$L_{RC3} = 22 \times \frac{\pi}{4} = 17.3 \text{ mm}$$

$$L_{RC4} = 23.5 \times \frac{\pi}{4} = 18.5 \text{ mm}$$

$$L_{RC5} = 25.25 \times \frac{\pi}{4} = 19 \text{ mm}$$

水平段长度为：

$$L_{b2} = L_{c2} - L_{HC2} - L_{RC} = 45.4 - 13 - 16.5 = 15.9 \text{ mm}$$

$$L_{b3} = 44.4 - 12 - 17.3 = 15.1 \text{ mm}$$

$$L_{b4} = 42.6 - 10.5 - 18.5 = 13.6 \text{ mm}$$

$$L_{b5} = 40.5 - 8.75 - 19 = 12.7 \text{ mm}$$

各孔孔型宽度为：

$$B_2 = AC + 2L_{b2} = 48 + 2 \times 15.9 = 79.6 < B = 89.2 \text{ mm}$$

$$B_3 = 48 + 2 \times 15.1 = 78.2 \text{ mm}$$
$$B_4 = 48 + 2 \times 13.6 = 75.2 \text{ mm}$$
$$B_5 = 48 + 2 \times 12.7 = 73.4 \text{ mm}$$

取各孔内跨圆弧半径 $r_2 = 7 \text{ mm}$，$r_3 = 11 \text{ mm}$，$r_4 = 13 \text{ mm}$，$r_5 = 14.5 \text{ mm}$，经校核均满足 $\eta_\phi > \eta_d$。

各孔开口位置：K_2 下开口、K_3 上开口、K_4 下开口、K_5 上开口。各孔侧壁斜度 $y_2 = 4\%$，$y_3 = 10\%$，$y\% = 14\%$，$y\% = 15\%$。其他孔型构成尺寸如图 3-78 所示的孔型图。

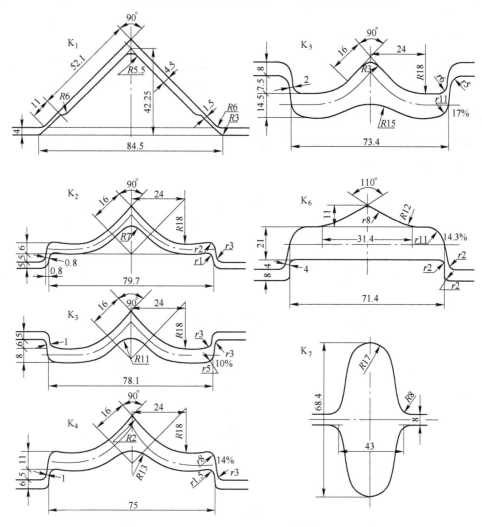

图 3-78　50 mm × 50 mm × 5 mm 角钢孔型图

（4）切分孔型设计

$$h_6 = d_5 + \Delta d_5 = 14.5 + 6.5 = 21 \text{ mm}$$
$$h_6' = 0.50 \times 21 = 10.5 \text{ mm} \text{ 取 } h_6' = 11 \text{ mm}$$
$$B_6 = B_5 - \Delta h_5 \times 0.3 = 73.4 - 6.5 \times 0.3 = 71.4 \text{ mm}$$

取 $\phi_6 = 110°$，$s = 8 \text{ mm}$，$t = 3 \text{ mm}$，$m = 4 \text{ mm}$，$y_6 = 14.3\%$，$r_1 = 11 \text{ mm}$，$r_2 = 2 \text{ mm}$，则

$$b = 2 \times 11 \times \tan\left(\frac{111°}{2}\right) = 31.4 \text{ mm}$$
$$R_6 = R_5 - 4 = 18 - 4 = 14 \text{ mm}$$

孔型图如图 3-78 所示。

（5）K_7 立椭圆孔型设计

取 K_6 切分孔内的压下系数 $\eta_6 = 1.35$，宽展系数 $\beta_6 = 0.4$。

$$B_K = 1.35 \times (21 + 11) = 43.2 \text{ mm} \text{ 取 } B_K = 43 \text{ mm}$$

$$H = B_6 - \beta_6 \Delta h_6 = 71.4 - 0.4 \times (43 - 32) = 67 \text{ mm}$$

$$R = 0.4 \times 43 = 17.2 \text{ mm} \text{ 取 } R = 17 \text{ mm}$$

取 $s = 8$ mm，槽口圆角 $r = 10$ mm。

3.8　不等边角钢孔型设计

不等边角钢的产量比等边角钢少得多，但不等边角钢的设计和生产、调整技术比等边角钢复杂。本节重点介绍不等边角钢孔型设计的特点，与等边角钢孔型设计的相同之处就不再重复。

3.8.1　轧制不等边角钢的孔型系统

不等边角钢孔型系统与等边角钢孔型系统一样都经历了相同的演变过程，目前使用的有三种孔型系统，如图 3-79 所示。

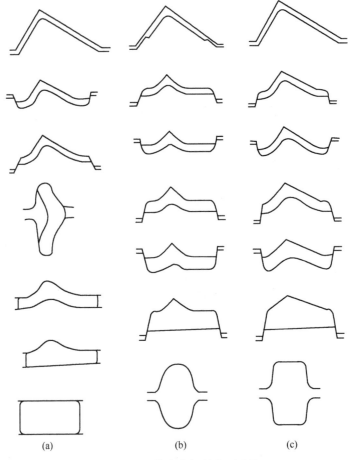

图 3-79　不等边角钢的孔型系统

第一种孔型系统与带立轧孔的等边角钢蝶式孔型系统相同，见图 3-79（a）。第二种孔型系统为平轧蝶式孔型系统，见图 3-79（b），蝶式孔的顶角平分线与垂直轴重合，与等边角钢的蝶式孔相比,仅长腿与短腿的水平段长度不同而已,其设计方法比较简单。大多数不等边角钢都是用这种系统轧制的。第三种孔型系统的成品孔为开口孔,见图3-79(c),蝶式孔的水平段较短,弯曲段较长,孔型切槽较深。用这种系统可生产较大规格的9.0/5.6号角钢。

3.8.2 成品孔的设计

3.8.2.1 成品孔的布置方式

成品孔的布置方式有三种,如图3-80所示。

第一种是将顶角平分线相对垂直轴旋转 β 角,使成品孔两腿外侧连线平行于水平轴,见图3-80(a)。各种不等边角钢成品孔的腿部与水平线的角度 φ、α 及 β 角按下式计算:

$$\begin{cases} \varphi = \arctan \dfrac{l_D}{L_D} \\ \alpha = 90° - \varphi \\ \beta = \alpha - 45° \end{cases}$$

计算结果如表3-32所示。

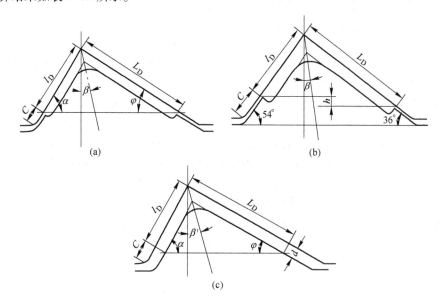

图3-80 成品孔的布置方式

表3-32 各种不等边角钢成品孔的 β 角

角钢型号	φ	α	β
2.5/1.6	32°37′	57°23′	12°23′
3.2/2	32°	58°	13°
4/2.5	32°	58°	13°
4.5/2.8	31°54′	58°06′	13°06′
5/3.2	32°37′	57°23′	12°23′
5.6/3.6	32°45′	57°15′	12°15′
6.3/4	32°24′	57°36′	12°36′
7/4.5	32°45′	57°15′	12°15′
8/5	32°	58°	13°
9/5.6	31°54′	58°06′	13°06′

角 钢 型 号	φ	α	β
10/6.3	31°36′	58°24′	13°24′
10/8	38°40′	58°20′	6°20′
11/7	32°28′	57°32′	12°32′
12.5/8	32°37′	57°23′	12°23′
14/9	32°45′	57°15′	12°15′
16/10	32°	58°	13°
18/11	31°27′	58°33′	13°33′
20/12.5	32°	58°	13°

这种布置形式使轧件出槽后在辊道上比较平稳,两腿在垂直轴上投影相等,轧辊轴向水平分力差值小,因而轧辊的轴向窜动小,容易轧出腿厚相等的角钢来。但在轧制中型或较大型的角钢时,为保证角钢两腿厚度相等,应采用斜面来防止轧辊的轴向窜动。

第二种布置方式是抬高短腿,使长腿及短腿与水平线的夹角分别为 36°及 54°,β 为 9°,见图 3–80(b)。抬高短腿后,长腿及短腿的高度差 h 为:

$$h = L_{\text{D}}\sin 36° - l_{\text{D}}\cos 36° = 0.5878 L_{\text{D}} - 0.8090 l_{\text{D}} \tag{3–59}$$

这种布置方式常应用于长腿与短腿之比为 1.6 左右的不等边角钢。蝶式孔则采用顶角平分线垂直放置方式,成品前孔采用下开口孔。

采用第一种布置方式时成品孔的短腿常形成"反 R"缺陷(即短腿端的外侧呈圆弧形),改用第二种布置方式后,由于蝶式孔轧件两腿腿端在成品孔内同时与轧辊接触,故"反 R"缺陷得到克服。但这种方式增大了轧辊轴向力,必须紧固轴向调整螺丝来制止轧辊的轴向窜动。

第二种布置方式不仅解决了"反 R"缺陷问题,而且简化了蝶式孔的设计,提高了轧件在蝶式孔内的稳定性,对成品质量十分有利,所以这种布置方式还是比较好的。

第三种布置方式是将顶角平分线相对垂直轴转动角 β',使成品孔两条腿的内侧端点连线平行于水平轴,见图 3–80(c)。这种布置方式与第一种方式相似,β'、φ 及 α 的计算方法如下:

$$\begin{cases} \varphi = \arctan\dfrac{l_{\text{D}} - d}{L_{\text{D}} - d} \\[2mm] \alpha = 90° - \varphi \\[1mm] \beta' = \alpha - 45° \end{cases} \tag{3–60}$$

3.8.2.2　成品孔设计

三种布置形式的成品孔,其设计方法基本相同,如图 3–81 所示。

腿长:

对于长腿,有

$$L_{\text{D}} = (L_0 - \Delta_+)\beta_{\text{t}}$$

对于短腿,有

$$l_{\text{D}} = (l_0 + \Delta'_+)\beta_{\text{t}}$$

式中　L_0——成品长腿的标准长度,mm;

l_0——成品短腿的标准长度,mm;

Δ_+——成品长腿的腿长正公差;

Δ'_+——成品短腿的腿长正公差;

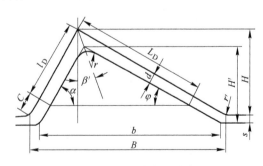

图 3–81　成品孔型设计

β_t——热膨胀系数,取 1.011 ~ 1.013。

腿厚:

$$d = d_0 + (0 \sim 1)\Delta_-$$

式中 d_0——腿厚标准尺寸;

Δ_-——腿厚负公差。

腿长裕量:

$$C = 2d + (2 \sim 7)\,\text{mm}$$

内跨圆弧半径 r 取标准尺寸。

上辊轧槽高度:

$$H' = (l_D + C)\cos\varphi$$

上辊轧槽宽度:

$$B = \frac{l_D + C}{\sin\varphi}$$

辊环 s 取 3 ~ 8 mm,锁口间隙取 1.5 ~ 2 mm。

下辊轧槽高度:

$$H' = (H + s) - \sqrt{2}\,d\cos\beta$$

下辊轧槽宽度:

若为闭口式,则

$$b = \frac{(H + s) - \sqrt{2}\,t\cos\beta}{\sin\varphi\cos\varphi}$$

若为开口式,则

$$b = \frac{(H + s) - \sqrt{2}\,t\cos\beta}{\sin\varphi\cos\varphi}$$

槽口过渡圆弧半径 r' 取 3 ~ 8 mm。

闭口成品孔腿端圆弧半径取 $r' > d$(取整数)。

3.8.3 蝶式孔压下系数、宽展系数的确定

3.8.3.1 压下系数的确定

不等边角钢压下系数确定的原则与等边角钢的相同,可参照短腿腿长相同的等边角钢的压下系数选用。

3.8.3.2 宽展系数的确定

由于不等边角钢两条腿的长度不相等,故在确定宽展系数时,总是把总的宽展系数按腿的比例分配,即

长腿宽展系数:

$$\beta_L = \beta \cdot \frac{L}{L + l} \tag{3-61}$$

短腿宽展系数:

$$\beta_l = \beta \cdot \frac{l}{L + l} \tag{3-62}$$

式中 β——总宽展系数。

根据试样分析,不等边角钢的宽展系数如表 3-33 所示。

表 3-33　不等边角钢的宽展系数

腿　部	成品孔	蝶式孔
短　腿	$0.5 \sim 1.2$	$0.25 \sim 0.65$
长　腿	$(0.5 \sim 1.2)L/l$	$(0.25 \sim 0.65)L/l$

3.8.4　蝶式孔的设计

不等边角钢蝶式孔的设计方法有两种:

第一种设计方法如图 3-82 所示,顶角平分线与垂直轴重合,各蝶式孔的顶角 ϕ 不变,皆为 90°;各蝶孔长、短腿的直线段长度不变,且 $l_H = L_H$;各蝶式孔长短腿弯曲段圆弧半径不变,且 $R_1 = R_L$,即各蝶式孔的上轮廓不变。这种方法与等边角钢蝶式孔设计的第二种方法相同,仅水平段长度与等边角钢不同。因此,也具有顶角充满良好,轧件在孔型内稳定性好,腿端形状良好,一般不产生"反 R"等优点。蝶式孔的基本参数按照短腿长度来选择,即

$$l_H = L_H = (0.3 \sim 0.45) l_0 \tag{3-63}$$

$$R_1 = R_L = (0.45 \sim 0.7) l_0 \tag{3-64}$$

式中　l_0——短腿标准长度。

其他尺寸的确定与等边角钢相同。

第二种设计方法如图 3-83 所示,顶角平分线相对垂直轴转动 β 角,使两腿腿端内侧的连线与水平轴平行。在蝶式孔中,$l_H \neq L_H$,$R_1 \neq R_L$,$\varphi \neq 90°$,且整个蝶式孔的 l_H、L_H、R_1、R_L 及 ϕ 逐道变化。由于顶角 ϕ 依设计顺序逐道增大,故顶角不易充满,需在顶角部分加带假帽。假想成品孔的基本参数按照下面的经验选取(如图 3-84 所示):

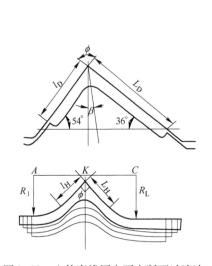

图 3-82　上轮廓线固定不变断面过渡法

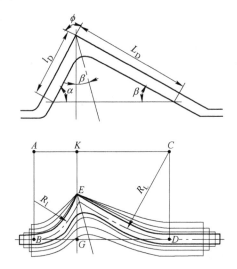

图 3-83　中心线固定不变断面过渡方法

$$\begin{cases} L_H = (0.35 \sim 0.45) l_0 \\ R_1 = (0.4 \sim 0.5) l_0 \\ R_L = (0.4 \sim 0.7) l_0 \end{cases} \tag{3-65}$$

式中　l_0——成品短腿标准长度的冷尺寸。

顶角:$\phi = 90°$

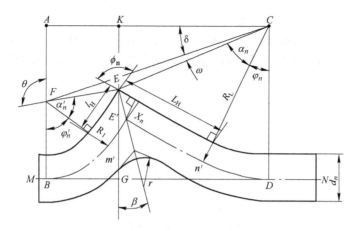

图 3-84 成品前蝶式孔构成

假想成品孔的其他尺寸,根据其几何关系可以推出以下各公式:

$$L_{\mathrm{H}} = 0.5d - R_{\mathrm{l}} + (l_{\mathrm{H}} + R_{\mathrm{L}} - 0.5d)\frac{L-d}{l-d} - \frac{R_{\mathrm{L}} - R_{\mathrm{l}}}{l-d}\sqrt{(L-d)^2 + (l-d)^2} \qquad (3-66)$$

式中　L——角钢长腿长度的热尺寸;

　　　l——角钢短腿长度的热尺寸;

　　　d——腿厚。

$$\overline{EC} = \sqrt{L_{\mathrm{H}}^2 + (R_{\mathrm{L}} - 0.5d)^2} \qquad (3-67)$$

$$\alpha = \arctan\frac{L_{\mathrm{H}}}{R_{\mathrm{L}} - 0.5d} \qquad (3-68)$$

$$\alpha' = \arctan\frac{L_{\mathrm{H}}}{r - 0.5d} \qquad (3-69)$$

$$\overline{FC} = \sqrt{(R_{\mathrm{l}} - 0.5d + L_{\mathrm{H}})^2 + (R_{\mathrm{L}} - 0.5d + l_{\mathrm{H}})^2} \qquad (3-70)$$

$$\omega = \arctan\frac{R_{\mathrm{l}} - 0.5d + L_{\mathrm{H}}}{R_{\mathrm{L}} - 0.5d + l_{\mathrm{H}}} - \alpha \qquad (3-71)$$

$$\overline{AC} = \sqrt{\overline{FC}^2 - (R_{\mathrm{L}} - R_{\mathrm{l}})^2} \qquad (3-72)$$

$$\delta = \arcsin\frac{R_{\mathrm{L}} - R_{\mathrm{l}}}{\overline{FC}} \qquad (3-73)$$

$$\overline{KC} = \overline{EC}\cos(\delta + \omega) \qquad (3-74)$$

$$\overline{AK} = \overline{AC} - \overline{KC} \qquad (3-75)$$

$$\overline{EG} = R_{\mathrm{L}}\ \overline{EC}\sin(\delta + \omega) \qquad (3-76)$$

$$\overline{EF} = \sqrt{\overline{AK}^2 + (\overline{EG} - R_{\mathrm{l}})^2} \qquad (3-77)$$

$$\theta = 90° + \arctan\frac{\overline{EG} - R_{\mathrm{l}}}{\overline{AK}} \qquad (3-78)$$

图中:

$$\phi = \arctan\frac{l-d}{L-d} \qquad (3-79)$$

$$\phi' = 90° - \phi \tag{3-80}$$

根据上列各式即可求出假想成品孔的全部尺寸,其中 A、C、B、D、E、G 六点对各蝶式孔而言是固定不变的。其他蝶式孔的尺寸可根据假想成品孔的尺寸按照轧制顺序一个一个地计算出来:

$$\alpha_n = \arccos \frac{R_L - 0.5d_n}{\overline{EC}} \tag{3-81}$$

$$\phi_n = 90° - (\alpha_n + \omega + \delta) \tag{3-82}$$

$$\alpha'_n = \arccos \frac{R_1 - 0.5d_n}{\overline{EF}} \tag{3-83}$$

$$\phi' = \theta - \alpha'_n \tag{3-84}$$

$$\varphi_n = 180° - (\phi_n + \phi'_n) > 90° \tag{3-85}$$

$$X_n = \frac{0.5d_n}{\sin(\phi_n + \phi'_n)} \tag{3-86}$$

长腿中心线直线段长:

$$\overline{E'n'} = \sqrt{\overline{EC}^2 - (R_L - 0.5d_n)^2} - X_n \tag{3-87}$$

长腿弯曲段弧长:

$$Dn' = R_L \phi_n \frac{\pi}{180} = 0.01745 R_L \varphi_n \tag{3-88}$$

短腿中心线直线段长:

$$\overline{E'm'} = \sqrt{\overline{EF}^2 - (R_1 - 0.5d)^2} - X_n \tag{3-89}$$

短腿弯曲段弧长:

$$Bm' = 0.1745 R_1 \varphi'_n \tag{3-90}$$

长腿水平段长:

$$L_b = \overline{DN} = L_0 - (\overline{E'n'} + Dn') \tag{3-91}$$

式中　L_0——长腿中心线长。

短腿中心线长:

$$l_b = \overline{BM} = l_0 - (\overline{E'm'} + Bm') \tag{3-92}$$

式中　l_0——短腿中心线长。

孔宽:

$$B = \overline{AC} + L_b + l_b \tag{3-93}$$

3.8.5　不等边角钢孔型设计实例

选用 65 mm × 65 mm 方坯,9 道轧成 5 mm × 36 mm × 56 mm 不等边角钢,平均延伸系数约为 1.29,腿长公差为 ± 1.5 mm,腿厚公差为 $\pm^{0.4}_{0.5}$ mm,内跨圆弧半径为 6 mm。试进行孔型设计。

(1) 成品孔(K_1 孔)设计

成品孔布置采用第二种形式,$\phi = 36°$,$\alpha = 54°$,$\beta = 90°$,$\varphi = 90°$。

成品长腿长度:

$$L = 1.011 \times 56 = 56.62 \text{ mm}$$

成品短腿长度:

$$l = 1.011 \times 36 = 36.4 \text{ mm}$$

成品孔采用半闭口式,为防止出耳子,腿长应适当放长。

长腿:$L_1 = 1.013 \times (56 + 1.5) = 58.25 \text{ mm}$

短腿:$l_1 = 1.013 \times (36 + 1.5) = 37.99 \text{ mm}$

腿厚:$d_1 = 5 - 0.3 = 4.7 \text{ mm}$

腿长裕量:$C = 2 \times 4.7 + 2.6 = 12 \text{ mm}$

上辊孔高:$H = (37.99 + 12) \times \cos 36° = 40.5 \text{ mm}$

上辊孔宽:$B = \dfrac{37.99 + 12}{\sin 36°} = 85.2 \text{ mm}$

取辊缝 $s = 4 \text{ mm}$ 及锁口间隙 $t = 2 \text{ mm}$。

下辊孔高:$H' = 40.5 + 4 - \sqrt{2} \times 4.7 \times \cos 9° = 37.93 \text{ mm}$

下辊孔宽:$b = \dfrac{40.5 + 4 - \sqrt{2} \times 2 \cos 9°}{\sin 36° \times \cos 36°} = 87.7 \text{ mm}$

长腿中心线长度:$L_{c1} = 56.62 - \dfrac{4.7}{2} = 54.37 \text{ mm}$

短腿中心线长度:$l_{c1} = 36.4 - \dfrac{4.7}{2} = 34.05 \text{ mm}$

取内跨圆弧半径 $r = 6 \text{ mm}$,腿端圆弧半径 $r_1 = 5 \text{ mm}$,辊环过渡圆弧半径 $r' = 4.5 \text{ mm}$。

(2)成品前孔(K_2 孔)的计算(按第一种方法)

首先根据公式选取蝶式孔的基本参数:

$$L_H = l_H = 0.39 \times 36 \approx 14 \text{ mm}$$

$$R_L = R_1 = 0.5 \times 36 = 18 \text{ mm}$$

$$\overline{AC} = 1.414 \times (18 + 14) = 45.25 \text{ mm}$$

$$\overline{EG} = 0.293 \times 18 + 0.707 \times 14 = 15.17 \text{ mm}$$

取顶角 $\varphi = 90°$,K_2 孔采用下开口孔型,其余各孔开口位置上、下交替放置。

取成品孔压下量 $\Delta h_1 = 1.3 \text{ mm}$,则 $d_2 = 4.7 + 1.3 = 6 \text{ mm}$

取短腿宽展系数为 0.62,则长腿为 $0.62 \times \dfrac{56}{36} \approx 0.97$。

K_2 孔腿中心线长度:

$$L_{c2} = 54.37 - 0.97 \times 1.3 = 53.1 \text{ mm}$$

$$l_{c2} = 34.05 - 0.62 \times 1.3 = 33.2 \text{ mm}$$

K_2 孔水平段长度,长腿为:

$$L_{b2} = 53.1 - \left(14 - \dfrac{6}{2}\right) - \left(18 + \dfrac{6}{2}\right) \times \dfrac{45}{57.32} = 25.57 \text{ mm}$$

短腿为:

$$l_{b2} = 33.2 - \left(14 - \dfrac{6}{2}\right) - \left(18 + \dfrac{6}{2}\right) \times \dfrac{45}{57.32} = 5.75 \text{ mm}$$

K_2 孔的宽度:

$$B_2 = 45.25 + 25.57 + 5.75 = 76.57 \text{ mm}$$

取辊缝 $s = 4 \text{ mm}$,取锁口间隙 $t = 0.8 \text{ mm}$ 及孔型侧壁斜度 $y = 10\%$。

(3)K_3 孔的计算

取 K_2 孔压下量 $\Delta h_2 = 1.5$ mm,则 K_3 孔腿厚:$d_3 = 6 + 1.5 = 7.5$ mm

取短腿的宽展系数为 0.327,则长腿为 0.664,故 K_3 孔腿中心线长度为:

$$L_{c3} = 53.1 - 0.664 \times 1.5 = 52.07 \text{ mm}$$

$$l_{c3} = 33.2 - 0.327 \times 1.5 = 32.76 \text{ mm}$$

K_3 孔水平段长度:

$$L_{b3} = 52.07 - \left(14 - \frac{7.5}{2}\right) - \left(18 + \frac{7.5}{2}\right) \times \frac{45}{57.32} = 24.73 \text{ mm}$$

$$l_{b3} = 32.76 - \left(14 - \frac{7.5}{2}\right) - \left(18 + \frac{7.5}{2}\right) \times \frac{45}{57.32} = 5.42 \text{ mm}$$

K_3 孔宽度:

$$B_3 = 45.25 + 24.73 + 5.42 = 75.4 \text{ mm}$$

取辊缝 $s = 5$ mm,锁口间隙 $t = 1$ mm 及孔型侧壁斜度 $y = 10\%$。

其余各孔计算过程从略。计算结果如表 3-34 及图 3-85 所示。

表 3-34　5 mm×36 mm×56 mm 不等边角钢孔型计算数据

孔型计算数据		孔　型　号									
		K_1	K_2	K_3	K_4	K_5	K_6	K_7	K_8		K_9
弯曲弧半径	R		18	18	18	18	20	$b \times H$ (孔型尺寸)	34	78	71
	r		18	18	18	18	20		68	24	42
直线段长	L_H		14	14	14	14					
孔　高	$\overline{EG}$		15.17	15.17	15.17	15.17	12				
圆心间距	$\overline{AC}$		45.25	45.25	45.25	45.25	44				
压下量	Δh	1.3	1.5	3	4	5.5					
顶　角	$\overline{AC}$	90°	90°	90°	90°	90°	90°				
腿　厚	d	4.7	6	7.5	10.5	14.5	20				
中心线中直线段长	L_{HC}		11	10.25	8.65	6.75	4.04				
中心线中弯曲段弧长	$\widehat{L_{RC}}$		16.5	17.09	18.28	19.65	20.4				
宽展系数	$\beta_{总}$	1.54	1	0.553	0.69	1.01					
	$\beta_{长}$	0.925	0.664	0.336	0.415	0.54					
	$\beta_{短}$	0.615	0.327	0.217	0.275	0.47					
宽展量	$\Delta b_{总}$	2	1.49	1.66	2.76	5.53					
	$\Delta b_{长}$	1.2	1	1.01	1.66	2.96					
	$\Delta b_{短}$	0.8	0.49	0.65	1.1	2.75					
辊　缝	S	4	4	5	6	8	8				
中心线长度	$L_{总}$	88.32	86.32	84.32	83.17	80.41	74.88				
	L	54.27	53.1	52.07	51.06	49.4	46.44				
	l	34.05	33.2	32.76	32.11	31.01	28.44				
水平段长	L_b		25.57	24.73	24.13	23	22				
	l_b		5.75	5.42	5.18	4.61	4				
侧壁斜度	$y\%$		10	10	10	15	20				
孔　宽	$B_{总}$		76.56	75.4	74.55	72.85	70				
	$B_{长}$		48.195	47.355	46.755	45.62	44				
	$B_{短}$		28.375	28.045	27.8	27.23	26				

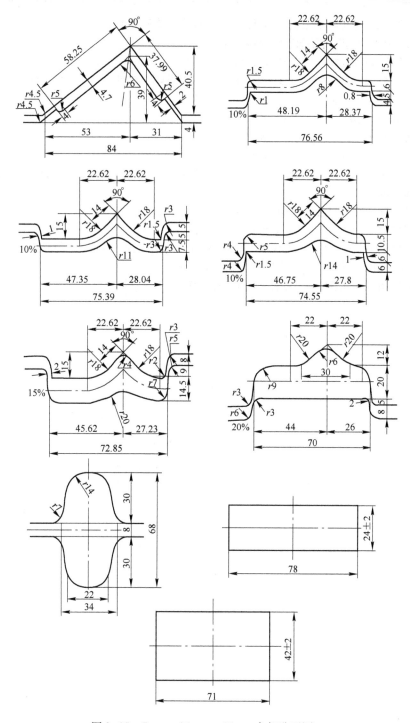

图 3-85 5 mm × 36 mm × 56 mm 角钢孔型图

思 考 题

3-1 精轧孔型设计时要考虑的问题有哪些？设计时应如何进行处理？

3-2 什么是负公差轧制？使用负公差轧制有什么意义？

3-3   轧制圆钢时,有哪几种常用的孔型系统? 试说明其优缺点及适用范围。

3-4   圆钢成品孔的构成形式有哪两种? 各自有什么特点?

3-5   圆钢精轧孔设计完成后为什么要进行充满度校核?

3-6   某中型轧钢车间为一列三架三辊式 650 轧机,由一台 2300 kW 的交流电机传动,轧辊转速为 82 r/min。
今欲轧出直径为 60~65 mm 的圆钢,试设计精轧孔型。

3-7   轧制角钢有哪些常用的孔型系统,各有什么特点?

3-8   何谓角钢孔型中心线,其长度如何确定?

3-9   角钢成品孔型是如何实现不同规格共用的?

3-10   蝶式孔型直线段长度 $L_{\parallel}$ 与圆弧段半径 R 的取值对轧制过程和孔型的形状有什么影响? 如何进行合理的选取?

3-11   蝶式轧件的断面过渡形式有哪两种? 各自有什么特点?

3-12   一个角钢成品前孔为什么不适合于轧同一规格两种尺寸以上的角钢?

3-13   角钢内跨圆弧半径 r 对轧制过程和产品的成形有什么影响,如何进行合理的取值?

3-14   蝶式孔型设计的时候如何合理地选取各孔的宽展系数?

3-15   角钢切分孔的形式有哪些? 各自具有什么样的特点? 如何进行切分孔的设计?

4 连轧机孔型设计

4.1 连轧的基本理论

4.1.1 连轧与连轧机

一根轧件同时在两个或两个以上的机架上轧制,并且各机架的金属秒体积流量(简称秒流量)保持相等的轧制方法,称为连轧。而用于连轧的机架顺序依次排列的轧制设备称为连轧机。连轧机按传动方式可分为单独传动和集体传动两种形式,如图4-1所示。按相邻机架的结构关系又分为全水平、平—立交替、45°/45°、15°/75°、Y形连轧机等。全水平的连轧机,由于机架间的轧件在传送过程中需要采用扭转装置实现轧制,因而限制了轧制速度的提高。随着型、棒、线材连轧轧制速度的不断提高,目前平—立交替单独传动的连轧机组和集体传动的45°/45°、15°/75°高速无扭连轧机组得到了广泛应用。

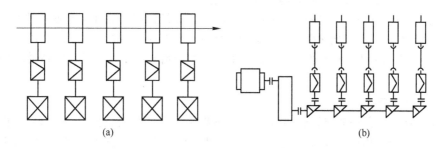

图4-1 连轧机的两种传动方式
(a) 单独传动;(b) 集体传动

4.1.2 连轧常数与堆拉钢系数

4.1.2.1 连轧常数

连轧机轧制时为避免轧件在机架之间产生较大的拉力或推力,导致连轧事故,在进行连轧机孔型设计时,应基本遵守轧件在各机架轧制时保持通过各个孔型的金属体积秒流量相等的原则,如图4-2所示,即

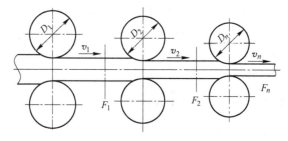

图4-2 连轧过程示意图

$$F_1 v_1 = F_2 v_2 = \cdots = F_n v_n = C \tag{4-1}$$

式中 C——连轧常数；

F_1、F_2、$\cdots$、F_n——各架轧机轧件轧后断面面积；

v_1、v_2、$\cdots$、v_n——各架轧机轧件的出口速度。

由于

$$v_i = v_{Ki}(1 + S_{hi})$$

$$v_{Ki} = \frac{\pi}{60} D_{Ki} n_i$$

则式(4-1)可写成：

$$F_1(1 + S_{h1})D_{K1} n_1 = F_2(1 + S_{h2})D_{K2} n_2 = \cdots = F_n(1 + S_{hn})D_{Kn} n_n = C \tag{4-2}$$

式中 D_{K1}、D_{K2}、$\cdots$、D_{Kn}——各架轧辊平均工作直径；

S_{h1}、S_{h2}、$\cdots$、S_{hn}——各架轧机上的前滑值；

n_1、n_2、$\cdots$、n_n——各架轧机的轧辊转速。

4.1.2.2 影响连轧常数的主要因素

由式(4-2)可知，影响连轧秒流量变化的因素有 F、D_K、n 和 S_h，现分述如下。

A 各道轧件轧后的断面面积

轧制时，轧件轧后断面面积计算的准确性将直接影响到秒流量计算的准确性，进而影响连轧状态的稳定性。故轧件断面面积的计算方法至关重要。

另外在轧制过程中各道轧件轧后的断面面积不可能固定不变。由于调整或轧件温度变化引起辊缝值的变化、轧件温度变化引起宽展量的变化以及孔型的磨损等都会引起轧件断面面积的改变，所以在轧制过程中各道轧件的实际断面面积不可能恰好等于孔型设计的各道轧件的断面面积。

B 转速的影响

对直流电机单独传动的连轧机，调节各机架秒流量的最有效方法是改变轧辊转速，而集体传动的连轧机则不能采用这种方法。采用调速方法调整本机架与后机架的连轧关系时，必须使本机架的轧辊转速与前方各机架的转速按一定的比例关系进行增速或减速（通过电器实现），才能使各机架之间保持正确的堆拉关系。在此情况下尚须注意直流电机在轧制负荷下的动态速降与静态速降的影响。

C 前滑的影响

由前滑公式可知，前滑 S_h 是随轧件厚度的减小而增大的，即 $S_{h1} < S_{h2} < S_{h3} < \cdots < S_{hn}$。但在孔型中，轧制的前滑计算是一个比较复杂而难度相当大的问题，在张力状态下尤为突出，至今尚无准确的理想的计算公式。

D 轧辊工作直径的影响

轧辊工作直径即为轧制时轧件出口断面平均轧制速度所对应的轧辊直径，可用下式计算：

$$D_K = D + s - h \tag{4-3}$$

式中 D_K——轧辊工作直径，mm；

D——轧辊辊环直径，mm；

h——轧件出口断面平均高度，$h = \dfrac{F}{b}$，mm；

F——轧件出口断面面积，mm^2；

b——轧件出口宽度，mm。

工作直径计算不当或孔型的磨损都会影响各架秒流量的变化,这对集体传动的连轧机尤其重要,因为这种连轧机不能通过调速来调节秒流量。

另外,前面在讨论前滑的影响时,在孔型中带微张力连轧时前滑计算比较复杂,所以为简化前滑的计算,结合前滑和轧件与轧辊接触状态,推出考虑前滑在内一些常用孔型计算轧辊工作直径的公式如下。

a 在方孔型中的轧辊工作直径的计算

在方孔型中的轧辊工作直径的计算如图4-3所示。

计算公式如下:

$$D_K = D - Z \tag{4-4}$$

式中 Z——轧槽最大深度,$Z = \dfrac{h-s}{2}$;

D——轧辊辊环直径;

h——孔型顶角高度;

s——辊缝。

b 在椭圆孔型中的轧辊工作直径的计算

在椭圆孔型中的轧辊工作直径的计算如图4-4所示。

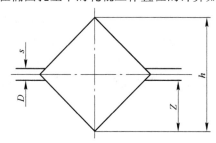

图4-3 方孔型中的轧辊工作直径

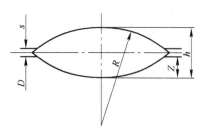

图4-4 椭圆孔型中的轧辊工作直径

计算公式如下:

$$D_K = (D - 1.33Z) \times 1.01 \tag{4-5}$$

式中 Z——轧槽最大深度,$Z = \dfrac{h-s}{2}$;

D——轧辊辊环直径;

h——孔型顶角高度;

s——辊缝。

c 在圆孔型中的轧辊工作直径的计算

在圆孔型中的轧辊工作直径的计算如图4-5所示。

计算公式如下:

$$D_K = D - 1.56Z \tag{4-6}$$

式中 Z——轧槽最大深度,$Z = \dfrac{d-s}{2}$;

D——轧辊辊环直径;

d——孔型直径。

也可用这一公式计算立椭圆孔型中的轧辊工作直径。

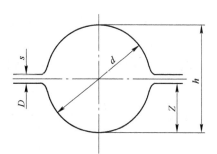

图4-5 圆孔型中的轧辊工作直径

在精轧圆孔型中的轧辊工作直径的计算公式为：

$$D_K = (D - 1.35Z)[1 + (0.0075 \sim 0.01)] \quad (4-7)$$

d 在菱形孔型中的轧辊工作直径的计算

在菱形孔型中的轧辊工作直径的计算如图 4-6 所示。

计算公式如下：

$$D_K = (D - Z) \times 1.01 \quad (4-8)$$

式中 Z——轧槽最大深度，$Z = \dfrac{h-s}{2}$；

D——轧辊辊环直径；

h——孔型顶角高度；

s——辊缝。

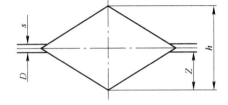

图 4-6 菱形孔型中的轧辊工作直径

为了连轧过程的顺利进行和连轧机孔型设计的方便，往往忽略前滑或将前滑考虑在轧辊工作直径中，这样我们就可将秒流量相等方程写成如下形式：

$$F_1 D_{K1} n_1 = F_2 D_{K2} n_2 = \cdots = F_n D_{Kn} n_n = C \quad (4-9)$$

这样 $F_i D_{Ki} n_i = C$ 就是连轧机孔型设计的连轧常数。

4.1.2.3 堆拉系数

在实际的连轧过程中，因为轧件温度、孔型磨损、摩擦系数以及其他影响前滑与轧件断面面积变化的因素在不断变化，通常是不可能不产生堆钢与拉钢的。为了使连轧过程能顺利进行，根据连轧机的布置形式、各机架之间的距离、轧件断面的大小和断面尺寸精度控制要求，常有意识地采取堆钢或拉钢轧制，也就是连轧中的微张力和活套无张力的连轧形式。为了表示堆钢和拉钢的程度，常用堆拉系数或堆拉率来表示。

以 K_i 代表堆拉系数时：

$$K_i = \frac{C_i}{C_{i-1}} \quad (4-10)$$

当 $K_i > 1$ 时，为拉钢轧制；当 $K_i < 1$ 时，为堆钢轧制。

也可用堆拉率来表示，以 ε_i 代表堆拉率时：

$$\varepsilon_i = \frac{C_i - C_{i-1}}{C_{i-1}} \times 100\% \quad (4-11)$$

当 $\varepsilon_i > 0$ 时，为拉钢轧制；当 $\varepsilon_i < 0$ 时，为堆钢轧制。

堆拉率与堆拉系数的关系为：

$$\varepsilon_i = K_i - 1 \quad (4-12)$$

4.1.2.4 连轧的三种轧制状态

一般在型钢连轧机尤其是棒线材连轧机中均存在三种连轧状态，现分述如下。

A 自由轧制状态

连轧中的自由轧制状态即各连轧机架秒流量相等。即

$$F_1 D_{K1} n_1 = F_2 D_{K2} n_2 = \cdots = F_n D_{Kn} n_n$$

由于 $\mu_1 = \dfrac{F_0}{F_1}$，$\mu_2 = \dfrac{F_1}{F_2} = \dfrac{D_{K2}}{D_{K1}} \dfrac{n_2}{n_1}$，$\cdots$，则

$$\mu_i = \frac{F_{i-1}}{F_i} = \frac{D_{Ki}}{D_{Ki-1}} \frac{n_i}{n_{i-1}} \quad (4-13)$$

由此看出，对单独电机传动的连轧机、万能型钢连轧机等均可按自由轧制状态即各架秒流量

相等的方法进行孔型设计,但在实际生产中保持秒流量恒等是不可能的。不过,生产中由于各种因素造成的秒流量变化可以通过调整电机转速进行调节。

B 堆钢轧制

顺轧制方向,每一架的秒流量都小于前一架的秒流量,即

$$F_1 D_{K1} n_1 > F_2 D_{K2} n_2 > \cdots > F_n D_{Kn} n_n \tag{4-14}$$

这样在机架之间会形成活套,这种轧制状态只能产生在有活套形成条件的机架之间。在有活套调节装置时,可通过其控制活套保持适当长度。当无活套调节装置时,随连轧时间的延续,活套逐渐累积而增长。

在线棒材连轧中,为保证断面尺寸精度,在有活套形成条件时均应采用堆钢轧制。

C 拉钢轧制

顺轧制方向,每一架的秒流量都大于前一架的秒流量,即

$$F_1 D_{K1} n_1 < F_2 D_{K2} n_2 < \cdots < F_n D_{Kn} n_n \tag{4-15}$$

设拉钢系数为 K_i,则

$$K_i = \frac{F_i D_{Ki} n_i}{F_{i-1} D_{Ki-1} n_{i-1}}$$

而

$$\mu_i = \frac{F_{i-1}}{F_i} = \frac{n_i}{n_{i-1} K_i} \frac{D_{Ki}}{D_{Ki-1}} = \frac{i_{ni}}{K_i} \frac{D_{Ki}}{D_{Ki-1}} \tag{4-16}$$

式中 i_{ni} ——i 架与 $i-1$ 架之间的速比。

总延伸系数则可以写成:

$$\mu_\Sigma = \mu_1 \frac{i_{n2}}{K_2} \frac{i_{n3}}{K_3} \cdots \frac{i_{ni}}{K_i} \cdots \frac{i_{nn}}{K_n} \frac{D_{Kn}}{D_{K1}} \tag{4-17}$$

设计时可按上述关系分配各道次延伸系数。

在棒线材的粗、中轧机组和型钢连轧中,由于轧件断面较大和断面形状复杂不易形成活套,而在高速线材的精轧机组中,由于机架间距太小速度太高无法形成活套,因而都只有选择这种拉钢轧制。由于拉钢轧制实际是张力轧制,而张力会对轧件的尺寸和滑移产生影响,所以为了保证断面的尺寸精度和连轧的稳定,必须将张力控制在一种相对稳定的微张力的轧制状态。

4.2 连轧机孔型设计的内容和要求

4.2.1 型钢连轧机孔型设计的内容

型钢连轧与单道次轧制不同,因而其孔型设计的内容除包括断面孔型设计、轧辊孔型设计、导卫装置设计外,还包括连轧机孔型设计的重要部分即准确地编制设定轧制程序表。

4.2.2 型钢连轧的特点和孔型设计的要求

型钢连轧与板带连轧有相同之处,也有不同之处。型钢连轧的特点是:

(1)调速范围不大,一般在基本转速下,上下调速16% ~36%,实际上常用10% ~15%。通常在粗轧机组为4% ~8%;在一中轧机组为6% ~10%;在二中轧机组或预精轧机组为7% ~11%;在精轧机组为8% ~15%。如现代高速线材轧机主传动电机的调速比(最高转速/基本转速)一般都在1.5 ~2,多数是2。

(2)调整精度要求高,一般小型型钢连轧要求精度达0.5%(最好0.2% ~0.3%)。

(3)对张力要求严,尤其是后张力一般要求0.7 ~1.0 kg/mm²。

（4）调速电机尽量避免动态速降,静态速降应在 0.2%。

因此要求连轧机孔型设计时,除满足一般孔型设计的要求外,还要结合连轧工艺和设备的特点做到以下几点要求:

（1）考虑连轧的特点选择合理的变形道次和各道次的合理延伸系数。机组机架无论是奇数还是偶数,每个机架的延伸系数都应尽可能地相对平均分配,以力求在轧制过程中各机架轧槽磨损量相对均匀,从而尽可能使连轧过程中各机架的金属秒流量达到较长时间的相对稳定,尽可能在接近的时间内做到集中更换较多的轧槽,以提高轧机的作业率。这就是椭圆—立椭圆、椭圆—圆孔型系统在连轧机上得到广泛应用的原因。

（2）保证轧件在孔型中的状态稳定。只有稳定的状态才能保证整个轧制过程中轧件断面始终保持同一相对稳定的面积,以保证连轧过程的顺利,避免轧制事故的出现。

（3）选择孔型压下量、咬入角、轧辊强度余量方面均要偏低一些,因为如果一架次咬入不好将影响所有道次。压下量均匀,这样可保证静动态速降均小。

（4）尽可能采用共用性广的孔型,以便在更换品种或同一品种更换不同规格时,减少换辊的时间,提高连轧机的作业率,也为连铸坯的热送热装和连铸连轧提供条件。

（5）孔型设计时要考虑连轧线的设备布置情况,各事故剪或回转式飞剪应尽可能剪切方、圆或控制孔轧件,以利于调整工从剪切断面中迅速正确地判断轧件产生各种缺陷的可能性,从而达到及时准确地调整轧机的目的。

4.3　连轧机孔型设计的原则和设计方法

4.3.1　连轧机孔型设计的原则

连轧关系为:

$$F_1 n_1 D_1 = F_2 n_2 D_2 = \cdots = F_n n_n D_n = C$$

在实际生产中,如轧制温度、孔型磨损、轧件与轧辊之间的摩擦系数以及轧机调整等轧制条件的改变,都会直接影响到轧出各孔型的断面尺寸、轧辊工作直径和前滑值的变化。因而在实际生产中,只能相对地使各机架的 C_i 接近于 C 值。

为了使轧制过程顺利进行,在设计连轧机孔型或调整轧机时,常按如下原则进行:

（1）在钢坯连轧机或型钢连轧机组中,轧制轧件断面大于 12 mm × 12 mm 的型材,当设计孔型或调整轧机时,一般是有意识地给以一定的拉钢,其目的是为了避免堆钢事故的发生。

（2）由于目前还缺乏型钢连轧中的热态、动态连续测量和控制张力的手段,因而难以按理想状态轧制,另外连轧对稳定性的要求高,所以目前连轧机一般只能轧制对称断面的型材品种。

（3）在轧制断面小于相当 12 mm × 12 mm 的轧件时,在机架之间可采用活套轧制,即用堆钢轧制。小断面或薄的轧件可采用堆钢轧制是由于堆钢不会影响轧件的宽度,在机架间也不会形成很大的推力,因而不易造成设备事故,但也应根据有无形成活套的条件而定。若机架间距小,没有形成活套的条件,也应采用微拉或微张力轧制。

4.3.2　连轧机孔型设计方法

连轧机根据所轧产品的品种规格、轧机装备和轧制工艺特点的不同,其连轧形式有微张力轧制和活套无张力轧制。轧机的传动也按连轧工艺的要求,有多架连轧机集体驱动和各架轧机采用单独电机驱动的两种形式。比如高速线材的精轧机组采用固定传动比集体传动下的微张力的轧制,而在高速线材和棒材的粗、中轧机组和型、棒材的精轧机组按工艺要求采用单独电机驱动的微张力或活套无张力轧制。

连轧机孔型设计的方法主要取决于连轧机的传动形式,即取决于每个机架是单独用一个电机传动,还是几个机架成组共用一个电机传动,此外还要看它是准备新建的还是已有的连轧机。不论对哪一种连轧机的孔型设计,原则上都需使实际各机架的 C_i 接近于 C。但在实际设计时仍有区别,下面我们就轧机驱动形式和连轧工艺形式的不同来分别介绍连轧机孔型设计的方法。

4.3.2.1 单独传动的连轧机孔型设计方法

目前高速线材的粗、中轧机组和预精轧机组以及型、棒材的连轧机都属于单独传动的连轧机的形式,其连轧方式按工艺要求选择微张力或活套无张力轧制。

这类型的连轧机由于每个机架都用电机单独传动的,轧辊转速有较大范围的选择,因此利用调整轧辊转速调节各机架的秒流量是非常方便的。所以在开始设计孔型时不必过分地考虑连轧常数,可先按一般孔型设计的方法进行设计。具体的方法和步骤如下:

(1) 按合理的延伸系数分配和考虑各孔型的宽展,计算各孔型轧件的断面面积 F_i 和尺寸 b_i、h_i;

(2) 按考虑前滑因素的轧辊工作直径的计算方法,算出各架轧辊工作辊径 D_{Ki};

(3) 根据工艺要求的成品机架的轧制速度,在电机允许的范围内选择成品机架的轧辊转速 n_n,计算成品机架的连轧常数 $C_n = F_n D_{Kn} n_n$;

(4) 按连轧不同轧制阶段的连轧方式逆轧制顺序分配各机架之间的拉钢系数,并计算出各架轧机的连轧常数 C_i;

(5) 根据 F_i、D_{Ki}、C_i 求出各架轧机轧辊的转速:

$$n_i = \frac{C_i}{F_i D_{Ki}} \tag{4-18}$$

假若上面所求得的转速中,个别机架的转速超出了电机所允许的最高或最低转速范围,则可把各架的转速普遍增加一个数值或减少一个数值,以满足电机的要求。如果这样调整后又引起其他机架轧辊转速超出了电机的允许值,则说明我们设计的孔型延伸系数分配非常不当,应重新调整延伸系数,设计孔型。

根据以上的计算编制轧制程序表。程序表格式如表4-1所示。

表4-1　轧制程序表

机架号	道次	辊缝	轧件断面尺寸			延伸系数	工作辊径 /mm	轧件长度 /mm	压下量 /mm	轧制速度 /m·s^{-1}	轧辊转速 /r·min^{-1}
			高 h/mm	宽 b/mm	面积 F/mm^2						

4.3.2.2 集体传动的连轧机孔型设计方法

对于集体传动的连轧机,由于不能通过调节各架轧辊转速而只能在轧辊直径上做较小范围内的调整来满足连轧工艺要求,因此其孔型设计相对困难得多。这类连轧机中,工艺和控制要求高的就是高速线材的精轧机组,有关的设计方法我们将在4.4节中做专门的介绍。

4.4 高速线材精轧机组的孔型设计

4.4.1 高速线材无扭精轧机工艺和设备特点

现代高速线材无扭精轧机有如下设备特点:

(1) 高速线材的精轧机组一般由 8～10 个机架组成,多数为 10 个机架。

（2）为实现高速无扭轧制,采用机组集体传动时,由一个电动机或串联的电动机组通过增速齿轮箱将传动分配给两根主传动轴,再分别传动奇数和偶数精轧机架。相邻机架轧辊转速比固定,轧辊轴线与地平线呈 45°/45°,75°/15°,90°/0°,相邻机架相互垂直布置。

（3）由于采用的连轧方式为微张力轧制,为使结构紧凑和减小在微张力轧制时轧件失张段长度,应尽可能缩小机架中心距,一般使中心距在 650～800 mm 之间。

（4）为提高变形效率和降低变形能耗,均采用较小的轧辊直径,各类高速无扭精轧机组辊环直径均为 φ150～220 mm。

（5）为便于在小机架中心距情况下调整及更换轧辊和导卫装置,轧机工作机座采用悬臂辊形式,并采用装配式短辊身轧辊,用无键连接将高耐磨性能的硬质合金辊环固定在悬臂的轧辊轴上。辊环上刻有 2～4 个轧槽,辊环宽度为 62～92 mm。

（6）为适应高速轧制,并保证在小辊环直径的情况下轧辊轴有尽可能大的强度和高度,轧辊轴承采用了油膜轴承。

（7）为适应高速轧制,轧机工作机架采用轧辊对称压下调整方式,以保证轧制线固定不变。

现代高速线材轧机的精轧机组多采用椭圆—圆孔型系统,这一孔型系统的优点是:

1）适合于相邻机架轧辊轴线与地平线呈 45°/45°,75°/15°,90°/0°相互垂直布置;

2）变形平稳,内应力小,可得到尺寸精确、表面光滑的轧件或成品;

3）椭圆—圆孔型系统可借助调整辊缝值得到不同断面尺寸的轧件,增加了孔型样板、孔型加工刀具和磨具、轧辊辊片和导卫装置的共用性,减少了备件,简化了管理;

4）这一孔型系统的每一个圆孔型都可以设计成既是延伸孔型又是有关产品的成品孔型,适合于用一组孔型系统轧辊,借助甩去机架轧制多种规格产品的工艺要求。

4.4.2　高速线材精轧机组孔型设计程序和设计方法

根据高速线材精轧机组的工艺和设备特点,对集体传动的连轧机,孔型设计有两种情况,即新设计的连轧机组的孔型设计和已有的集体传动的连轧机组的孔型设计。

4.4.2.1　新设计的连轧机组的孔型设计

新设计连轧机即各机架的传动比还没有确定,孔型设计方法与单独电机传动的连轧机的孔型设计方法相似,即先按合理的延伸系数分配计算轧件尺寸,设计各架孔型;然后根据各架轧机间的拉钢系数来确定连轧常数;求出各机架的轧辊转速 n_i 之后,与按工艺要求选定的主传动电机的转速 $n_电$,计算出各机架的转速比 i,以此来设计制造新的减速机。如果在设计制造减速机中有不合理的情况,则可调整和修正影响 n_i 的轧辊直径及孔型的有关参数,来改变 n_i,然后再重新计算 i 以保证减速机的设计要求。

A　精轧机组延伸系数的分配

精轧机组一般由 8～10 个机架组成,多数为 10 个机架。从中轧机组或预精轧机组来的轧件一般为 φ16～21.5 mm,当轧制合金钢或采用 8 机架的精轧机组时,来料直径相应减小 2～4 mm,所以精轧机组的平均延伸系数一般在 1.215～1.255 之间。

精轧机组的各架延伸系数的分配,除第一架外,其他各机架的延伸系数大体上是均匀的。

精轧机组的第一道次,由于轧件是由中轧机组或预精轧机组进精轧机组,因设有活套装置在无张力状态下轧制,故轧制速度相对较低,切头飞剪后的头部状态较好,咬入条件好,延伸系数的大小不受传动条件的限制。为满足多种规格产品的供料要求,在精轧机组的第一道次椭圆孔型内的延伸系数波动范围比较大,一般为 1.15～1.31。

其他道次的延伸系数大体上可以均匀分配,但在椭圆孔型和圆孔型中也有所不同。

在椭圆孔型中的延伸系数为 1.23~1.29，一般都略高于精轧机组的平均延伸系数。在同一机组不同道次的椭圆孔型中，延伸系数的波动值为 0.015~0.03。在同一架次轧制不同产品时，延伸系数的波动为 0.002~0.009。

在圆形孔型中的延伸系数为 1.21~1.24，一般都略低于精轧机组的平均延伸系数。在同一机组不同道次的圆孔型中，延伸系数的波动值为 0.012~0.019。在同一架次轧制不同产品时，延伸系数的波动值为 0.006~0.01。

表 4-2 为几个具有代表性的高速线材轧机精轧机组的延伸系数。

表 4-2　几个具有代表性的高速线材轧机精轧机组的延伸系数

精轧机组	进料尺寸/mm	成品规格/mm	总道次	总延伸系数 $\mu_\text{总}$	平均延伸系数 $\mu_\text{均}$	道次延伸系数									
						1	2	3	4	5	6	7	8	9	10
A	φ16	φ5.5	10	8.45	1.238	1.304	1.218	1.240	1.223	1.233	1.231	1.233	1.232	1.235	1.231
	φ17.5	φ6	10	8.50	1.239	1.308	1.217	1.239	1.228	1.235	1.229	1.234	1.230	1.235	1.233
	φ18.5	φ6.5	10	8.10	1.233	1.244	1.219	1.245	1.220	1.242	1.223	1.241	1.226	1.239	1.227
B	φ17	φ5.5	10	9.30	1.250	1.250	1.227	1.259	1.226	1.274	1.243	1.273	1.243	1.260	1.238
	φ18.5	φ6	10	9.31	1.250	1.249	1.227	1.258	1.227	1.273	1.243	1.274	1.241	1.270	1.238
	φ19.7	φ6.5	10	8.97	1.245	1.203	1.227	1.258	1.224	1.227	1.274	1.274	1.246	1.271	1.238
C	φ17	φ5.5	10	9.30	1.250	1.226	1.234	1.271	1.232	1.280	1.234	1.275	1.240	1.272	1.238
	φ18.6	φ6	10	9.37	1.251	1.232	1.233	1.270	1.323	1.283	1.235	1.276	1.239	1.269	1.241
	φ20	φ6.5	10	8.76	1.242	1.149	1.237	1.269	1.229	1.287	1.235	1.275	1.238	1.273	1.238
D	φ17	φ5.5	10	9.28	1.250	1.251	1.215	1.272	1.225	1.280	1.323	1.285	1.234	1.274	1.230
	φ18	φ6	10			1.214	1.206	1.267	1.227	1.286	1.235	1.290	1.235	1.279	1.225
	φ19	φ6.5	10			1.196	1.213	1.267	1.274	1.289	1.202	1.290	1.238	1.279	1.229

B　轧辊转速和速比的确定

在按合理的延伸系数分配设计好孔型后，各架轧机轧件的断面面积 $F_1 \sim F_n$ 得到确定。此时各架的轧辊转速可按下列公式求得：

$$n = \frac{C}{FD_\text{K}} \tag{4-19}$$

式中　n——轧辊的转速；

　　　　C——连轧常数；

　　　　F——轧件断面面积；

　　　　D_K——轧辊工作直径。

当考虑拉钢与前滑时，则

$$K_n = \frac{C_n}{C_{n-1}} = \frac{F_n D_n n_n (1 + S_n)}{F_{n-1} D_{n-1} n_{n-1}(1 + S_{n-1})}$$

设 $S_n - S_{n-1} = \Delta S$，则 $S_n = S_{n-1} + \Delta S$，集体传动的电机转速为 $n_\text{电}$，各道次传动比为 i，代入上式得：

$$K_n = \frac{F_n D_n \dfrac{n_\text{电}}{i_n}(1 + S_{n-1} + \Delta S)}{F_{n-1} D_{n-1} \dfrac{n_\text{电}}{i_{n-1}}(1 + S_{n-1})} = \frac{D_n i_{n-1}}{\mu_n D_{n-1} i_n}\left(1 + \frac{\Delta S}{S_{n-1}}\right)$$

$$i_n = \frac{D_n i_{n-1}}{K_n \mu_n D_{n-1}}\left(1 + \frac{\Delta S}{1 + S_{n-1}}\right) \tag{4-20}$$

式中　i_n——第 n 机架的传动比；

　　　i_{n-1}——第 $n-1$ 机架的传动比；

　　　D_n——第 n 机架轧辊的工作直径；

　　　K_n——第 n 机架的拉钢系数；

　　D_{n-1}——第 $n-1$ 机架轧辊的工作直径；

　　　μ_n——第 n 道次的延伸系数；

　　S_{n-1}——第 $n-1$ 道次的前滑值；

　　　ΔS——第 n 道次与第 $n-1$ 道次前滑值之差。实践表明，轧件在椭圆孔型中的前滑大于在圆孔型中的前滑，其差值为 $0.5\% \sim 1\%$。

4.4.2.2　已有的集体传动的连轧机组的孔型设计

已有的集体传动的连轧机组的孔型设计时其传动比已固定，因此靠改变轧辊转速来保持连轧关系是不可能的了，因而其孔型设计时会受到一些条件的限制。限制因素体现在以下几点。

A　各机架延伸系数的确定

由于工艺上这类连轧采用微张力轧制，设其拉钢系数为 K_i，按照连轧关系 $C_i = K_i C_{i-1}$，各架轧机的延伸系数为：

$$\mu_i = \frac{F_{i-1}}{F_i} = \frac{n_i}{n_{i-1} K_i} \cdot \frac{D_{Ki}}{D_{Ki-1}} = \frac{i_{ni}}{K_i} \cdot i_{Di} \tag{4-21}$$

式中　i_{Di}——i 架与 $i-1$ 架之间的工作辊径比；

　　　i_{ni}——i 架与 $i-1$ 架之间的速比。

由式(4-21)可知，对于集体传动的连轧机来说，除第一架外，各架的延伸系数都应根据 i_{Di}、i_{ni} 和 K_i 来分配，而不是可任意调整的。由于集体传动的连轧机各架的轧机之间的速比 i_{ni} 固定不变，故为了保证连轧常数只能适当改变 i_{Di} 值。具体的调节方法有两种：

(1) 合理地选配辊环直径(即配辊的方法)；

(2) 在轧件断面面积已定的前提下，适当调整轧件的断面形状和尺寸，从而达到调节相邻机架连轧常数 C_{i-1} 和 C_i 以保证连轧条件的目的。但由于设备结构的限制，连接轴的倾角也不能太大，所以各机架的轧辊直径也不能变化太大，另外它们之间又相互影响，所以这种调整只能在较小的范围内实施。另外这两种调整之间又相互影响，所以这类连轧机的孔型设计比较复杂。

B　机组总延伸系数的确定

集体传动的连轧机组的总延伸系数 μ_Σ 取决于机架数、轧件在第一机架的延伸系数 μ_1 和各架轧辊转速与前一机架轧辊转速之比 i_{ni} 以及机组各架轧机间的拉钢系数 K_i，即

$$\mu_\Sigma = \mu_1 \frac{i_{n2}}{K_2} \frac{i_{n3}}{K_3} \cdots \frac{i_{nn}}{K_n} \frac{D_{Kn}}{D_{K1}} \tag{4-22}$$

由于式中 i_{ni} 是固定的而 K_i 和 $\dfrac{D_{Kn}}{D_{K1}}$ 也不能做大的调整，因此 μ_Σ 也不是任意的。这样，在集体传动的连轧机中，当要轧的成品断面确定时，对坯料的断面大小也就有了比较确定的要求，或者当坯料断面确定时，则所能轧的成品规格也就大致确定了。

C　孔型设计方法

因相关工艺和设备的限制因素，这类连轧机的孔型设计比较复杂，即各机架孔型轧件的断面

面积和尺寸不可能完全按延伸系数分配法计算,而是按设计的连轧常数值求得。

已有的集体传动的连轧机组孔型设计方法和步骤如下:

(1) 进行成品孔型设计,确定成品机架轧件的出口速度 v_n,并按 $n_n = \dfrac{60v_n}{\pi D_{Kn}}$ 算出成品机架轧辊转速,再按 $C_n = F_n D_{Kn} n_n$ 求出成品机架的连轧常数。

(2) 按逆轧制顺序分配各架之间的拉钢系数 K_i,其值在 1.001～1.003 之间,然后计算出各架的连轧常数 C_i。

(3) 设计各圆轧件和孔型尺寸。轧件断面面积与轧辊工作直径有如下关系:

$$D_K = D + s - \frac{F}{b} \tag{4-23}$$

式中 D_K——轧辊工作直径;

D——轧辊辊环直径;

F——轧件断面面积;

b——轧件宽度。

对圆形孔型来说:

$$F = \frac{\pi}{4}d^2 = 0.785d^2 \tag{4-24}$$

将式(4-24)代入式(4-23),得:

$$D_K = (D+s) - \frac{0.785d^2}{d} = (D+s) - 0.785d \tag{4-25}$$

将式(4-24)与式(4-25)代入 $C = FD_K n$ 中,得:

$$0.785d^2\big[(D+s) - 0.785d\big] = \frac{C}{n}$$

化简,得:

$$d^3 - 1.274(D+s)d^2 + \frac{C}{0.616n} = 0 \tag{4-26}$$

式中 d——圆形轧件直径;

D——轧辊辊环直径。

解方程式(4-26)便可得到圆形轧件的直径 d。根据 d 和圆孔型的结构尺寸关系即可设计圆孔型的相关结构尺寸参数。椭圆—圆孔型系统中的圆孔型结构有两种,如图4-7所示,孔型结构参数及关系列于表4-3。

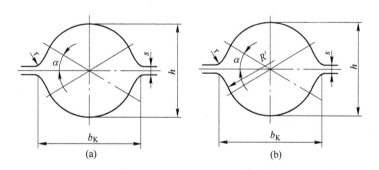

图4-7 两种圆孔型结构图

(a) 开口切线连接法;(b) 开口圆弧连接法

表 4-3　圆孔型参数及关系

参 数 名 称	关 系 式	说　　　明
孔型高/mm	$h = d$	d—成品直径热尺寸
孔型基圆直径/mm	$d = (1.011 \sim 1.015)d_0$	d_0—成品或半成品圆名义直径冷尺寸
孔型圆角半径/mm	$r = 0$	用于精轧及成品孔型
辊缝/mm	$s = (0.008 \sim 0.02)D_0$	D_0—轧辊名义直径
孔型开口倾角角度/(°)	$\alpha = 15°、20°、25°、30°$	用于开口切线连接法
孔型开口连接圆弧半径/mm	$R' = 2d$	用于开口圆弧连接法
孔型宽/mm	b_K 依作图法确定	
轧件断面面积/mm²	$F = \dfrac{\pi}{4}d^2$	

　　(4) 设计椭圆轧件和孔型尺寸。对于夹在两个圆孔型中的椭圆孔型来说,设计椭圆轧件和孔型的尺寸时,两圆与中间椭圆之间的尺寸关系为(见图 4-8):

$$(d_0 - h)\beta_1 = b - d_0 \tag{4-27}$$

$$(b - d)\beta_2 = d - h \tag{4-28}$$

式中　β_1——圆形轧件在椭圆孔型中的绝对宽展系数;

　　　　β_2——椭圆轧件在圆孔型中的绝对宽展系数。

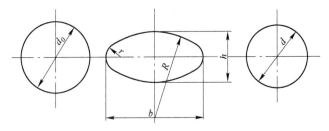

图 4-8　圆 - 椭圆 - 圆轧件示意图

解联立方程式(4-27)和式(4-28),得 h、b。

　　在求出 h、b 之后,为迅速求出满足连轧常数要求的轧件断面面积,可按下式计算:

$$C = FD_K n \tag{4-29}$$

将 $D_K = D + s - \dfrac{F}{b}$ 代入式(4-29)中,经简化得:

$$F^2 - b(D + s)F + \frac{bC}{n} = 0 \tag{4-30}$$

式中　F——椭圆轧件断面面积;

　　　　D——轧辊辊环直径;

　　　　C——连轧常数;

　　　　b——椭圆轧件的宽度;

　　　　n——轧辊转速。

　　在求得满足连轧常数的 F 值后,按图 4-9,当圆形轧件进入椭圆孔型时,推导出椭圆轧件断面面积的计算公式如下:

　　从图 4-9 可看出椭圆轧件断面面积由三部分组成:

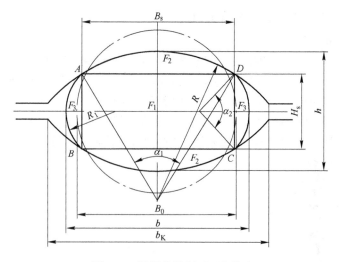

图 4-9　椭圆轧件断面面积构成

$$F = F_1 + 2F_2 + 2F_3 \tag{4-31}$$

式中　F_1——四边形 $ABCD$ 的面积，$F_1 = B_sH_s$；

　　　F_2——大弓形的面积，$2F_2 = R(l_2 - B_s) + \dfrac{1}{2}B_s(h - H_s)$；

　　　F_3——小弓形的面积，$2F_3 = R_1(l_3 - H_s) + \dfrac{1}{2}H_s(b - B_s)$。

其中大、小弓形的圆弧长：$l_2 = \dfrac{\pi}{180}R\alpha_1$；$l_3 = \dfrac{\pi}{180}R_1\alpha_2$。

将 F_1、$2F_2$、$2F_3$ 代入式（4-31），得：

$$F = H_sB_s + R(l_2 - B_s) + \frac{1}{2}B_s(h - H_s) + R_1(l_3 - H_s) + \frac{1}{2}H_s(b - B_s)$$

$$= H_sB_s + \frac{\pi}{180}R^2\alpha_1 - RB_s + \frac{B_sh}{2} - \frac{H_sB_s}{2} +$$

$$\frac{\pi}{180}R_1^2\alpha_2 - R_1H_s + \frac{H_sb}{2} - \frac{H_sB_s}{2}$$

$$= \frac{\pi}{180}(R^2\alpha_1 + R_1^2\alpha_2) - (RB_s + R_1H_s) +$$

$$0.5(B_sh + H_sb) \tag{4-32}$$

式中　$B_s = \sqrt{(h - H_s)(4R + H_s - b)}$；

　　　$H_s = \sqrt{(b - B_s)(4R_1 + B_s - b)}$；

　　　$R_1 = (0.8 \sim 1)d_0$，其中 d_0 为进入椭圆孔的圆形轧件的直径。

根据已知的 h、b 和 F 求椭圆孔型的 R 的方法是，先设定 R' 将其和 h、b 一起代入式（4-32）中，算出 F'，当用 R' 计算出的 F' 等于 F 时，则 R' 即为所求之 R。

R 值的计算用计算机辅助进行，计算迅速，其框图如图 4-10 所示。

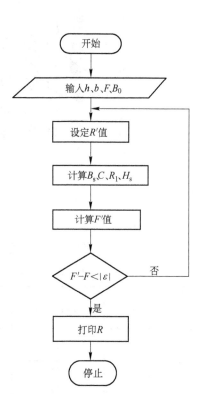

图 4-10　计算椭圆孔型 R 的框图

4.4.2.3　精轧机组孔型设计的有关问题

A　孔型的共用性

用极少量的基本孔槽样板的孔型,经调整辊缝值后可以得到多种不同尺寸的孔型。这样便可大量减少轧辊辊片、磨具、导卫装置的备件,从而简化管理。如图 4-11 所示由中轧机组供 ϕ17 mm、ϕ18 mm、ϕ19 mm、ϕ20 mm 等四种规格圆形轧件,经精轧机组轧成 ϕ5.5~13 mm 等 16 种规格的线材,只用了 7 个基本孔槽的椭圆孔型、16 个基本孔槽成品圆孔型和 2 个基本孔槽的圆孔型,共计用了 25 个基本孔槽的孔型。其余孔型则通过调整辊缝得到。

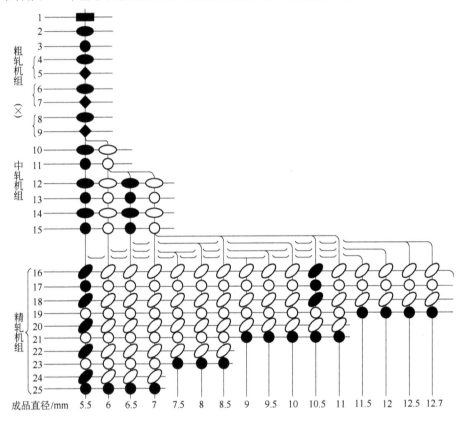

图 4-11　基本孔槽的孔型配置示意图

(坯料尺寸为 115 mm × 115 mm × 13 m;实心孔型代表基本孔槽的孔型;(×)代表剪机)

用几组孔型系统,采取甩去后部机架的方法生产多种规格线材,可以减少换辊数量、缩短换辊时间。几种有代表性的精轧机组系列产品机架分配列于表 4-4。

表 4-4　几种有代表性的精轧机组系列产品的成品机架分配表

精轧机组	来料尺寸	系列产品的成品机架分配			
		第 10 机架	第 8 机架	第 6 机架	第 4 机架
A	ϕ17	ϕ5.5	ϕ7	ϕ9	ϕ11 ϕ11.5
	ϕ18	ϕ6	ϕ7.5	ϕ9.5	ϕ12
	ϕ19	ϕ6.5	ϕ8	ϕ10	ϕ12.5
	ϕ20		ϕ8.5	ϕ10.5	ϕ13

精轧机组	来料尺寸	系列产品的成品机架分配			
		第 10 机架	第 8 机架	第 6 机架	第 4 机架
B	$\phi17$	$\phi5.5$	$\phi7$	$\phi9$	$\phi11$ $\phi11.5$
	$\phi18.6$	$\phi6$	$\phi7.5$	$\phi9.5$	$\phi12$
	$\phi20$	$\phi6.5$	$\phi8$	$\phi10$	$\phi12.5$ $\phi13$
	$\phi21$	$\phi7$	$\phi8.5$	$\phi11$	
	$\phi20.2$			$\phi10.5$	
C	$\phi16$	$\phi5.5$	$\phi7$	$\phi8.5$	$\phi10.5$
	$\phi17.5$	$\phi6$	$\phi7.5$	$\phi9$	$\phi11$
	$\phi18.5$	$\phi6.5$	$\phi8$	$\phi10$	$\phi12$ $\phi12.5$
	$\phi17.5$			$\phi9.5$	$\phi11.5$
	$\phi18.5$				$\phi13$
D	$\phi17$	$\phi5.5$			
	$\phi17.5$		$\phi7$	$\phi9$	$\phi11.5$
	$\phi18.5$	$\phi6$	$\phi7.5$	$\phi9.5$	$\phi12$
	$\phi19.5$	$\phi6.5$	$\phi8$	$\phi10$	$\phi12.5$
	$\phi21$		$\phi8.5$	$\phi11$	
	$\phi20.5$			$\phi10.5$	$\phi13$

B 轧件在孔型中的宽展

精轧机组轧件断面面积的精确计算较粗、中轧机组的计算更为重要,所以必须准确地确定轧件在孔型中的宽展量。

一般根据经验给定绝对宽展系数计算宽展量。根据经验,圆形轧件在椭圆孔型中的绝对宽展系数一般在 0.65~0.73 之间,一般在 0.7 左右;椭圆轧件在圆孔中的绝对宽展系数一般在 0.26~0.4 之间。表 4-5 所列为一组 45° 高速无扭精轧机组的绝对宽展系数的数据。

表 4-5 某厂 45° 高速无扭精轧机组的绝对宽展系数数据

孔型序号	K_{10}	K_9	K_8	K_7	K_6	K_5	K_4	K_3	K_2	K_1
宽展系数	0.67	0.4	0.7	0.43	0.55	0.35	0.68	0.4	0.67	0.35
宽展系数			0.61	0.37	0.71	0.39	0.7	0.37	0.73	0.38

宽展的计算还可以按以下推荐的相对宽展系数公式进行:

$$\beta = K_\psi \mu^{\frac{W}{1-W}} \qquad (4-33)$$

式中 β——相对宽展系数;

μ——延伸系数;

W——轧件尺寸及轧辊直径的影响系数,$W = \dfrac{1}{10^{1.26}\left(\frac{B}{H}\right)\left(\frac{H}{D_K}\right)^{0.556}}$;

B——进入轧件的宽度,mm;

    H——进入轧件的高度,mm;

    D_K——轧辊的工作直径,mm;

    K_ψ——修正系数。圆形轧件 $K_\psi = 0.75 \sim 1.0$,在精轧机组中为 $0.77 \sim 0.9$。椭圆形轧件 $K_\psi = 0.95 \sim 1.3$,在精轧机组中为 $0.95 \sim 1.0$。

    C 轧辊工作直径的计算

    由于精轧机组的轧制方式为微张力轧制,连轧关系中的轧件由孔型中轧出的速度是由轧辊工作直径、轧辊转速与前滑所决定的,但在孔型中轧制的前滑计算是一个比较复杂而难度相当大的问题,在张力状态下尤为突出,至今尚无准确的理想的计算公式。为简化前滑的计算,结合轧件与轧辊接触状态,推出将前滑因素考虑在内的轧辊工作直径的计算公式:

$$D_K = (D - \psi_K Z) K_a \tag{4-34}$$

式中 Z——轧槽深度;

    D——轧辊辊环直径;

    D_K——轧辊工作直径;

    ψ_K、K_a——系数,在圆孔型中:$\psi_K = 1.8 \sim 2.2$;$K_a = 1.03 \sim 1.05$。在椭圆孔型中:$\psi_K = 1.31 \sim 1.42$;$K_a = 1.01 \sim 1.02$。上述 ψ_K、K_a 系数在小孔型中取上限。

    D 拉钢系数的分配

    根据高速线材精轧机组的工艺和设备特点,高速线材的精轧机组一般由 $8 \sim 10$ 个机架组成,多数为 10 个机架,此外,机组轧机机架间距小、连续轧制、轧制速度高,所以精轧机组采用固定传动比的集体传动。因此其精轧机组的各架间必须采用微张力轧制,根据经验其各架间的拉钢系数应在 $1.001 \sim 1.003$ 之间,10 个机架的机组总拉钢系数最大不超过 1.01。然后计算出各架的连轧常数。

    E 精轧机组的轧制温度制度

    高速线材轧机精轧机组由于机架间距小、连续轧制、轧制速度高,轧件的变形热量大于轧制过程中散去的热量,所以轧件的终轧温度高于进入精轧机组前的温度。一般进入精轧机组前轧件的温度为 900℃ 左右,经 10 道次轧制后由于终轧速度不同,轧件一般温度升高 $100 \sim 150$℃。

4.5 Y 型轧机孔型设计

4.5.1 三辊 Y 型轧机

    三辊 Y 型轧机于 $1955 \sim 1960$ 年在德国柯克斯公司研制成功,所以又叫 Kocks 轧机。此轧机的每个机架由三个互成 120° 夹角的圆盘形轧辊组成,其形状如同"Y"字,故称 Y 型轧机。最近设计的三辊 Y 型轧机,电机传动轴通过锥齿轮使三根轧辊轴均为主动轴,如图 4-12 所示。可以通过偏心套机构进行径向压下调整,径向调整量为 $3 \sim 6$ mm,轴向也可随轧辊轴一起调整。轧机的传动采用集体传动形式。为提高轧机的灵活性,一般在后 $1 \sim 3$ 架上采用一套差动调速装置,从而可对后 $1 \sim 3$ 架轧机轧制速度进行调节,同时可以调整压下,改变减面率。

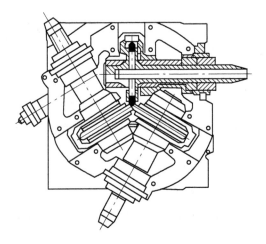

图 4-12 Y 型轧机结构图

4.5.2　三辊 Y 型轧机的孔型和变形特点

Y 型轧机的孔型和变形特点如下：

（1）孔型是由 3 个彼此布置为 120°角的轧槽组成。轧辊从 3 个方向压缩轧件。下一道的 3 个轧辊是调转 180°压缩轧件，因此轧件的变形过程不只是在 3 个方向，而是在 6 个方向上交替受到压缩，如图 4-13 所示，这样轧件的变形及其周边的冷却都比较均匀，这对保证产品的质量比较有利。

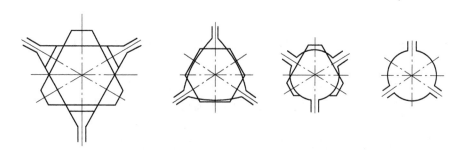

图 4-13　Y 型轧机孔型压缩效果图

（2）由于轧辊 3 面包围轧件，故变形均匀，劈头现象显著减少，排除了因劈头所引起的连轧堆料的事故。

（3）孔型宽展量很小，增加了轧制变形效率。

（4）孔型属微张力轧制，这样即使孔型形状不同，各孔型间具有磨损差异，孔型之间的张力系数变化也不大。

（5）由于轧机是集体传动，各机架速度比为常数，因此各道的延伸系数可基本相等，这既便于各机架张力的控制，也使孔型设计有所简化。

（6）轧辊切槽深度较小，即使圆孔型的切槽深度也比二辊式的要浅，如同一直径的圆孔，二辊式的切槽深度恰为三辊式的两倍。这不仅减少了轧槽的加工切削量（仅为二辊式的 55%），而且沿轧辊的弧面各点的速度差也得到减少，减轻了轧槽的磨损，提高了轧件表面质量，延长了轧辊的使用寿命。

（7）由于轧辊切槽深度浅，轧辊孔型磨损后的重新加工容易，孔型扩大后窜到逆轧制方向的道次上使用可以提高轧辊的利用率。

4.5.3　三辊 Y 型轧机孔型系统

三辊 Y 型轧机的孔型系统可按用途分为"延伸孔型"和"精轧孔型"两种。

4.5.3.1　延伸孔型

延伸孔型的作用是合理地利用金属塑性，减缩轧件断面积，使之逐步接近于成品断面尺寸和形状，并在压缩过程中进一步改善和保证金属组织的均匀性。就孔型形状而言，延伸孔型系统基本有 3 种，即弧三角孔型系统、平三角孔型系统、弧三角—圆孔型系统。

A　弧三角孔型系统

弧三角孔型系统的布置情况如图 4-14 所示，其特点为：

（1）轧件在孔型中的宽展余量较大，轧制具有不同性能的金属时不易产生耳子和压痕，即使孔型的共用性强。不同宽展性能的金属在孔型中轧制时，只均匀地改变机架间的张力。

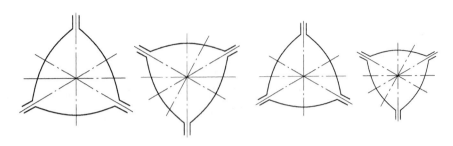

图 4-14 弧三角孔型系统图

（2）延伸系数较大，而且各孔的延伸系数可基本相等，有利于各连轧机架采用相同的速比，同时各机架间的张力比较均匀。

（3）轧件相对于孔型各点的流动速度差较小，可减轻辊的磨损。

（4）轧件无明显尖角，在变形中的宽展面与压缩面的交接处过渡平滑，这对塑性较低的金属在微张力轧制条件下很有利。

（5）由于轧件在孔型中的稳定性较差，故对导卫装置的要求较严。

B 平三角孔型系统

平三角孔型系统的布置情况如图 4-15 所示。

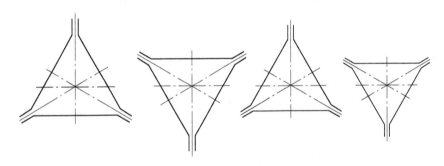

图 4-15 平三角孔型系统图

平三角孔型系统除具有与弧三角孔型系统相似的特点外，其主要优点还有：

（1）无轧件相对于孔型各点的流动速度差，大大地减轻了轧制中因附加摩擦所引起的轧辊磨损。

（2）由于孔型简单，轧辊易于加工。

平三角孔型系统的不足之处是：

（1）轧件在孔型中的稳定性较在弧三角孔型中差，轧件在导卫中的自由扭转大，对导卫的要求更严格。

（2）轧件在孔型中的宽展较在弧三角孔型中要大些，在张力下轧制低塑性金属不如弧三角孔型有利。

C 弧三角—圆孔型系统

弧三角—圆孔型系统的布置情况如图 4-16 所示。

弧三角—圆孔型系统的特点是：

（1）孔型系统中间圆可出成品。

（2）轧件变形是每隔一道规圆，在变形的进程中轧件的形状比较规整。

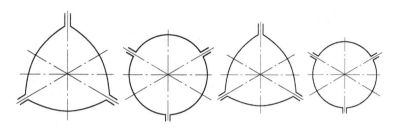

图 4-16 弧三角—圆孔型系统

（3）不论是圆进弧三角孔，还是弧三角进圆孔，轧件都比弧三角进弧三角孔稳定些。

（4）为控制弧三角轧件在圆孔内的宽展，使圆断面上不出耳子或压痕，一般圆孔的延伸系数应小于弧三角孔的延伸系数。

（5）由于弧三角孔和圆孔延伸系数的差异，在同一速比的集体传动的轧机中，各机架之间的张力变化不均。

（6）宽展性能差别大的金属，用同一套孔型轧制有一定的困难，容易出现耳子或压痕。

4.5.3.2 精轧孔型

精轧孔型包括成品孔型、成品前孔型和成品再前孔型。成品再前孔型即为延伸孔型和精轧孔型之间的过渡孔型。为得到优质产品，必须合理地选择精轧孔型系统，正确地掌握精轧孔型的宽展量和轧机的弹跳值以及过渡孔型的形状和尺寸。精轧孔型系统基本上有 4 种，即圆—弧三角—圆孔型系统，圆—弧三角—圆—圆系统、弧三角—弧三角—圆—圆系统以及平三角—弧三角—圆—圆系统。

A 圆—弧三角—圆孔型系统

这一孔型系统适合轧制宽展性能相接近的金属的单一规格产品，其布置情况如图 4-17 所示。

这种孔型系统的特点是：

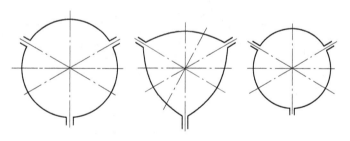

图 4-17 圆—弧三角—圆孔型系统图

（1）由于成品前孔型是圆轧件进料，轧出的弧三角形轧件形状很规整，对保证成品质量很有利。

（2）成品前前孔可出成品。

这种孔型系统的缺点是：

（1）弧三角轧件在成品孔中不容易直接轧出较圆的线材。

（2）在成品孔中 3 面的线压缩量较大，加重了轧槽的磨损。

B 圆—弧三角—圆—圆系统

这种孔型系统除具有上述孔型系统的优点外，还能较好地改善产品的尺寸精度，提高产品的质量。最后一道圆孔主要起规圆和辗光的作用。此系统的布置如图 4-18 所示。

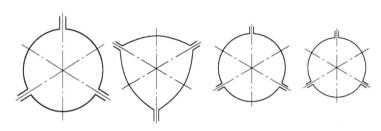

图 4-18　圆—弧三角—圆—圆孔型系统图

C　弧三角—弧三角—圆—圆系统

此系统即成品圆孔的再前过渡孔采用弧三角孔,最后一架的圆孔型仍为规圆孔。这种孔型系统除具有上述孔型系统的优点外,主要问题是:

(1) 弧三角轧件进入弧三角孔时对导卫装置的要求较严。

(2) 在设计时应注意轧件在成品前弧三角孔中的充满情况,过充满的弧三角形轧件进入成品圆时,轧件的稳定性较差。

此种孔型系统的布置如图 4-19 所示。

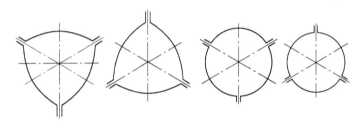

图 4-19　弧三角—弧三角—圆—圆孔型系统图

D　平三角—弧三角—圆—圆系统

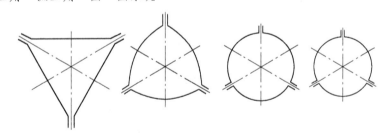

图 4-20　平三角—弧三角—圆—圆孔型系统图

这种孔型系统除具有上述类似的问题外,平三角孔轧出的等边六角形轧件进入弧三角孔型时,由于来料边长比较合适,轧件不易倾倒,以下弧三角形轧件进入成品圆孔时,即可保证较好的稳定性。

平三角孔为过渡孔型,最后一架圆孔为规圆孔。

4.5.4　几种常用的三辊 Y 型轧机孔型的结构参数

4.5.4.1　弧三角孔型基本几何参数

A　孔型要素

如图 4-21 所示,d 为孔型内接圆直径;R 为孔型弧边半径;a 为孔型理论宽度;h' 为孔型长半轴;r 为孔型短半轴,$r = \dfrac{d}{2}$;h'' 为孔型总高度;h 为孔型内接三角形高度。

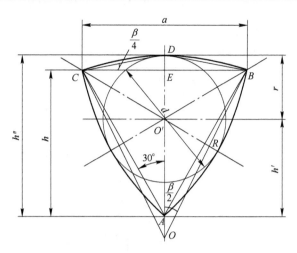

图 4-21 弧三角孔型的结构尺寸

B 孔型形状系数

$$K = \frac{a}{R} \tag{4-35}$$

K 是弧三角孔型设计中的原始设计参数,称为孔型形状系数。K 在 $0 \sim \sqrt{3}$ 之间变化,K 值越大,孔型弧线的曲率越大。

当 $K = 0$ 时,$R = \infty$,孔型形状为等边三角形;

当 $K = \sqrt{3}$ 时,$R = \dfrac{d}{2}$,孔型为圆;

当 $\sqrt{3} > K > 0$ 时,孔型为不同曲率的弧三角形。

C 孔型结构尺寸的确定

设弧三角形内接圆直径 d 为基本参数,由图 4-21 所示的几何关系可推出弧三角孔的主要结构参数如下:

$$h = \frac{a}{2} \times \frac{1}{\tan 30°} = \frac{\sqrt{3}}{2}a \tag{4-36}$$

$$h' = h - \frac{a}{2}\tan 30° = \frac{\sqrt{3}}{3}a \tag{4-37}$$

$$h'' = h' + \frac{d}{2} = \frac{\sqrt{3}}{3} + \frac{d}{2} \tag{4-38}$$

另外

$$\frac{d}{2} = \frac{a}{2}\tan 30° + \frac{a}{2}\tan\frac{\beta}{2} = \frac{a}{2} \times \frac{\sqrt{3}}{3} + \frac{a}{2}\tan\frac{\beta}{4}$$

所以

$$\frac{d}{a} = \frac{\sqrt{3}}{3} + \tan\frac{\beta}{4}$$

孔型内切圆直径与孔型宽度之间的关系为:

$$a = \frac{d}{\dfrac{\sqrt{3}}{3} + \tan\dfrac{\beta}{4}} \tag{4-39}$$

式中 d——孔型内切圆直径;

　　　 β——孔型弧边所对圆心角。

由 $K = \dfrac{a}{R}$ 可得：

$$\frac{K}{2} = \frac{a/2}{R} = \sin\frac{\beta}{2}$$

得

$$\frac{\beta}{2} = \arcsin\frac{K}{2} \tag{4-40}$$

D　弧三角孔型面积计算

由图 4-21 可知，弧三角孔型面积是一个等边三角形面积和三个弓形面积之和。

$$F = F_{\triangle ABC} + 3F_{弓BDCE}$$

$$F_{\triangle ABC} = \frac{1}{2}ha = \frac{\sqrt{3}}{4}a^2$$

$$F_{弓BCDE} = \frac{1}{2}R^2\left(\frac{\pi\beta}{180} - \sin\beta\right)$$

所以弧三角孔型的面积为：

$$F = \frac{\sqrt{3}}{4}a^2 + \frac{3}{2}R^2\left(\frac{\pi\beta}{180} - \sin\beta\right) \tag{4-41}$$

或

$$F = \left[\frac{\sqrt{3}}{4} + \frac{3}{2} \cdot \frac{1}{K^2}\left(\frac{\pi\beta}{180} - \sin\beta\right)\right] \cdot a^2 \tag{4-42}$$

4.5.4.2　平三角孔型基本几何参数

平三角孔型可视为弧三角孔型的特例，即孔型形状系数 $K = 0$。

A　孔型要素

平三角孔型的孔型要素与弧三角孔型相似，如图 4-22 所示。

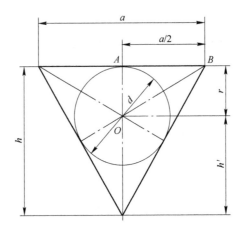

图 4-22　平三角孔型结构尺寸

B　孔型结构尺寸的确定

由图 4-22 所示的几何关系，可推出平三角孔的主要结构参数如下：

$$h = \frac{a/2}{\tan 30°} = \frac{\sqrt{3}}{2}a \tag{4-43}$$

$$h' = \frac{\sqrt{3}}{3}a \tag{4-44}$$

$$a = \sqrt{3}\,d \tag{4-45}$$

C 孔型面积计算

因为 $OA = r, AB = \dfrac{a}{2} = \sqrt{3}\,r$，所以

$$F_{\triangle OAB} = \frac{1}{2} \cdot OA \cdot AB = \frac{\sqrt{3}}{2}r^2$$

平三角孔型的面积：

$$F = 6F_{\triangle OAB} = 3\sqrt{3}\,r^2 \tag{4-46}$$

4.5.4.3 三辊 Y 型轧机圆孔型的设计

为保证轧件在圆孔型内能够轧出比较规整的圆形，而且在辊缝处不产生耳子或者压痕，圆孔的设计可采用扩张圆孔的设计方法。

构成扩张圆孔的方法有两种，分述如下：

（1）在几何圆孔的基础上，在 3 个辊缝的 α 区，从孔型弧线 A 点作切线向外扩张，使辊面相交于 B 点，如图 4-23 所示。相应的 h 值可通过作图或者由下式决定：

$$h = \frac{r}{\cos\alpha} \tag{4-47}$$

式中，r 为几何圆半径；α 角可根据几何圆直径的大小取 $30° \sim 40°$。

这种扩张圆孔的面积计算，对于 $\triangle OAB$ 的面积，有

$$F_{\triangle OAB} = \frac{1}{2} \cdot r \cdot AB$$

因为

$$AB = r \cdot \tan\alpha$$

故

$$F_{\triangle OAB} = \frac{1}{2}r^2\tan\alpha$$

对于扇形 OAA' 的面积，有

$$F_{\triangledown OAA'} = \frac{\pi}{360}r^2(120 - 2\alpha)$$

所以扩张圆孔面积为：

$$F = 6F_{\triangle OAB} + 3F_{\triangledown OAA'}$$

或

$$F = r^2\left[3\tan\alpha + \pi\left(1 - \frac{\alpha}{60}\right)\right] \tag{4-48}$$

（2）原理如方法一，只是在作图上有差异，如图 4-24 所示。α 角取 $120°$，孔型面积为：

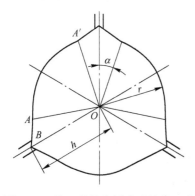

图 4-23 第一种扩张圆孔型结构尺寸

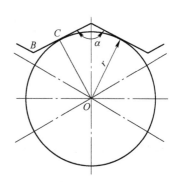

图 4-24 第二种扩张圆孔型结构尺寸

$$F = 3r^2 \left[\tan\left(\frac{\alpha}{2} - 30° \right) + \pi\left(\frac{1}{2} - \frac{\alpha}{60} \right) \right] \tag{4-49}$$

4.5.4.4　孔型充填系数

孔型充填系数定义为轧件面积 S 与孔型面积 F 的比值,即

$$\eta = \frac{S}{F} \tag{4-50}$$

孔型充填系数是孔型设计时需要首先确定的数值,但它最终精确地求得依赖于金属在孔型中绝对宽展量的正确计算。

一般圆孔型内的充填系数取 1;弧三角孔型内取 0.95 ~ 0.96;平三角孔型内的充填系数则更小一些,可取 0.9 ~ 0.94。

4.5.4.5　金属在孔型中的宽展

孔型填充系数 η 的实质在于能否正确地确定宽展的数值。错误地估计宽展会造成断面充填不满或者过充满,前者导致轧件几何尺寸和形状不正确,后者造成耳子或折叠,存在严重的耳子或折叠的部位会产生表面拉裂。而影响宽展的因素很多,正确地考虑影响宽展的所有因素对孔型设计起着重要的作用。目前对宽展理论和实践的研究已成为三辊 Y 型轧机的重要研究课题之一。在目前尚不能由理论公式计算宽展的情况下,宽展只能以经验数据为参考,所以孔型填充系数只可视为近似判据。

4.5.4.6　咬入角

根据图 4-25 所示三辊 Y 型轧机各道咬入角的计算如下:

$$\sin\alpha = \frac{l}{R} \tag{4-51}$$

式中　l——接触弧长的水平投影长度,mm;

　　　R——轧辊半径,mm。

因为　　　　$l = \sqrt{D\Delta h - \Delta h_2}$

故　　　　$\sin\alpha = \sqrt{\dfrac{\Delta h}{R} - \left(\dfrac{\Delta h}{R} \right)^2} \tag{4-52}$

式中　Δh——轧辊绝对压下量,mm。

在 Δh 与 R 相比很小的情况下,式(4-52)中的平方项可忽略不计,即

$$\sin\alpha = \sqrt{\frac{2\Delta h}{R}} \tag{4-53}$$

或　　　　$\alpha = \arcsin \sqrt{\dfrac{2\Delta h}{R}} \tag{4-54}$

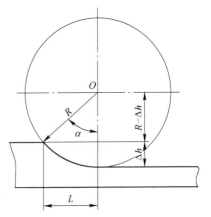

图 4-25　咬入角的几何关系

为确定咬入角也可采用另一表示,即

$$\cos\alpha = 1 - \frac{\Delta h}{R} \tag{4-55}$$

或　　　　$\alpha = \arccos\left(1 - \dfrac{\Delta h}{R} \right) \tag{4-56}$

由式(4-56)也可得到确定最大压下量的最大咬入角的公式:

$$\Delta h_{\max} = R(1 - \cos\alpha_{\max}) \tag{4-57}$$

因为最大咬入角可根据摩擦条件 $f = \tan\alpha_{\max}$ 确定,所以利用三角函数的公式可推得:

$$\cos\alpha_{\max} = \frac{1}{\sqrt{1+\tan^2\alpha_{\max}}} = \frac{1}{\sqrt{1+f^2}} \tag{4-58}$$

这样,便可根据摩擦系数 f 和轧辊半径 R 得到最大压下量:

$$\Delta h_{\max} = R\left(1 - \frac{1}{\sqrt{1+f^2}}\right) \tag{4-59}$$

图 4-26 为圆—三角—圆孔型图,表 4-6 为圆—三角—圆孔型结构参数计算表。

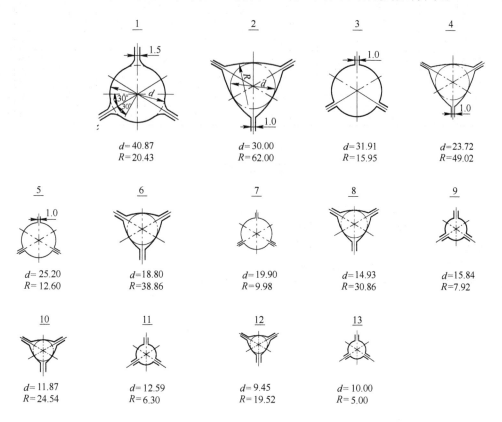

图 4-26 圆—三角—圆孔型图

表 4-6 圆—三角—圆孔型参数计算表

道次	孔型形状	假定参数			设计孔型参数												设计孔型参数				
		形状系数	充填系数	计算速比	塞规直径/mm	孔型理论宽度/mm	孔型长半轴/mm	孔型弧线半径/mm	孔型面积/mm²	轧前高度/mm	轧后高度/mm	压下量/mm	宽展量/mm	充填系数	轧件断面面积/mm²	延伸系数	计算速比	轧辊工作直径/mm	辊径比值	采用轧机速比	张力系数
0					39.10										1.493						
1	○	$\sqrt{3}$	0.970	(~1.170)	40.87	35.39	23.59	20.43	1311.90	—	—	—	—	0.970	1272.54	1.170	—			—
2	▽	0.65	0.970	1.300	36.00	40.30	23.27	62.00	976.14	20.43	15.00	5.43	0.41	0.978	954.66	1.333	1.290	222.22	0.9679	1.300	0.77
3	○	$\sqrt{3}$	0.980	1.202	31.51	27.63	18.41	15.95	799.74	20.84	15.00	4.89	0.35	0.983	786.14	1.214	1.210	222.72	0.9978	1.210	0.00
4	▽	0.65	0.970	1.300	23.22	31.86	18.40	49.02	610.24	15.35	15.95	3.49	0.30	0.973	593.76	1.324	1.293	228.04	0.9767	1.300	0.54
5	○	$\sqrt{3}$	0.988	1.202	25.20	21.92	14.54	12.60	498.76	16.25	11.86	3.65	0.30	0.985	491.28	1.209	1.207	228.45	0.9982	1.210	0.24

道次	孔型形状	假定参数			设计孔型参数												设计孔型参数				
		形状系数	充填系数	计算速比	塞规直径/mm	孔型理论宽度/mm	孔型长半轴/mm	孔型弧线半径/mm	孔型面积/mm²	轧前高度/mm	轧后高度/mm	压下量/mm	宽展量/mm	充填系数	轧件断面面积/mm²	延伸系数	计算速比	轧辊工作直径/mm	辊径比值	采用轧机速比	张力系数
6	▽	0.65	0.970	1.300	18.80	25.26	14.55	38.86	383.34	12.16	12.60	2.70	0.25	0.972	372.61	1.318	1.295	232.59	0.9822	1.300	0.40
7	○	√3	0.990	1.202	19.90	12.28	11.52	9.98	312.90	12.85	9.40	2.87	0.27	0.987	308.83	1.207	1.205	232.93	0.9985	1.210	0.41
8	▽	0.65	0.970	1.300	14.93	20.06	11.58	30.36	241.70	9.67	9.98	2.20	0.24	0.973	235.23	1.313	1.295	236.17	0.9863	1.300	0.40
9	○	√3	0.992	1.202	15.84	13.72	9.14	7.92	197.06	12.22	7.47	2.30	0.25	0.990	195.09	1.206	1.204	236.46	0.9988	1.210	0.50
10	▽	0.65	0.970	1.300	11.87	15.95	9.21	24.54	152.82	7.72	7.92	1.78	0.22	0.973	148.69	1.312	1.298	239.01	0.9893	1.300	0.15
11	○	√3	0.990	1.202	12.59	10.90	7.27	6.30	124.49	8.14	5.94	1.84	0.22	0.991	123.37	1.205	1.204	239.24	0.9990	1.210	0.50
12	▽	0.65	0.970	1.300	9.45	12.69	7.33	19.52	96.85	6.16	6.30	1.43	0.19	0.974	94.33	1.308	1.297	241.25	0.9917	1.300	0.23
13	○	√3	0.996	1.202	10.00	8.66	5.77	5.00	78.54	6.49	4.73	1.49	0.20	0.995	78.11	1.208	1.207	241.45	0.9992	1.210	0.24

思　考　题

4-1　什么是连轧常数、堆拉系数和堆拉率?

4-2　型钢连轧机孔型设计的内容和要求是什么?

4-3　高速线材精轧机组孔型的设计程序和设计方法怎样?

4-4　三辊 Y 型轧机的孔型和变形特点有哪些?

4-5　三辊 Y 型轧机的孔型系统有哪几种类型,各自的特点是什么?

5 切分轧制孔型设计

切分轧制技术作为一项具有生产率高、节约能源等优点的轧制新技术,已成为当今轧钢领域推行增产节能的有效手段。近几年来,切分轧制技术发展迅速,日趋成熟,已广泛应用于棒线材、型材以及开坯等生产,尤其是在棒线材生产中,发展尤为迅速。目前棒材的多线切分轧制技术已由二线切分迅速发展为四线和五线切分轧制,使小规格螺纹钢筋的生产效率得到了极大的提高。

5.1 切分轧制原理

切分轧制技术是把加热后的坯料先轧制成扁坯,然后再利用孔型系统把扁坯加工成两个以上断面相同的并联轧件,并在精轧道次上沿纵向将并联轧件切分为断面面积相同的独立轧件的轧制技术。切分轧制技术的关键是如何连续地把并联轧件切分开。要得到合格的成品,要求切分过程必须满足下列要求:

(1)切分带表面质量要有保证,不需要额外的修理或加工;

(2)切分带不能形成成品表面折叠;

(3)切分设备使用方便、工作稳定、投资小;

(4)轧件通长尺寸均匀,头部状态和轧件的弯曲度不影响后续的咬入;

(5)切分的速度与轧制速度相同。

5.1.1 切分位置的选择

切分位置是影响产品产量、质量、轧废量和操作的重要因素,切分位置应视轧机的特点和工艺要求而定。切分位置选择的原则是:

(1)不改变或尽可能少改变原有工艺流程;

(2)不改变或尽可能少改变原有设备;

(3)切分位置依轧机布置而定,尽可能靠近成品机架,以便减少复线道次,但又应有一定的加工道次,以保证成品质量;

(4)切分后不应给操作带来困难。

结合目前小型连轧机上采用切分轧制技术轧制螺纹钢筋的设备特点和工艺要求,其切分孔型系统基本上都将切分位置安排在 K_3 孔型来完成切分,切分后经两道次轧出合格的成品螺纹钢。

5.1.2 切分方式

切分轧制技术发展到现在,通过对一系列热轧状态下纵向切分轧件的方法进行研究,最终确定破坏并联轧件连接带的最佳方法是在连接带上建立足够的拉应力。因此切分轧件的力学条件为:

$$\sum F_x \geqslant S\sigma_b \tag{5-1}$$

式中 $\sum F_x$——各横向拉力之和;

S——连接带的微小面积；

σ_b——金属的强度极限。

由式(5-1)可看出,切分轧制稳定生产的条件是:在产生薄且窄的连接带的同时,还得有足够大的横向张力来撕开轧件。而采用拉应力破坏连接带的方式根据切分过程有无辅助装置参与可将切分方法分为孔型切分法(辊切法)和工具切分法(切分轮法)两大类。

5.1.2.1 辊切法

辊切法是直接利用轧辊的特殊孔型,使轧件在发生塑性变形的同时将轧件分开的切分方法,其特点是将"轧制"和"切分"糅合在一起,利用若干个带有切分楔的预切分孔型和一个切分孔型,使轧件在这些孔型中压缩、变形、延伸的同时,在离开孔型前分开,不需附设任何切分装置。

辊切原理及带切分楔的孔型轧件受力分析如图5-1所示。

通过对受力图和在轧机上做实验考察带切分楔的孔型中轧件的变形特点进行分析,发现切分效果与切分楔的角度有关。此外,还有一个不可忽视的现象,那就是切分后的轧件在水平面内发生了横向弯曲。切分后的轧件产生镰刀弯,如图5-2所示。

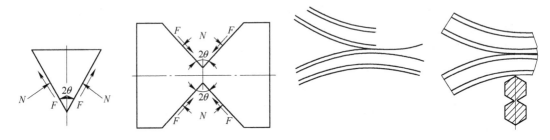

图5-1 切分楔的方形轧件压下的力学模型示意图   图5-2 切分试样在水平面的弯曲情况

这个现象说明切分轧制是一个不均匀变形的过程。由于切分楔的存在,轧件中部受切分楔相对压下大,这必然造成中部纵向延伸率比两侧的纵向延伸率大,也就是说轧件每经过一次带切分楔的道次,其左右两部分就会受到宽度方向上的拉应力,这种拉应力大到足以满足公式(5-1)的条件也就是切分轧制的原理。但这种方法的问题是在轧件切分的同时,将不可避免地出现轧件的镰刀弯现象,而且此时轧件的切分条件与轧件的镰刀弯的程度相矛盾,即要保证连续稳定地切分必增大切分孔型中的压下量,而随着压下量增大所带来的不均匀变形也越厉害,轧件切分后的镰刀弯也将越严重,同时还将造成轧件头部的异化加重,而这将成为切分后轧件后续咬入困难的首要原因,尤其是对于高速连轧的轧机是影响轧制过程正常生产的主要问题。由此可以看出,将塑性变形与切分同时进行的辊切法,很难将切分与轧件状态的保证同时完成。这也就决定了辊切法在连轧棒材轧机上的应用将受到很大的限制。

5.1.2.2 切分轮法

切分轮法是利用特殊孔型先将轧件轧成连接带较薄的并联轧件,然后借助安装在轧机出口侧导卫装置中的专门工具将并联轧件纵向分开的切分方法,即为孔型预切分—辅助工具切分的形式。

为了解决辊切法切分后轧件镰刀弯和头部异化所造成的轧件导向和咬入困难等问题,最佳的方案就是轧件在切分道次加工后保持一定厚度的连接带,使轧件保持纵向一体,然后用切分轮来切开它。原理是:两切分轮可看作是不对轧件有压下的辊切轧制,两轮外缘只对中间连接体上下方向用压下,而上下楔肩却不使轧件有大的塑性变形。中间连接体受力如图 5-3 所示。

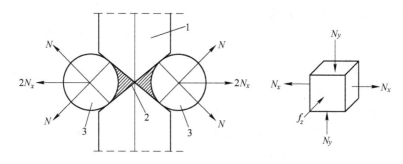

图 5-3　切分轮切分轧件力学分析图
1—切分轮;2—连接带;3—双圆轧件

从图 5-3 可以看出,中间连接带受三方向作用力的共同作用,极易满足切分公式(5-1)的要求,完成切分的目的。但由于切分轮是被动轮,靠运行的轧件带动,而在连轧时,随着后续道次顺利咬入,连轧状态建立,前推后拉,使两切分轮外缘对中间连接体造成的阻力 f_z 的反作用力也将更大、更稳定,切分效果更好。因此说切分轮法是伴随连轧机出现的最佳切分轧制法。这种切分方式在连轧生产中较合理、可靠,可减少故障率。目前它已广泛应用于棒材多线切分轧制中。

5.2　切分轧制工艺要点

从以上的分析可以看到,棒材多线切分轧制技术的关键在于切分道次的孔型和切分导卫的配合,这就是切分工艺的核心部分。为了使切分道次满足轧件切分的要求,还需要在切分以前的道次形成合理的预切分轧件。目前预切分轧件成型工艺按棒材切分线数的多少分为二线切分工艺、三线切分工艺、四线切分甚至五线切分工艺。切分的根数越多,产量越高。因此,可以根据生产线上要求的生产率和产品规格来决定轧件的切分根数,以达到提高产量、均衡生产的目的。目前,二线和三线切分工艺已成为棒材车间生产螺纹钢成熟的工艺形式,而四线和五线切分工艺正在逐步探索和完善中。

切分轧制工艺技术控制无论是在孔型系统的选择,还是在孔型设计、孔型配辊、轧辊孔型的车削、料形的调整、导卫设计、切分轮设计与调整、机架装配、速度控制等方面都有一定难度,而且切分的规格越小,切分的条数越多,工艺控制的难度越大。切分轧制的工艺要点如下:

(1)切分工艺的孔型设计除考虑来料、成品尺寸和形状、道次安排、设备能力和操作习惯外,切分孔型系统的选择、切分孔型的形状和尺寸、切分楔角的大小等也将直接影响切分质量的好坏。

(2)切分轧制对各机架的导卫制造、装配和现场使用调整的要求高。三线和四线切分轧制切分盒内各部位的设计十分关键。另外,切分导卫的前后导槽以及切分轮要求有较高的耐磨、抗热裂、抗疲劳性能和较高的加工精度,只有满足这些要求,才能保证切分轧制的顺利进行。

(3)轧线切分孔型系统的车削以及成品、成品前孔型的配辊难度也很大。如果孔型在车削过程中发生错辊,将对生产造成很大影响,且不易进行现场调整。在成品、成品前孔配辊需充分考虑各线的间距和轧辊的利用率,如间距过大,则轧辊利用率低,如间距过小,则导卫设计、安装困难。

（4）切分轧制对各机架钢料的变化非常敏感,甚至中轧机架钢料的变化也会影响到成品尺寸。切分的规格越小,切分的条数越多,这种影响就越明显。因此,只有控制好各架的钢料尺寸,及时调整因轧槽磨损而造成的尺寸变化,才能保证轧制的顺利进行。

（5）由于钢温、钢料尺寸及导卫的变化都会影响轧制的速度,因此需对速度不断地及时地进行补偿调整,只有这样才能保证多线轧制的正常进行。

（6）生产现场各系统各环节的统一协调很重要。钢温、钢料尺寸、轧制速度及导卫调整应严格按工艺要求进行操作,并注意相互之间的协调。每根钢的温差小于30℃,粗、中轧机的钢料尺寸精度在 ±1.5 mm 以内,精轧机的钢料尺寸要求更严等等。

因此,切分产品根据不同的生产条件选取适合的工艺制度十分重要。另外对切分轧制金属变形流动规律、切分轧制孔型设计以及导卫装置设计等,都需要做不断深化的研究。

5.3　切分孔型设计

5.3.1　切分轧制孔型系统和变形特点分析

切分轮切分轧制工艺中,切分孔型系统主要是为最终在切分轮上完成切分做轧件形状的准备。按照切分轮切分的形状要求,切分孔型系统的基本组成是:延伸孔型—预变形孔型—预切分孔型—切分孔型 + 出口切分导卫—精轧孔型。

系统中精轧孔型（成品前孔 + 成品孔）是要使成品尺寸满足成品尺寸公差的要求,并消除切分时断裂处可能产生的表面缺陷,保证成品的质量。

切分孔型的设计原则是:有利于轧件的切开和轧制的稳定,切分后轧件能较好地满足后续道次对尺寸和质量的要求。

预切分孔型是为了保证轧件在切分孔中对正并进行正确的金属体积预分配,以免切分孔型切分出尺寸、形状不同的轧件,同时减少切分孔型中轧件的不均匀变形,以减少轧辊磨损。一般在切分孔型前根据情况的不同可设置 1 ~ 2 道预切分道次。

预变形孔型起连接延伸和预切分孔型的作用,它是为轧件进入预切分孔型作轧件形状和尺寸准备,以满足预切分变形对料形的需要。

根据切分孔型系统的任务和作用,可看出切分孔型系统中的预切分和切分孔型的结构特点是,孔型中按切分根数带一个甚至多个切分楔。正是切分楔的作用,轧件才逐步变成了切分轮切分所需的多个由连接带连接的等体积的轧件的形状。所以切分楔的存在决定了切分孔型中的金属变形不同于一般孔型内金属的变形,其主要特点是:

（1）在带有切分楔的切分孔型中,轧件沿宽度方向各部处于不均匀压缩状态,产生了严重的不均匀变形。轧件中部切分带在孔型切分楔的作用下,压下系数（H/h）远大于其余部分,但其较大的延伸受到了其余部分的阻碍;同时金属受切分楔的作用,指向宽展方向的水平分力较大,属强迫宽展变形,故整体延伸较小,宽展较大,所以切分变形是无延伸或小延伸变形。

（2）三根以上的多根切分时,由于孔型结构的不对称,使中间和边上的金属所处的变形条件不同,两边比中间部分的宽展大、延伸小,易造成轧件断面不同。

下面根据不同的切分工艺和轧机设备的情况来分别分析切分孔型系统和切分轧制金属的变形特点以及切分轧制孔型设计。

5.3.2 二线切分轧制孔型设计

5.3.2.1 二线切分孔型系统

二线切分是目前国内应用最广泛的一种切分轧制工艺。根据轧钢设备条件的不同和轧制产品规格尺寸和变形特点的不同,二线切分轧制时的孔型系统有两种形式,即梅花方孔型系统和扁平方孔型系统。梅花方孔型系统依次为菱形孔(椭圆孔)—弧边方孔—哑铃孔—切分孔—椭圆孔—成品孔,如图5-4(a)所示;扁平方孔型系统依次为平轧孔—立扁箱孔—哑铃孔—切分孔—椭圆孔—成品孔,如图5-4(b)所示。

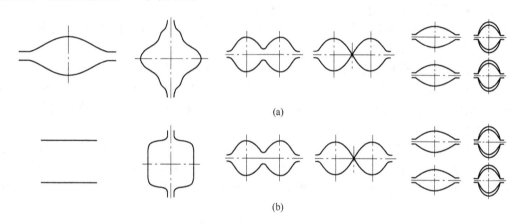

图5-4 二线切分轧制方案的对比
(a)梅花方孔型系统;(b)扁平方孔型系统

从两种孔型系统的示意图可看出,它们的区别在于其中的 K_6、K_5 孔型的形式选择不同。

第一种系统中,K_5 孔选用梅花方孔的形式,其优点是:

(1)轧件尺寸控制精度高。

(2)孔型系统延伸系数较大,$K_6 \sim K_3$ 孔的延伸系数可达2.8左右。

(3)梅花方轧件边部的凹陷能在预切分孔中起对中的作用,可保证预切的两部分体积相等,另外这样对切分楔的冲击较小,易充满预切分孔型中的两个圆的顶部。

(4)梅花方孔轧件变形相对均匀,侧边有凹陷也不易出耳子。

K_5 孔选用梅花方孔形式的缺点是:

(1)孔型要求的控制精度高,对磨损敏感。K_5 弧边方孔形的4个小圆弧突起处较易磨损,槽底磨损速度较槽口快,易导致料形不规范。

(2)轧件形状上有尖角,易使轧件断面上的温度出现不均现象。

(3)梅花方轧件需扭转45°,影响连轧轧制的稳定。

(4)不适合面缩率小的切分规格。

因此梅花方孔型系统适用于延伸系数大、面缩率大的 $\phi 10 \sim 14$ mm 小规格螺纹钢筋品种及需要精确控制的圆钢的切分轧制。

第二种系统中,孔型的形式体现在 K_6 孔选用的是平辊轧制、K_5 选用扁方孔,其优点是:

(1)系统的过程很适合当今连续棒材轧机的机组形式,轧制中无需扭转,使轧制的稳定性提高,降低事故率。

(2)虽然系统的延伸系数小,但在一些连轧机上,级联调速系统不适合在中间甩轧机,受轧机布置和切分位置的限制,较大规格品种的切分轧制必须选用延伸系数小、面缩率小的孔型系统。

（3）平辊配扁方孔,轧件形状上由于没有尖角,因此可以减轻轧件整个断面上的温度不均现象。

（4）系统的共用性增强,减少了换辊和车磨轧辊的时间。

K_6 孔选用平辊轧制、K_5 选用扁方孔的缺点是:

（1）平辊和扁方孔型的控制精度不高。平辊轧制时没有孔型侧壁的夹持作用,导卫磨损较快也降低了轧件的夹持作用,因此易造成来料在平辊上移动范围大,导致轧辊磨损不均匀,使 K_6 出口轧件厚薄不均,从而影响后续切分后两根轧件的大小。

（2）孔型系统的延伸系数小。其 K_6、K_5 孔的延伸率较小,$K_6 \sim K_3$ 的延伸系数仅为 1.8 左右,因此需要粗中轧负担较多的变形量。

（3）扁方轧件变形不均匀对切分楔的冲击较大,切分楔的磨损大。

（4）由于扁方孔轧出的轧件自身在进预切分孔时的对中性差,因此在预切分过程中易造成切分后两根轧件大小不一致,成品两根料长短不一,影响成材率。所以要保证在预切分孔中切正,必须严格要求 K_4 孔进口导卫的安装精度。

因此,虽然扁平方孔型系统的延伸系数不大,但生产实践表明,对于 $\phi16 \sim 20$ mm 较大规格螺纹钢筋品种的轧制,在轧机布置和切分位置受限的情况下,采用这种系统是正确的。而且扁平方孔型系统具有与前面的延伸孔型系统连接良好和整个系统共用性良好的优点,现已成为分析研究和开发的重点。

分析二切分轧制的变形特点可以看出,它是对称切分轧制。在预切分和切分孔型中左右两侧变形较对称,轧辊调整较容易,轧制较稳定,切分轧制的难度不大。二线切分轧制的最大缺点是轧制小规格钢筋时小时产量不高。所以二线切分轧制多用于轧制 $\phi16 \sim 20$ mm 的较大规格的钢筋,而轧制 $\phi10 \sim 14$ mm 的钢筋时,最好采用三线或四线切分轧制。

5.3.2.2　二线切分孔型设计

A　K_2、K_1 孔型设计

K_2 孔孔型设计与单线轧制的孔型设计基本相同,只是切分轧制时,由于切分后的轧件切分带带有毛刺,为了消除切分带可能对成品造成的类似“花边”和“折叠”的缺陷,所以希望 K_2 孔要有足够大的压下系数,使轧件的侧面形成充分的鼓形宽展,以减少切分带撕裂后产生的毛刺。具体设计时,应使压下变形量大于 40%,宽展变形量大于 20%。而 K_1 孔孔型设计与单线轧制的孔型设计完全相同。

B　K_3 切分孔孔型设计

K_3 孔是两个由切分楔并联组成的圆孔,半径同单线生产的孔型,结构图如图 5-5 所示。

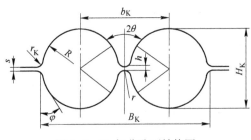

图 5-5　K_3 切分孔型结构图

切分孔是完成最终切分前轧件形状变形的孔型,它的形状和尺寸结构关系最终轧件的切分过程是否顺利。

切分孔型的设计要点如下(切分孔结构图如图 5-5 所示):

（1）由于切分孔的主要作用是“切分”,因此延伸系数较小,一般延伸系数 $\mu = 1.0 \sim 1.15$,而宽展系数较大(宽展量/压下量 =

1.2~1.8），控制轧件断面收缩率 $\psi < 15\%$。

（2）在切分孔中为保证轧件的宽展，孔型两侧边适当切线扩张，侧壁斜度的夹角 $\varphi > 30°$，以利于轧件的咬入和脱槽，又可防止出"耳子"。

（3）为保证在切分孔中得到符合切分要求的形状，所以其切分带处的压下系数 $1/\eta_{切} > 5$，槽底压下系数 $1/\eta_{底} > 1$。

（4）切分楔要锋利，且耐磨损和冲击。切分孔楔角选择应合理，角度过大，连接带必然冗长，就会有切口不净或切不开的问题；角度过小，轧件对切分轮的"夹持"力就将过大，加大了切分轮的负担，使切分设备易损坏，而且使切分孔型楔角处的磨损过快，严重影响轧辊的使用寿命。在满足切分连接带厚度要求和切分轮的最佳切分范围内，可采用切线扩张，切分楔角 2θ 为 $60°$ ~ $65°$。这样可增加切分楔的厚度，还可使轧件更容易被正确地引导进入切分轮，从而增加其强度。

（5）"楔子"尖部应有半径 $r = 0.5$ ~ $1.5mm$ 的圆角过渡，尖部过尖会加快磨损影响使用，甚至会"掉肉"。

（6）连接带的宽度和厚度应根据经验分别控制在 0.8 ~ 1.2 mm 和 0.8 ~ 2.0 mm 以内。

（7）为保证切分后的料形正确，避免出现"桃"状料形，如图 5-6 所示，孔型的充满度应达 96%，二切分孔型的结构参数及关系见表 5-1。

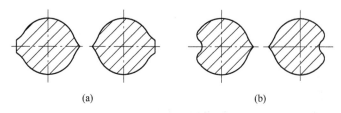

（a）　　　　　　　　　　　　（b）

图 5-6　切分后轧件形状孔型

（a）正常料形；（b）"桃"状料形

表 5-1　二切分孔型的结构参数及关系

参 数 名 称	关 系 式	说 明
孔型高度	$H_K = (0.85 \sim 0.90)H_0$	
槽口宽度	$B_K = b_K + 2R/\cos\varphi - S\tan\varphi$	
并联圆半径	$R = 0.5H_K$	
两圆心距离	$b_K = 2R/\cos\varphi$	
连接带高度	$h = 0.8 \sim 2.0$	
切分楔顶角	$2\theta = 60° \sim 65°$	H_0—来料高度
切分楔顶角半径	$r = 0.5 \sim 1.5$	
孔型侧壁斜度夹角	$\varphi = 30° \sim 35°$	
辊　缝	$s = 0.07H_K$	
外圆角半径	$r_K = 0.1H_K$	

C　K_4 预切分孔孔型设计

预切分孔因形状特点通常又被称为哑铃孔，其结构图如图 5-9 所示。预切分孔的作用是使切分楔完成对扁方轧件或弧边方轧件的压下定位，并保证精确分配对称轧件的断面面积，减少切分孔型的不均匀性，尽可能减轻切分孔型的负担，从而提高切分轧制的稳定性和均匀性。

a　预切分孔中切分楔结构和顶角的选择

切分楔对完成切分起决定性作用,它的设计原则就是尽可能地增大连接带上的横向拉应力 $\sigma_{拉}$ 的值,以便迅速减小中间切分带上的面积,以最少的道次完成轧件进入切分轮前的准备。

为了更深入地探讨切分机理,我们对一方形轧件在带切分楔的预切分孔中轧制的力学模型进行分析,如图5-7所示。

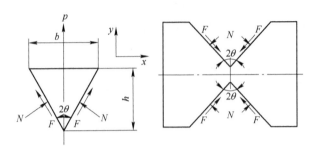

图5-7　切分楔的方形轧件压下的力学模型示意图

设切分楔长度为 l ,则可求得切分楔对轧件的总压力 P :

$$P = pb = 2p \cdot h \cdot \tan\theta \tag{5-2}$$

式中　p——平均单位压力;

　　　b——切分楔的宽度;

　　　h——切分楔的高度;

　　　2θ——切分楔的顶角。

根据牛顿力学原理,轧件对轧辊的反作用力为:

$$P' = 2(N\sin\theta + F\cos\theta) \tag{5-3}$$

式中　N——正压力;

　　　F——摩擦力, $F = f \cdot N$;

　　　f——轧辊与轧件之间的摩擦系数。

由式(5-3)可得:

$$P' = 2N(\sin\theta + f\cos\theta)$$

则　　　　　　　　　　$$N = P'/2(\sin\theta + f\cos\theta) \tag{5-4}$$

将式(5-2)代入式(5-4),则

$$N = ph\tan\theta/(\sin\theta + f\cos\theta) \tag{5-5}$$

为了讨论切分楔顶角与轧件所受横向拉应力 $\sigma_{拉}$ 的关系,以切分试样横断面建立坐标系,原点位于两切分楔顶点距离的中点,沿辊轴线方向为 x ,上下高度为 y ,则在该坐标系下,水平分力为:

$$X = 2(N_x - F_x) \tag{5-6}$$

式中　N_x——正压力在 x 方向上的分力;

　　　F_x——摩擦力在 x 方向上的分力。

$$N_x = N\cos\theta = ph\tan\theta\cos\theta/(\sin\theta + f\cos\theta) \tag{5-7}$$

$$F_x = F\sin\theta = fph\tan\theta\cos\theta\sin\theta/(\sin\theta + f\cos\theta) \tag{5-8}$$

将式(5-7)和式(5-8)代入式(5-6),则得:

$$X = 2ph\tan\theta(\cos\theta - f\sin\theta)/(\sin\theta + f\cos\theta) \tag{5-9}$$

由式(5-9)可知,当轧件的材质、轧制温度等一定时, f 、 p 可以认为是常数,切分楔高度 h 也可认为是定值,那么 X 必然随 θ 的变化而变化。

为求 X 最大值下的 θ 值

令
$$\frac{\partial X}{\partial \theta} = 0 \tag{5-10}$$

整理后
$$2ph(f - f\tan^2\theta - 2f^2\tan\theta)/(\sin\theta + f\cos\theta)^2 = 0 \tag{5-11}$$

即应满足
$$f - f\tan^2\theta - 2f^2\tan\theta = 0$$

而 $f > 0$,则
$$\tan^2\theta + 2f\tan\theta - 1 = 0 \tag{5-12}$$

求上式方程的解,舍其负解,得:
$$\tan\theta = \sqrt{1 + f^2} - f$$

即
$$2\theta_{max} = 2\arctan(\sqrt{1 + f^2} - f) \tag{5-13}$$

通过以上分析,得出如下结论:只要 f 已知,则切分楔顶角 2θ 就可求出最大值 $2\theta_{max}$,也即只有按 $2\theta_{max}$ 设计下的切分楔,才能在连接带上得到最大拉应力 $\sigma_{拉}$。

b 预切分孔形状的选择

预切分孔形状按中间切分楔结构特点的不同分为哑铃孔、双斜度哑铃孔两种形式。

常用的哑铃孔形状多由连接带连接的两个立椭圆组成,为防止在下架切分时轧件对轧辊产生夹持力,损坏轧辊楔尖,目前多采用楔角设计成大于切分孔楔角 10°~20° 的设计方法,如预切分孔楔角为 65°~75°,切分孔楔角为 50°~60°。但这种设计方法带来的问题是容易造成在切分孔内哑铃形轧件在咬入时首先与切分孔楔尖接触,其接触状态如图 5-8(a) 所示,因而自动找正能力差。为防止切偏,这种孔型对导卫装置和操作水平的要求很高。如果将切分孔楔角设计为大于预切分孔楔角时,可保证预切孔轧件进入切分孔时与楔壁先接触,其咬入时的接触状态如图 5-8(b) 所示,有自动找正作用,有利轧件的正确咬入。但这会使切分孔楔角过大,使切分孔出来的料形不好,给其后的切分轮切分造成困难。

为解决这一问题,在不增大切分孔楔角的前提下,可采用一种双斜度哑铃孔。双斜度哑铃孔切分楔由两个斜度组成,楔尖部分楔角较大,约为 65°~75°,而楔根部分楔角较小,约为 35°~45°,这样就像斧子的斧刃和斧背一样。当哑铃形轧件进入切分孔时,让斧背与切分孔楔壁先接触,其接触状态如图 5-8(c) 所示,既保护了切分孔楔尖,又实现了自动找正功能。

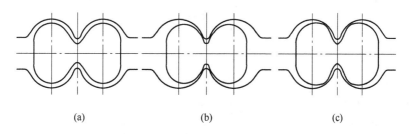

图 5-8 哑铃孔形状对切分咬入的影响

(a) 哑铃孔楔角大于切分孔楔角;(b) 哑铃孔楔角小于切分孔楔角;(c) 双哑铃孔咬入状态

c 预切分孔型中的变形特点

预切分孔型中的变形特点是:

（1）轧件变形量大，切分带处的内应力大。

（2）轧件变形严重不均匀，切分带处压下系数远大于槽底压下系数。

（3）轧件的宽展变化是先强迫宽展，后略微收缩，最后再强行宽展，直至充满孔型。

d 预切分孔型的设计要点

预切分孔型的设计要点如下：

（1）切分楔完成压下定位，必须压入一定深度，其切分楔处的压下系数 $1/\eta_{切} > 2$，槽底的压下系数 $1/\eta_{底} > 1$。

（2）延伸系数 $\mu = 1.15 \sim 1.25$。

（3）控制轧件断面收缩率 $\psi < 13\%$。

（4）限制侧壁轧件宽展。根据经验，宽展系数可为 0.6 左右，侧壁斜度的夹角 $\varphi < 30°$。

（5）切分楔的形状和尺寸要合理，且耐磨损，顶部有半径大于 2 mm 的圆角过渡。

e 预切分孔型的结构参数设计

预切分孔型的结构图如图 5-9 所示，结构参数及关系见表 5-2。

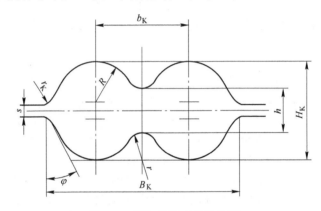

图 5-9 预切分孔型的结构图

表 5-2 二切分预切分孔型的结构参数及关系

参 数 名 称	关 系 式	说 明
孔型高度	$H_K = (0.9 \sim 0.95) H_0$	
槽口宽度	$B_K = b_K + 2R/\cos\varphi$	
两圆心距离	$b_K = 2R/\cos\varphi$	
槽底圆弧半径	$R = 0.4 H_K$	
外圆角半径	$r_K = (0.13 \sim 0.15) H_K$	H_0—来料高度
连接带高度	$h = (0.45 \sim 0.48) H_K$	
孔型侧壁斜度夹角	$\varphi = 30°$	
楔尖圆角半径	$r > 3$	
辊 缝	$s = (0.13 \sim 0.15) H_K$	
孔型充满度	$\delta \geqslant 95\%$	

f 预切分孔型轧件面积计算

在连轧切分轧制中，切分孔型各孔的轧件面积计算对于保证切分轧制中的连轧关系很重要，下面介绍预切分孔型轧件面积的计算。

我们可以将预切分孔面积视为一个矩形面积($H_K \times B_K$),减去 4 个边三角形面积 F_b、4 个槽底外弧三角形面积 F_{wh}、2 个楔梯形面积 F_x、4 个槽底内弧三角形面积 F_{nh},加上 4 个楔尖弧三角形面积 F_{xh}。即预切分孔的面积为:

$$F_K = H_K \times B_K - 4F_b - 2F_x - 4F_{wh} - 4F_{nh} + 4F_{xh} \tag{5-14}$$

预切分孔的结构参数及面积划分示意图如图 5-10 所示。

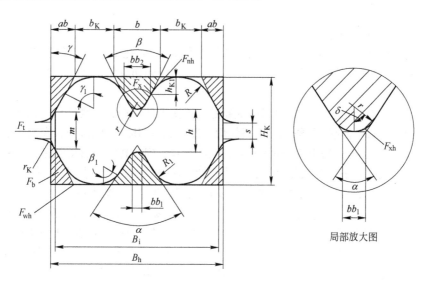

图 5-10 预切分孔的结构参数及面积划分示意图

若楔尖角为 α、楔根角为 β、外侧壁斜角为 γ,按几何关系相关角度则有:

$$\delta = \pi/2 - \alpha/2$$
$$\beta_1 = \pi/2 - \beta/2$$
$$\gamma_1 = \pi/2 - \gamma$$

楔尖弧:

$$r = bb_1/2/\tan(\delta/2)$$

4 个边三角形面积:

$$F_b = 0.5 \times (H_K - s)^2 \times \tan\gamma \tag{5-15}$$

4 个槽底外弧三角形面积:

$$F_{wh} = R^2 \times [\tan(\gamma_1/2) - \gamma_1/2] \times 4 \tag{5-16}$$

4 个槽底内弧三角形面积:

$$F_{nh} = R_1^2 \times [\tan(\beta_1/2) - \beta_1/2] \times 4 \tag{5-17}$$

2 个楔梯形面积:

$$F_x = (bb_1 + bb_2) \times [(H_K - h)/2 - h_{K_1}] + (bb_2 + b) \times h_{K_1} \tag{5-18}$$

式中,$bb_2 = bb_1 + 2[(H_K - h)/2 - h_{K_1}] \times \tan(\alpha/2)$;$b = bb_2 + 2h_{K_1} \times \tan(\beta/2)$。

4 个楔尖三角形面积:

$$F_{xh} = r^2 \times [\tan(\delta/2) - \delta/2] \times 4 \tag{5-19}$$

设 B_j 为轧件宽度,B_K 为孔型宽度,如果 $B_j \leq B_K$,则轧件面积为:

$$F_j = F_K - F_t \tag{5-20}$$

式中，F_t 为轧件未充满孔型的面积。如图 5-10 所示，F_t 可看成以 S 为上底，以 m 为下底，以 $(B_K - B_j)/2$ 为高的梯形面积，可用下式计算：

$$F_t = (s + m) \times (B_K - B_j)/2 \tag{5-21}$$

式中，$m = s + (B_K - B_j)/\tan\gamma$。

如果 $B_j > B_K$，则轧件面积为：

$$F_j = F_K + (B_j - B_K) \times s \tag{5-22}$$

D　弧边方孔设计

a　弧边方孔的设计要点

弧边方孔是连接延伸孔与切分孔型系统的关键孔型，延伸孔型应为切分准备出精确的弧边方轧件，它关系轧件在后续哑铃孔中轧制的稳定性，也影响到切分后两线尺寸的均匀性。设计要点如下：

（1）弧边方孔结构设计中的弧边凹度主要是为了便于轧件在进入哑铃形孔轧制过程中能自行找正，以提高轧制的稳定性和预切分面积的均匀性。弧边凹度应合适，如太大会影响轧件的充满度，而对后面几个道次的料形有不利的影响；太小又起不到在孔型中自动找正的作用。所以其设计原则是便于轧件在下一道次能自动找正并又能遏制哑铃轧件的过量宽展，使哑铃孔充满而又不过充满。根据经验，深度一般控制在 2 ~ 4 mm 或凹弧半径 $r = 0.35a$ 即可。

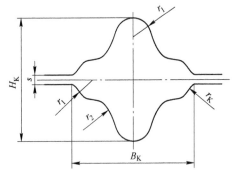

图 5-11　弧边方孔型结构图

（2）为保证弧边方孔的充满，其前孔应采用大半径的单半径椭圆孔，其宽高比为 2.0 ~ 2.5。

（3）弧边方孔的延伸系数要比正常方形孔设计略大，可控制在 1.30 ~ 1.45 之间，宽展系数为 0.45 ~ 0.65。

（4）为保证轧制稳定，应使弧边方断面的 4 个角相同，防止上下角尖、左右角钝，或相反的现象。

（5）在确定弧边方孔型的辊缝和其内角半径时，需考虑轧件在孔型中的充满程度。

b　弧边方孔的结构参数设计

弧边方孔的结构示意图如图 5-11 所示，其结构参数及关系见表 5-3。

表 5-3　弧边方孔的结构参数及关系

参 数 名 称	关 系 式	说 明
孔型高度	$H_K = (1.4 ~ 1.41)a$	
槽口宽度	$B_K = (1.4 ~ 1.41)a - s$	
中间凹弧半径	$r_2 = 0.35a$	a—正常方孔轧件的边长；
圆角半径	$r_1 = (0.2 ~ 0.25)a$	q—弧边方形边长与弧度之间关系的经验系数，一般为 0.80 ~ 0.95，其值不宜过小
外圆角半径	$r_K - 0.1a$	
辊　缝	$s = 0.1a$	
弧边方孔型面积	$F = qa^2$	

表 5-4 是二线切分 ϕ16 mm 螺纹钢的各道次孔型尺寸和工艺参数。图 5-12 为 ϕ16 mm 螺纹钢二切分孔型图。图 5-13 为 ϕ14 mm 螺纹钢的二切分孔型图。

表5-4 二线切分 φ16mm 螺纹钢的各道次孔型尺寸和工艺参数

道次	孔型形状	孔型高度/mm	孔型宽度/mm	辊缝/mm	轧件面积/mm²	延伸系数	工作辊径/mm	轧辊转速/r·min⁻¹	轧制速度/m·s⁻¹	轧制力矩/kN·m
1	箱形孔	100.7	164.2	15.2	16225.6	1.387	589.1	10.5	0.29	212.29
2	箱形孔	112.0	120.0	14.5	12362.6	1.312	539.2	12.7	0.39	156.40
3	平椭孔	76.9	133.6	14.6	8961.7	1.379	583.2	17.6	0.54	182.54
4	圆形孔	92.9	100.4	12.1	6792.7	1.319	524.0	25.9	0.71	116.20
5	椭圆孔	59.4	117.9	9.5	4758.5	1.427	514.5	37.6	1.01	132.25
6	圆形孔	67.7	73.1	8.8	3603.5	1.321	540.6	49.3	1.34	138.11
7	椭圆孔	43.6	86.2	6.9	2556.4	1.409	418.4	86.2	1.89	65.05
8	圆形孔	49.8	53.9	6.5	1954.3	1.308	437.3	107.8	2.47	68.66
9	椭圆孔	33.3	63.8	5.3	1453.8	1.344	431.7	146.9	3.32	38.49
10	圆形孔	38.4	41.5	5.0	1158.1	1.255	444.8	178.9	4.17	41.39
11	平辊孔	20.7	0	20.7	924.0	1.253	470.0	212.2	5.22	36.71
12	立箱孔	36.9	24.5	4.4	827.5	1.117	452.0	246.4	5.83	24.49
13	预切分孔	22.5	42.9	3.2	721.8	1.147	441.1	289.5	6.89	42.63
14	切分孔	19.8	45.1	1.5	629.5	1.147	439.8	332.9	7.67	44.21
15	椭圆孔	13.2	27.2	2.1	496.9	1.267	434.6	426.7	9.71	42.02
16	螺纹孔	16.0	17.4	1.8	402.1	1.236	446.7	513.1	12.00	18.13

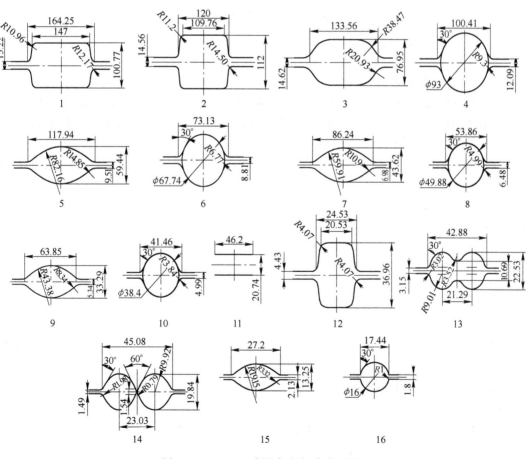

图5-12 φ16 mm 螺纹钢的切分孔型图

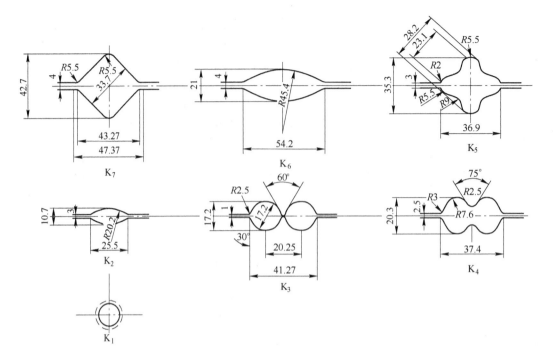

图 5-13　φ14 mm 螺纹钢的切分孔型图

5.3.3　三线切分轧制孔型设计

5.3.3.1　三线切分孔型系统

三线切分轧制技术是从二线切分轧制技术演化而来的,其总体技术思路是通过特殊孔型加工出具有薄而窄的连接带的三个并联轧件,然后由切分架次出口的三线切分导卫实现切分为三根独立轧件的过程。其孔型系统有两种方案。

第一种方案:圆孔(对角方孔)—平轧孔—立轧孔—预切孔—切分孔—椭圆孔—成品孔,如图 5-14(a)所示。此方案的优点是:

(1) K_6 用平辊,轧辊车削容易、利用率高、自由宽展大,边部易出现的鼓肚可用后续的立轧孔进行加工。

(2) 采用立轧孔控制其轧出轧件的高度和宽度,以保证进入预切分孔型的矩形料的规范,保证预切分孔的充满度,有利于保证每线轧件截面面积相等。

此方案的缺点是:

(1) 一个预切分孔,轧件在预切分孔中的压下量大,延伸系数大(超过了 1.3),轧机负荷高,轧制不稳定。

(2) 由于不均匀变形严重,切分楔处压下系数远大于槽底压下系数,造成轧槽切分楔处磨损较快。

(3) 矩形坯料进预切分孔的对中性能不易保证,切分后 3 支轧件的均匀性过分依赖预切分孔进口导卫的夹持,使得预切分孔进口导卫的加工、装配要求较高。

第二种方案:圆孔(对角方孔)—扁箱孔—预切孔 1—预切孔 2—切分孔—椭圆孔—成品孔,如图 5-14(b)所示。此方案的优点是:

(1) 通过设置两个预切分孔来完成压下定位和轧件断面面积的初步分配,将原先一次就完成

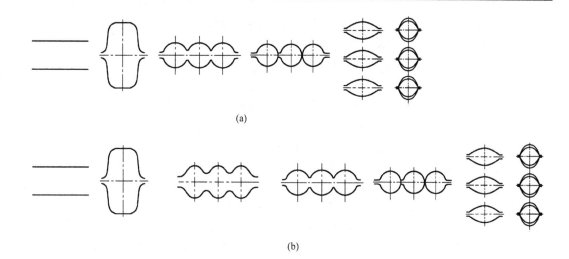

(a)

(b)

图 5-14 三线切分轧制方案的对比

(a) 第一种方案；(b) 第二种方案

的大压下量分作两次进行，减小了预切孔的压下量和延伸系数，减少了轧件不均匀变形的程度，合理分配轧机负荷，降低了预切分孔型切分楔的磨损程度，提高了轧件在轧制过程中的稳定性。

（2）增设预切分孔 1 后，K_4 道次预切分孔 2 的延伸系数减少，由于变形系数小，因此改变 K_4 的压下量对轧件的断面面积影响较小，降低了三线切分轧制时成品尺寸随 K_4 道次轧件尺寸变化而变化的敏感性，提高了轧制的稳定性以及调整的方便性和精确性。

（3）预切分孔 1 采用变形六角形孔型，其锥度较小，能保证矩形坯料进预切分孔 1 时能使轧件正确对中孔型，同时使轧件均匀地轧出几个凹陷的颈部，为下一道次的再次预切分做好准备。

（4）预切分孔 2 采用原预切分孔型。由于经过预切分孔 1 后的轧件凹陷部位在预切分孔 2 中容易对中，因此对轧辊的切分楔冲击较小；同时预切分孔 2 的切分楔可进一步对已压出凹陷形状的轧件完成压下定位，并精确分配轧件的断面面积。

此方案的缺点是：扁箱孔轧制出来的轧件宽度较难控制，其孔型参数的选择较困难；另外，多增加的预切分孔会增加轧辊车削加工的量和轧辊配备量，孔型的共用性降低。

以上两种孔型系统中，K_7 孔的设计同样也有两个方案可供选择，一个是圆孔，一个是方孔。圆孔的优点是经该孔轧出的轧件能顺利进入精轧机组 K_6，且 K_6 孔前只需安装滑动导卫即可，缺点是经 K_6 轧出的轧件充满不理想。如果要保证 K_6 孔轧件充满，可增加 K_6 孔压下量，但将增加轧机负荷。方孔的优点是进经该孔轧出的轧件经 K_6 孔轧制，轧件在 K_6 孔充满情况较好，缺点是因 K_7 孔轧出的轧件为方轧件，在进入 K_6 孔轧制时，易发生对角咬入。需在 K_6 孔前安装滚动导卫和别的扶持装置，以保证轧件平稳咬入。

表 5-5 是三线切分轧制 ϕ12 mm 钢筋时两种孔型系统的延伸系数的比较。

表 5-5 三线切分轧制 ϕ12 mm 钢筋时两种孔型系统的比较

孔　型	K_6	K_5	K_4	K_3	K_2	K_1
第一种系统	平辊	立箱孔	预切分孔	切分孔	椭圆孔	成品孔
延伸系数	1.244	1.127	1.303	1.231	1.145	1.220
第二种系统	立箱孔	预切分孔 1	预切分孔 2	切分孔	椭圆孔	成品孔
延伸系数	1.127	1.180	1.103	1.231	1.145	1.220

总之,两种孔型系统各有特点,可根据各自的设备和工艺情况进行分析和选择。

5.3.3.2　三线切分轧制的工艺特点

与二线切分轧制相比,三线切分轧制时有如下特点:

(1) 在预切和切分孔型中,轧件左中右三部分变形不对称,主要因为中线和边线的变形条件不一样。边线轧件受单向侧推力,而中线轧件受双向侧推力;中线轧制温度高于边线;边线受到强迫宽展,且宽展空间较大,所以两边宽展大,延伸小,而轧件中部受切分楔的影响属限制宽展,而且无宽展空间。因此,在轧件三部分压下量相同的情况下,轧件中部应有较大延伸,两边由于宽展大,自然延伸小于轧件中部。由于轧件为一个整体,中部的较大延伸必然形成两边的附加延伸,因此造成两边面积被拉缩。因此若在预切分和切分孔型中轧件三部分面积相等时,轧件切分后,两边的面积将小于中间轧件的面积,因而造成轧制过程不稳定。为了保证轧制过程的稳定,要求切分后三根轧件面积必须相等或相差极小。为此,预切分孔和切分孔中的边部轧件面积都应稍大于中部面积。由于三线切分轧制的中部和边部变形性质不同,所以其难度远大于二线切分。

(2) 三线切分导卫是用两对切分轮对三线并联轧件施加拉力,使三线并联轧件两侧的部分分别横向运动,而中间一线不承受压力,沿直线运动,由此完成三线切分的过程。要确保两个连接带都能顺利地实现撕开,其连接带厚度宽度的控制和出口导卫等的安装与控制难度也更大。实践证明,对三线切分时轧件张开角的估计不足是导致切分后轧件频繁与切分刀相碰,并造成铁皮粘刀或出口导卫堆钢的常见因素。在三线切分生产中,为了稳定生产,减少事故,采用合理的孔型系统,特别是恰当的切分孔孔型,同时配合使用相应的切分导卫装置,使三根轧件间产生适当的张开角 ψ 如图 5-15 所示,同时适当地调整切分刀的间距,使轧件顺利通过切分导卫是至关重要的。在一般情况下,影响轧件张开角的主要因素是切分孔型的切分角、孔型外侧壁倾角(简称外侧壁角)和切分轮切入角。

典型的三线切分孔型及切分角 α_w、孔型外侧壁倾角 β 如图 5-16 所示。

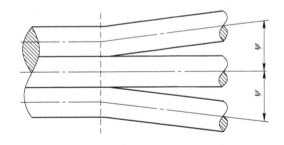　　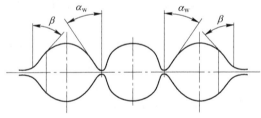

图 5-15　三线切分时棒材的张开角　　　　图 5-16　孔型切分角和外侧壁角

5.3.3.3　金属在三线切分孔中的受力状态

在连轧过程中,轧件会受来自轧辊的轧制力、轧辊对轧件的摩擦力和前后张力,由于切分孔一般布置在精轧区,精轧机架间均设有活套装置,因此机架间的张力可以忽略,而仅考虑在轧制压力 P 和摩擦力 T 存在的前提下,分析切分孔型内各角度对切分后轧件张开角的影响。

A　三线切分时侧向切分力 F_1 的确定

如图 5-17 所示,在凸形切分孔的作用下,金属在孔型内将受到轧制力的水平分力 P_{1x}、P_{2x} 和横向摩擦阻力的水平分力 T_{1x}、T_{2x} 的共同作用,其合力使左右两侧轧件被撕开。另外,边部金属还不可避免地会受到孔型外侧壁的约束,因此,P_{2x} 和 T_{2x} 的作用也不能忽略。

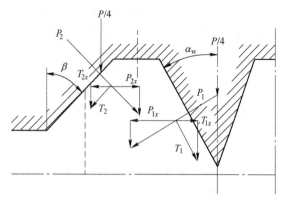

图 5-17 切分时轧件的横向受力状态

三线切分时的侧向切分力:

$$F_1 = P_{1x} - T_{1x} + T_{2x} - P_{2x} \tag{5-23}$$
$$= P_1\cos\alpha_w - P_1 f\sin\alpha_w + P_2 f\sin\beta - P_2\cos\beta$$
$$= P_1(\cos\alpha_w - f\sin\alpha_w) + P_2(f\sin\beta - \cos\beta)$$

因 $\quad P_1 = \dfrac{P}{4}\sin\alpha_w, P_2 = \dfrac{P}{4}\sin\beta$, 则

$$F_1 = \frac{P}{4}\sin\alpha_w(\cos\alpha_w - f\cos\beta) + \frac{P}{4}\sin\beta(f\sin\beta - \cos\beta)$$

$$= \frac{P}{4}f(\sin^2\beta - \sin^2\alpha_w) + \frac{P}{4}(\sin\alpha_w\cos\alpha_w - \sin\beta\cos\beta) \tag{5-24}$$

B 三线切分时轧辊对轧件纵向作用力 F_2 的确定

正常轧制时的轧件受力图如图 5-18 所示,轧制力的作用点在 $\alpha'/2$ 处,轧辊沿纵向对轧件作用的力可由下式确定:

$$F_2 = T_x - P_x = Pf\cos\left(\frac{\alpha'}{2}\right) - P\sin\left(\frac{\alpha'}{2}\right) \tag{5-25}$$

5.3.3.4 轧件张开角的确定

在侧向切分力 F_1 和纵向的摩擦力 F_2 的共同作用下,边部金属所受的合力方向将与轧制方向产生偏移。在切分轮的作用下,轧件左右两侧的金属沿一定的角度与中间金属相互分离,实现切分,如图 5-15 所示。

三线切分时棒材的张开角与 F_1、F_2 的关系是:

$$\tan\psi = \frac{F_1}{F_2} \tag{5-26}$$

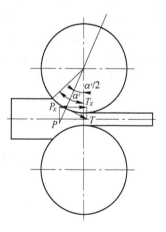

图 5-18 正常轧制时轧件的
纵向受力状态

则张开角为:

$$\psi = \arctan\left(\frac{F_1}{F_2}\right) = \arctan\left[\frac{f(\sin^2\beta - \sin^2\alpha_w) + (\sin\alpha_w\cos\alpha_w - \sin\beta\cos\beta)}{Pf\cos\left(\dfrac{\alpha'}{2}\right) - P\sin\left(\dfrac{\alpha'}{2}\right)}\right]$$

$$= \arctan\left[\frac{f(\sin^2\beta - \sin^2\alpha_w) + (\sin\alpha_w\cos\alpha_w - \sin\beta\cos\beta)}{4\left(f\cos\left(\dfrac{\alpha'}{2}\right) - \sin\left(\dfrac{\alpha'}{2}\right)\right)}\right] \tag{5-27}$$

由式(5-27)可看出张开角主要与切分孔型的切分角 α_w、孔型外侧壁倾角 β 和咬入角 α' 有关。在实际轧制中,棒材张开角角度应适当,一般为 $2° \sim 3°$,经切分轮后轧件张开角可达 $4° \sim 5°$。

三线切分时的孔型切分角 α_w 是轧件实现切开的前提,为了满足三线切分的正常轧制,应该首先确定合适的孔型切分角 α_w,其值应为 $30°$ 左右。除此之外,还应注意孔型外侧壁倾角 β 的取值,其值应在 $45° \sim 50°$ 之间。咬入角 α' 与平均压下系数等因素有关,可在 $7° \sim 8°$ 之间选取。同时采用比切分角 α_w 略大的切分轮切入角,一般切分轮的切入角应比切分角 α_w 略大 $10° \sim 20°$,以保证轧件的正常切分。

在条件许可的情况下,孔型外侧壁倾角 β 应大一些,同时尽量避免轧件过充满孔型,这样可减少侧壁阻力,有利于三线切分的顺利进行。

棒材的三线切分轧制技术问世后,替代了二线切分轧制技术应用于 $\phi10 \sim 14$ mm 小规格钢筋产品,并迅速地发展成为主流轧制技术,甚至在 $\phi16$ mm 的钢筋生产中也得到应用。

5.3.3.5　三线切分孔型设计

A　K_3 切分孔型设计

三线切分的 K_3 切分孔型的结构基本是由三个圆孔型和切分楔并连组成,如图 5-19 所示。该孔的合理设计很重要,其孔型设计的设计要点如下:

(1) 为预留平衡料型截面的空间,避免来料尺寸稍大时出现"耳子",边部两个圆孔型采用直线侧壁,外侧壁倾角 β 应在 $45° \sim 50°$ 之间。

(2) 考虑三线变形的不均匀性和不对称性,为保证三线切分的均匀性,边部部分的面积应比中间部分面积大。

(3) 连接带厚度与宽度应选择合理,过宽、过厚都会增加切分轮负担,同时会在后道次轧制中难以消除连接带带来的影响,在成品纵肋上形成折叠,影响产品质量。而连接带过薄又会使轧辊寿命急剧降低,因此综合考虑连接带厚度设计时,连接带厚度应选择在 $0.6 \sim 0.8$ mm 之间,宽度应在 $0.7 \sim 0.9$ mm 之间。

(4) 为保证后续切分后轧件正确的张开角度,其切分孔的切分楔外侧角度 α_w 应比内侧角 α_n 大。

三线切分切分孔型结构图如图 5-19 所示,孔型的结构参数及关系见表 5-6。

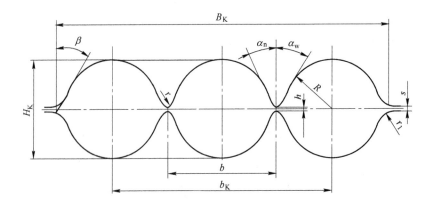

图 5-19　三线切分切分孔型结构图

表 5-6　三线切分切分孔型的结构参数及关系

参 数 名 称	关 系 式	说 明
各圆孔的面积	$F = 0.98 \times \dfrac{\pi}{4} d^2$	
孔型高度	$H_K = (1.23 \sim 1.27) d_1$	d_1—螺纹钢内圆直径
并连圆半径	$R = 0.5 H_K$	
中间圆孔槽口宽度	$b = H_K + 1.5 \sim 2$	
两边圆心距离	$b_K = b + H_K + (0.5 \sim 1)$	
孔型槽口宽度	$B_K = b_K + 2R/\cos\beta - s\tan\beta$	
切分楔内侧角	$\alpha_n = 25°$	
切分楔外侧角	$\alpha_w = 30° \sim 35°$	
孔型外侧壁倾角	$\beta = 45° \sim 50°$	
连接带厚度	$h = 0.6 \sim 0.8$	
辊　缝	$S = 0.6 \sim 1$	
切分楔顶部圆弧半径	$r > 0.5$	
外圆角半径	$r_1 = 2 \sim 3$	

B　预切分孔型设计

三线切分预切分孔型结构图如图 5-20 所示,孔型的结构参数及关系见表 5-7。

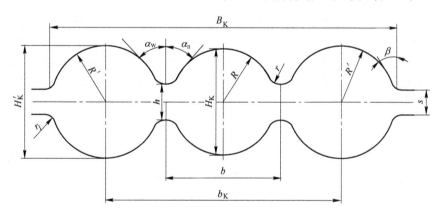

图 5-20　三线切分预切分孔型结构图

表 5-7　三线切分预切分孔型的结构参数及关系

参 数 名 称	关 系 式	说 明
中间圆孔型高度	$H_K = (1.01 \sim 1.03) d_3$	d_3—切分孔轧出圆轧件的直径
两边圆孔型的高度	$H_K' = (1.06 \sim 1.08) d_3$	
中间圆孔型槽底圆弧半径	$R = 0.5 H_K$	
两边圆孔型槽底半径	$R' = 0.5 H_K'$	
中间圆孔槽口宽度	$b = H_K + (1.5 \sim 2)$	
两边圆心距离	$b_K = b + H_K + (1 \sim 2)$	

续表 5-7

参　数　名　称	关　系　式	说　明
孔型槽口宽度	$B_K = b_K + 2R/\cos\beta - s\tan\beta$	
切分楔内侧角	$\alpha_n = 38° \sim 40°$	
切分楔外侧角	$\alpha_w = 40° \sim 42°$	
孔型外侧壁倾角	$\beta = 30°$	
连接带厚度	$h = (0.35 \sim 0.4)H_K$	
辊　　缝	$s = (0.20 \sim 0.25)H_K$	
切分楔顶部圆弧半径	$r > 3$	
外圆角半径	$r_1 = 2 \sim 3$	

5.3.4　四线切分轧制工艺

四线切分轧制技术是在两线和三线切分轧制技术的基础上开发出来的。德国巴登钢铁公司(BSW)于 1991 年在棒材连轧机上先后开发成功了 $\phi10$ mm 和 $\phi12$ mm 带肋钢筋切分轮法的四线切分轧制技术,我国近几年也有不少棒材厂开始研发结合自身设备特点的四线切分轧制技术。

5.3.4.1　四线切分工艺方案和孔型系统

A　四线切分孔型系统

四线切分轧制技术是二线和三线切分的复合组合。其切分工艺有两种不同的形式:一种是双流双线切分,另一种是一步四线切分。从图 5-21 中可看出,双流双线切分是由两次二线切分完成四线切分的方法,系统中有两个道次为切分箱内切分,这种切分方式最大的优点是:把复杂的难于掌握的四线切分轧制变成了容易掌握的二线切分轧制,所以这种四线切分的轧制方法又可称为两两切分轧制。

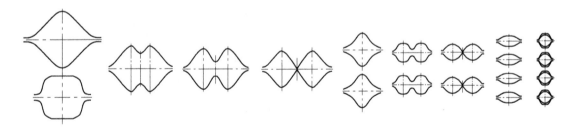

图 5-21　双流双线切分

一步四线切分轧制工艺如图 5-22 所示,该工艺是把加热后的坯料先轧制成扁坯,然后再利用孔型系统把扁坯加工成四个断面相同的并联轧件,并在精轧道次上沿纵向将并联轧件切分为四个尺寸面积相同的独立轧件的轧制技术。从图 5-22 可看出,系统中只有一个道次为切分箱切分。所以一步四线切分与双流双线切分相比有如下优点:减少了切分箱的个数;操作容易;节省轧槽备用量。目前,各厂所选用的都是一步四线切分方式。图 5-23 所示就是一步四线切分轧制 $\phi10$ mm 和 $\phi12$ mm 带肋钢筋所用的孔型系统示意图。与二线和三线切分孔型系统相比,四线切分孔型系统中多了一道预切分孔型,这样可以更合理地分配预切分孔型的压下量,使轧件的变形和不均匀变形程度降低,同时减轻轧机负荷,而且增加预切分道次可减轻切分楔的磨损,使预切分轧槽寿命提高。

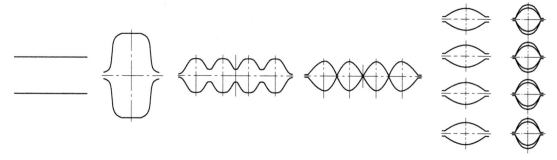

图 5-22　一步四线切分

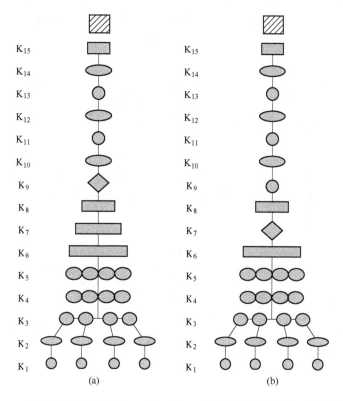

图 5-23　一步四线切分轧制 ϕ10 mm 和 ϕ12 mm 带肋钢筋所用的孔型系统示意图

(a) ϕ12 mm;(b) ϕ10 mm

B　四线切分顺序

在使用切分轮法一步四线切分轧制时,为满足轧件切分过程中要对称受力、对称分配面积的要求,轧件切分次序的选择极为重要,也即四线切分导卫在实现切分时分为两步。生产实践表明,最佳的四线切分次序为图 5-24 所示的形式,即首先是用一对双刃切分轮把四线并联轧件两侧的两条轧件分离开,即轧件被切分成三部分:两侧的两个独立轧件和中间的一个两线并联轧件;然后再用一对单刃切分轮将两线并联轧件切分开,这样轧件就被切分成四个独立的轧件。因此,我们可以把四线切分过程分解成两个步骤:第一次切分可以被看作是三线切分,第二次切分可以看作是二线切分,也即四线切分轧制技术是三线和两线切分轧制技术的组合。

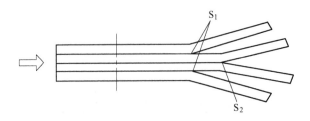

图 5-24　四线切分的切分顺序图

5.3.4.2　四线切分孔型

四线切分工艺的孔型设计除应考虑来料、成品尺寸和形状、道次安排、设备能力和操作习惯外,还应考虑切分孔型的形状和尺寸、切分楔角的大小等。另外,四线切分时对各机架导卫尤其是切分孔出口的切分箱内引导嘴,前、后切分轮,四槽卫板等各项参数的选定,将直接影响切分质量和切分轧制过程的顺利进行。

A　K_1、K_2 孔的设计

K_1、K_2 为成品孔和成品前孔,采用圆、椭圆孔型,为了保证切分后的轧件在椭圆孔中切分带处得到很好的加工,椭圆孔型的设计要更加合理。另外成品孔型、成品前孔型配辊时需充分考虑四线的间距、轧辊的利用率以及导卫结构设计、安装等因素。

B　K_3 切分孔设计

K_3 切分孔结构图如图 5-25 所示,它由四个并联圆孔构成,其作用是切分楔继续对预切分轧件的中部进行压下,使连接带的厚度符合用切分轮将并联轧件完全撕开的要求。该孔型变形和设计特点如下:

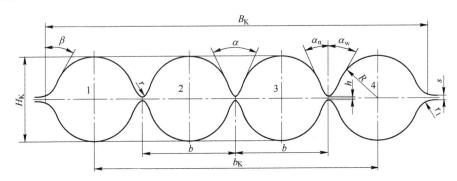

图 5-25　K_3 切分孔型结构图

(1)1、4 线孔型与 2、3 线孔型截面面积应合理分配。这是因为,在压下量相同的情况下,轧件中部受切分楔的影响属限制宽展,因而延伸较大,而两边相对宽展较大一些,自然两边延伸小于中部的延伸。但由于轧件为一个整体,中部的较大延伸会形成对边部的附加拉力,因此轧制时易造成边部面积被拉缩。根据中间两根轧件与边部轧件温度和受力的不同,设计时,应使边部 1、4 线孔型面积比中间 2、3 线孔型面积大约 5%。

(2)设计切分孔各部分的面积、楔尖高度、楔尖角度等应与预切分孔对应部分相匹配,否则极易造成切分孔楔尖“崩掉”,导致频繁换槽、换辊。

（3）连接带厚度与宽度应选择合理,过宽、过厚都会增加切分轮的负担,同时在后道次轧制中将难以消除连接带带来的影响,在成品纵肋上形成折叠,影响产品质量。尤其是作为首先切开的1、4线连接带,既要保证轧件被切开,还要保证切分轮能作用足够的张力,让1、4线轧件产生一定的张角,因为如果张角不够,极易撞1、4槽卫板隔板,形成事故。而连接带过薄又会使轧辊的寿命急剧降低。因此,连接带厚度应选择在0.5~0.9 mm之间,宽度为0.7~1 mm,中间楔角应在55°~65°。

（4）切分孔应保证95%以上的孔型充满度,禁止带"耳子"轧制。

C　预切分孔设计

预切分孔的结构图如图5-26所示,其作用是使切分楔完成对扁孔轧件的压下定位,并精确分配对称轧件的断面面积,以尽可能地减少切分孔型的负担。

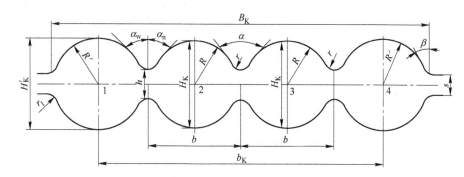

图5-26　四线预切分孔型结构图

预切分孔型中轧件的变形特点如下:

（1）轧件变形量大,切分带处的内应力大。

（2）轧件变形严重不均匀,切分带处压下系数远大于槽底压下系数。

（3）轧件的宽展变化是强迫宽展,后略微收缩,最后再强行宽展,直至充满孔型。

设计预切分孔时应考虑四线轧件的截面积,扁孔轧出的轧件经该孔型轧制后,2、3线孔型充满度达100%,如果1、4线孔型不充满,那么1、4线轧件将不稳定,并导致1、4线产生成品缺陷。因此在设计中应使通过该孔型轧制后的轧件每线截面积相等,同时保证靠两边的轧件不出耳子,为此靠边两线孔型面积应比中间孔型的面积大约5%。楔尖高度设计应考虑对轧件宽展的影响和对切分孔楔尖的磨损,中间楔尖角度比切分孔楔尖角度大10°~20°。该孔轧出的轧件面积通过切分孔轧制后,延伸系数控制在1.00~1.25之间为好,同时应保证切分孔轧槽底部充满和各接触点压下系数的分配。如果用一个预切分孔,轧件在预切分孔中的压下量大,轧机负荷高,楔尖磨损较快,因此可考虑选用两个预切分孔,以均衡各孔的变形和轧机负荷,减缓楔尖磨损的速度。

5.4　切分导卫装置的设计

在切分轧制中,轧件的切分是通过孔型和切分导卫的共同作用完成的。轧件能否顺利地进行切分,切分孔型出口的切分导卫起关键的作用。所以切分导卫与普通导卫在任务和作用以及结构上有所不同。切分导卫关键技术和结构特点有两点:一是切分轮楔形角度;二是切分轮、插件、分料盒三者的关系。

5.4.1　切分导卫结构分析

以四线切分导卫装置为例,图5-27所示为四线切分出口导卫的立体图。

图 5-27　四线切分出口导卫图

在采用切分轮切分轧制时,轧件在预切分孔型和切分孔型中已完成形状成型和各线轧件截面面积的分配,四线切分是通过安装在切分孔出口的切分盒中的两对切分轮来依次分开轧件的,前切分轮先将 1、4 线轧件分开,然后后切分轮将 2、3 线轧件分开。因此切分导卫是四线切分轧制中的关键导卫件,要完成切分和引导轧件的作用。四线切分出口导卫的结构如图 5-28 所示,其主要由插件和前、后切分轮以及四槽分料盒组成。插件的导嘴用于将从切分孔出来的四根并联轧件顺利引入前、后切分轮;前、后切分轮将四根并联轧件分开;四槽分料盒用于将切分后的四根轧件引出切分盒并进入导槽。

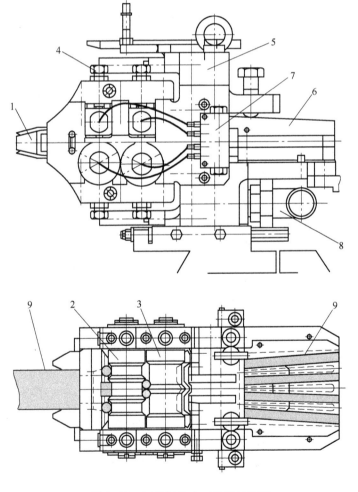

图 5-28　四线切分出口导卫结构图

1—插件;2—第一列切分轮;3—第二列切分轮;4—调节螺栓;5—导卫体;
6—分料盒;7—油汽润滑装置;8—冷却水管;9—轧件

5.4.2 切分轮的结构与设计

轧件在预切分孔型和切分孔型中已完成压下定位和面积分配,因此切分的效果主要与切分轮的结构参数,即切分轮角度和两切分轮的间隙的控制和调整有关。切分时,要使切分轮能顺利撕开切分连接带,并使产生的毛刺最少,以利于切分轧制的顺利进行和成品质量的控制。

5.4.2.1 二切分切分轮结构与调整

二切分时切分轮结构如图5-29所示。根据前面所分析的切分轮切分的原理和受力图(如图5-3所示),可知切分轮撕开轧件的条件为:

$$\sum N_x \geqslant s\sigma_b$$

从切分条件可以看出,要想保证足以撕开连接带的N_x,切分轮顶角θ一般应选择比切分孔型楔角大$10° \sim 20°$。两切分轮间隙的调整要求控制在$0.15 \sim 0.3$ mm之间,若间隙过大,则切分带产生的毛刺过大,甚至不能顺利切开轧件,造成表面质量不合要求或轧废;但若间隙过小,则水平分力过大,切开轧件两侧的曲率半径过大,轧件行走不稳定,易导致堆钢事故。

5.4.2.2 三切分切分轮结构与调整

在三切分时,有两对切分轮,由于中间轧件和两边轧件的受力不同,为保证两个连接带的切分效果和中间料形不被左右金属拉扯而扁平化,三切分切分轮靠中间孔型两侧面的切分楔应比两外侧面切分楔的坡度陡,即分切楔角度应满足$A > B$的条件,这样可以保证切分楔的两内侧面对轧件产生钉扎作用,如图5-30所示,如果有偶然原因造成中间料形左右受力不平衡,将引起料形异化和"撕裂"毛刺不对称,造成后续道次不能顺利咬入。所以,三切分切分轮的楔间距应与切分孔一致,尽量不增加切分轮外排推力和负荷。使用中要严格检查切分楔两外侧面的磨损情况,发现问题及时更换。

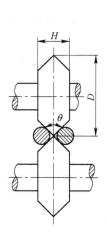

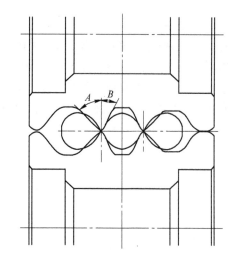

图5-29 二切分切分轮结构图　　　　图5-30 三切分切分轮结构图

5.4.2.3 四切分切分轮结构与调整

四切分切分导卫有前后两对切分轮。前切分轮与三切分轮的结构相似,外角设计较为关键,外角度大小选择将影响轧件的分开和分开后是否运行顺畅,同时对下一道次孔型和配辊也将产生影响。因此外楔角应比孔型楔角大$15° \sim 20°$。内楔角角度选择应保证中间轧件运行不受阻挡和不被划伤。后切分轮楔角大小设计在保证轧件分开的情况下,应尽量让轧件产生较小的张角,以避免撞击卫板隔板或在隔板上"粘钢",所以一般后切分轮楔角控制在比孔型楔角大15°～20°。

前、后切分轮楔尖之间的间距设计和调整也很关键,间距过大,切分轮张力将减小,影响轧件的分开和分开后轧件产生的张角大小,对轧件运行不利。间距过小,切分轮楔尖将对分开后的中间轧件连接带进行加工,对产品质量和后道次轧制不利。所以一般前、后切分轮楔尖距离调整的原则是:前面的双刃切分轮需要保持较小的间隙(0.1 mm 左右),以利两侧两线切开尽量向外侧张开,避免撞切分刀。图 5-31 所示是第一列切分轮与轧件接触状态示意图。实际操作判断间隙大小,可采用以转动上切分轮带动下切分轮轻微转动为标准。后面的单刃切分轮可以保持相对较大的间隙(0.5mm 左右),以保证切分开的两线不至于张开过大而撞切分刀。生产中应随时检查间隙和楔尖的磨损状况。

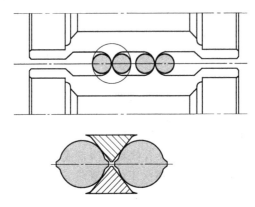

图 5-31   第一列切分轮与轧件接触状态示意图

5.4.2.4 分料盒

分料盒的作用是通过内部刀片将切分轮未切开的切分带分开以及对切分后的轧件起导向作用。图 5-32 所示为四线切分分料盒的结构示意图。设计时应保证分开后的轧件运行顺畅,隔板位置应根据轧件分开后产生的张角和下一道次孔型配辊间距来确定。避免轧件在分开时发生阻挡或进入下一道次轧制后发生轧件划伤。轧制中要注意对隔板的冷却。图 5-33 所示为四线切分切分道次的轧件实物料形图片。

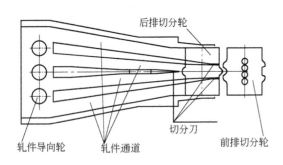

图 5-32   分料盒的结构示意图

图 5-33   四线切分切分道次的轧件料形图片

切分导卫设计安装调整还应注意以下几点:

(1) 插件的引导嘴头部应尽量贴近轧槽。

(2) 要保证切分轮与孔型的切分楔严格对中,如稍有偏差,将会导致切分不均匀,对成品质量危害较大。

（3）安装切分导卫时要保证插件、切分轮、分料盒及轧槽的对中。

5.4.3 切分轧制其他相关导卫及活套装置

5.4.3.1 K_1、K_2 孔导卫

经切分轮分开后的四根轧件要同时进入后面的两机架轧制，因此，在同一机架上要设计安装四个相同的进、出口导卫。应结合 K_1、K_2 轧槽间距来确定导卫轮廓尺寸，导卫设计时要注意操作方便、调整灵活，导卫使用寿命要长。K_1 进口采用滚动导卫，K_2 进口采用滑动导卫，出口采用扭转管。在 $K_1 \sim K_2$ 之间应设计多线切分专用导槽。

5.4.3.2 K_3、K_4 进口导卫

K_3、K_4 进口采用滚动导卫，设计应使导卫在线调整灵活、方便，以便在动态调整时及时控制轧件的各线截面积。调整时必须严格对中轧线和孔型，以保证轧件正确进入变形区，实现稳定轧制。从预切分孔开始各孔就要采用双轮 V 形导轮的进口滚动导卫，即每个导卫要四个导轮，其组成结构如图 5-34 所示。图 5-35 所示为四线切分孔进口导卫导轮与轧件的接触状态。

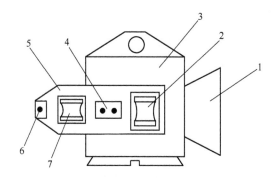

图 5-34 四线切分入口导卫结构示意图
1—导板；2—第一列导辊；3—导卫体；4,6—耐磨滑块；
5—支臂；7—第二列导辊

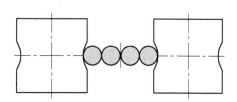

图 5-35 四线切分孔进口导卫导轮与
轧件的接触状态

轧制中，轧件进入导板后即受到第一列导辊 2 的夹持，耐磨滑块 4 限制轧件的抖动和扭转，之后轧件受到第二列导辊 7 和耐磨滑块 6 的进一步夹持直到进入轧机的切分孔型。同时在两架进口导卫前设计安装导辊间距可调的两对立辊加两对平辊的预入口装置。这种重复组合的摩擦方式最大限度地保证了轧件运行的稳定性和轧件导入孔型的精确度，满足了孔型精确切分的需要。

5.4.3.3 活套及张力控制

为保证产品质量和轧线料形尺寸的均匀性和稳定性，在 $K_2 \sim K_3$ 之间设计安装多线切分专用活套。四线切分轧制时，切分后易出现四根轧件的起套高度有差异，主要原因是：

（1）冷却水使四根轧件产生的温降不同。

（2）轧件进入切分轮位置先后的不同。

（3）边部轧件温度低于中间的两根轧件，使边部轧件的拉伸应力大于中间轧件。

若起套高度的差异对成品长度造成影响，应及时调整导卫和水量，同时调整各机架间的速度，处理好堆拉关系，减少尺寸波动。

思 考 题

5-1　棒材连轧切分轧制的原理是什么,目前切分轧制的类型有哪些?

5-2　切分轧制孔型系统和变形特点是什么?

5-3　二线切分孔型系统有哪两种形式,各自的特点有哪些,适用性怎样?

5-4　预切分孔型结构有哪两种形式,其结构特点如何?

5-5　预切分孔型的变形特点如何,孔型设计的要点是什么?

5-6　三线切分轧制孔型系统的两种形式和各自特点是什么?

5-7　三线切分轧制与二线切分轧制相比有哪些特点?

5-8　什么是三线切分的轧件的张开角,如何确定张开角?

5-9　三线切分轧制的切分孔型和预切分孔型的结构和设计特点有哪些?

5-10　四线切分轧制的孔型系统的特点有哪些,切分顺序如何确定?

5-11　如何进行四线切分轧制导卫的结构分析?

5-12　试述不同切分工艺下,切分轮的结构特点与设计。

6 复杂断面型钢孔型设计的相关问题

6.1 复杂断面型材的形状特点

复杂断面钢材的断面形状复杂,品种规格繁多。但大多数的复杂断面钢材属于折缘型钢(或称翼缘型钢),其特点是它们的断面可以划分为若干矩形(或近似于矩形的梯形),而这些矩形的中心线相互垂直或成一定角度,如工字钢、槽钢、钢轨、丁字钢、窗框钢和其他有凸缘的型钢等,如图6-1所示。

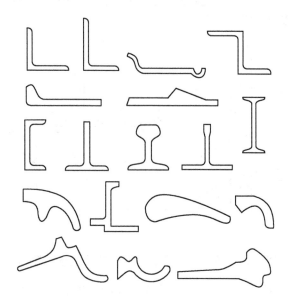

图6-1 各种复杂断面型钢的断面形状示意图

这类型钢断面从形状特点看,又可分为:有水平及垂直对称轴的,如工字钢;有一个对称轴的,即在断面各部分的组成上只有一个方向上的对称轴的,如槽钢、钢轨。一般情况下,对称轴两侧的变形和压力分布是比较均匀的。在轧制过程中,如果断面对称轴垂直于轧制轴线,则在断面的宽度方向上的变形和压力分布是对称的,一般情况下不会引起轧件的侧弯和扭转等轧制问题。如果断面对称轴平行于轧制线,则沿高度方向上的变形是对称的,轧件与上、下轧辊接触面积接近相等,形状基本相同,一般也不会在垂直面上产生弯曲。而对于没有对称轴的,即在断面各部分的组成上没有对称轴的,如不等边角钢、Z字钢及钢窗钢,和不属于折缘断面的另一类复杂断面型钢,其特征是断面没有对称轴或沿宽度方向厚度极不均匀,如汽轮机叶片、球扁钢、犁铧钢等,其轧制过程中由于没有对称性而引起轧件在孔型中的不稳定性继而在轧制过程中容易引起轧件的扭转、弯曲和轧辊的轴向窜动,引发缠辊或者因没有掌握变形规律而得不到合乎要求的产品的问题。所以这类复杂断面的生产难度更大。

复杂断面型钢这种在断面形状上的复杂性,决定了它们的变形是一个十分复杂的过程,如存在较大的不均匀变形、在变形过程中断面各部分相互牵制、断面温度分布不均匀、断面各部分间存在金属的相互转移、必须采用侧压来获得宽而薄的腿部等。认识和把握它们的变形过程、熟悉和掌握它们的变形规律是正确进行这类产品的孔型设计的基础。

6.2　复杂断面型钢的变形分析

6.2.1　复杂孔型中断面各部分纵向变形的不同时性

所谓变形不同时性,是指轧件由于厚度、形状不同,变形量不等,在被轧辊咬入的过程中,轧件的某些点先与轧辊接触,然后逐渐扩大到轧件周边与孔型接触,反映到沿轧件断面宽度上各点变形区长度不同而导致各部分先后变形的现象。它是不均匀变形的一种表现形式。

这种在孔型中变形的不同时性是复杂断面型钢变形的重要特点,对于金属的变形有着重要影响。我们以闭口式孔型中轧制工字钢为例来说明金属变形的不同时性。

图 6-2 所示为在闭口式孔型中轧制工字钢的变形区截面图。由图 6-2 可以看出,轧件在变形区的变形过程中可以分为四个阶段。

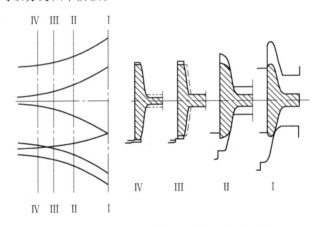

图 6-2　在闭口式孔型中轧制工字钢的变形区截面图

第一阶段:轧件刚开始咬入孔型,此时,开口腿部受到侧向压缩,腰部和闭口腿部尚未开始变形,如图 6-2 所示的 I 截面。

第二阶段:轧件继续深入变形区,开口腿受到侧向压缩,同时闭口腿部分受到高度方向的压缩,而此时腰部仍未开始变形,如图 6-2 所示的 II 截面。

第三阶段:随着轧件深入变形区,腿部开始变形,同时,腰部金属开始与轧辊接触而变形,如图 6-2 所示的 III 截面。

第四阶段:此时腿部变形很小或基本不变形,腰部被集中压缩,有较大变形,如图 6-2 所示的 IV 截面。

由此可见,轧件在变形过程中,变形首先发生于局部区域,然后逐渐扩展到整个断面。变形区长的部分变形超前于变形区短的部分,或者说变形区短的部分变形滞后于变形区长的部分,即在一般情况下,腿部的变形是超前的,腰部的变形则是滞后的。因此,即使在做复杂断面的孔型设计时,在断面各部分采用相等的变形系数,由于变形的不同时性,轧制时仍有不均匀变形存在。

这种变形的不同时性对轧件在孔型中的变形带来两个明显的后果:

(1) 产生轧件的轴线移动。由上面分析可知,轧件在变形区的开始阶段,仅腿部受到压缩,腰部没有开始变形。此时轧件在孔型中的上下位置取决于上、下腿部受力的平衡条件,也就是轧件在孔型中的位置应该是上下腿部受力相互平衡的地方。而作用于腿部的力与腿部的变形量有关,即增加腿部变形量,腿部受到的作用力增大,反之则减小。假若增加进入闭口腿轧槽的腿厚,如图6-3所示,则轧件中心线将向开口腿轧槽方向移动。这种轧件轴线移动的结果,将使闭口腿部高的拉缩量增加,开口腿高的增量加大,甚至可能产生过充满。

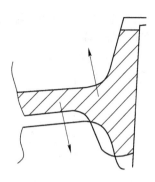

图6-3 工字形孔型中的轴线移动现象

(2)在轧件内部引起金属的迁移。这种金属迁移又可分为两种情况。在仅有腿部受到压缩变形的情况下,腿部力图变形而在长度方向上延伸并大于腰部。但由于轧件是个整体,在外端部的作用下,各部分轧出长度应该是一样的,这样在腿部延伸的影响下,腰部或多或少地被拉延伸;同时由于腰部金属的反抗,使腿部延伸也受到阻碍,缩减了腿部的延伸。结果轧件各部分共同延伸的长度将较腿部单独变形自由延伸的长度为短,而比不受压缩的腰部长。图6-4所示描绘了这种变形的情况。这时腿部被压缩的金属,部分增长了腿的高度,部分流去供给腰部的延伸(而腰部延伸的金属一部分也来自于其本身厚度的减小)。腿部流向腰部的金属量,决定腰部受拉而延伸的难易程度。很明显,腰部易于被拉延伸,腿部流向腰部的金属就少;反之,腰部延伸所需的金属主要将由腿部供给,也即腿部流向腰部的金属增多。当然,腰部受拉延伸的难易程度与一系列的因素有关,如腰、腿部面积比、温度差、压下量大小、摩擦情况等。

在变形区的后一阶段,腰部开始变形,并大于腿部。这时腰部力图因受到加工而有较大的延伸,同样由于腿部的阻碍,其延伸量将小于腰部单独变形自由延伸的长度,而大于腿部(此时变形较小)延伸的长度,如图6-5所示。这时将产生与压腿时相反方向的金属流动,即从腰部流向腿部,并将使腿高拉缩变短。

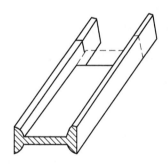 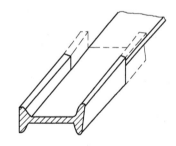

图6-4 工字钢轧制时仅压腿不压腰的延伸情况　　图6-5 腰部压缩大于腿部的情况

上述变形过程说明,在工字钢孔型中,金属内部迁移的现象是不可避免的,即使令腰部腿部变形相同也在所难免。金属迁移的结果,除对变形发生影响外,还将加速孔型的磨损、轧制压力的升高和能耗的增加等。

6.2.2 开口腿和闭口腿的变形特征

6.2.2.1 开、闭口腿受力分析

在复杂断面型钢轧制中,金属在开口腿和闭口腿中承受不同的力学条件是造成复杂型钢变形不同于简单断面型钢的重要原因之一,也是复杂断面型钢各部分变形不均匀的重要表现。现以工字钢孔型为例来分析开、闭口腿的受力差异。

在轧制过程中,工字钢的腰部承受直压而变薄,腿部却承受比较复杂的加工,所作用的力的条件也比较复杂。

下面分析进入闭口槽和开口槽时,作用在开口腿和闭口腿上的力。为了便于问题的研究,作如下的假设和简化:

(1) 开、闭口腿轧槽形状和尺寸相同;

(2) 在开、闭口腿槽中承受的侧向压力相同;

(3) 闭口腿轧槽中无高度压缩;

(4) 整个腿部无纵向应力的作用。

图 6-6 表示轧件在开、闭口腿中的受力情况。其中图 6-6(a)表示轧件对轧辊的作用力,图 6-6(b)表示轧辊对轧件的作用力。

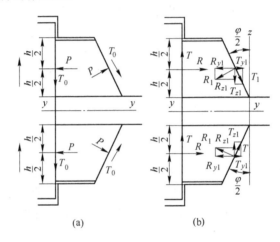

图 6-6　开闭口腿中的受力分析

(a) 轧件对轧辊的作用力;(b) 轧辊对轧件的作用力

分析闭口腿受力情况,由图 6-5(b)可知,在垂直方向上闭口腿受力为:

$$C_b = T + T_{z1} + R_{z1}$$

其中外侧壁阻力

$$T = fR$$

内侧壁阻力

$$T_{z1} + R_{z1} = T_1 \cos \frac{\varphi}{2} + R_1 \sin \frac{\varphi}{2} = R_1 f \cos \frac{\varphi}{2} + R_1 \sin \frac{\varphi}{2} = R_1 \left(f \cos \frac{\varphi}{2} + \sin \frac{\varphi}{2} \right)$$

式中　f——摩擦系数。

因而闭口槽对轧件的总阻力

$$C_b = Rf + R_1 \left(f \cos \frac{\varphi}{2} + \sin \frac{\varphi}{2} \right)$$

根据在水平方向上闭口腿受力的平衡条件,得出

$$R - R_{y1} + T_{y1} = 0$$

其中

$$R_{y1} = R_1 \cos \frac{\varphi}{2}$$

$$T_{y1} = T_1 \sin \frac{\varphi}{2} = R_1 f \sin \frac{\varphi}{2}$$

所以

$$R - R_1 \cos \frac{\varphi}{2} + R_1 f \sin \frac{\varphi}{2} = 0$$

解此式得：

$$R_1 = \frac{R}{\cos \dfrac{\varphi}{2} - f \sin \dfrac{\varphi}{2}}$$

将 R_1 代入 C_b 的表达式得：

$$C_b = Rf + \frac{R}{\cos \dfrac{\varphi}{2} - f \sin \dfrac{\varphi}{2}} \left(f \cos \frac{\varphi}{2} + \sin \frac{\varphi}{2} \right) = R \frac{1 + 2f \cot \dfrac{\varphi}{2} - f^2}{\cot \dfrac{\varphi}{2} - f} \tag{6-1}$$

由图 6-5(b)还可见，工字形轧件的腿进入开口槽所受的阻力：内侧壁对轧件的力($T_{z1} + R_{z1}$)和外侧壁拉轧件进入孔型的力(T)。

因此开口槽对轧件腿部的总阻力为

$$C_k = R_{z1} + T_{z1} - T$$

式中，$T = Rf$；$R_{z1} = R_1 \sin \dfrac{\varphi}{2}$；$T_{z1} = T \cos \dfrac{\varphi}{2}$。

所以

$$C_k = R_1 \sin \frac{\varphi}{2} + R_1 f \cos \frac{\varphi}{2} - Rf$$

同理根据在水平方向上闭口腿受力的平衡条件，得出：

$$R_1 = \frac{R}{\cos \dfrac{\varphi}{2} - f \sin \dfrac{\varphi}{2}}$$

将 R_1 值代入 C_k 的表达式，经整理后则得：

$$C_k = R \frac{1 + f^2}{\cot \dfrac{\varphi}{2} - f} \tag{6-2}$$

比较 C_b 和 C_k 值，可以明显地看出，闭口腿所受的阻力大于开口腿所受的阻力，亦即 $C_b > C_k$。二者之比值为

$$\frac{C_b}{C_k} = \frac{1 + 2f \cot \dfrac{\varphi}{2} - f^2}{1 + f^2} \tag{6-3}$$

分析上面二者之比值可知，开、闭口腿受力条件的差异顺着轧制道次变化，而并非恒定。这是因为：

（1）腿部内侧壁倾斜角 $\dfrac{\varphi}{2}$ 是顺轧制道次逐渐减小的。在荒轧孔内可达 35°～40°，而顺轧制方向减小，在成品孔和成品前孔约为 10°左右。

（2）由于轧件温度顺道次逐渐降低，在毛轧与精轧孔型中的轧辊表面状态不同。此外，各道次的摩擦系数也是在变化的。

为了明确顺轧制方向及开、闭口腿受力的变化规律，根据式(6-3)计算的比值绘出它们之间的曲线关系。

表 6-1 所示数据和图 6-7 所示曲线是取 φ 值由 20°开始每隔 10°变化到 90°，摩擦系数由 0.1 开始每隔 0.1 变化到 0.5 时，计算出 C_b/C_k 值的结果。

表 6-1　闭口槽和开口槽的阻力比

$\varphi/(°)$	$\dfrac{\varphi}{2}/(°)$	当摩擦系数为如下各值时的比值 C_b/C_k				
		$f_1 = 0.1$	$f_2 = 0.2$	$f_3 = 0.3$	$f_4 = 0.4$	$f_5 = 0.5$
20	10	2.10	3.08	3.92	4.60	5.12
30	15	1.77	2.44	3.04	3.30	3.58
40	20	1.52	1.97	2.38	2.62	2.80
50	25	1.40	1.75	2.02	2.20	2.32
60	30	1.32	1.59	1.75	1.92	1.98
70	35	1.27	1.47	1.62	1.70	1.75
80	40	1.22	1.38	1.49	1.54	1.55
90	45	1.17	1.31	1.38	1.40	1.40

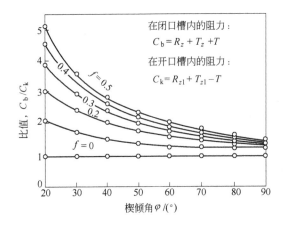

在闭口槽内的阻力：
$$C_b = R_z + T_z + T$$
在开口槽内的阻力：
$$C_k = R_{z1} + T_{z1} - T$$

图 6-7　在工字钢孔型中闭、开口槽阻力比变化曲线

由表 6-1 和图 6-7 可见,随着 φ 角的减小,闭口槽与开口槽的阻力比 C_b/C_k 显著增加。在轧制工字钢的成品孔和成品前孔上,当 $\dfrac{\varphi}{2}$ 约等于 10° 时,闭口槽中的阻力比开口槽的阻力大 3～4 倍。在这种条件下,为了避免轧件进入闭口槽时被过多地拉缩,必须减小闭口槽的侧压。为此,有时在成品孔或成品前孔不给侧压。其他复杂断面型钢的孔型设计也应遵守这一原则。

合理的孔型设计应使闭口槽和开口槽的阻力得到平衡。为此,除成品和成品前孔外的其他所有复杂断面孔型,轧件的腿部都应毫无阻力地进入闭口槽 1/2～2/3 的深度,进入开口槽 1/3～1/2 的深度,以便保证闭口槽的侧压小于开口槽的侧压。

当闭口和开口槽中的阻力相差较大时,轧件腿部的金属就会由闭口槽向开口槽流动,结果使闭口腿减短,使开口腿高度增长,这在轧制中是经常出现的。腿部金属在垂直方向的流动还与腰部的阻力有关。腰部把腿分成为闭口腿和开口腿。显然,腰部越厚,且无足够的宽展余地时,它就被孔型两外侧壁夹持越紧,金属由闭口槽向开口槽的流动便越困难。因此,在毛轧孔型中,当腰部很厚时,在垂直平面上便很少有这种腿部金属的流动。由图 6-7 曲线也可以看出,在毛轧孔型中的内侧壁斜度比较大,在闭口和开口槽中的阻力相差也不大,因此在这些孔型中金属由闭口槽向开口槽内流动的可能性较小。

在实践中有时也发现相反的现象——轧件的金属由开口槽向闭口槽流动,这是轧件的腿部在开口槽中侧压过大造成的。为了减少轧制中的电能消耗以及减小孔型的磨损,希望能完全消除腿部金属在孔型中的这种现象。

图 6-7 的曲线还说明,外摩擦对闭口和开口槽中的阻力比值有极大的影响。外摩擦系数越大,闭口槽的阻力较开口槽的阻力也大得越多;当外摩擦系数等于零时,开口和闭口槽中的阻力就相同了。因此,采用合适的轧辊材质、精车轧辊以及采用热轧润滑的方法来减小摩擦系数,对于改善金属在闭口槽中的阻力是有利的。在轧制工字钢和其他复杂断面钢材时,常遇到的困难是难以使轧件在闭口槽中充满,为了克服这种困难,应采取所有可能的措施来减小外摩擦系数。

6.2.2.2 腿的拉缩与增长

工字钢轧件进入工字形孔型中轧制时,在腿部高向无直压的条件下,轧后腿长比轧前腿长缩短的现象称为拉缩。如图6-8所示,虚线为轧前轧件尺寸,实线为轧后轧件尺寸,Δh_b为拉缩值。同样条件下,如果轧后腿长增长了,则称为增长。图6-8中的Δh_k即为增长值。

在前面讨论轧件在开口和闭口槽中的受力分析时,实际上已涉及到C_b/C_k值影响轧件腿高的拉缩和增长,而这只是造成轧件腿部拉缩和增长的一个因素。

下面讨论当$C_b/C_k = 1$时,其他因素造成的轧件腿部的拉缩和增长,其中包括轧槽各处的速度差、不均匀变形以及侧压的影响等。

6.2.3 复杂断面孔型的速度差的影响

复杂断面孔型各部分速度不同是复杂钢变形的另一个重要特点。由于孔型各部分具有不同轧辊直径,因而各部分的速度也不同,这必然会对轧件在孔型中的变形带来严重的影响。下面我们以闭口式工字孔为例来分析各部分的速度差异及其对变形的影响。

在复杂断面型钢孔型设计中为了简化设计计算,一般将断面根据各部分变形不同划分成几个简单部分。如工字钢孔型就可以划分成一个腰部和四个腿部,而腿部又分为开口腿部和闭口腿部。下面分析孔型各部分的速度,如图6-9所示。

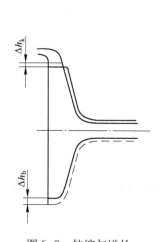

图6-8 拉缩与增长

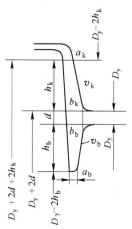

图6-9 工字钢孔型各点的辊径及速度

6.2.3.1 开口腿

孔型开口腿部分由上轧辊和下轧辊共同构成。开口腿根部和端部的速度和平均速度表示如下:

腿根部之上辊速度

$$V'_{tg} = \frac{\pi n}{60} D_y$$

腿根部之下辊速度

$$V''_{tg} = \frac{\pi n}{60} (D_y + 2d)$$

根部平均速度

$$V_{tg} = \frac{1}{2}(V'_{tg} + V''_{tg}) = \frac{\pi n}{60}(D_y + d) \tag{6-4}$$

开口腿端部之上辊速度

$$V'_{td} = \frac{\pi n}{60}(D_y - 2h_k)$$

开口腿端部之下辊速度

$$V''_{td} = \frac{\pi n}{60}(D_y + 2h_k + 2d)$$

端部的平均速度

$$V_{td} = \frac{1}{2}(V'_{td} + V''_{td}) = \frac{\pi n}{60}(D_y + d) \tag{6-5}$$

开口腿的平均速度

$$V_{kt} = \frac{1}{2}(V_{tg} + V_{td}) = \frac{\pi n}{60}(D_y + d) \tag{6-6}$$

6.2.3.2　闭口腿

闭口腿由一个轧辊切槽构成。根部和端部的速度和平均速度表示如下：

闭口腿根部速度

$$V_{bg} = \frac{\pi n}{60}D_y$$

闭口腿端部速度

$$V_{bd} = \frac{\pi n}{60}(D_y - 2h_b)$$

闭口腿平均速度

$$V_{bt} = \frac{1}{2}(V_{bg} + V_{bd}) = \frac{\pi n}{60}(D_y - h_b) \tag{6-7}$$

6.2.3.3　腰部

腰部速度

$$V_y = \frac{\pi n}{60}D_y \tag{6-8}$$

由上面分析的结果可以看出：开口腿轧槽的速度大于腰部的速度，而腰部的速度又大于闭口腿轧槽的速度，即

$$V_{kt} > V_y > V_{bt} \tag{6-9}$$

6.2.3.4　速度差对变形的影响

这种孔型各部分速度不均的现象对于金属的变形有着重要的影响。因为，虽然孔型各部分速度不同，但轧件是一个整体，不能各部分都有自己的速度，只能以某一平均速度轧出，如不考虑前滑，由于腰部面积较大，又处于轧辊直压作用下，所以我们可以假设轧件以腰部速度 $V_y = \frac{\pi n}{60}D_y$ 作为出辊速度。这样，在闭口腿轧槽中，由于 $V_{bt} < V_y$，在腰部作用的影响下，轧件出口的速度将比与之接触的槽壁快，亦即相当于轧件承受具有某一相对速度的引拔作用。这一作用将导致闭口腿金属产生纵向拉应力并引起腿部高度的缩减。在孔型的开口腿轧槽中，情况正好相反，即 $V_{kt} > V_y$，这样的结果导致金属强制向腿高方向流动，使腿部高度增长，并产生纵向压应力，另外由于形成开口腿轧槽的两个轧辊速度不均，使金属受到轧辊的搓压作用，也引起开口腿的厚度变薄，高度增长。

这种因孔型各部分速度不均引起的闭口腿高减小的现象，我们把它叫作拉缩，其拉缩量用 Δh_b 表示。开口腿高的增长叫作增长，其增长量用 Δh_k 表示。这种开、闭口腿的变形特点的不同是我们必须搞清楚的。轧件是一个整体，假定以腰部为基准作为轧件出孔型的速度 V_y，孔型开

口槽的面积为 F_k,则金属在开口槽中的秒流量为 $V_y F_k$,但其自然秒流量则为 $V_{kt} F'_k$,由于自然秒流量与实际秒流量相等,则

$$V_y F_k = V_{kt} F'_k$$

而

$$V_{kt} > V_y$$

所以

$$F'_k < F_k$$

令

$$F'_k = F_k - \Delta F_k$$

则得

$$V_y F_k = V_{kt}(F_k - \Delta F_k) \tag{6-10}$$

或

$$\frac{V_y}{V_{kt}} = \frac{F_k - \Delta F_k}{F_k} \tag{6-11}$$

式中,ΔF_k 是由于腰部的自然速度小于开口腿的自然速度而引起的开口腿面积实际增加的部分。如果把腿部面积看成梯形面积,则上式写成

$$\frac{V_y}{V_{kt}} = \frac{\frac{1}{2}(a_k + b_k)(h_k - \Delta h_k)}{\frac{1}{2}(a_k + b_k)h_k} = 1 - \frac{\Delta h_k}{h_k} \tag{6-12}$$

解式(6-12)即可得到轧件在开口腿中由于速度差而引起的增长量 Δh_k 为:

$$\Delta h_k = h_k \left(1 - \frac{V_y}{V_{kt}}\right) = h_k \frac{d}{D_y + d} \tag{6-13}$$

同样,对于闭口腿,金属在闭口槽的秒流量为 $V_y F_b$,而金属在闭口槽中的自然秒流量为 $V_{bt} F'_b$,由于 $V_y F_b = V_{bt} F'_b$,而 $V_y > V_{bt}$,所以 $F_b < F'_b$,如果令

$$F'_b = F_b + \Delta F_b$$

则有

$$V_y F_b = V_{bt}(F_b + \Delta F_b) \tag{6-14}$$

式中,ΔF_b 是由于闭口槽的速度小于腰部的速度而引起的闭口腿面积的减少。式(6-14)也可写成

$$\frac{V_y}{V_{bt}} = \frac{F_b + \Delta F_b}{F_b} = \frac{\frac{1}{2}(a_b + b_b)(h_b + \Delta h_b)}{\frac{1}{2}(a_b + b_b)h_b} = 1 + \frac{\Delta h_b}{h_b} \tag{6-15}$$

解式(6-15)即可得到轧件在闭口腿中由于速度差而引起的拉缩量 Δh_b 为:

$$\Delta h_b = h_b \left(\frac{V_y}{V_{bt}} - 1\right) = \frac{h_b^2}{D_y - h_b} \tag{6-16}$$

另外,轧件与轧辊表面的速度差还会引起孔型的不均匀磨损,图6-10所示是角钢、槽钢及工字钢等表面的摩擦力分布情况,摩擦力大的部分轧辊的磨损也更为剧烈。

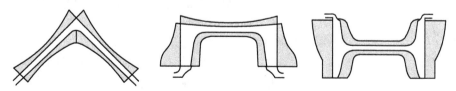

图6-10 在各复杂孔型中轧制时摩擦力的分布情况

6.2.4 不均匀变形的影响

用矩形或方形坯轧制复杂断面轧件时,不均匀变形是难以避免的,不均匀变形的存在又引起金属的复杂流动。下面我们在不考虑其他因素的条件下,讨论工字形孔型中不均匀变形对腿部

拉缩与增长的影响。

　　在一般的二辊孔型中轧制工字钢时,可以认为轧件是按腰部的延伸而延伸的,也就是不论边部的自然延伸有多大,轧件也将按腰部的延伸而延伸。若边部的延伸小于或大于腰部的延伸,则必然引起附加延伸。若设计的腿部延伸为μ_t,腰部延伸为μ_y,附加延伸为μ_Δ。

若
$$\mu_y = \mu_t \mu_\Delta$$

则
$$\mu_\Delta = \mu_y/\mu_t \tag{6-17}$$

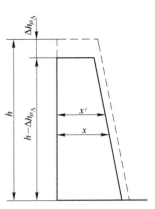

　　由式(6-17)可以看出,附加延伸为腰部延伸与腿部延伸的比值。当腰部延伸大于腿部延伸时,轧件的腿部附加延伸是由轧件高度的减小和腿厚的减薄来实现的,即$\mu_\Delta = \dfrac{1}{\eta}\lambda$,其中,$1/\eta$是腿部高向附加拉缩,$1/\eta = h/(h - \Delta h_{\mu_\Delta})$,如图6-11所示。$\lambda$是腿部宽向附加拉缩,$\lambda = x'/x$。

　　若假定$1/\eta = \lambda$,则有
$$\mu_\Delta = (1/\eta)^2 = \lambda^2$$

所以
$$1/\eta = \lambda = \sqrt{\mu_\Delta} \tag{6-18}$$

　　将式(6-17)代入式(6-18),则
$$1/\eta = \sqrt{\mu_y/\mu_t} = h/(h - \Delta h_{\mu_\Delta}) \tag{6-19}$$

图6-11　不均匀变形引起的尺寸变化

式中,Δh_{μ_Δ}是由于不均匀变形而引起的腿长的变化,解式(6-19)可得
$$\Delta h_{\mu_\Delta} = h(1 - 1/\sqrt{\mu_y/\mu_t}) \tag{6-20}$$

　　由式(6-20)可知,当$\mu_y/\mu_t = 1$时,$\Delta h_{\mu_\Delta} = 0$;当$\mu_y/\mu_t > 1$时,$\Delta h_{\mu_\Delta} > 0$,即腿拉缩;当$\mu_y/\mu_t < 1$时,$\Delta h_{\mu_\Delta} < 0$,即腿增长。

6.2.5　腿部侧压的作用

　　在复杂断面型钢中,一般的腰部和腿部是相互垂直的。当腰部放平时,腿部即直放,而腿部的减薄主要靠的是侧压。图6-12所示即为轧件腿部在孔型中受侧压的情况。由图可知侧压量
$$ac = ab \cdot \cot\alpha \tag{6-21}$$

孔型的侧壁斜度越大,侧压量也越大。

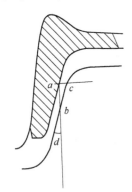

　　由图6-12和式(6-21)可知,形成侧压必须具有以下条件:

　　(1)侧压仅产生于由两个轧辊组成的开口槽部分。因为当轧件通过孔型时,开口腿部的上下两个轧辊的槽壁逐渐接近给轧件以侧向压缩。而孔型的闭口部分由一个轧辊构成,槽壁不能相对移动,因而不能构成侧压的条件,只有高度方向上的压缩。

　　(2)开口轧槽的两个侧壁必须有斜度,并且随着斜度的增加而侧压加大,但孔型开口腿部的斜度不能过大。受孔型闭口腿槽壁内表面斜度的限制,如果斜度过大会产生内斜现象,使孔型的车削加工和轧件的出槽难度加大。

图6-12　孔型中侧压图示

　　侧压的结果使腿部厚度变薄、高度增加。因而开口腿增长主要是由于侧压引起的,所谓增量实际就是侧压引起的宽展量。

　　下面我们就根据开口腿的受力和变形特点来讨论一下开口腿的增长量与轧槽内侧壁倾角的关系。

轧件边部进入孔型开口槽中的受力和变形情况如图 6-13 所示。由图 6-13 可见,孔型的外侧壁上有使轧件边部在开口槽中增长的力 T,而内侧壁——楔壁有使轧件边部在开口槽中缩短的作用力 $(R_{z1} + T_{z1})$。因此,由于有侧压量 $(t_1 - t_2)$,金属的一部分将流向边端,它使轧件边部产生宽展,边部增长,这一切取决于轧件边部在开口槽中所受的力,也就是取决于助长宽展或增长的力 T 与压缩边部内的内侧壁阻力 $(R_{z1} + T_{z1})$ 之比,其比值为

$$\frac{T}{R_{z1} + T_{z1}} = \frac{Rf}{R_{z1} + T_{z1}} \quad (6-22)$$

式中,$R_{z1} = R_1 \sin \dfrac{\varphi}{2}$;$T_{z1} = T_1 \cos \dfrac{\varphi}{2} = R_1 f \cos \dfrac{\varphi}{2}$。

根据图 6-13,在垂直方向的作用力平衡条件为:

$$R - R_{y1} + T_{y1} = 0$$

或者 $R - R_1 \cos \dfrac{\varphi}{2} + R_1 f \sin \dfrac{\varphi}{2} = 0 \quad (6-23)$

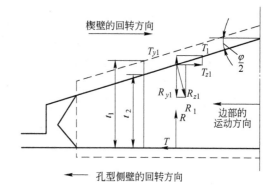

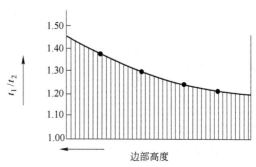

图 6-13 在开口槽中由于侧压形成的展宽

解式(6-23)得

$$R_1 = \frac{R}{\cos \dfrac{\varphi}{2} - f \sin \dfrac{\varphi}{2}}$$

又

$$R_{z1} = R_1 \sin \frac{\varphi}{2} = \frac{R \sin \dfrac{\varphi}{2}}{\cos \dfrac{\varphi}{2} - f \sin \dfrac{\varphi}{2}}$$

$$T_{z1} = R_1 f \cos \frac{\varphi}{2} = \frac{R f \cos \dfrac{\varphi}{2}}{\cos \dfrac{\varphi}{2} - f \sin \dfrac{\varphi}{2}}$$

将上两式代入式(6-22)得

$$\frac{T}{R_{z1} + T_{z1}} = \frac{Rf}{R_{z1} + T_{z1}} = \frac{Rf}{\dfrac{R \sin \dfrac{\varphi}{2}}{\cos \dfrac{\varphi}{2} - f \sin \dfrac{\varphi}{2}} + \dfrac{R f \cos \dfrac{\varphi}{2}}{\cos \dfrac{\varphi}{2} - f \sin \dfrac{\varphi}{2}}} = \frac{f \left(\cot \dfrac{\varphi}{2} - f \right)}{1 + f \cot \dfrac{\varphi}{2}} \quad (6-24)$$

如果是在光辊上轧制矩形轧件,轧槽的斜度 $\dfrac{\varphi}{2} = 0$,则其宽展量约为 $\Delta b = 0.35(t_1 - t_2)$。这时上下辊面对轧件的阻力比为 $1:1$。

由于轧件边部在开口槽中的宽展或增长与阻力比 $\dfrac{T}{R_{z1} + T_{z1}}$ 成正比,因此可以写成:

$$\frac{1}{\dfrac{1}{0.35(t_1 - t_2)}} = \frac{\dfrac{T}{R_{z1} + T_{z1}}}{\Delta h_\beta} \tag{6-25}$$

式中，Δh_β 为由于轧件边部在开口槽中受 $t_1 - t_2$ 的侧压而形成的宽展或增长。

式(6-25)的物理意义是当阻力比为 1:1 时，轧件的宽展为 $0.35(t_1 - t_2)$，而阻力比为 $T:(R_{z1} + T_{z1})$ 时，轧件边部在开口槽中的宽展或增长为 Δh_β。由式(6-24)与式(6-25)得

$$\frac{1}{\dfrac{1}{0.35(t_1 - t_2)}} = \frac{\dfrac{f\left(\cot\dfrac{\varphi}{2} - f\right)}{1 + f\cot\dfrac{\varphi}{2}}}{\Delta h_\beta}$$

由上式得出

$$\Delta h_\beta = \frac{0.35(t_1 - t_2)f\left(\cot\dfrac{\varphi}{2} - f\right)}{1 + f\cot\dfrac{\varphi}{2}} \tag{6-26}$$

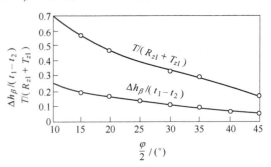

图 6-14　在开口槽中的两个比值随
内侧壁倾角的变化
$(f = 0.5)$

按式(6-26)的关系，每隔 10° 进行一次计算，计算的结果列于表 6-2 中，将计算结果绘制成的曲线如图 6-14 所示。

由图 6-14 可见，孔型开口槽内侧壁的倾角 $\dfrac{\varphi}{2}$ 越小，其轧件边部展宽系数越大；反之，内侧壁的倾角 $\dfrac{\varphi}{2}$ 越大，其宽展系数越小。也即是 $\dfrac{\varphi}{2}$ 越小，由侧压引起的增长量占侧压量的百分数越大；而 $\dfrac{\varphi}{2}$ 越大，由侧压引起的增长量占侧压量的百分数越小。

表 6-2　轧件边部宽展或增长与孔型开口轧槽内侧壁倾角的关系

$\varphi/(°)$	$\dfrac{\varphi}{2}/(°)$	$\dfrac{T}{R_{z1} + T_{z1}} = \dfrac{f\left(\cot\dfrac{\varphi}{2} - f\right)}{1 + f\cot\dfrac{\varphi}{2}}$ $(f = 0.5)$	$\dfrac{\Delta h_\beta}{t_1 - t_2} = \dfrac{0.35f\left(\cot\dfrac{\varphi}{2} - f\right)}{1 + f\cot\dfrac{\varphi}{2}}$ $(f = 0.5)$
20	10	0.68	0.24
30	15	0.56	0.20
40	20	0.47	0.17
50	25	0.40	0.14
60	30	0.33	0.12
70	35	0.27	0.10
80	40	0.23	0.08
90	45	0.17	0.06

6.2.6　不对称变形

在一个工字形孔型中，由于闭口槽和开口槽中的作用力条件不同，结果使轧件在孔型中的变形不对称，这主要表现为轧件的开口边和闭口边的边高不等。尤其在切深孔中轧制矩形断面钢坯时，这种不对称变形特别明显。

例如，在开口和闭口槽尺寸都相等的切深孔中轧制矩形坯所得的轧件腿长，其开口腿比闭口腿长 1.5~2 倍。随着条件的不同，在同一孔型中轧出的轧件的不对称程度也不同。轧件在孔型

中限制宽展的程度越大,则开口和闭口腿长度不对称程度也越大,在无宽展的孔型中轧制时,轧件腿高不对称的程度最大。相反,当轧制比较窄的轧件时,轧件不与外侧壁接触,则不发生不对称的现象,而是轧件的开口腿和闭口腿高度相等。在其他条件相同时,矩形坯的高度也影响轧件在切深孔中变形的不对称,矩形坯越高,在工字形切深孔中的不对称变形程度越严重。轧件在工字形切深孔和毛轧孔中变形不对称的主要原因是由于孔型外侧壁的作用,即孔型外侧壁与轧件之间摩擦力的作用。在设计工字形切深孔型和毛轧孔型时,必须要考虑这种不对称的现象。

矩形坯在切深孔型中是被切深楔子切出轧件的腿部的,如图 6-15 所示,轧后轧件的腿长 h_{k1} > h_{b1}。在计算切深孔型时,开口腿 h_{k1} 和闭口腿 h_{b1} 之比可大致取值为 $\dfrac{h_{k1}}{h_{b1}} \approx 1.5$。在切深孔后的毛轧孔型中轧制时,如图 6-15(b)所示,由于断面的总高度减小,腿高的增加为:

$$\Delta h_{b2} = h_{b2} - h_{k1}$$
$$\Delta h_{k2} = h_{k2} - h_{b1}$$

这是由于腰部压下量为 $d_1 - d_2$ 所致。如果没有断面的高向拉缩,则由于腰部压下,其腿部高度总增加量应为 $\Delta h_{b2} + \Delta h_{k2} = d_1 - d_2$。如果考虑断面高向有拉缩,则腿部的总增加量为 $\Delta h_{b2} + \Delta h_{k2} = (d_1 - d_2) - (H_1 - H_2)$。为了确定开口腿和闭口腿高度的增加量,可利用 $\dfrac{\Delta h_{k2}}{\Delta h_{b2}} = 1.5$ 这一比值进行换算。因而可得出:

$$\Delta h_{k2} = 0.6 \left[(d_1 - d_2) - (H_1 - H_2) \right] \tag{6-27}$$
$$\Delta h_{b2} = 0.4 \left[(d_1 - d_2) - (H_1 - H_2) \right] \tag{6-28}$$

当腰部压下量大于断面高向拉缩时,则在开口腿和闭口腿里都有增长。当腰部压下量正好等于断面高向拉缩时,则在闭口槽中轧件的腿高不但不再增加,反而有所减小;同时在开口槽中还可能产生一定的增长,其值约为 1 ~ 2 mm,这主要是由于侧压形成的。

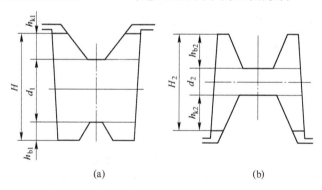

图 6-15 轧件在工字孔型中的边长变化

6.2.7 不对称断面轧件的稳定性问题

在轧制不对称复杂断面轧件时,由于不均匀变形,轧件在变形过程中将发生弯曲,破坏了轧件在孔型内的稳定性。图 6-16 所示是在孔型内轧制不对称断面 T 型球扁钢的变形情况,引起轧件水平弯曲的原因可能有两个,即 A、B 两部分的压下系数不均匀以及 A、B 两部分变形区长度不相等而产生变形的导前与滞后现象。

若欲使变形均匀,一方面应使 A、B 两部分的压下系数相等,即

$$\frac{h_{A2}}{h_{A1}} = \frac{h_{B2}}{h_{B1}} \quad \text{或} \quad \frac{h_{A2}}{h_{A2} + \Delta h_A} = \frac{h_{B2}}{h_{B2} + \Delta h_B}$$

式中　Δh_A——A 部分的压下量;

　　　Δh_B——B 部分的压下量。

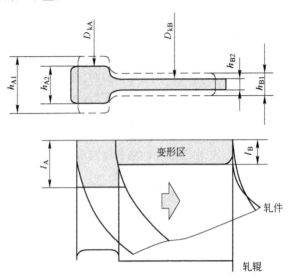

图 6-16　不对称断面的不均匀变形

因而

$$\frac{h_{A2}}{h_{B2}} = \frac{\Delta h_A}{\Delta h_B} \tag{6-29}$$

由于 $h_{A2} > h_{B2}$,所以均匀变形的条件是:

$$\Delta h_A > \Delta h_B$$

另一方面,为了减少水平弯曲,必须使 A、B 两部分的变形区长度 l_A 与 l_B 相等,以消除变形的导前与滞后现象,这样就必须使:

$$\sqrt{\frac{D_{kA}}{2}\Delta h_A} = \sqrt{\frac{D_{kB}}{2}\Delta h_B}$$

即

$$\frac{\Delta h_A}{\Delta h_B} = \frac{D_{kB}}{D_{kA}} \tag{6-30}$$

由于 $D_{kA} < D_{kB}$,所以仅当 $\Delta h_B < \Delta h_A$ 时,才能使 A、B 两部分同时变形。如果上述两个条件同时得到满足,则整个变形过程轧件是稳定的。因此轧件稳定的条件是:

$$\frac{h_{A2}}{h_{B2}} = \frac{D_{kB}}{D_{kA}}$$

而

$$D_{kA} = D - h_{A2}; D_{kB} = D - h_{B2}$$

因此,必须使

$$\frac{h_{A2}}{h_{B2}} = \frac{D - h_{B2}}{D - h_{A2}}$$

即

$$D = h_{A2} + h_{B2} \tag{6-31}$$

由于受轧辊强度及咬入条件的限制,不论轧件厚度如何,在一般型钢轧制情况下,式 $D = h_{A2} + h_{B2}$ 的条件是不可能实现的。当 A、B 两部分的压下系数相同时,A 部分的变形区长度将大于 B 部分的变形区长度,轧件的入口部分将向 B 部分弯曲,轧件在变形区处于不稳定状态,将向厚度较小的部分转移,如图 6-16 箭头所示方向,使 A 部分充不满,B 部分出耳子。通常采用适当 B 部分的压下量来防止 A 部分的转移,但由于不能完全满足公式 $D = h_{A2} + h_{B2}$ 的条件,因此,实际上不可能完全消除轧件的不稳定状态。

在进行不对称断面的孔型设计时,为了提高轧件在精轧孔型中的稳定性,在前面一个或少数几个道次中,应该利用金属温度高、塑性好、变形抗力低的有利条件,采用较大的不均匀变形。因为这时轧件产生的附加应力较小,所产生的水平弯曲容易通过导卫的帮助获得矫正。在精轧孔中,为了提高轧件的稳定性,应该适当加大较薄一侧的压下系数,而不宜采用完全均匀的压下系数。

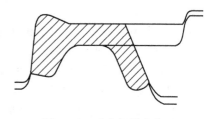

图 6-17 球扁钢槽式孔型

此外,在不对称断面型钢的孔型设计中,常常通过改变孔型形状以改善孔型对称性的方法来提高轧件的稳定性。例如轧制球扁钢时采用槽式轧制法来提高孔型的稳定性,如图 6-17 所示,然后在精轧孔型中再逐渐把腰部轧直。

6.3 复杂断面型钢孔型设计的基本原则

由前面分析可知,复杂断面型钢由于断面几何形状的复杂性,造成了轧制过程轧件在孔型中复杂的不均匀变形条件。开口腿部、闭口腿部与腰部变形条件不同,因而金属流动规律(即尺寸变化)就不一样。比如,开口腿承受侧向压缩,腿高产生增量;闭口腿承受镦粗作用,腿高产生缩量,而腰部承受直压而变薄等。同时,复杂的不均匀变形还导致金属内应力的存在,造成金属内部迁移、轧制压力增高、孔型磨损加快等后果。因此,为了合理地控制和利用金属的变形条件,获得合乎要求的产品,在进行复杂断面型钢孔型设计时要掌握下列的基本原则。

6.3.1 断面的正确划分

在进行复杂断面型钢的孔型设计时,一般都按照变形条件的不同,将形状复杂的断面分解为几个简单的部分,进行单独的设计与计算。这样不仅简化了设计计算的过程,更重要的是有利于分析金属流动,控制各部分的变形,合理分配断面延伸系数等,对于正确地进行复杂断面型钢孔型设计有着十分重要的意义。断面划分的原则是把具有相同的压下系数或延伸系数的部分划分为孔型的一个组成部分。例如图 6-18(a)所示即为工字钢断面的分解。设计时可将腰部简单地视为扁钢设计,而腿部则考虑它们的变形特点分为开口腿、闭口腿设计,并考虑腿与腰之间的相互关系。图 6-18(b)所示为钢轨的断面分解。设计时即按照腰部、开口腿、闭口腿和开口头部、闭口头部五部分进行设计计算。其他复杂断面的型钢也可按上述原则考虑。

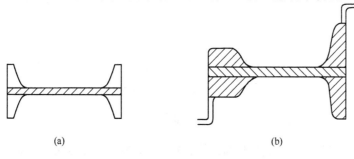

(a)   (b)

图 6-18 复杂断面的断面划分
(a)工字钢;(b)轨形孔

6.3.2　不均匀变形量的合理分配

复杂断面型钢轧制时,不均匀变形在所难免。不均匀变形引起断面各部分的金属相互转移,使轧辊磨损及能耗增大,在轧件内部产生残余应力,影响轧材的质量。为得到形状正确、内应力不大的产品,并降低生产的能耗和辊耗,应合理地分配不均匀变形量。在变形量的分配上,大致可按两个变形阶段来考虑:

第一阶段,在前面几个孔型中充分利用轧件温度高、塑性条件好及变形抗力低的有利条件,可采用较大的断面延伸系数和较大的不均匀变形,使之以最少的道次获得接近成品形状的雏形。

第二阶段,在以后的孔型中力求实现接近均匀变形的轧制条件,使各部分变形缓和均匀。此时主要是加工各部分的形状和尺寸,得到合乎要求的产品,所以应适当采用较小的断面延伸系数和比较均匀的变形。断面各部分的变形系数不宜差别过大以防止产生过大的金属转移。

另外,我们有时在孔型设计中,特意使区域变形系数间保持有一定的差别,以造成适量的有控制的不均匀变形,因势利导地使变形朝着我们所期望的方向发展。在实际生产中就常常可从以下几个方面利用不均匀变形来帮助复杂断面的形成:

(1) 利用不均匀变形产生强迫宽展实现小坯轧大材,同时还可以提高轧辊的利用率,在一定的辊身长度上多配置孔型数目,以减少换辊次数,提高作业率。

(2) 利用不均匀变形来改善孔型充满程度。比如利用假帽的方法来加大槽钢角部的压下系数,如图6-19所示,使角部有充裕的金属和提高角部的温度,以获得具有清晰尖角的成品。

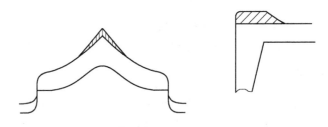

图6-19　用不均匀变形使角部充满

(3) 加大断面某部分的变形系数,使产生强迫宽展而得到宽的翼缘。如钢轨、T字钢等,如图6-20所示,可用加大腿部或头部压下系数的方法来得到较宽的腿部。

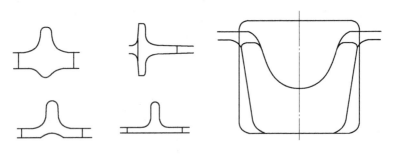

图6-20　强展折缘法

(4) 利用不均匀变形来加强轧件某部分的压缩比以改善该部分金属的质量。

但是,总的来说,不均匀变形的危害是不可忽视的,尤其是接近成品孔的道次,应尽量减小不均匀变形。

6.3.3 腿部增量和缩量的正确把握

在前面分析复杂断面型钢的变形条件时已经指出了,开口腿与闭口腿由于变形条件不同,前者产生增量,后者产生拉缩。针对这点在孔型设计时一般作以下考虑:

(1)利用开口腿槽给侧压,以压薄腿厚。闭口腿槽由于容易造成楔卡现象,所以不给予侧压而给以垂直加工,用以控制腿长并加工腿的端部。

(2)相邻两道次的孔型开口腿与闭口腿应前后上下互相交替,即这部分为上面的开口,则下一道应为下面的闭口部分。这样便于开、闭口腿的上下部分都能得到压薄腿厚和控制腿长的加工。

(3)开口腿虽然有增量,但数值很小。因此复杂断面的腿长主要靠进入切分孔的坯料具有足够的高度来保证,而不靠后面的复杂孔来增长腿的高度。一般坯料高度按下述关系考虑:

直轧孔型系统

$$H_坯 \geqslant (2.0 \sim 2.2) H_成 \tag{6-32}$$

直腿斜轧系统

$$H_坯 \geqslant (1.8 \sim 2.0) H_成 \tag{6-33}$$

角式斜轧系统

$$F_坯 \approx (1.46 \sim 1.48) B_成 \cdot H_成 \tag{6-34}$$

(4)闭口腿的拉缩量适当取大一些,以利控制腿高,并改善腿端质量。在拉缩量中除考虑正常的拉缩量大小外,还包含垂直压下量,这样才能有利于腿端的加工,提高腿部质量。

(5)正确处理好断面各部分之间延伸系数的关系。按道理说,复杂断面型钢各部分之间的延伸应均匀一致,否则将引起各部分相互拉扯,导致断面形状不正确,严重时甚至会拉裂。但是用方、矩形坯料生产复杂断面产品时,各部分要做到均匀变形是不可能的。因此,为了成型的需要,应有意识地人为调整延伸系数。如在工字钢设计中,由于号数的不同,它们腰部占整个断面面积的比率也不同,大号工字钢所占的比例大。腰部延伸将拉引腿部。因此大号工字钢最好选择

$$\mu_腰 < \frac{\mu_{开腿} + \mu_{闭腿}}{2} (差值 0.02 \sim 0.05)$$

小号工字钢,除成品孔和成前孔外,选择

$$\mu_腰 > \frac{\mu_{开腿} + \mu_{闭腿}}{2}$$

总的原则是

$$\mu_{开腿} > \mu_腰 > \mu_{闭腿} \tag{6-35}$$

而钢轨孔型设计时,由于腰部面积不占重要位置,因而拉腿能力大大减小,甚至不会发生腰拉腿现象。因此腰部延伸系数在各道中一直大于断面其他部分。

6.4 轧制复杂断面型钢的孔型系统

一般复杂断面都是由方坯或矩形坯经过一定的孔型系统轧制而成。虽然同一种断面的轧件可以采用不同的孔型系统来轧制,但一旦确定了某种孔型系统,则该种孔型系统就决定了整个变形过程。所以选择较为合理的孔型系统是孔型设计极其重要的一个环节。孔型系统选择得是否合理,对产品的精度、质量、操作、调整、作业率和生产过程的机械化、自动化以及能量消耗、工具磨损等各项技术经济指标有很大影响。

6.4.1 孔型系统的分类和组成

按照孔型的用途,可以把孔型分为延伸孔和变形孔两种。延伸孔的作用是减缩轧件的断面,

一般多为矩形断面;变形孔的作用主要是使断面逐渐接近于成品,同时也有压缩断面的功能。变形孔一般都是复杂的。

按照变形的特点,又可以把变形孔分为切分孔、控制孔、异形孔、成品前孔和成品孔。

复杂断面的孔型设计中,孔型系统的确定也就是如何根据轧机形式、设备能力、坯料断面尺寸、成品断面形状、尺寸、公差要求等因素选择一定数量的延伸孔、切分孔、控制孔、异形孔、成品前孔和成品孔,并确定其合理的形状、结构、开口位置、配置形式及按照变形特点将其排列组合起来。

下面我们就各类复杂孔的作用、形状、结构、开口位置和在轧辊上的配置形式等进行比较分析。

6.4.1.1　切分孔

切分孔最主要的作用是正确地把轧件的腿与腰切分出来。切分孔的形式有开口式和闭口式两种,如图6-21所示。

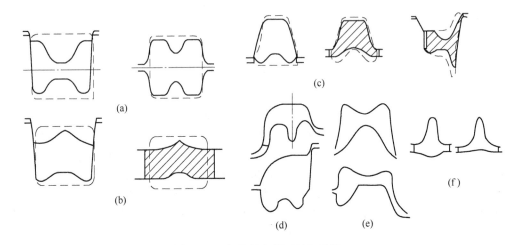

图 6-21　各种复杂断面的切分孔

(a) 工、槽钢的切分孔;(b) 角钢的切分孔;(c) 钢轨的切分孔;
(d) 挡圈的切分孔;(e) 球扁钢切分孔;(f) T 字钢切分孔

开口式切分孔的优点是:

(1) 轧辊的切槽较浅,因而可大大提高轧辊的强度,一般当用较小的轧机轧制较大规格的复杂断面型钢时,往往采用开口式切分孔。

(2) 由于孔型具有较大的侧壁斜度,故不易出耳子,但咬入条件较差,当坯料较大时,不易咬入,所以往往采用两个开口式切分孔来解决大坯料的咬入问题。

(3) 上、下辊直径相同,且孔型形状简单,样板刀具、车削方便,又便于配辊。

开口式切分孔的缺点是:由于孔型的侧壁斜度较大,故轧件的稳定性相对较差,不易正确地把腿部切分出来,而必须借助于正确而牢固地安装导卫板来帮助轧件对准孔型,因而调整比较频繁。

闭口式切分孔的优点是:

(1) 轧件在孔型内具有良好的稳定性,能够比较正确地切分轧件的形状。

(2) 孔型的调整、轧件的对位方便,生产过程稳定可靠。

(3) 可以在切分孔中采用较强的限制宽展,使腿部获得较大的增长。

闭口式切分孔的缺点主要就是轧槽的切分深度较大,轧辊的强度下降。

分析以上开口和闭口切分孔的各自特点,考虑切分孔最主要的作用是正确地切分轧件,而如果一旦切分孔切分不准确,在以后的复杂孔中就很难把它再纠正过来,所以只要轧辊强度许可,一般都尽可能地采用闭口式切分孔。

6.4.1.2 控制孔

控制孔的作用是控制腿部长度或轧件高度,以方便孔型设计与调整操作。控制孔的形式也有开式和闭式两种,如图6-22所示。开口式控制孔应用较为普遍。某些折缘型钢孔型的闭口腿具有控制孔作用,可不设置专门的控制孔。有的切分孔也具有控制孔作用,如图6-22(b)所示的球扁钢切分孔,对球部的高度也具有控制作用。

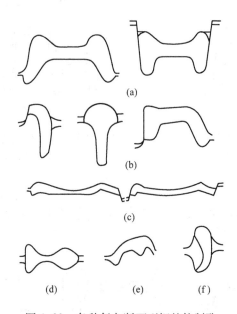

图6-22 各种复杂断面型钢的控制孔

(a)槽钢;(b)球扁钢;(c)轮辋钢;(d)钢轨;(e)挡圈;(f)汽轮机静叶片

6.4.1.3 成型孔(变形孔)

成型孔型是对轧件腰部及腿部进行精加工的孔型。对折缘型钢而言,成型孔型的形式有直轧式和斜配式两种,如图6-23所示。

直轧式孔型的优点是轧辊轴向窜动小,腿厚比较均匀;每个孔型只需一个辊环,如图6-23(b)所示,调整比较方便。其缺点是孔型侧壁斜度小,重车量大;轧件脱槽困难,较易发生缠辊事故;轧槽深度较深;轧件腰腿的中心不垂直。

斜配式孔型的优点是侧壁斜度较大,轧辊重车量较小;轧件脱槽较容易;轧槽较浅;轧件腰腿中心线相互垂直。其缺点是容易产生轧辊轴向窜动,需设置止推辊环,如图6-24(a)所示,故辊身利用较差,调整比较困难,对三辊轧机而言,每台轧机需要四只大直径轧辊组成一套。

成型孔的形状大多数与成品的断面形状相似,但有时为了减小切槽深度,或为了提高断面的对称性以改善轧件在孔型内的稳定性,或为了改善角部的充满,或为了增大侧压量,或为了采用窄坯轧制宽轧件等而采用蝶式、大斜度、弯腰、波浪形及带假帽和假腿等形式的成型孔型,如图6-25所示。

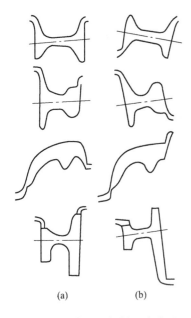

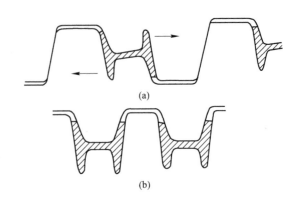

图 6-23 直轧式与斜配式孔型
（a）直轧式；（b）斜配式

图 6-24 直轧式与斜配式孔型的配辊的辊环结构
（a）斜配式；（b）直轧式

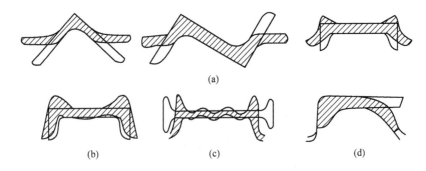

图 6-25 一些变异的成型孔的形状
（a）蝶式；（b）弯腰大斜度；（c）波浪形；（d）槽形

6.4.2　孔型系统的合理选择

选用一定数量的切分孔、控制孔、成型孔以及成品前孔和成品孔,确定它们合理的形状、结构、开口位置,并按照变形特点将它们顺序排列便组成完整的孔型系统。孔型的数目取决于轧机的形式、设备能力、坯料与成品尺寸等因素。孔型数目太多,将使轧制道次增多、生产率下降、各项消耗指标上升、轧辊车削及导卫制作量大。但孔型数目太少时,将使轧件变形剧烈、孔型磨损快、轧制过程不稳定、产品尺寸与表面质量容易波动。因此必须合理选择孔型系统。

6.5　复杂断面型钢的孔型在轧辊上的配置

复杂断面型钢要根据其断面特点在轧辊上正确地配置孔型,一般对于水平轴线对称的折缘型钢,如工字钢,应采用腿部开、闭口位置相邻道次交替配置,以保证腿高和对腿端进行加工,如图 6-26 所示。而对于非水平对称的型钢,如槽钢,应在孔型系统中的适当位置设置控制孔以控制腿高和方便调整,如图 6-27 所示。

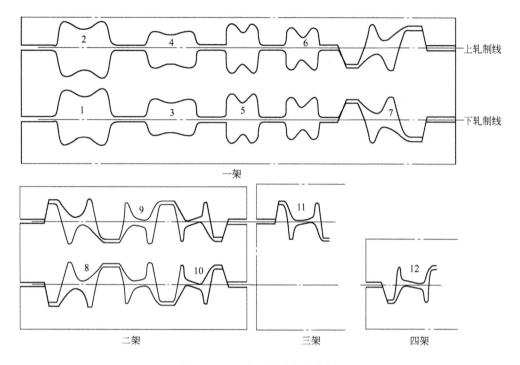

图 6-26 工字钢的配辊示意图

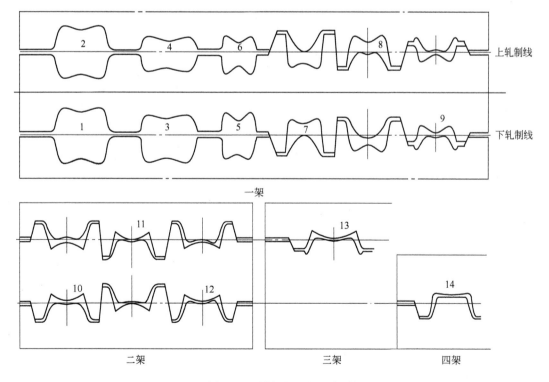

图 6-27 槽钢的配辊示意图

思　考　题

6-1　复杂断面型钢的形状和变形特点有哪些?

6-2　试述复杂孔型各部分速度差对变形的影响。

6-3　复杂断面型钢孔型设计的基本原则是什么?

6-4　试述轧制复杂断面型钢的孔型系统的分类和组成。

7 复杂断面型钢孔型设计

7.1 槽钢孔型设计

7.1.1 槽钢的断面特点和轧制的变形分析

7.1.1.1 槽钢的断面特点

槽钢是一种广泛用于建筑、桥梁、车辆制造和其他工业结构的结构型钢材。槽钢的断面形状如图 7-1 所示。槽钢的规格(型号)以其腰部宽度的厘米数来表示,比如 12 号槽钢,其规格的表示方法为 $120 \times 53 \times 5$,表示腰宽 $B = 120$ mm,腿高 $H = 53$ mm,腰厚 $d = 5$ mm 的槽钢。在同一型号中又可按不同的腰部厚度和腿部高度分为若干品种。目前槽钢的规格已经标准化了。

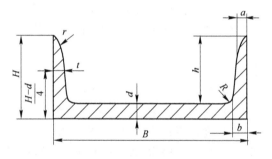

图 7-1 槽钢断面图

按照断面的组成结构尺寸不同,目前国内生产的槽钢有三种类型,一种是普通槽钢,另一种是轻型槽钢,还有一种为集装箱专用槽钢。轻型槽钢的主要特点是壁厚比普通槽钢小,而且型号越大壁厚减薄量也越大。这使其断面系数更大、重量更轻、节约金属,故轻型槽钢又称为经济断面型钢。集装箱专用槽钢的特点是腰部厚度比普通槽钢厚,腿比普通槽钢短,而且其腿端有 45°倒角的要求。

槽钢的断面特点是腰宽、腿长、腿内侧斜度较小(约 10%),而且断面上金属的分配随其号数的增加而变化。随着号数的增加,腰部与总面积的比值和腰部面积与腿部面积的比值都增大。

7.1.1.2 槽钢轧制的变形分析

号数增加腰部面积与腿部面积之比增大的断面特点使轧制不同型号的槽钢时,要考虑其腰部和腿部金属流动关系的差别。由于大号槽钢腰部面积占总面积的比例较大,故容易产生腰拉腿的现象,使腿长容易波动,形成公差出格,影响断面尺寸精度。这点在轧制大号槽钢时,体现得较明显。所以必须在孔型设计中考虑这方面的因素,合理地分配腰、腿的延伸系数。

槽钢在轧制过程中的变形特点与工字钢有相同之处,但也有其断面特征所决定的独特特点。目前轧制槽钢主要采用的槽形孔型均为下开口孔型,因此其腿部与工字钢开口腿一样,使轧件腿厚经受侧压后不断减薄而腿高有所提高。为了对其腿高进行控制和加工腿端,必须在适当的道次采用 2~3 个控制孔型。轧件在控制孔中和工字钢的闭口腿一样,在腿高方向上有所压缩。

槽钢与工字钢断面最大的不同就是槽钢腰部的两侧带有尖锐的肩角,如图 7-2 所示。正是

为了得到这个肩角,因而在槽钢所有形状过渡的成形孔型中都在肩角部位设置假腿,如图7-2所示,假

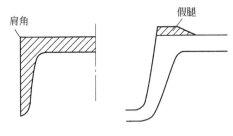

图7-2　槽钢的肩角和假腿

腿按轧制顺序被逐渐压下。假腿的作用就是在肩部储存一部分金属,一方面使轧件肩角部保持较高的温度和塑性,以利于肩角的充满;另一方面可使其金属流向真腿,保证真腿的增高。这是因为槽钢孔型系统中,腿部不能开、闭口交替,而是让假腿始终处于死槽,逐道被拉缩。此外,槽钢在整个轧制成形过程中,两腿有一个逐渐撑开和收拢的变形,往往是腰腿相接处弯折较大,这对肩角的充满和腿根圆角处的质量均有影响。

7.1.2　槽钢的孔型系统

轧制槽钢孔型系统有直轧、弯腰、大斜度和蝶式四种孔型系统,各孔型系统都由开口槽形孔、控制孔和切深孔三种孔型组成,如图7-3所示。

7.1.2.1　直轧孔型系统

直轧孔型系统如图7-3(a)所示,由于其腿部斜度小、切槽深、重车量大,另外轧制时轧件不易脱槽,易造成冲撞卫板和缠辊事故等原因,现已很少使用,一般只在生产小规格槽钢或在没有矫直设备的情况下使用。

7.1.2.2　弯腰式孔型系统

弯腰式孔型系统如图7-3(b)所示。此孔型系统的特点是把槽钢腰部弯曲,这样既实现了加大腿部的倾斜又保证了腰部在进入孔型时的稳定性。系统中除切分孔以外其他孔型的腰与腿保持互成90°,这样使孔型的侧壁斜度得以适当的增加(成品孔5%~10%,其他各孔为10%~20%),较之于直轧孔型系统而言,轧辊的磨损得以减小,重车量减小,轧辊的强度增大,一定程度上可以加大道次的变形量。从图7-3所示系统图可看出,为了保证成品的腿长,所以切分孔较高,侧壁斜度≤20%,进入切分孔的扁轧件需翻转90°立进,而进入切分孔的扁轧件立进的轧件高度须不小于槽钢成品腿长的1.8倍,即

$$\frac{HB}{h_0 b_0} = 2.0 \sim 2.5 \tag{7-1}$$

式中　H——进入切分孔立进轧件的高度;

　　　　B——进入切分孔立进轧件的宽度;

　　　　h_0——成品腿长;

　　　　b_0——成品腰高。

此外,立进的扁轧件稳定性不好,容易造成轧件不正,导致切分不均,咬入不畅,若切分孔调整不当,则轧件易扭转、压下量分布不均或导卫接触不良,因而弯腰式孔型系统对导卫制作安装、轧机调整和轧钢工的操作水平要求较高。

因为弯腰孔型系统的切分孔和槽式孔型侧壁斜度还是太小,故还是存在孔型磨损大、重车量大、轧辊寿命短的问题,为了更好地解决此问题,产生了槽钢的两种新的孔型系统,即大斜度孔型系统和蝶式孔型系统。

7.1.2.3　大斜度孔型系统

大斜度孔型系统如图7-3(c)所示。此孔型系统保持了弯腰的结构,同时采用了较大的腿部侧壁斜度(成品孔斜度可达12%,其他各孔可达30%以上)。由于腿的斜度加大,切分孔的高度

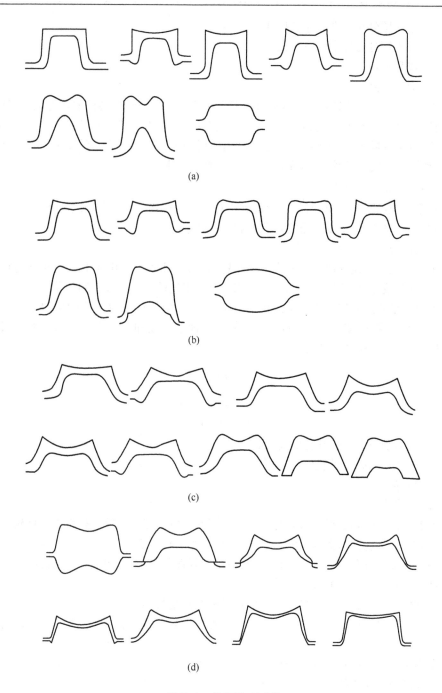

图 7-3 槽钢孔型系统

(a) 直轧孔型系统;(b) 弯腰孔型系统;(c) 弯腰大斜度孔型系统;(d) 蝶式孔型系统

降低,也就适当地减小了进入切分孔的轧件的高度,其与成品尺寸的关系为:

$$\frac{HB}{h_0 b_0} \geqslant 1.58 \tag{7-2}$$

$$H \geqslant 1.4 h_0 \tag{7-3}$$

$$B \geqslant 1.3 b_0 \tag{7-4}$$

式中　　H——进入切分孔立进轧件的高度；

　　　　B——进入切分孔立进轧件的宽度；

　　　　h_0——成品腿长；

　　　　b_0——成品腰高。

由于大斜度孔型系统采用了较大的腿部斜度，因而孔型磨损后轧辊的重车量减少，轧辊的使用寿命延长，同时由于轧槽上各点的直径差和速度差减小，使由于速度差导致的拉缩腿部的现象也有所改善，顶撞卫板和缠辊的事故也大大减少。而这些都使大斜度孔型系统更能满足稳定高产，轧机调整操作方便，质量控制可靠，轧辊消耗较低等要求。

7.1.2.4　蝶式孔型系统

蝶式孔型系统如图7-3(d)所示。槽钢蝶式孔型系统由粗轧平箱形孔、立箱孔、扁平弧形切分孔、弯腿蝶式孔、弯腰大斜度直腿槽式孔型和成品孔型组成。

蝶式孔型系统的优点如下：

(1) 采用扁坯平轧弧形切分孔取代扁坯立轧切分孔，可使切分孔及中精轧孔型的腰部压下量减少，轧制负荷减轻，而弧形切分孔的上部侧压有利于轧件的咬入和轧制的稳定。

(2) 大斜度平轧弧形切分孔与蝶式孔型的配合使用，使槽钢腰腿切分成形的变形条件明显改善，用较小的切分孔前坯料断面与高度即可轧出薄而长的腰和腿。中小号槽钢平轧弧形切分孔前扁坯断面尺寸与成品尺寸的关系为：

$$\frac{HB}{h_0 b_0} \approx 1.70 \sim 2.15 \tag{7-5}$$

$$H \approx (1.4 \sim 1.88) h_0 \tag{7-6}$$

$$B \approx (1.13 \sim 1.22) b_0 \tag{7-7}$$

式中　　H——进入切分孔立进轧件的高度；

　　　　B——进入切分孔立进轧件的宽度；

　　　　h_0——成品腿长；

　　　　b_0——成品腰高。

(3) 槽形轧件的腿部变形由槽式孔型上下两辊间的侧向搓辗向蝶式孔型上下两辊间垂直压下变化，可加大粗、中轧孔型腿部压缩与延伸，减少孔型中腰腿延伸差，减少不均匀变形。

(4) 平轧弧形切分孔和蝶式孔型切槽浅，对轧辊强度的削弱小，轧件与轧槽各点速度差小，轧制能耗低，轧槽磨损轻，寿命长。

(5) 孔型侧壁斜度大，易于脱槽，孔型磨损后重车修复量小。

(6) 粗、中、精轧合理的孔型结构使系统的延伸能力较大，平均延伸系数可达1.288，从而减少了轧制道次。

蝶式孔型系统以上优越的变形条件和应用实践表明，槽钢蝶式孔型系统比弯腰大斜度孔型系统更适合轧制长腿深槽的轻型薄壁槽钢。

但是蝶式孔型系统也存在以下几个需注意的问题：

(1) 控制孔的数量少，不利于槽钢腿长的控制。再有控制孔在成品前的K_2孔，其立压量控制范围不可能太大，而当腿长距标准腿长相差较大时，如调整控制孔仍不能轧出合格腿长时，则需要调整进入切分孔的来料高度和宽度，这样不如大斜度和弯腰式孔型系统对腿长调整方便。

(2) 采取控制各蝶式孔型侧壁斜度、直腿部分长度、弯腿展开角度等蝶式孔结构参数，使由平轧弧形切分孔到弯腿蝶式孔再到直腿槽式孔型的形状变化缓和、平滑、自然，以防止槽钢表面产生晴伤、鳞层等缺陷。

（3）蝶式槽钢孔型系统的设计、轧辊加工和轧机调整均较大斜度和弯腰孔型系统复杂。特别是在辊缝上下交错布置的蝶式孔的调整中，要注意防止金属的过充满，否则成品腹部会产生内外折叠问题。

上述四种孔型系统中，弯腰式大斜度的孔型系统比较适合于连轧机组。但是当矫直能力不足时，还得采用直轧孔型系统。

7.1.3 槽钢孔型设计

7.1.3.1 面积划分

一般在槽钢孔型设计时，将其面积划分为腰部、腿部和假腿三个部分，如图 7-4 所示。

7.1.3.2 孔型设计

槽钢的孔型设计一般从成品孔开始往前按逆轧制顺序进行，成品孔为第一孔，即 K_1 孔，成品前孔为第二孔，即 K_2 孔，其他依此类推。B_n 表示第 n 孔的宽度，H_{n-1} 表示第 $n-1$ 孔的高度，d_n 表示 n 孔的腰部厚度。

A 成品孔设计

根据 GB707—88，由图 7-5 可知：

$$B_1 = (B - 部分负偏差) \times (1.011 \sim 1.013) \tag{7-8}$$

$$d_1 = d - (0 \sim 部分负偏差) \tag{7-9}$$

$$h_1 = \{[H + (0 \sim 部分正偏差)] - [d + (0 \sim 部分正偏差)]\} \times (1.011 \sim 1.013) \tag{7-10}$$

式中 B——槽钢腰宽的标准尺寸；

d——槽钢腰厚的标准尺寸；

H——槽钢腿长的标准尺寸。

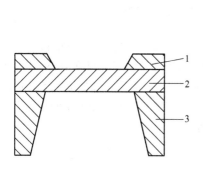

图 7-4 槽钢断面划分
1—假腿；2—腰部；3—腿部

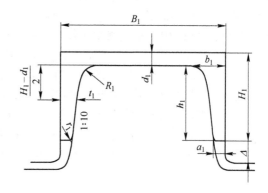

图 7-5 槽钢成品孔构成

计算 h_1 时，应考虑到腰厚 d_1 调整到最大正偏差时，腿长 H 不超出最大正偏差；当腰厚 d_1 调整到最小负偏差时，腿长 H 不小于最小负偏差。锁口余量 $\Delta = 5 \sim 10$ mm，且

$$t_1 = (0.96 \sim 1)t \tag{7-11}$$

式中 t——腿厚的标准尺寸。

$$a_1 = t_1 - \left(\frac{h_1}{2} \times \frac{1}{10}\right) \tag{7-12a}$$

$$b_1 = t_1 + \left(\frac{h_1}{2} \times \frac{1}{10}\right) \tag{7-12b}$$

为防止槽孔磨损后腿部太厚,腿厚 a、b 可取部分负偏差,但不能过大,否则在装辊及导卫安装不当、调整不当时,易使一条腿厚超出负偏差。

当腿部斜度 φ 取的较小时(约1%左右),则产生如下问题:

(1) φ 太小,使接触弧长度增加,金属横向运动加剧,使腿的外侧壁磨损增加,常常造成成品肩角和腰部与腿外侧壁的夹角大于90°,或"塌角"。

(2) φ 太小,使轧件难以脱槽,容易造成缠辊等轧制事故。

(3) φ 太小,使腿部外侧壁摩擦力增加、轧制负荷增加。某厂在 $\phi400$ 连轧机组上轧制GB707—88中的8号槽钢,当 $\varphi=1\%$ 时,其成品机架的轧制电流竟达 1000~1200 A。

(4) 轧槽寿命低,并且单槽轧制吨位往往只能达到100 t左右。重车时不仅难度大,而且只能重车1~2次,辊耗极大。

(5) 成品质量较差。由于外侧壁摩擦剧烈,因此腿外部的表面上有较严重的擦伤和刮伤,而且在槽钢的内圆角处易发生网状裂纹。

(6) φ 太小,使成品前孔的轧件在进入成品孔时,由于其腿部的 $\Delta\varphi$ 较大,而且轧件经多道次轧制后,进入成品孔的轧件腰部端头呈舌状,即在成品孔时,腰部先咬入、压平,所以对成品前孔的轧件腿外侧斜度有收小作用。但过大的 $\Delta\varphi$,又会产生强烈的收缩引起槽钢腿外侧严重擦伤。

在横列式轧机上轧制槽钢(GB707—1988)时,一般 $\mu_{腰}=\mu_{腿}+(0~0.02)$,即腰部的延伸系数大于腿部的延伸系数,腰部金属拉缩腿部金属,以保证腰部的肩角不产生"塌角"。但在连轧机中,由于粗、中轧一般没有活套轧制,实际操作存在着"微粒"轧制的不良操作,即使精轧有活套,也存在着起套的间隙时间。故在两架连轧机架之间活套没有形成时,一定会产生大小不一的拉钢轧制,因此上面三个因素都会使腿长发生变化,所以如果继续采用 $\mu_{腰}\geq\mu_{腿}$ 的设计方法,则无法保证腿部尺寸。当轧制 $F_{腰}/F_{腿}$ 较大的集装箱专用槽钢时,腿部尺寸不容易控制的情况尤为突出。因此,连轧机中成品孔的腰部延伸系数希望略小于腿部延伸系数,即

$$\mu_{腰}=\mu_{腿}-(0.01~0.03) \tag{7-13}$$

当腿部斜度 φ 取的较大时(一般不小于5%),上述六个不足之处将得到很大的改善。如果车间有矫正能力,则希望采取 $\varphi\geq5\%$。倘若矫直能力不足时,则建议将腿部斜度由5%以上改为3%较为适宜。某厂连轧机组轧制8号槽钢和集装箱专用槽钢时,成品孔腿部斜度在5%时,经7辊矫直机矫后的两腿外侧壁斜度往往为(3%~4%)H,超过GB707—88中 2.5%H 的规定。当把此腿部斜度由5%改为3%时,则可完全解决此"扒脚"问题。

B　切分孔的设计

为了获得合格的成品腿长以及防止控制孔出耳子,正确设计切分孔非常必要。一般切分孔的孔型特征是两腿的内壁在腰部相交,且一般腰厚 $d>20$ mm,以及实际腿根厚度 $2g>\dfrac{B}{2}$,如图7-6所示。

a　切分孔的形状

切分孔有开口式与闭口式两种,这两种的优缺点已在前面介绍了。但不论开口式或闭口式,其切分孔型两侧壁的交角大小对轧制时切分孔型中的充满情况和能量消耗、轧槽磨损都有很大的影响。根据切分孔型中金属不均匀变形的过程可以明显地看到:当切入楔角度减小时,腿部的充满情况得到改善,轧制时的能量消耗减少,同时切分孔中的总延伸量也就减少。

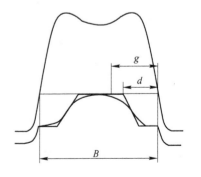

图7-6　切分孔型结构图

设计切分孔孔型下槽的"楔子"时应注意：如"楔子"太钝，则金属的拉缩愈严重，显然对腿长形成不利；若"楔子"太尖，对腿长形成有利，但下槽冷却条件较差，"楔子"容易磨损，当磨损严重时，容易使轧件表面产生沟痕且不易消除，将影响到成品的表面质量。

　　b　切分孔切入孔型的条件

　　对一般切分孔来说，若切入楔的总高度与腿部高度上的压下量之和大于该机座轧辊直径的20%，则轧件就较难咬入，即

$$\sum H_{\mathrm{Q}} + \Delta h_{\mathrm{p}} \leqslant \frac{1}{5}D \tag{7-14}$$

式中　$\sum H_{\mathrm{Q}}$——上、下切入楔的高度之和，即（$h_{\mathrm{上}} + h_{\mathrm{下}}$）；

　　　　Δh_{p}——腿部高度上的压下量，如图 7-7 所示。

　　按切入楔顶端计算的相应咬入角为：

$$\alpha = \frac{180°}{\pi}\sqrt{\frac{\Delta h}{R}} = \frac{180°}{3.14}\sqrt{\frac{\frac{1}{5}D}{\frac{D}{2}}} \approx 36°$$

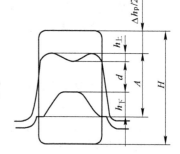

图 7-7　切分孔型腿部
高度上的压下

　　若用孔型中的平均压下量咬入角则更为正确，这时将 $\overline{\Delta h}$ 代入。$\overline{\Delta h}$ 为：

$$\overline{\Delta h} = H_0 - \frac{F_{\mathrm{切}}}{B_{\mathrm{切}}}$$

式中　H_0——切分孔前的坯料高度；

　　　　$F_{\mathrm{切}}$——切分孔的面积；

　　　　$B_{\mathrm{切}}$——切分孔的宽度。

　　将上述公式代入 $\alpha = \frac{180°}{\pi}\sqrt{\frac{\Delta h}{R}}$ 中，则对于钢轧辊，$\overline{\alpha} = 24° \sim 25°$。

　　由此根据最大压下量按咬入角和摩擦角相等的条件可算出：

$$\Delta h_{\max} = D - \frac{D}{\sqrt{1 + f^2}}$$

式中　f——摩擦系数。

　　上式可简化为：

$$\Delta h_{\max} \approx \frac{1}{2}Df^2 \tag{7-15}$$

　　因此可根据式（7-15）来计算采用切分孔的数量和形状。当咬入角过大时，则可采用两个连续的切分孔型来对坯料依次进行逐步切分，并且第一个切分孔一般为开口孔，第二个切分孔一般为闭口孔。第一个孔取开口孔主要是为了便于咬入和增加轧辊强度，第二个切分孔取闭口孔主要是为了得到较正确的腿部尺寸。

　　c　腰部带侧压的大斜度闭口切分孔

　　腰部带侧压的大斜度闭口切分孔可对连铸坯直接切分，在切出和压薄轧件腰部的同时可减小轧件腰部的宽度，以适应中、精轧弯腰大斜度槽孔宽度的要求。这种孔型有以下优点：

　　(1) 从图 7-8 可以看到，这种孔型可阻止腿部的金属向腰部流动，因此可以减少切分孔腰部的垂直压缩对轧件腿长的拉缩作用，从而可用相同高度的坯料轧出较长的成品腿。

　　(2) 对轧件的夹持作用大，改善了咬入条件，提高了轧制稳定性。

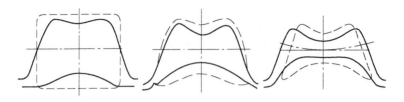

图 7-8　腰部带侧压的大斜度闭口切分孔

（3）宽展量较小，促使轧件腰部的金属向槽钢的两个肩角流动，保证肩角充满良好，减少"秃角"、"塌角"等缺陷。

（4）脱槽容易，同时减轻对上卫板的负荷，避免发生缠辊事故。

d　切分孔的拉缩率

切分孔的拉缩率 δ 表示切分孔的来料高度与切分孔尺寸的关系，如图 7-9 所示，即

$$\delta = \frac{H - A}{H - d} \times 100\% \qquad (7-16)$$

式中　H——进入切分孔前的坯料高度；

　　　　A——切分孔的高度；

　　　　d——切分孔的腰部厚度。

一般拉缩率为 25% ~ 50%。

e　切分孔的侧压

当轧件进入切分孔时应给予一定的侧压量，以增加咬入及提高轧件在切分孔中的稳定性。侧压太大，则孔型侧壁容易磨损。侧压量的大小可根据坯料厚度 B 和孔型宽度 b 用作图法来确定。一般矩形时，矩形坯与孔型开始接触时的空隙量 $x = 3 \sim 6$ mm，如图 7-10 所示。

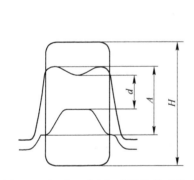

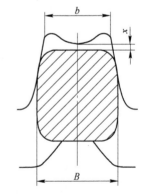

图 7-9　矩形坯进入切分孔的尺寸关系　　　图 7-10　矩形坯进入切分孔的咬入情况

为提高轧件在切分孔中的稳定性，希望钢坯侧面的斜度和切分孔孔型的侧壁斜度能基本相同。表 7-1 列出某厂连轧机上采用闭口切分孔时外侧壁斜度 φ 随规格变化的情况。

表 7-1　外侧壁斜度随规格变化的情况

规　格	5 号	6.5 号	8 号	10 号	12 号	14 号	16 号
b/mm	45	54.5	72.5	91.5	95	108.7	128
B/mm	65	76	88.5	103.5	109	126	140

规 格	5 号	6.5 号	8 号	10 号	12 号	14 号	16 号
A/mm	51	62	77.5	89	116	124.5	132
φ/%	19.6	17.3	10.32	6.74	6.03	6.95	4.55

从表 7-1 中可以看到,φ 基本上是随着规格的增大而减小。

C 切分孔前坯料的设计

切分孔前的坯料对横列式轧机来说基本上都选择矩形坯。但在连轧机上由于切分孔前的轧件要有较正确的断面,因此只要有可能一般都尽量采用方断面钢坯。

a 钢坯与成品断面的尺寸比

从图 7-11 和表 7-2 可看出成品断面尺寸(H_c、B_c)与钢坯断面尺寸(H_0、B_0)的关系。

b 切分孔前坯料与成品断面的尺寸比

切分孔前坯料与成品断面的尺寸关系如表 7-3 所示。其中 H' 为切分孔前断面的高度,B' 为切分孔前断面的宽度。

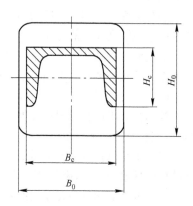

图 7-11 成品尺寸与钢坯
断面尺寸示意图

表 7-2 某厂连轧机钢坯与成品断面的尺寸关系

坯料断面/mm²	规 格	$\dfrac{H_0}{H_c}$	$\dfrac{B_0}{B_c}$	轧槽总展宽量/mm
100×100	5 号	100/38	100/50	−50
130×130	6.5 号	130/42	130/65	−65
130×130	8 号	130/45	130/80	−50
130×130	10 号	130/50	130/100	−30
130×130	12 号	130/55	130/120	−10
130×130	14 号	130/60	130/140	+10
140×140	16 号	140/65	140/160	+20

表 7-3 某厂连轧机切分孔前坯料与成品断面的尺寸关系

规 格	标 准	$\dfrac{H'}{H_c}$	$\dfrac{B'}{B_c}$	槽孔总展宽量/mm
5 号	DIN1027—63	61/38	61/50	−11
6.3 号	GB707—88	61/40	61/63	+2
8 号	GB707—88	79/43	79/80	+1
10 号	DIN1027—63	95/50	95/100	+5
12 号	DIN1027—63	94/55	122/120	−2
14 号	DIN1027—63	108/60	142/140	−2
16 号	DIN1027—63	127/65	145/160	+15

D 控制孔的设计

a 控制孔配置的数量与位置

一般情况下,轧制槽钢时配置两个控制孔,这两个控制孔通常是这样安排的:第一个控制孔应尽可能贴近成品孔,但不能把成品孔作为控制孔,因为若成品孔为控制孔,虽可获得精确的腿部尺寸,但不能获得正确的顶角。顶角在压下量不足时不能充满,而压下量过大时,则产生孔型过充满出现耳子。因此一般第一控制孔取成品前孔或成品再前孔(K_3)较为适宜,同时还要考虑到工厂的工艺布置。安排第一个控制孔的原则是:必须在控制孔的机后有取样的"剪机"。如果不能通过在线的各类型剪机正确、迅速地取得控制孔的式样,则此控制孔设的意义就不大。第二个控制孔最好放在切分孔后的第一个孔型上。该控制孔的作用主要是控制由于切分孔前坯料的变化而造成腿高尺寸的变化。

上述两个控制孔中第一个控制孔是必须设置的,而第二个控制孔则视切分孔而定。倘若切分孔能保证获得精确的腿高尺寸,则可取消第二个控制孔。

b　控制孔的类型

控制孔有闭口和半闭口两种。目前槽钢的控制孔一般采用半闭口的控制孔,如图7-12(a)所示,这主要是以下三个原因:

(1)半闭口孔型的腿部斜度可以和相邻的开口孔型的腿部斜度方向相同,由此可以消除腿部的弯曲现象,并可以避免进入下一道孔型的困难。

(2)由于半闭口的孔型能消除腿部弯曲现象,因而可以加大相邻孔型的侧壁斜度,增加轧槽吨位,增加轧辊的重车次数。

(3)半闭口孔型在腿部高度上压下量的分配形式取决于它本身的形状,如图7-13所示。从图7-13可知,在腿的下部不允许沿腿的厚度进行压缩,因为这样会引起压缩的金属被挤入轧辊的辊缝中而形成耳子。腿下部离轧辊辊缝越远,也就是越接近腿根,则腿部厚度上的压下量可以成比例地增加,这时孔型的开口处不会有出耳子的危险。

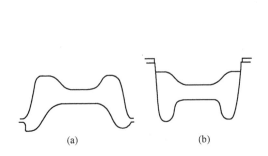

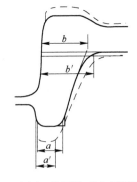

图7-12　控制孔的类型图　　　　　　　图7-13　半闭口控制孔型中压下量的分配
(a)半闭口式(或称开口式);(b)闭口式

c　控制孔的设计原则

控制孔设计必须符合以下三个原则:

(1)腿端尺寸和腿根尺寸应满足如下关系:

$$\begin{cases} \dfrac{a_n}{a_{n-1}} > \dfrac{b_n}{b_{n-1}} \\ a_n - a_{n-1} < b_n - b_{n-1} \end{cases} \quad\quad (7-17)$$

式中　a_n——n 孔的腿端尺寸;

　　　a_{n-1}——$n-1$ 孔的腿端尺寸;

　　　b_n——n 孔的腿根尺寸;

b_{n-1}——$n-1$孔的腿根尺寸。

（2）当轧件从开口孔进控制孔时，腿部尺寸按下式确定：

$$h_n = h_{n-1} + (3 \sim 13) \tag{7-18a}$$

式中，$3 \sim 13mm$ 为控制孔的腿部直压量，其值随规格的增大而增大。

图7-14所示为轧件进控制孔时确定腿部的示意图。

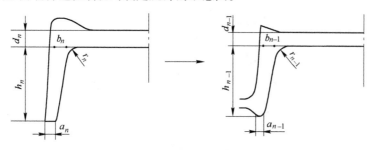

图7-14 进控制孔的轧件腿部尺寸的确定

（3）当轧件从控制孔或开口孔进开口孔时，轧件腿部尺寸按下式确定（如图7-15所示）：

$$h_n = h_{n-1} - (0.5 \sim 3) \tag{7-18b}$$

式中，$0.5 \sim 3mm$ 为腿部经过开口孔测压后腿部尺寸的增长量（成品孔除外）。

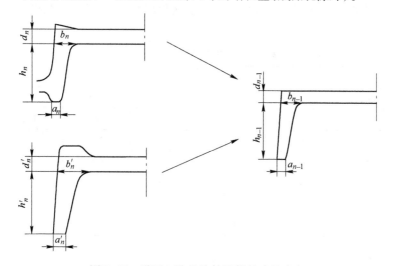

图7-15 进开口孔的轧件腿部尺寸的确定

（4）注意控制孔与开口孔腿斜度与孔型宽度的关系。由于腿的斜度大以及控制孔的下部槽口宽 B 和前一轧件腿尖 B' 差小，如图7-16所示，则轧件进入控制孔时，腿尖很容易触到槽口，俗称"上辊台"。因此，两孔的腿侧斜度差不应小于1%，一般要差3%。同时控制孔的槽口也可适当增宽，使 B 和 B' 差 $4 \sim 5$ mm，这样有利于腿的插入，而且上述现象可以避免。

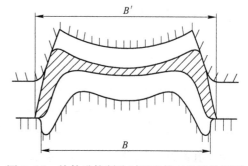

图7-16 轧件进控制孔时腿和槽口的接触情况

E　异形孔的设计

以大斜度弯腰异形孔的设计为例,如图 7-17 所示。

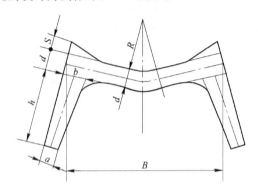

图 7-17　大斜度弯腰异形孔示意图

a　腰部尺寸的确定

根据腰部的压下量 Δd 确定各孔的腰厚,根据腰部的宽展量 Δb 确定各孔的腰宽,即

$$\begin{cases} d_n = d_{n-1} + \Delta d_{n-1} \\ B_n = B_{n-1} - \Delta b_{n-1} \end{cases} \tag{7-19}$$

当腰部温度较低,特别是成品孔表面质量要求又较高时,压下量不宜取得太大,一般 Δd 可按表 7-4 参考选取。

表 7-4　某厂连轧机轧制 5 号 ~ 16 号槽钢时的 Δd　　　　　　（mm）

机　架	5 号	6.3 号	8 号	10 号	12 号	14 号	16 号
K_1	0.7	0.8	1.2	0.9	0.9	0.7	0.35
K_2	1.9	2.2	1.5	1.6	2	1.4	1.45
K_3	2.9	3.5	2.2	2.2	2.5	2	2
K_4	5	6	3.5	4.8	3.5	3.3	3.9
K_5	8.5	10	6.5	8.4	6	5.5	4.8
K_6			12	15.3	6	12	7
K_7			14		22	20	7.5
K_8							9.5
K_9							7.5

从表 7-4 知,$K_1 \sim K_5$ 孔的 Δd 如下:

$K_1 : \Delta d = 0.35 \sim 1.2$;$K_2 : \Delta d = 1.4 \sim 2.2$;$K_3 : \Delta d = 2 \sim 3.5$;$K_4 : \Delta d = 3.3 \sim 6$;$K_5 : \Delta d = 4.8 \sim 10$。

Δb 可按表 7-5 参考选择。

表 7-5　$K_1 \sim K_5$ 孔的 Δb

孔型号	K_1	K_2	K_3	K_4	K_5
Δb	1 ~ 1.2	0.8 ~ 1.2	1 ~ 2	2 ~ 2.5	3 ~ 4

在异形孔的设计中,要依照切分孔前的轧件宽度方向的尺寸与成品断面的宽度尺寸之差来设计切分孔后各道的 Δb,从而确定是采取负宽展轧制还是宽展轧制。一般来说,负宽展轧制能

使轧件在孔型中较为稳定,但反过来由于腰部侧压的存在,使摩擦力增加,轧槽外侧壁磨损加剧,同时也增加了主电机的负荷,而且使轧件脱槽困难。所以,一般希望将负宽展轧制尽量放在前面的道次来完成,在接近成品的机架中,尽量不要采取负宽展轧制,以免轧槽磨损加剧而影响成品质量,以及发生轧件缠辊的轧制事故。

腰部的延伸系数按下式计算:

$$\mu_{n腰} = \frac{d_{n-1} \times B_{n-1}}{d_n \times B_n} \qquad (7-20)$$

腰部的延伸系数也可参照以下公式确定:

粗轧机

$$\mu_{腰} = \mu_{腿} + (0.05 \sim 0.1)$$

中轧机

$$\mu_{腰} = \mu_{腿} + (0.03 \sim 0.05)$$

精轧机

$$\mu_{腰} = \mu_{腿} + (0 \sim 0.03)$$

成品孔

$$\mu_{腰} = \mu_{腿} - (0.01 \sim 0.03)$$

b 腿部尺寸的确定

确定腿部孔型面积的原则为,从粗轧到中轧到精轧到成品孔,各道次的变形不均匀程度由大至小逐步递减,以保证成品尺寸的精度。一般来说,在 K_4 孔前可采用较大的不均匀变形,而 $K_1 \sim K_3$ 孔则力求变形均匀。

当 $\mu_{腰}$ 选定后,腿部的面积为:

$$F_{n腿} = F_{(n-1)腿} \times \mu_{(n-1)腿} \qquad (7-21)$$

腿部面积确定后,腿部尺寸可按式(7-17)和式(7-18)确定。

c 腰、腿斜度的设计

当成品孔的腿部斜度不大于5%时,一般希望成品前孔腿部斜度 φ 小于10%,其他各孔可依次增大5% ~10%,同时希望相邻两个孔型的 $\Delta\varphi$ 不宜过大,以防止发生腿端刮伤或鳞层等缺陷。另外,控制孔前的弯腰孔的腿斜度应比控制孔腿斜度小2% ~4%。

腰部的斜度 φ 一般等于腿部斜度或略小1% ~2%,即尽可能保持腰部与腿部基本垂直,以保证成品形状正确。

目前采用弯腰大斜度的孔型后,成品前孔与成品孔的腿部 $\Delta\varphi$ 相差较大。其原因是在粗、中、精的各道孔型中,$\mu_{腰} > \mu_{腿}$,因此成品前孔的轧件其腰部头端总是呈舌状,即成品腰部先咬入,然后压平,这样对成品前轧件腿外侧壁起到收小的作用,所以成品孔的咬入没有发生困难,同时由于腰部与腿部成90°,因此在实际生产中也未见外侧有鳞层和肩角、塌角等缺陷。

表7-6列出某厂5号~16号中 K_1 与 K_2 的腿部斜度 φ。

表7-6 某厂5号~16号中 K_1 与 K_2 的腿部斜度

规 格		5 号	6.3 号	8 号	10 号	12 号	14 号	16 号
K_1	φ_1	1.29	1.41	1	0.988	0.987	0.987	1.52
K_2	φ_2	30.87	29.38	24	22.73	16.26	15.274	9.15
$\Delta\varphi/\%$		29.58	27.97	23	21.742	15.273	14.283	7.63

注:$\Delta\varphi = \varphi_2 - \varphi_1$。

从表7-6可以看出，$\Delta\varphi$ 随着规格的增大而逐步减小。5号槽钢的 $\Delta\varphi$ 可达29.58%，而16号槽钢的 $\Delta\varphi$ 仅为7.63%。当 K_2 孔的腿部斜度 φ_2 确定后，以后各孔依上述原则可逐步确定。

在连轧机的轧制中，要保证轧制的稳定性，希望相邻机架的腿部外侧壁斜度尽量接近，同时又考虑到进入控制孔前的腿部斜度应小于控制孔的腿部外侧壁斜度，而且在辊道上输送又要力求稳定，因此在某些连轧机的槽钢孔型设计中，其腿部从腰的顶部到腿端有三个斜度的变化，以实现轧制稳定和减小在控制孔出耳子的几率。表7-7和表7-8反映了某厂 $\phi400$ mm 连轧机机组在轧制8号槽钢时，其孔型外侧壁顶点至腿端斜度的变化以及进入孔型轧件与孔型外侧壁斜度差。其中，K_3 及 K_6 为控制孔。

表7-7　某厂 $\phi400$ mm 连轧机轧制8号槽钢时孔型外侧壁顶点至腿端斜度的变化

名　称	K_1	K_2	K_3	K_4	K_5	K_6	K_7	K_8
	21 机架	19 机架	12 机架	11 机架	9 机架	8 机架	6 机架	5 机架
φ_1/%	1.096	24	27.78	28.26	27.27	21.43	16.176	14.29
φ_2/%			52.7	52.63	13.47	39.4	5.75	0
φ_3/%			72.92	11.76		−16.33		−10
φ_1 垂直投影/mm	45.591	50	18	23	38.5	28	34	28
φ_2 垂直投影/mm			9	19	24.5	16.5	43.5	12
φ_3 垂直投影/mm			12	17		24.5		40
φ_1 直线段/mm	45.6	51.42	18.68	23.9	39.91	28.64	34.44	28.28
φ_2 直线段/mm			10.18	21.47	24.72	17.73	43.57	12
φ_3 直线段/mm			14.85	17.12		24.82		40.2

表7-8　某厂 $\phi400$ mm 连轧机轧制8号槽钢时进入孔型轧件与孔型外侧壁斜度差

名　称	K_1	K_2	K_3	K_4	K_5	K_6	K_7
$\Delta\varphi_1$/%	22.904	3.78	0.49	−0.99	−5.84	−5.254	−1.886
$\Delta\varphi_2$/%			−0.07	−39.16	+25.92	−33.64	−5.75
$\Delta\varphi_3$/%			−61.16				

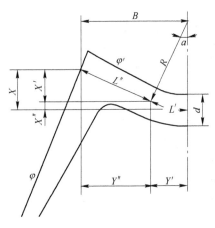

图7-18　弯腰部分结构示意图

d　腰部直线段长度 L''

如图7-18所示，成品前孔 $L'' = \left(\dfrac{B}{4} \sim \dfrac{B}{8}\right)$，$B$ 为成品前孔的腰部宽度，小规格取大值，大规格取小值。在以后各孔，L'' 依次逐步增大，到 K_4 孔时增大到 $\dfrac{B}{3} \sim \dfrac{B}{5.5}$。

e　腰部弯曲段

如图7-18所示，弯曲段对应的张角 α 按下式计算：

$$\tan\alpha = \varphi'\%　\qquad (7-22)$$

弯曲段中心线长度

$$L' = \frac{B - 2L''}{2}　\qquad (7-23)$$

弯曲段圆弧半径 R

$$R = 57.3 \times \frac{L'}{\alpha} \tag{7-24}$$

腰部水平投影长度

$$\begin{cases} Y' = R\sin\alpha \\ Y'' = L''\cos\alpha \end{cases} \tag{7-25}$$

腰部垂直投影高度

$$\begin{cases} X' = L''\sin\alpha \\ X'' = R(1 - \cos\alpha) \end{cases} \tag{7-26}$$

f 假腿的设计

假腿的设计主要是使槽钢腰部的两个角部得到良好的充满,并使腿部有所增长,防止脚部迅速冷却。由于假腿面积较小,它不会拉缩腰和腿部,因此一般假腿的延伸系数总是大于腰部和腿部的延伸系数。它的延伸系数一般在 1.3~2 的范围之内。假腿的存在增加了轧制时的不均匀变形,也起到了牵制腰部对腿部金属的收缩作用,同时假腿的存在也增加了轧制能量的消耗。

成品孔无假腿,成品前孔假腿的高度 S,如图 7-19 所示,也可取到 3 mm 以上,一般取 2~2.5 mm,其他各孔可逐道增加 2~3 mm。假腿的根部厚度 l 可略大于真腿根厚度 b。假腿腿端厚度 c,成品前孔为零,其他各孔可视具体情况逐孔增加 0~3 mm,c 值大致相当于 $\frac{l}{2}$。r 和 r_1,成品前孔为零,其他各孔可取大些,使其圆滑,接触好即可。

假腿尺寸求出后,必须进行校核,使 $\mu_{假腿}$ 大于 $\mu_{腰}$ 和 $\mu_{腿}$。表 7-9 为某厂连轧机组轧制 5 号~16 号槽钢 K_2~K_4 的假腿尺寸。

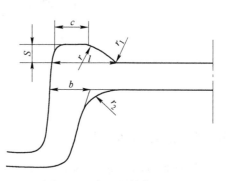

图 7-19 假腿的结构尺寸

表 7-9 某厂连轧机组轧制 5 号~16 号槽钢 K_2~K_4 的假腿尺寸

规 格	机 架	c/mm	S/mm
5 号	K_2	10	1
	K_3	13.5	2
	K_4	18	4
6.5 号	K_2	15	3
	K_3	20	4.5
	K_4	23.5	6.5
8 号	K_2	14	2.5
	K_3	19	4
	K_4	22.5	5.5
10 号	K_2	15	3
	K_3	20	4.5
	K_4	23.5	6.5

规　格	机　架	c/mm	S/mm
12 号	K_2	16	3
	K_3	19	4.5
	K_4	25	6.5
14 号	K_2	17.5	3
	K_3	20	5
	K_4	24.5	8
16 号	K_2	20	2.5
	K_3	23	5.5
	K_4	29	8

c、S 如图 7-20 所示。

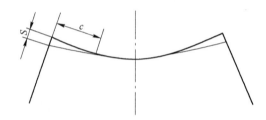

图 7-20　假腿示意图

7.1.4　槽钢孔型设计实例

在 $\phi500\ \text{mm} \times 2/\phi450\ \text{mm} \times 2$ 中型型钢车间,用 95 mm × 120 mm 坯料轧制 8 号槽钢孔型设计。

7.1.4.1　产品断面尺寸

8 号槽钢的断面尺寸及其允许偏差如图 7-21 所示,其腿部外缘斜度不得大于 2.5%。

轧制道次的确定:

取平均延伸系数 $\overline{\mu} = 1.29$,则

$$n = \frac{\lg \dfrac{F_0}{F_n}}{\lg \overline{\mu}} = \frac{\lg \dfrac{1140}{1008}}{\lg 1.29} = 9.5$$

考虑到车间的设备布置只允许奇道次出钢,故选择 $n = 9$ 道。

7.1.4.2　孔型系统选择

选择弯腰孔型系统,其中 K_2、K_5 为控制孔。根据切分孔前坯料与成品断面尺寸的关系,确定出进入切分孔料形的尺寸为:

$$H' = (1.5 \sim 2.4)H = 2.4 \times 43 = 103\ \text{mm}$$

$$B' = B - (5 \sim 10) = 80 - 10 = 70\ \text{mm}$$

由于供坯尺寸大于进切分孔的料形尺寸,因而需用一对箱形孔型 K_8、K_9 将坯料轧制成 $H' \times B'$。因此其 K_6、K_7 为切分孔。

7.1.4.3　孔型设计

A　成品孔 K_1 设计

8 号槽钢的成品断面尺寸与公差如图 7-21 所示。

$$B_1 = (80 - 1) \times 1.013 = 80 \text{ mm}$$

$$d_1 = 5 - 0.1 = 4.9 \text{ mm（取 0.1 mm 负偏差）}$$

$$h_1 = (43 - 5) \times 1.013 \approx 38.5 \text{ mm}$$

$$t_1 = 0.96 \times 8 = 7.68 \text{ mm}$$

$$b_1 = 7.68 + \frac{38.5}{2} \times 0.1 \approx 9.6 \text{ mm}$$

$$a_1 = 7.68 - \frac{38.5}{2} \times 0.1 \approx 5.7 \text{ mm}$$

$$R_1 = 8 \text{ mm}$$

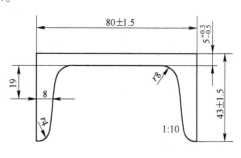

图 7-21　8 号槽钢成品断面

腰部面积：

$$F_{y1} = 80 \times 4.9 = 392 \text{ mm}^2$$

腿部面积：

$$F_{t1} = \frac{9.6 + 5.7}{2} \times 38.5 \approx 294.5 \text{ mm}^2$$

取腰部斜度 $\varphi'\% = 3\%$，腿部斜度 $\varphi\% = 5\%$。

其他尺寸符号如图 7-22 所示。

B　成品前孔 K_2（控制孔）设计

a　腰部

取 $\Delta d_1 = 0.5 \text{ mm}$，

则
$$d_2 = 4.9 + 0.5 = 5.4 \text{ mm}$$

取 $\Delta b_1 = 1.2 \text{ mm}$，

则腰部中心线长度

$$B_2 = 80 - 1.2 = 78.8 \text{ mm}$$

$$F_{y2} = 5.4 \times 78.8 = 425.5 \text{ mm}^2$$

$$\mu_{y2} = \frac{425.5}{392} \approx 1.09$$

b　腿部

取成品孔腿长增长量 $\Delta h_k = 0.5 \text{ mm}$，则
$$h_2 = 38.5 - 0.5 = 38 \text{ mm}$$

取成品孔腿部延伸 $\mu_{t1} = 1.08$，则

$$F_{t2} = 294.5 \times 1.08 \approx 319 \text{ mm}^2$$

$$t_2 = \frac{319}{38} = 8.4 \text{ mm}$$

腿根及腿端厚度按控制孔进开口孔原则分配：

$$b_2 = 10.4 \text{ mm}$$

$$a_2 = 6.4 \text{ mm}$$

验算：

$$\frac{a_2}{a_1} = \frac{6.4}{5.7} \approx 1.12$$

$$\frac{b_2}{b_1} = \frac{10.4}{9.6} \approx 1.08$$

$$a_2 - a_1 = 6.4 - 5.7 = 0.7 \text{ mm}$$

$$b_2 - b_1 = 10.4 - 9.6 = 0.8 \text{ mm}$$

符合 $\dfrac{a_2}{a_1} > \dfrac{b_2}{b_1}$，$a_2 - a_1 < b_2 - b_1$ 的原则。

c　假腿

取假腿高度 $S = 2.2 \text{ mm}$，$l = 18 \text{ mm}$，则

$$F'_{l2} = \frac{18 \times 2.2}{2} = 19.8 \text{ mm}^2$$

d　弯腰计算

取腿部斜度 $\varphi\% = 9.5\%$，$\alpha = 6°$，$L'' = 18.2 \text{ mm}$，则

$$L' = \frac{78.8 - 2 \times 18.2}{2} \approx 21.2 \text{ mm}$$

$$R = 57.3 \frac{L'}{\alpha} = 57.3 \times \frac{21.2}{6} \approx 202 \text{ mm}$$

$$X'' = R(1 - \cos\alpha) = 202(1 - 0.9945) \approx 1.0 \text{ mm}$$

$$X' = L'' \sin\alpha = 18.2 \times 0.1045 \approx 1.9 \text{ mm}$$

$$Y' = R\sin\alpha = 202 \times 0.1045 \approx 21.1 \text{ mm}$$

$$Y'' = L''\cos\alpha = 18.2 \times 0.9945 \approx 18.1 \text{ mm}$$

C　K_3 孔设计

a　腰部

取 $\Delta d_2 = 1.0 \text{ mm}$，则

$$d_3 = 5.4 + 1 = 6.4 \text{ mm}$$

取 $\Delta b_2 = 0.8 \text{ mm}$，则

$$B_3 = 78.8 - 0.8 = 78 \text{ mm}$$

$$F_{y3} = 6.4 \times 78 = 499.2 \text{ mm}^2$$

$$\mu_{y3} = \frac{499.2}{425.5} \approx 1.17$$

b　腿部

取成品前孔腿端部压下量 $\Delta h_b = 4.5 \text{ mm}$，则

$$h_3 = 38 + 4.5 = 42.5 \text{ mm}$$

取 $\mu_{t2} = 1.15$，则

$$F_{t3} = 319 \times 1.15 \approx 366.9 \text{ mm}^2$$

取成品前孔腿端余量为 0.6 mm，则

$$a_3 = 6.4 - 0.6 = 5.8 \text{ mm}$$

$$b_3 = 2 \times \frac{366.9}{42.5} - 5.8 \approx 11.4 \text{ mm}$$

c　假腿

假腿高度 $S = 4 \text{ mm}$，$l = 21 \text{ mm}$，$c = 10 \text{ mm}$，则

$$F'_{t3} = \frac{10 + 21}{2} \times 4 = 62 \text{ mm}^2$$

$$\mu'_{t3} = \frac{62}{19.8} \approx 3.13$$

K_2 孔假腿延伸大于腰部及腿部延伸。

d　弯腰计算

取腰部和腿部斜度一致为7%，使腰部和腿部成90°。

$$\alpha = \arctan 0.07 = 4°$$

取 $L'' = 21.5$ mm，则

$$L' = \frac{78 - 2 \times 21.5}{2} \approx 17.5 \text{ mm}$$

$$R = 57.3 \times \frac{17.5}{4} \approx 250 \text{ mm}$$

$$X'' = 250 \times (1 - 0.9976) = 0.6 \text{ mm}$$

$$X' = 21.5 \times 0.0698 \approx 1.5 \text{ mm}$$

$$X = 0.6 + 1.5 = 2.1 \text{ mm}$$

$$Y' = 250 \times 0.0698 = 17.45 \text{ mm}$$

$$Y'' = 21.5 \times 0.9976 = 21.4 \text{ mm}$$

D　K_4、K_5 孔设计

K_4、K_5 孔的设计方法同前，计算出的尺寸如图 7-22 所示。

E　K_6 切深孔设计

K_6 孔在 K_5 控制孔之前，因此腿部斜度、腿端厚度等尺寸应按开口腿进控制孔的原则设计。

a　腰部

取 K_5 孔压下量 $\Delta d_5 = 11$ mm，则

$$d_6 = 10 + 11 = 21 \text{ mm}$$

取 K_5 孔宽展量 $\Delta b_5 = 3.6$ mm，则

$$B_6 = 72.6 - 3.6 = 69 \text{ mm}$$

$$F_{y6} = 21 \times 69 = 1449 \text{ mm}^2$$

$$\mu_{y6} = \frac{1449}{726} \approx 2.0$$

b　孔型高度

孔型外侧斜度取 15.6%，比 K_5 孔小 2.4%。K_5 孔腰部延伸系数 μ_{y5} 取 2.0，K_6 进 K_5 孔轧件在高度上有拉缩，取总高拉缩率为 45%，则拉缩量为 $0.45\Delta d_5$，约为 5 mm。同时考虑在 K_5 控制孔内对轧件腿端给予一定的加工量，故 K_6 孔型高度为 71 mm。

c　腿部

取 K_5 孔腿端余量为 0.7 mm，则

$$a_6 = a_5 - (0.4 \sim 1.0) = 8 - 0.7 = 7.3 \text{ mm}$$

腿根厚度及 r_2 可用作图法求得，以适当的楔子大小，接触稳定为原则，具体尺寸如图 7-22 所示。

F　K_7 切深孔设计

K_7 进 K_6 孔为切深孔进切深孔。

取 K_6 孔腰部压下量 $\Delta d_6 = 27$ mm，则

$$d_7 = 21 + 27 = 48 \text{ mm}$$

取 K_6 孔高度拉缩率为 41%，拉缩量为 $0.41\Delta d_6$，则 K_7 孔型高度

$$H_7 = 71 + 0.41 \times 27 = 82 \text{ mm}$$

取孔型外侧斜度比 K_6 大 3.9% ,为 19.5% 。

其他尺寸如图 7-22 所示。

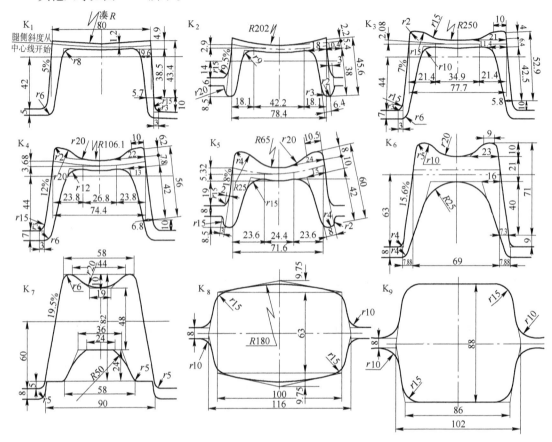

图 7-22　在 $\phi500 \text{ mm} \times 2/\phi450 \text{ mm} \times 2$ 轧机上轧制 8 号槽钢孔型图

G　K_8 孔设计

K_8 孔是箱形孔,它轧出的轧件要满足切深孔 K_7 的需要。取进入切深孔 K_7 时上部间隙 $x = 4 \text{ mm}$,如图 7-22 所示。K_8 孔的上、下边斜度取 19.5% ,与 K_7 孔外侧斜度一致,以改善咬入及提高稳定性。相关尺寸如图 7-22 所示。

7.2　球扁钢孔型设计

球扁钢是在造船工业中作为船壳"胫骨"的一种主要钢材。造船工业迅速发展,使球扁钢的品种、规格和产量不断增长。按照球扁钢球头部分的尺寸不同,有国标系列和欧标系列,但目前主要以单头球扁钢为主。随着大型船舶制造对大型号球扁钢的需求越来越大,大规格球扁钢的轧制生产也越来越重要。

7.2.1　球扁钢的形状特点

球扁钢的断面形状如图 7-23 所示。通常把球扁钢分为球头和腹板两个部分,从其结构形状可以看出,球扁钢断面不对称、形状不规则。因此,它轧制时在孔型内的稳定性很差,不均匀变形比较剧烈,这也成为了球扁钢孔型设计和轧制成形的难点。

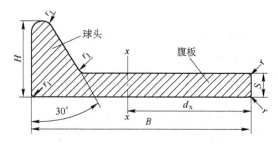

图 7-23 球扁钢的断面形状和结构尺寸

7.2.2 球扁钢的孔型系统

球扁钢的断面结构对于轧制来说是一种典型的不对称断面,其较大的不均匀变形的存在,使其轧制的难度很大。轧制此种产品最根本的问题,是选用什么样的孔型系统以解决轧制不对称断面钢材时的不均匀变形的问题。

轧制球扁钢的孔型系统主要有平轧式、蝶式和槽式三种,如图 7-24 所示。

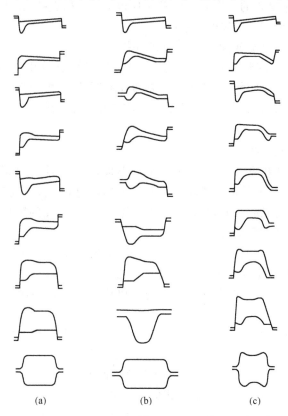

图 7-24 球扁钢的孔型系统图
(a) 平轧式;(b) 蝶式;(c) 槽式

7.2.2.1 平轧式孔型系统

平轧式孔型系统如图 7-24(a)所示,其主要特点是:

(1) 孔型形状简单,样板的制作和生产准备工作比较方便。由于孔型采用斜配一定程度上提高了轧辊的重车次数。

（2）这种系统由于一开始两侧的变形就不均匀，因此轧制时几乎每道次都存在着严重的弯曲和扭转，给再次进钢造成困难，即便调整轧机和用导卫板也难以控制。由于不能顺利轧制，结果造成低温轧制或大量中间轧废，同时也给成品尺寸带来波动。

（3）为获得足够的球部尺寸，必须选用厚度较大的坯料（一般坯料厚与成品球高之比应在3∶1左右）。坯料越厚必然要增加轧制道次（或每道压下量），且使两侧变形差别更大。因此用此孔型系统虽然球高能达到要求，但球外侧经常充填不满和缺肉。

（4）孔型很宽，加之要配止推辊环，因此轧辊上配孔数目少，这在轧制大规格球扁钢时问题就更为突出，增加了换辊次数和轧辊消耗，降低了作业率。

（5）与其他系统相比，变形区接触面积大，所以轧制负荷和动力消耗都比较大。

以上的特点决定了此种系统只能用于轧制小规格的球扁钢。

7.2.2.2　蝶式孔型系统

蝶式孔型系统如图7-24（b）所示，其主要特点是：

（1）这种孔型系统的孔型结构与等边角钢的孔型系统相似，一定程度上提高了孔型的对称性，减少了轧辊的窜动和轧件的不均匀变形，稳定性也有一定的提高，轧件的弯曲和扭转问题也有一定的改善，公差较易控制，操作也更方便。

（2）减少了孔型的水平宽度，提高了轧辊利用率。

（3）系统中的控制孔头部中间开口，容易出耳子，在以后的道次中会形成鳞层，影响质量。

这种系统的特点决定了它除了能使坯料的高度略有减薄外，由于其结构决定了其球高及腹板宽厚的尺寸差距仍较大，仍然不能很好地解决不均匀变形的问题，同样也不能适用于轧制较大号的球扁钢。

7.2.2.3　槽式孔型系统

槽式孔型系统的基本出发点是为了更好地解决形状对称和不均匀变形的问题。该系统开始利用类似工槽钢的切深轧制，尽量在满足形状对称，变形均匀的条件下成型其形状，当断面达到适当的厚度时，逐渐加大腿部（即腹板的一段）斜度，直到成品孔的腹板成平直状态为止，如图7-24（c）所示。这种孔型系统的特点是：

（1）孔型形状比较对称，变形比较均匀，特别是其系统中的前面几道次切深过程可以使两侧变形差距缩小，因而轧件稳定性好，这点尤其体现在轧制大号的球扁钢的稳定性上。

（2）由于轧件比较对称，轴向力较小，因此弯曲扭转得到了较好的控制，轧件窜动小，断面尺寸稳定，操作方便。

（3）孔型各部分的变形控制较好，不会出现像平轧孔型系统那样在球外侧出现未充满或缺肉的现象，因而更能保证成品断面尺寸形状及表面加工的要求。

（4）轧制调整便利，在系统中有两次控制腹板宽度的机会，即K_4、K_6控制孔可以控制球高和腹板宽度，以K_6孔为例，其可利用上轧辊的横向移动在小范围内调整腹板宽度。

（5）大大减少了孔型水平宽度，提高了轧辊的利用率，为扩大轧机的产品规格和利用小坯料轧制大规格产品创造了条件。

（6）与平轧系统比较，在轧制同样规格产品时负荷较轻。

（7）系统的孔型形状较复杂，给孔型设计和轧辊、导卫加工带来一定的麻烦。

（8）控制孔设计和控制操作要求高，否则会在轧制中出现耳子，造成折叠缺陷。

以上特点决定了此系统多用于大规格球扁钢的轧制生产中。

7.2.3 球扁钢孔型设计的基本问题

球扁钢的形状特点决定了在其孔型设计时需要注意以下问题:

(1) 根据球扁钢的断面特点,设计时可把球扁钢的断面划分为球部和腰部两部分,如图 7-25 所示。其两部分的尺寸、形状和面积充分体现了球扁钢这种不对称异形断面在轧制中,由于球部和腰部变形条件不同,金属流动规律(即尺寸变化)就不一样,因而会出现由于不均匀变形而发生弯曲以及轧件的稳定性问题,这也成为球扁钢的轧制难点和孔型设计中特别要重视

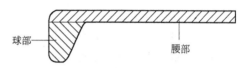

图 7-25 球扁钢的断面划分

的问题。当采用平轧孔型系统时,为了提高轧件的稳定性,即使在精轧孔内也不宜均匀地分配球部和腰部的压下系数,而应使腰部的压下系数适当地比球部大一些。另外可通过孔型系统的孔型结构变化来提高轧制的稳定性和改善其轧制中的弯曲问题,比如在轧制大规格球扁钢时采用蝶式或槽式孔型结构。

(2) 球扁钢的球部和腰部厚度不同,因此轧制时强烈的不均匀变形不可避免。孔型设计时为了减少精轧孔的磨损,降低残余应力,提高轧件在精轧孔型中的稳定性,保证产品质量,必须在前面几个道次中利用金属温度高、塑性好、变形抗力低的有利条件,采用尽可能大的变形并同时完成不均匀变形,因为这时轧件产生的附加应力较小,所产生的水平弯曲容易通过导卫的帮助获得矫正。在后面的精轧孔中,要适当地减少不均匀变形程度。设计孔型时,应遵循 $\mu_{球} \approx \mu_{腹}$,以保证轧制的稳定性。

(3) 球扁钢孔型一般以腰部压下系数作为其孔型设计的基础,其腰部压下系数选用可参考表 7-10。腰部宽展系数 β 应根据经验选取,一般取 $0.4 \sim 1$。

表 7-10 球扁钢腰部压下系数选择

道 次	K_1	K_2	K_3	K_4	其他孔
腰部压下系数	1.1 ~ 1.25	1.15 ~ 1.30	1.20 ~ 1.30	1.25 ~ 1.40	1.3 ~ 1.8

7.2.4 成品孔设计与配置

7.2.4.1 成品孔的结构形式

根据球扁钢产品标准的要求,同时考虑到一般用户对球头 r_1 的要求不高,所以目前采用的球扁钢的成品孔结构形式基本上为球部上开口和腰部下开口,如图 7-26 所示。

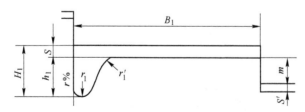

图 7-26 成品孔的结构图

为了保证球扁钢断面形状正确和提高轧辊重车次数,按不同规格大小成品孔在轧辊上采用 3% ~ 7% 的斜度配置。

7.2.4.2 成品孔尺寸设计

孔型宽度

$$B_1 = (B + \Delta_B)\beta_t \qquad (7-27)$$

腰厚

$$S_1 = S$$

球高

$$H_1 = H\beta_t$$

或

$$H_1 = [H + (\Delta_H - \Delta_S)]\beta_t \qquad (7-28)$$

式中　B——球扁钢腰宽的标准尺寸；

　　　S——球扁钢腰厚的标准尺寸；

　　　H——球扁钢球部高度的标准尺寸；

　　　Δ_B——球扁钢腰宽的正公差；

　　　Δ_S——球扁钢腰厚的正公差；

　　　Δ_H——球扁钢球部高度的正公差；

　　　β_t——热膨胀系数。

r_1 一般取部分负公差尺寸,因为球端容易磨损,而 r_1' 取标准尺寸。

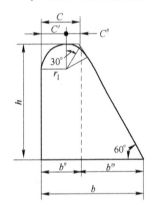

图 7-27　成品孔球部的
结构尺寸图

锁口尺寸

$$m = (1.5 \sim 2.5)S \qquad (7-29)$$

辊缝

$$s = 4 \sim 6 \ \text{mm}$$

成品孔球部尺寸如图 7-27 所示。

$$\begin{cases} C' = r_1 \\ C'' = r_1\tan30° = 0.5774r_1 \\ C = C' + C'' = 1.5774r_1 \end{cases} \qquad (7-30)$$

$$h = H - S \qquad (7-31)$$

$$\begin{cases} b'' = C \\ b''' = h\cot60° = 0.5774h \\ b = b'' + b''' = 1.5774r_1 + 0.5774h \end{cases} \qquad (7-32)$$

7.2.5　平轧孔型系统孔型设计

7.2.5.1　成品前孔设计

成品前孔的结构图如图 7-28 所示。

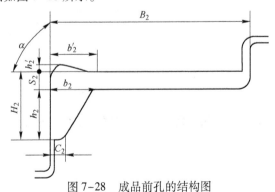

图 7-28　成品前孔的结构图

腰厚

$$S_2 = \eta_1 S_1 \tag{7-33}$$

腰宽

$$B_2 = B_1 - \beta_1 (S_2 - S_1) \tag{7-34}$$

式中 η_1——成品孔内腰厚压下系数;

β_1——成品孔内宽展系数,在直轧孔型系统中,其成品孔的宽展系数取为1。

腰部面积

$$F_{S2} = S_2 B_2 \tag{7-35}$$

成品孔腰部延伸系数

$$\mu_{S1} = \frac{S_2 B_2}{S_1 B_1} \tag{7-36}$$

球部高度取

$$h_2 = h_1 + (2 \sim 7)\,\mathrm{mm}$$

球端厚度

$$C_2 = C_1 - (0 \sim 0.5)\,\mathrm{mm}$$

为保证变形均匀,取成品孔球部的延伸系数 μ_{H1} 等于腰部延伸系数 μ_{S1},则其球部面积为:

$$F_{H2} = \mu_{H1} F_{S1} \tag{7-37}$$

球根厚度

$$b_2 = \frac{2F_{H2}}{h_2} - C_2 \tag{7-38}$$

假球尺寸取

$$h_2' = (0.5 \sim 1)\,\mathrm{mm}$$
$$b_2' = (1.05 \sim 1.25)\,b_2 \tag{7-39}$$

球部顶角 α 取90°,以防止成品孔内产生弯曲。

7.2.5.2 其他各孔的设计

A 各孔腰部厚度及宽度的确定

各孔腰部厚度及宽度根据压下系数及宽展系数计算。

B 球部尺寸的确定

确定孔型球部面积的原则是:在接近成品孔的道次,应力求变形的均匀,防止较大的轧件弯曲,即应做到球部的延伸系数 μ_H 与腰部的延伸系数 μ_S 基本相等,以保证成品的尺寸精度。一般对于 $K_1 \sim K_3$ 孔,有:

$$\mu_H = \mu_S - (0 \sim 0.03) \tag{7-40}$$

K_4 以前的孔型则可以逐渐采用较大的不均匀变形,即腰部延伸系数可比球部延伸系数逐道增大。球部的增长量与垂直压下量的选择原则与槽钢腿部尺寸设计相似。闭口进开口的球部尺寸关系如图7-29所示。

当闭口球部进开口球部时,球部的增长量取 $0 \sim 3$ mm,一般取小值,以减轻开口球部的侧压量。因此,

$$h_{n+1} = h_n - (0 \sim 3)\,\mathrm{mm}$$

开口球的球端余量 Δ 取 $1 \sim 5$ mm(接近成品取小值)。

闭口球进开口球时,球根部与端部的侧压按下述原则选取:

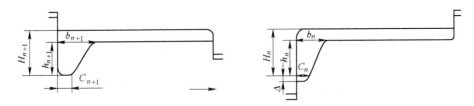

图 7-29   闭口进开口的尺寸关系

$$\begin{cases} b_{n+1} - b_n > C_{n+1} - C_n \\ \dfrac{b_{n+1}}{b_n} < \dfrac{C_{n+1}}{C_n} \end{cases} \tag{7-41}$$

开口球进闭口球(控制孔)时,其尺寸关系如图 7-30 所示。

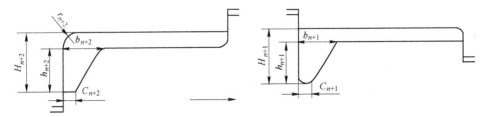

图 7-30   开口进闭口的尺寸关系

闭口球部(控制孔)垂直压下量取 2 ~ 7 mm。因此,

$$h_{n+2} = h_{n+1} + (2 \sim 7)\,\text{mm}$$

为了使球部充满良好,球端部一般不给侧压,最好给一定的余量,即

$$C_{n+2} = C_{n+1} - (0 \sim 2)\,\text{mm}$$

球根部侧压量取 1 ~ 4 mm。因此,

$$b_{n+2} = b_{n+1} + (1 \sim 4)\,\text{mm}$$

为了防止闭口孔上面开口部分出耳子,在前一道开口孔球上部采用圆弧过渡,圆弧半径 r_{n+2} 的大小根据孔型充满情况而定。

C   假球

为了给球部补充一部分金属,使球部充满良好,同时也给球部留出余地,以避免球部出耳子,球扁钢孔型的球部一般都设有假球部分,如图 7-31 所示。假球占的面积可按逆轧制道次逐步增加,假球的形状,除 K_2 孔为三角形外,其他各孔皆为梯形,这样做有利于各孔球部的充满。假球的结构尺寸可参考表 7-11 确定。

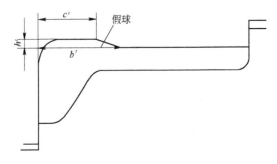

图 7-31   假球的尺寸

表 7-11　假球尺寸的设计参考数据

孔　号	h'	c'	b'
K_2	$0.5 \sim 1$		$(1.05 \sim 1.25)b$
K_3	$1 \sim 1.5$	$(0.9 \sim 1.1)b$	$c' + (6 \sim 12)\,\text{mm}$
K_4	$2 \sim 2.5$	$(0.9 \sim 1.1)b$	$c' + (8 \sim 15)\,\text{mm}$

为了避免成品孔有弯曲作用,成品前孔球部顶角 $\alpha = 90°$。

7.2.5.3　斜配角度

因为球部顶角 $\alpha = 90°$,为了保证球扁钢断面形状正确和提高轧辊的次数,孔型必须斜配,如图 7-32 所示。对于球根部开口的孔型,斜配角度取 $3\% \sim 7\%$,如图 7-32(a)所示;而对于球端部开口的孔型,斜配角度取 $10\% \sim 15\%$,如图 7-32(b)所示。

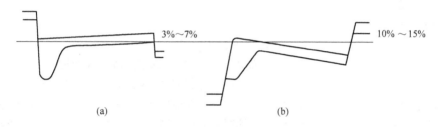

图 7-32　孔型斜配角度

(a) 球根部开口孔型;(b) 球端部开口孔型

7.2.6　槽式和蝶式孔型系统的孔型设计

7.2.6.1　槽式和蝶式孔型变形系数

由于球扁钢槽式和蝶式孔型系统为了轧制的稳定,都将腹板进行了弯曲,所以其孔型的变形参数设计有如下特点:

(1)压下量分配:主要考虑腹板的压下量,压下量的设计可借鉴槽钢和角钢。但由于在球扁钢槽式和蝶式孔型中顺轧制道次轧制时,腹板有一个逐渐扳直的过程,所以要注意在扳直量大的道次其压下量需相对小一些。

(2)宽展系数:除切分孔型外,其余孔型都是腹板逐渐扳直的孔型,其扳直宽展量较正常要大一些,宽展系数可取 $0.4 \sim 0.6$,扳直量大的孔型,其宽展系数可取 1.0 以上。

7.2.6.2　槽式孔型的结构参数设计

槽式孔型的结构如图 7-33 所示。槽式孔型也分别按球头和腰部进行设计,其球头部分的结构设计参考前面介绍的直轧孔型的球头设计;而腰部部分,为了提高轧件在孔型内的稳定性,在结构上采用了直线段加弯曲段的近似槽钢孔型的结构。

成品前孔腰部的中心线长度:

$$B_2 = B_1 - \beta_1 \Delta S_1 \tag{7-42}$$

式中　B_1——成品孔的腰部宽度,mm;

ΔS_1——成品孔的腰部压下量,mm;

β_1——成品孔的宽展系数,由于在槽式孔型系统中,成品前孔中腰部有弯曲,在成品孔中需将其扳直,因而要考虑由弯变直引起的强迫宽展,所以其成品孔的宽展系数应取得大一些,一般取 $0.7 \sim 2.0$。

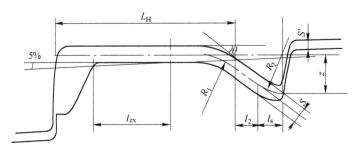

图 7-33　球扁钢槽式孔型结构图

同理,其他各槽式孔型的中心线长度:

$$B_i = B_{i-1} - \beta_{i-1}\Delta S_{i-1} \tag{7-43}$$

腹板部分设计:

直线段长度:

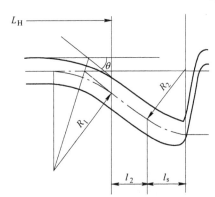

图 7-34　腹板弯曲部分的结构
尺寸的几何关系图

$$L_H = (0.7 \sim 0.75)B \tag{7-44}$$

式中　B——球扁钢成品腰部标准尺寸,mm。

按逆轧制顺序,各孔的 L 值应逐道减少。

对于弯曲段倾角 θ,为了减少成品孔的负担,θ 一般顺轧制方向逐道减小。一般成品前孔 K_2 孔: $\theta = 30°$;K_3 孔: $\theta = 40° \sim 45°$;K_4 孔: $\theta = 50° \sim 55°$。

直线段与弯曲段的过渡圆弧半径,成品前孔取 $R_1 = 50$ mm,往前各孔逐道减小。

为了进一步提高轧件的稳定性,在腹板弯曲段的设计中采用了直线后加圆弧过渡(类似蝶式孔)的结构。圆弧段水平长度一般取 $l_s = 18 \sim 24$ mm,圆弧半径大号球扁钢一般取 $R_2 = 50$ mm,则根据几何关系及图 7-33 和图 7-34 所示,槽式孔型的中心线长度为:

$$B_c = L_H - R_1\tan\frac{\theta}{2}(1 + \cos\theta) + \theta/360° \times 2\pi R_1 + l_2/\cos\theta + \arcsin\frac{l_s}{R_2}/360° \times 2\pi R_2 \tag{7-45}$$

槽式孔型在配辊时,配孔斜度取 $5\% \sim 7\%$。

7.2.6.3　控制孔的设计

在前面的槽式孔型系统的分析中提到,为了轧制调整便利,在系统中有两次控制腹板宽度的机会,如图 7-24(c)所示,其中的 K_4、K_6 孔作为控制孔。

控制孔与其他成型孔相比只是其腿部独特,其结构采用的是半闭口式。腿端距开口的距离一般根据球扁钢规格大小取 $m = 7 \sim 20$ mm。其腿部的结构如图 7-35 所示。

控制孔结构设计的原则如下:

(1)轧件在进入控制孔的半闭口腿部时,为了避免轧件的腿尖插在其辊缝里,俗称"上辊台",如图 7-36(a)所示,设计上可采用两孔的腿侧斜度差来保证轧件的顺利插入,其理想的腿部进孔状态如图 7-36(b)所示。所以其控制孔的侧壁斜度 $\varphi\%$ 比来料孔型的斜度大 $4\% \sim 7\%$。

(2)轧件进入控制孔时,腿端不允许沿腿的厚度进行压缩,以防止楔卡或引起压缩的金属被挤入轧辊的辊缝中形成耳子。在腿根可给予一定的侧压,但其侧压系数要比腰部小,以避免腿长被压缩过多。

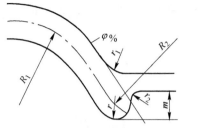

图 7-35 控制孔腿部结构尺寸

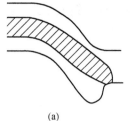
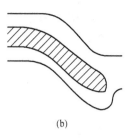

图 7-36 腿部进入控制孔的状态

(a) 非正常;(b) 正常

(3) 控制孔的腿部直压量应按其规格大小控制在 4~7 mm 的范围内。

7.2.6.4 蝶式孔型设计

球扁钢蝶式孔型系统是为了提高球扁钢轧制的稳定性,防止轧辊窜动,将球扁钢的腹板进行了像角钢腿部一样的弯曲蝶形处理,使其由直线段和圆弧段构成。蝶式孔型的结构图如图 7-37 所示。

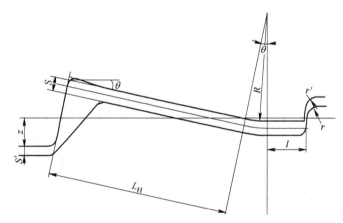

图 7-37 球扁钢蝶式孔型结构图

蝶式孔型主要的结构参数可参考下面数据选取:

直线段长度:

$$L_H = (0.65 \sim 0.8)B \tag{7-46}$$

按逆轧制顺序各孔的 L_H 值应逐道减少。

为减少成品孔的负担,倾角 θ 也是沿轧制方向逐道减小,对于 K_2 孔:$\theta = 12°$;K_3、K_4 孔:$\theta = 15° \sim 16°$。

圆弧半径:

K_2 孔:

$$R = (0.65 \sim 0.9)B \tag{7-47}$$

其他孔:

$$R = (0.5 \sim 0.65)B \tag{7-48}$$

水平段长度:

$$l = B - L_H - \theta/360° \times 2\pi R \tag{7-49}$$

式中 B——各孔的中心线长度。

图 7-38 ~ 图 7-41 所示为 16 号球扁钢成品孔、槽式孔型成品前孔、再前孔以及蝶式孔型成品前孔孔型图。

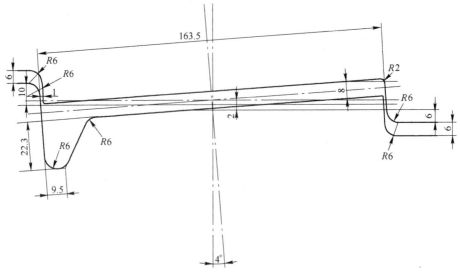

图 7-38　16 号球扁钢成品孔孔型图

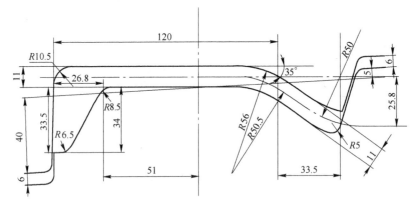

图 7-39　16 号球扁钢成品前孔槽式孔型图

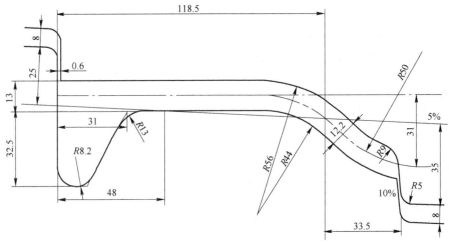

图 7-40　16 号球扁钢成品再前孔槽式孔型图

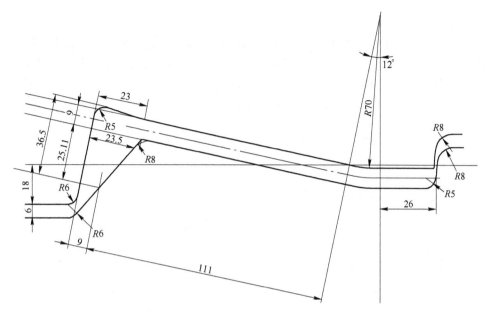

图 7-41　16 号球扁钢成品前孔蝶式孔型图

7.3　汽车车轮轮辋钢孔型设计

7.3.1　轮辋钢断面形状特征

7.3.1.1　断面特征

图 7-42 所示为热轧 5.50F 轮辋钢断面形状与尺寸。由图可看出轮辋钢断面无对称轴线,其断面形状由不等边角钢和小沟槽两部分组成。小沟槽部分要与挡圈、锁圈相配合,如图 7-43 所示,故对其尺寸、公差要求较严。

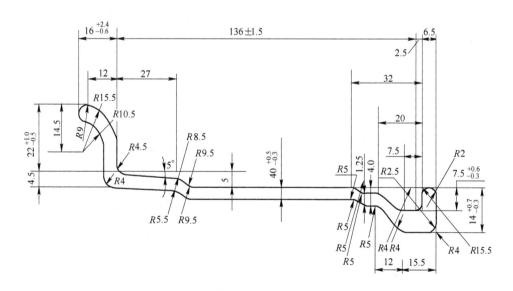

图 7-42　5.50F 轮辋钢断面形状与尺寸

7.3.1.2　断面划分

　　为了设计方便,按照金属在孔型内的流动情况,把轮辋钢断面划分为头、腰和腿三部分,如图7-44所示。孔型设计时,腿与腰的一部分可当作不等边角钢来考虑(以后简称腿侧部分),而另一部分腰与头可参考槽钢来设计(以后简称沟槽侧部分);同时把腰部的压下系数 η_y 作为设计的基础来设计孔型各部分尺寸,即取腿部压下系数 η_t 与腰部相等 $\eta_t = \eta_y$,头部压下系数 $\eta_d \leqslant \eta_y$。

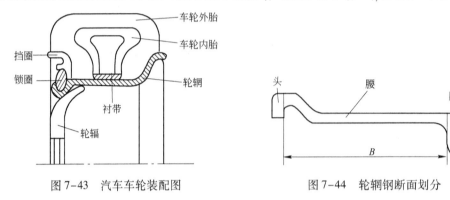

图7-43　汽车车轮装配图　　　　　　　图7-44　轮辋钢断面划分

7.3.2　轮辋钢的孔型系统

　　轮辋钢腰部厚度 d 较薄,为保证终轧温度,又不使接近成品道次的不均匀变化过大,一般轮辋钢成型孔型道次不少于五道。

　　轧制轮辋钢的孔型系统有图7-45所示的几种,带小沟槽轮辋钢均采用弯腰式孔型系统,即

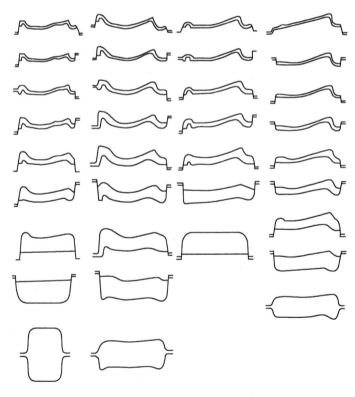

图7-45　几种轮辋钢孔型系统

使是成品孔腰部也是弯曲的,轧成后再在矫直机上将腰部矫平。若车间无矫直机或矫直机能力不够时,则应在孔型系统的最后增加一道,将轧成的成品在最后一道矫直孔型中腰部轧平。孔型腰部弯曲后,腿部和小沟槽部分同时上翘,从而带来以下优点:

(1)增加腿部和小沟槽外侧壁斜度,可减少孔型磨损后的重车量,另外可采用适当的侧压,使轧件充满良好。

(2)提高轧件在孔型中的稳定性,可避免直腰孔型因轧件对准孔型困难而产生的折叠。

(3)减小轧辊的轴向力,减轻轧辊的轴向窜动,从而使腰与腿厚度比较稳定。

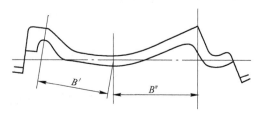

图7-46 轮辋钢弯腰式孔型的腰宽

为了保证轮辋钢的小沟槽部分在轧制时充满良好、尺寸精确和调整操作方便,在孔型系统中,K_2 或 K_3 应采用控制孔。

轮辋钢弯腰式孔型系统中所有孔型都做成弯腰,设计时取腰部的宽度不变,即图7-46中 B' 和 B'' 尺寸不变,腿部中心线长度与宽展按照角钢设计方法确定,头部的增高和拉缩量参照槽钢的设计选取。

7.3.3 孔型设计

7.3.3.1 轮辋钢弯腰式成品孔设计(K_1 孔)

A 腿侧部分孔型构成

由图7-47可见腿侧部分孔型与角钢蝶式孔型相似,为了尽可能减小轧制时轧件对轧辊的轴向力,要求腿厚中心点 C 位置抬高至腰厚中心线上。此时,腰部圆弧弯曲段半径和直线段长度 $L_H(\overline{AG})$ 取值分别为:

$$\begin{cases} R = (0.4 \sim 0.9)L_c,\text{常取 } R = (0.45 \sim 0.65)L_c \\ L_H = \overline{AG} = (0.35 \sim 0.45)L_c \end{cases} \tag{7-50}$$

式中 L_c——腰部中心线长度的热尺寸。

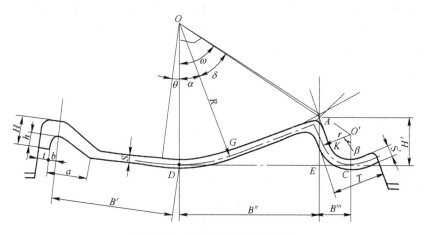

图7-47 弯腰式成品孔的构成

腰厚 d 和腿厚 d' 均按产品标准尺寸。腿部顶角 $\varphi = 90°$,腿部直线段长度 $l_H(\overline{AK})$ 按照标准尺

寸的热尺寸,弯曲圆弧半径 r 按产品标准尺寸,则孔型上沿腰部圆弧弯曲段半径 R' 和腿部弯曲半径 r' 为

$$\begin{cases} R' = R - \dfrac{d}{2} \\ r' = r - \dfrac{d'}{2} \end{cases} \tag{7-51}$$

由图 7-47 可得几何关系如下:

$$\overline{OO'} = \sqrt{(R' + l_H)^2 + (r' + L_H)^2}$$

$$\delta = \arcsin \frac{r' + L_H}{\sqrt{(R' + l_H)^2 + (r' + L_H)^2}}$$

$$\omega = \arccos \frac{R - r}{\sqrt{(R' + l_H)^2 + (r' + L_H)^2}}$$

所以 $\alpha = \omega - \delta = \arccos \dfrac{R - r}{\sqrt{(R' + l_H)^2 + (r' + L_H)^2}} - \arcsin \dfrac{r' + L_H}{\sqrt{(R' + l_H)^2 + (r' + L_H)^2}}$ (7-52)

由此可得宽度 B''、B'''、B' 和孔型高 H' 为

$$\begin{cases} B'' = R'\sin\alpha + L_H\cos\alpha \\ B''' = r'\cos\alpha + l_H\sin\alpha \\ B' = L_c - \left(L_H - \dfrac{d'}{2} \right) - \dfrac{\pi R\alpha}{180°} \end{cases} \tag{7-53}$$

$$H' = L_H\sin\alpha + R'(1 - \cos\alpha) + \frac{d}{2} \tag{7-54}$$

腿部中心线长度为

$$L_c = \left[\left(l_H - \frac{d}{2} \right) + \frac{\pi r}{2} + \left(T - r - \frac{d'}{2} \right) \right] \times 1.013 \tag{7-55}$$

式中　T——轮辋钢的腿宽,按标准选取。

B　沟槽侧孔型构成

为了使沟槽的侧壁具有一定的斜度,根据沟槽的形状腰部也可采用中心角为 θ' 的圆弧弯曲段,如图 7-47 所示,θ' 角一般取 0° ~ 15°。图 7-47 中的沟槽尺寸 a、b、h 的确定,应考虑孔型的磨损,故取部分正偏差。t 和 H 取标准尺寸。

7.3.3.2　其他各孔设计

A　腿侧部分孔型设计

此部分孔型构成参数(如图 7-48 所示)的计算与角钢相似。在 K_2 孔及以后各孔型内,令 O、A、O'、C、E、D 六点固定,即各孔型的 R、r_a、H_a、B'' 和 B''' 几个参数相同,在逐道增大各孔腰厚 d_i 及腿厚 d'_i 的同时,顶角 φ_i 依次增大,α_i 与 β_i 角依次减小。K_2 孔型内各不变参数取法如下:R、B'' 与成品孔相同,孔型高度 H_a 和腿部弯曲半径 r_a 取值为

$$\begin{cases} H_a = H' + (0 \sim 1) \\ r_a = r + (0 \sim 2) \end{cases} \tag{7-56}$$

式中　H'——成品孔的孔高;

　　　r——腿厚中心线弯曲圆弧半径。

取 K_2 孔顶角 $\varphi_2 \geqslant 90°$(常取 $\varphi_2 = 90°$),则孔型内各角度参数为

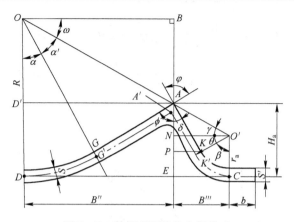

图7-48　轮辋弯腰孔的右侧构成

$$\begin{cases}
\phi = \alpha' + \omega \\[2mm]
\alpha'_i = \arccos \dfrac{r_a - \dfrac{d'_i}{2}}{\sqrt{(H_a - r_a)^2 + B''^2}} \\[4mm]
\omega = \arccos \dfrac{B''}{\sqrt{B''^2 + (R - H_a)^2}} \\[2mm]
\delta_i = \varphi - \phi \\[2mm]
\psi_i = 90° - \delta
\end{cases}$$
(7-57)

由图7-48的几何关系可得腿部宽度 B''' 为

$$B''' = \left(r_a - \frac{d'_2}{2}\right)\sin\psi + \left[H_a - r_a(1 - \cos\psi)\right]\tan\delta$$
(7-58)

通过以上计算得到 K_2 孔及以后各孔的固定参数 R、r_a、H_a、B'' 及 B'''，从而得出图7-48中的 O、A、O'、C、E、D 六个固定点。此后只需确定出各孔腰、腿厚度 d_i、d'_i 和腿部水平段长度 b_i 即可构成孔型。各孔腰部厚度与腿部厚度按照设计确定，取各道次的腿部压下系数 η_{ti} 等于腰部压下系数 η_{yi}，则

$$\begin{cases}
d_i = \eta_{yi-1} d_{i-1} \\
d'_i = \eta_{ti-1} d_{i-1} \\
\eta_{ti-1} = \eta_{yi-1}
\end{cases}$$
(7-59)

式中　　d_i, d_{i-1}——后道与前后腰厚；

　　　　　d'_i, d'_{i-1}——后道与前后腿厚。

由于轮辋钢孔型设计时 B' 与 B'' 各孔保持不变，因此设计时不需考虑各孔腰部中心线长度，从而简化了设计。

各孔腿部中心线长度计算方法如下：

各孔腿部直线段长度 l_{Hi} 为（如图7-48所示）

$$l_{Hi} = (\overline{AK})_i = \sqrt{(H_a - r_a)^2 + B'''^2 - \left(r_a - \frac{d'_i}{2}\right)^2}$$
(7-60)

各孔腰、腿部直线段中心线长度 L_{Hci}、l_{Hci} 为（如图7-49所示）

$$\begin{cases} L_{Hci} = L_{Hi} - \left[\dfrac{d_i'}{2\cos(\varphi_i - 90°)} - \dfrac{1}{2}d_i\tan(\varphi_i - 90°) \right] \\[3mm] l_{Hci} = l_{Hi} - \left[\dfrac{d_i}{2\cos(\varphi_i - 90°)} - \dfrac{1}{2}d_i'\tan(\varphi_i - 90°) \right] \end{cases} \tag{7-61}$$

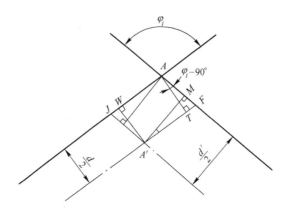

图 7-49　直线段中心线长度的求解

各孔顶角 φ_i 为(如图 7-48 所示)

$$\begin{cases} \varphi_i = 180° - \alpha_i \\ \alpha_i = 90° - (\alpha' + \omega) \\ \varphi_i = 90° - \left[(\theta_i + \gamma) - \gamma \right] \end{cases} \tag{7-62}$$

式中　α',ω——见式(7-57)；

$\gamma,(\theta_i + \gamma)$——其值由图 7-48 所示几何关系得：

$$\gamma = \arctan\frac{H_a - r_a}{B'''}$$

$$(\theta_i + \gamma) = \arccos\frac{r_a - \dfrac{d_i'}{2}}{\sqrt{(H_a - r_a)^2 + B'''^2}}$$

由于 ω 和 γ 角在各孔内是不变的,所以随着 d_i 和 d_i' 的增大, α_i 和 φ_i 逐道减小, φ_i 逐道增大。各孔腿部中心线长度为

$$l_{ci} = l_{Hci} + \frac{\pi r_a \varphi_i}{180°} + b_i \tag{7-63}$$

各孔腿部中心线长度根据前后孔型宽展关系可得：

$$l_{ci} = l_{ci-1} - \beta_{i-1}\Delta d_{i-1}' \tag{7-64}$$

式中　l_{ci},l_{ci-1}——按设计顺序后道与前道腿部中心线长度；

　　　$\Delta d_{i-1}'$——前道孔型中腿厚压下量；

　　　β_{i-1}——前道孔型中相对宽展系数,一般取 $0.5 \sim 1.0$。

因此,根据成品孔腿厚中心线长度,用式(7-63)和式(7-64)便可逐道求出各孔腿部水平段长度 b_i。对于腿端和内跨圆弧半径以及孔型开口位置、尺寸的选法与角钢设计相似。

B　沟槽部分孔型尺寸确定

B' 同 K_1 成品孔。取小沟槽槽底厚度 d'' 的压下系数 η_d 略小于腰部的压下系数 η_y,则各道槽

底厚度为（如图 7-50 所示）

$$d_i'' = \eta_{\mathrm{d}i-1} d_{i-1}'' \tag{7-65}$$

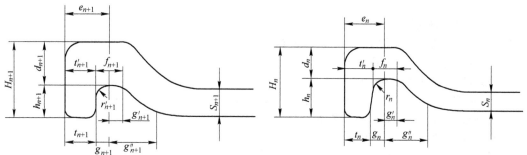

图 7-50 沟槽和头部尺寸确定

取槽底圆弧半径 r''，槽底内宽 f、槽口宽 g、g'' 和 g' 值为

$$\begin{cases} r_i'' \leqslant r_{i-1}'' \\ f_i \leqslant f_{i-1} \\ g_i = g_{i-1} + (0 \sim 0.3) \\ g_i' = g_{i-1}' + (0 \sim 0.5) \\ g_i'' = g_{i-1}' \end{cases} \tag{7-66}$$

头部高度 H 和 t、t' 要根据孔型结构来选定，当第 $i-1$ 道头部为开口孔型时，头部高度增高量为 $0.3 \sim 2$ mm，则 i 道的头高为

$$\begin{cases} H_i = H_{i-1} - (0.2 \sim 2) \\ h_i = H_i - d_i \end{cases} \tag{7-67}$$

头部平均厚度 $t_{\mathrm{c}i}$ 为

$$t_{\mathrm{c}i} = \frac{t_{\mathrm{c}i-1} H_{i-1}}{H_i} \mu_{i-1}$$

式中　μ_{i-1}——第 $i-1$ 道次头部的延伸系数，一般 $\mu_{i-1} = (0.95 \sim 1)\eta_{\mathrm{d}}$。

取头部端侧压量 $\Delta t = 0.3 \sim 1.5$ mm，按设计顺序逐道取大，则

$$\begin{cases} t_i = t_{i-1} + \Delta t_{i-1} \\ t_i' = 2t_{\mathrm{c}i} - t_i \\ c_i = t_i' + r_i'' \end{cases} \tag{7-68}$$

若出现孔型侧壁斜度不足时，可使 $t_i' - t_i$ 值适当增大。

当第 $i-1$ 道为控制孔时，第 i 道头部厚度取值为

$$\begin{cases} t_i = t_{i-1} \\ t_i' = t_{i-1}' \\ H_i = \dfrac{H_{i-1} t_{\mathrm{c}i-1}}{t_{\mathrm{c}i}} \mu_{i-1} \\ h_i = H_i - d_i'' \end{cases} \tag{7-69}$$

式中　μ_{i-1}——头部延伸系数，取 $\mu_{i-1} = (0.97 \sim 1)\eta_{\mathrm{y}i-1}$。

思　考　题

7-1　试述槽钢的断面特点和轧制变形特点。

7-2　槽钢轧制的孔型系统有哪几种,各自的特点如何?

7-3　如何进行槽钢轧制切分孔型设计?

7-4　试述槽钢弯腰大斜度异形孔型设计的方法。

7-5　槽钢控制孔的作用是什么,控制孔型设计的原则有哪些?

7-6　槽钢孔型假腿的作用是什么,假腿如何设计?

7-7　试述球扁钢形状和变形特点?

7-8　球扁钢轧制的孔型系统有哪些,各自的特点和适用性如何?

7-9　试述球扁钢槽式和蝶式孔型的结构特点和主要结构参数设计。

7-10　轮辋钢断面形状特征是什么?

7-11　如何进行轮辋钢弯腰式孔型的结构参数的设计。

8 万能轧机孔型设计

8.1 H型钢孔型设计

8.1.1 产品规格与技术要求

H型钢是断面形状类似于大写拉丁字母H的一种经济断面型材,又被称为万能钢梁、宽边(缘)工字钢。建筑钢结构中的H型钢分为热轧H型钢和焊接H型钢两大类。H型钢各部位名称如图8-1所示。

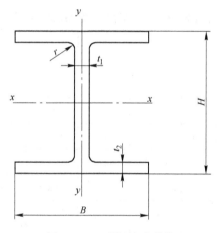

图 8-1 H型钢外观形状

H—高度;B—宽度;r—圆角半径;t_1—腹板厚度;t_2—翼缘厚度

H型钢的断面通常分为腰部(或称腹板)和腿部(或称翼缘、边部)两部分。H型钢的腿部内侧与外侧平行或接近于平行,腿的端部成直角。与腰部具有同样高度的普通工字钢相比,H型钢的腰部厚度小,腿部宽度大,因此又叫宽边工字钢。由形状断面特点决定,H型钢的截面模数、惯性矩及相应的强度均明显优于同样重量的普通工字钢。H型钢用在不同要求的金属结构中,不论是承受弯曲力矩、压力负荷还是偏心负荷都显示出它的优越性能,比普通工字钢具有更大的承载能力,并且由于它的腿宽、腰薄、规格多、使用灵活,能节约金属10%～40%。由于其腿部内侧与外侧平行,腿端呈直角,故便于拼装组合成各种构件,从而可节约焊接和铆接工作量达25%左右,因而能大大加快工程的建设速度,缩短工期。

由于H型钢具有性能优越、加工制作和施工安装工艺简单、方便、快捷的特点,被建筑业和环保业人士称之为绿色环保产品,已成为建筑钢结构体系中重要的材料组成部分,从而被广泛应用于国民经济建设的各个领域,尤其是要求承载力大、截面稳定性好的大型建筑、船舶、起重运输机械、设备基础、支架、基础桩等。

H型钢的产品规格很多,可以进行如下几种分类:

(1) 按生产方式分类,可分为焊接 H 型钢和热轧 H 型钢。

(2) 按尺寸规格划分,可分为大、中、小号 H 型钢。通常将腰高为 700 mm 以上的产品称为大号,腰高为 300~700 mm 的产品称为中号,腰高小于 300 mm 的产品称为小号 H 型钢。

(3) 根据标准《热轧 H 型钢和部分 T 型钢》(GB/T 11263—1998)规定,H 型钢分为三类,即宽腿部 H 型钢、代号 HW;中腿部 H 型钢、代号 HM;窄腿部 H 型钢、代号 HN。

梁形 H 型钢属于窄腿部(HN)系列,宽高比为 1:(3.3~2),主要用作受弯构件;柱形 H 型钢属于中腿部(HM)或宽腿部(HW)系列,宽高比为 1:(1.6~1),主要用作中心、偏心受压结构件或组合构件;桩形 H 型钢(HP)系列,其腿部宽与腰部高及两者的厚度均基本相等,宽高比为 1:1,主要用作基础桩。

H 型钢截面尺寸及截面系数见表 8-1。各类 H 型钢偏差允许值见表 8-2。H 型钢的标记方式采用高度 H × 宽度 B × 腰部厚度 t_1 × 腿部厚度 t_2 的形式。标准中对 H 型钢的技术要求有以下几方面的规定:

表 8-1　宽、中、窄腿部 H 型钢截面尺寸、截面面积、理论重量和截面特征

类别	常用规格				截面面积 /cm²	理论重量 /kg·m⁻¹	截面特性参数					
							惯性矩 /cm⁴		惯性半径 /cm		截面模数 /cm³	
	$H×B$ /mm×mm	t_1 /mm	t_2 /mm	r /mm			I_x	I_y	i_x	i_y	W_x	W_y
HW	200×204	12	12	16	72.28	56.7	5030	1700	8.35	4.85	503	167
	250×255	14	14	16	104.7	82.2	11500	3880	10.5	6.09	919	304
	294×302	12	12	20	108.3	85.0	17000	5520	12.5	7.14	1160	365
	344×348	10	16	20	146.0	115	33300	11200	5.1	8.78	1940	646
	388×402	15	15	24	179.2	141	42900	16300	16.6	9.52	2540	809
	394×398	11	18	24	187.6	147	56400	18900	17.3	10.0	2860	951
	400×408	21	21	24	251.5	197	71100	23800	16.8	9.73	3560	1170
	414×405	18	28	24	296.2	233	93000	31000	17.7	10.2	4490	1530
	428×407	20	35	24	361.4	284	119000	39400	18.2	10.4	5580	1930
HM	594×302	14	23	28	222.4	175	137000	10600	24.9	6.90	4620	701
HN	400×150	8	13	16	71.12	55.8	18800	734	16.3	3.21	942	97.9
	450×150	9	14	20	83.41	65.5	27100	793	18.0	3.08	1200	106
	500×150	10	16	20	98.23	77.1	38500	907	19.8	3.04	1540	121
	506×201	11	19	20	131.3	103	56500	25800	20.8	4.43	2230	257
	606×201	12	20	24	153.3	120	91000	2720	24.4	4.21	3000	271
	692×300	13	20	28	211.5	166	172000	9020	28.6	6.53	4980	602

表 8-2　宽、中窄腿部 H 型钢尺寸、外形允许偏差

项　目		允　许　偏　差	图　示
高度 H/mm	<400	±2.0	
	≥400 ~ <600	±3.0	
	≥600	±4.0	
宽度 B/mm	<100	±2.0	
	≥100 ~ <200	±2.5	
	≥200	±3.0	
厚度 /mm	t_1 <16	±0.7	
	t_1 ≥16 ~ <25	±1.0	
	t_1 ≥25 ~ <40	±1.5	
	t_1 ≥40	±2.0	
	t_2 <16	±1.0	
	t_2 ≥16 ~ <25	±1.5	
	t_2 ≥25 ~ <40	±1.7	
	t_2 ≥40	±2.0	
腿部斜度 T	(型号)高度≤300	$T≤1.0\%B$。但允许偏差的最小值为 1.5 mm	
	(型号)高度>300	$T≤1.0\%B$。但允许偏差的最小值为 1.5 mm	
弯曲度	(型号)高度≤300	≤长度的0.15%	适用于上下、左右大弯曲
	(型号)高度>300	≤长度的0.10%	
中心偏差 S/mm	(型号)高度≤300 且宽度≤200	±2.5	$S=\dfrac{b_1-b_2}{2}$
	(型号)高度>300 或宽度>200	±3.5	
腰部弯曲度 W/mm	(型号)高度<400	≤2.0	
	≥400 ~ <600	≤2.5	
	≥600	≤3.0	
端面斜度 e		$e≤1.6\%$(H 或 B),但允许偏差的最小值为3.0 mm	

（1）交货状态以热轧状态交货。

（2）钢的牌号、化学成分和力学性能应符合碳素结构钢（GB 700）和低合金高强度结构钢（GB/T 1591）的要求,也可按其他牌号及其性能指标供货。

（3）型钢的表面质量，不允许有影响使用的裂缝、折叠、结疤、分层和夹杂。局部的发纹、拉裂、凹坑、凸起、麻点及刮痕等缺陷允许存在，但不得超出厚度尺寸允许偏差。

8.1.2　H型钢的万能轧制方法与轧机布置

传统的H型钢热轧轧制成型过程（可逆式）基本分为三个阶段，即：

（1）成雏形轧制，即一般先在二辊切深孔型中轧制形成异型坯，如图8-2（a）所示。

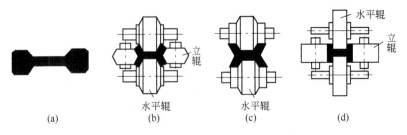

图8-2　热轧H型钢生产的三个阶段

（2）万能粗轧，即通过由两侧带斜度的上下水平辊及左右一对辊身带锥度的立辊构成的斜腿孔型（称为"X"形孔型），对异型坯的翼缘内外侧和腹板进行对称均匀压缩，如图8-2（b）所示；再由轧边机，即上下水平轧辊构成立压孔对翼缘面进行加工，如图8-2（c）所示。然后，调整辊缝改"X"孔型尺寸进行后面若干道次的往复轧制。

（3）万能精轧，即将由两侧垂直平行的上下水平辊及左右一对柱形立辊构成的直腿孔型（称为"H"形孔型）用来平直斜翼缘做最后精加工，如图8-2（d）所示。这种轧制方法，坯料在轧制时变形均匀，翼缘内外侧轧辊表面速度差小，产品的内应力小，质量好。同时，轧辊磨损小。

宽腿翼缘H型钢通过万能轧机和轧边机轧制而成。万能轧机是由四根轴心在统一平面内的两对轧辊组成开口孔型的轧机，它与由两根水平辊构成的轧边机相配合，可轧出翼缘内侧无斜度、腿端平直的平行宽翼缘工字钢。由于同一型号的H型钢腹板内侧高度均一样，因此，适当改变万能轧机两对轧辊的辊缝便可获得轧制不同规格H型钢的孔型。

常见H型钢轧机的布置形式有以下几种。

8.1.2.1　一个UE机组的往复连轧

这种轧机一般用于轧制腹板宽小于600 mm的H型钢。先在开坯机上轧出异型坯，再在UE（U为万能轧机，E为轧边机）机组上往复轧3～7道次，最后经万能精轧轧成成品。其工艺平面布置如图8-3所示。

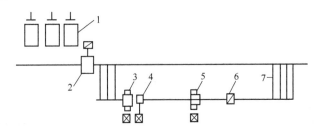

图8-3　一个UE机组往复连轧工艺的平面布置
1—加热炉；2—开坯机；3—万能粗轧机；4—轧边机；
5—万能精轧机；6—热锯；7—冷床

8.1.2.2　两个UE机组的往复连轧

两个UE机组的往复连轧广泛地用于H型钢专业化生产。这种轧制方法可生产腰宽达1200 mm的H型钢，在开坯机轧出的异型坯先在U_1E_1组成的第1机组往复轧制3~7道次，再在U_2E_2机组往复轧制3道次，最后在成品万能机架UF轧制1道次。这种布置形式的特点是设备简单、操作容易、投资少、产量高。若用这种轧制方法生产腰宽为200 mm以下的H型钢，则产量较低，其工艺平面布置如图8-4所示。

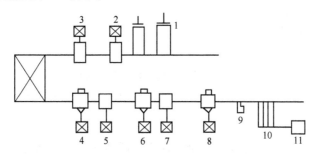

图8-4　两个UE机组往复连轧工艺的平面布置
1—加热炉;2—开坯机;3—粗轧机;4,6,8—万能轧机;
5,7—轧边机;9—热锯;10—冷床;11—辊矫机

8.1.2.3　UEU机组的往复连轧

为缩短轧制时间，提高终轧温度，在UE机组上增设一个万能机架，组成UEU连轧机组进行三机架往复连轧，这样可减少往复轧制的次数，提高生产效率和产品质量，有利于轧制薄壁的H型钢。由于有万能孔型之间的连轧，连轧的控制有一定的难度。其特点是与连轧机相比，机架数量少、操作容易、投资较小。这种轧机的适应面比较广，其工艺布置如图8-5所示。

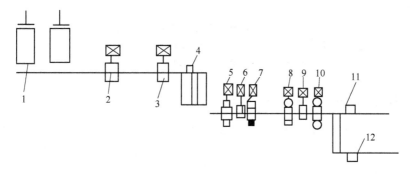

图8-5　UEU机组往复连轧工艺的平面布置
1—加热炉;2—开坯机;3—粗轧机;4—切头锯;5,7,8,10—万能轧机;
6,9—轧边机;11—切头锯;12—热锯

8.1.2.4　万能连轧机

这种布置形式一般为:一架或两架二辊开坯机(BD机架)→一组或两组万能连轧机组(每组5~6个机架，每组中有一架或两架轧边机)→万能精轧机(UF)。这种布置形式的特点是产量高、产品质量好，可生产轻型薄壁的产品，轧机建设投资大。由于多机架连轧，故微张力控制有很高的技术难度，要求操作水平很高。该布置形式适用于中、小号H型钢的大批量生产，一般用于轧制腰宽为500 mm以下的产品。其工艺平面布置如图8-6所示。

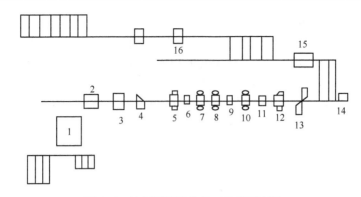

图 8-6　连续万能连轧机工艺平面布置
1—加热炉;2—除鳞机;3—开坯机;4—切头机;5,7,8,10,12—万能轧机;6,9,11—轧边机

8.1.2.5　全连轧

意大利达涅利公司新近研制的 H 型钢全连续式新型的中型轧机机组总共由 16 架轧机组成,用六架二辊开坯机(平—平—立—平—立—平)轧制 6 道次后的异型坯,再经 UEU—UEU—UEU 组成的连轧机组轧出产品。这套机组能轧制腰宽为 80～300 mm 的 H 型钢,其工艺平面布置如图 8-7 所示。

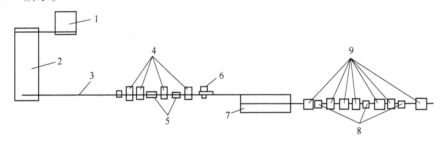

图 8-7　全连轧机组轧制工艺平面布置
1—上料台架;2—步进式再加热炉;3—输送辊道;4—DLOMφ850 mm 普通水平轧机;5—ESS750 悬臂式立式轧机;
6—剪切机;7—横移台架;8—DLOMφ550 mm 卡盘式水平轧机;9—SHDφ970mm 卡盘式万能轧机

8.1.3　H 型钢万能轧机 X—X 轧法孔型设计

我国某厂一套 H 型钢生产线采用串列式轧制工艺 1—3—1 布置,首先是 1 架开坯机,中间是 2 架万能粗轧机和 1 架轧边机形成的 3 机架可逆式连轧机组,最后是 1 架万能轧机,经由它们最终将产品轧制成型。具体的布置形式如图 8-8 所示。

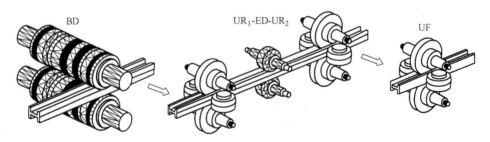

图 8-8　某厂 H 型钢车间轧机布置形式
BD—开坯机;UR$_1$—万能粗轧机 1;ED—轧边机;UR$_2$—万能粗轧机 2;UF—万能精轧机

　　H 型钢生产常采用近终形连铸坯,一般先在传统二辊轧机的平轧孔型中经过多道次轧制出工字形异型坯,然后在万能机架和轧边机中进行多道次轧制,轧出工字形轧件,最后在万能精轧机上轧出 H 型钢。在轧制 H 型钢的过程中使用两类孔型,开异型坯和轧边在二辊轧机上进行,其孔型属于二辊孔型;而 H 型钢的主要变形量在四辊万能轧机上进行,属于四辊万能 H 型孔型。故 H 型钢的孔型设计分为二辊孔型设计和四辊 H 型钢孔型设计两部分。万能孔型属于开口孔型,共用性好,万能轧机孔型设计包括辊型设计与压下规程设计。辊型设计又包括水平辊和立辊直径的选择、水平辊辊身长度的计算、水平辊侧面和立辊锥度的确定。

　　同型号不同规格的 H 型钢腰部内高相等,按照腰部和腿部厚度的不同而细分成不同规格。但是,即使是同一型号,不同规格 H 钢的成品腿部与腰部厚度的比值跨度也较大,以腿部高度为200 mm 的美标 W21 型号为例,该型号共有 7 个规格,厚度比值从 1.21 到 1.62。国内某大型 H 型钢厂采用腰部内高一定的轧制工艺(即同型号产品共用一套开坯机孔型和万能轧机配辊方案),通过更换压下图表来生产该型号下不同规格的产品。下面,就马钢 H 型钢厂实际生产中所采用的轧辊结构形式、辊型设计及压下规程设计做一介绍。

8.1.3.1　万能轧机与轧边机孔型设计

　　万能轧机由一对有主电机驱动的水平辊和一对无驱动的立式自由辊构成,它主要对轧件的腹板厚度、翼缘厚度进行压下并对翼缘端部进行加工;轧边机为两辊式轧机,与两架万能粗轧机一起构成万能粗轧机组对轧件实施可逆式连轧,它主要控制轧件的翼缘高度。万能轧机的孔型既不同于普通的型钢孔型系统,也不是 3 块钢板轧制的简单组合,它实质上是万能轧机辊型设计与压下规程设计两者的组合体。

　　A　万能轧机轧辊直径的确定

　　在 H 型钢生产中,由于受到机架牌坊窗口高度和立辊轴承高度的影响,使得万能轧机水平辊具有以下 3 个特点:

　　(1)辊身直径大。辊身直径与其辊颈之比为 1.87 ~ 1.72,这个比值较普通轧辊大。

　　(2)轧辊辊身宽度小。按轧辊重量 10 t 计算,辊身重量只占整个轧辊重量的 20% ~ 50%。

　　(3)轧辊重车率极小。按原始直径 $\phi 1400$ mm、报废直径 $\phi 1290$ mm 计算,重车率仅为 7.86%。

　　如果万能轧机水平辊采用普通整体辊形式,尽管可以在工艺设计中采取先轧大品种再轧小品种的设计方法,但轧辊消耗也是极其庞大的。现在国外普遍采用复合式轧辊,即辊套与辊轴以过盈方式紧配合,当轧辊工作到报废辊径时,只更换辊套而重复使用辊轴。实践中一个辊轴最多可用 5 次,这大大降低了生产成本。

　　水平辊直径取决于所轧 H 型钢的腿宽 B,B 值越大,所需立辊辊身越长,水平辊直径越大。水平辊的直径应大于立辊辊身长度或大于立辊轴承宽度。万能 H 型钢轧机轧辊直径与所轧产品范围如表 8-3 所示。

表 8-3　万能轧机轧辊直径与所轧产品范围

轧机类型	轧机名称		最大产品规格 $H \times B$/mm × mm	万能轧机轧辊尺寸	
				直径 ϕ/mm	辊身长 L/mm
大型轧机	万能粗轧机	水平辊	1000 × 450	1320 ~ 1370	500 ~ 1400
		立辊		900 ~ 1000	300 ~ 560
	水平二辊轧边机			1000 ~ 1050	1000 ~ 1800
	万能精轧机			1320 ~ 1370	500

续表 8-3

轧机类型	轧机名称		最大产品规格 $H \times B/\text{mm} \times \text{mm}$	万能轧机轧辊尺寸	
				直径 ϕ/mm	辊身长 L/mm
中型轧机	万能粗轧机	水平辊	600×300	1050~1150	
		立辊		750~850	
	水平二辊轧边机			800~850	
	万能精轧机			1050~1150	
小型轧机	万能粗轧机	水平辊	(100×50)~(300×150)	730~750	
		立辊		470	196
	水平二辊轧边机			520	
	万能精轧机			750~810	

立辊直径的大小取决于轧辊强度,在强度允许时,希望立辊直径小点好。因为立辊直径小有利于咬入。若使轧件和水平辊及立辊同时接触,则应使水平辊变形区长度与立辊变形区长度相等,即 $L_w = L_f$,则有 $R_H \Delta t_w = 2R_V \Delta t_f$ 的关系,如果腹板压下量与翼缘压下量相等,即 $\Delta t_w = \Delta t_f$,则有 $R_H = 2R_V$。所以从咬入条件来说,立辊半径 R_V 应等于或小于 $0.5R_H$。但从强度和设备结构来说,R_V 大些好。综合考虑各种因素,现有轧机立辊与水平辊直径之比 $R_V/R_H = 0.6 \sim 0.7$。

B 万能轧机辊型设计

采用"X—X"法轧制 H 型钢,两架万能粗轧机均采用带斜度的水平辊与立辊,最终由轧辊不带斜度的万能精轧机轧辊将轧件轧制成形。某厂若能够生产 H 值在 200~800 mm 范围内的所有系列规格,每个系列对应一种轧辊宽度,那么,合理的设计万能轧辊辊型显得非常重要。

a 万能精轧机辊型设计

万能精轧机辊宽设计时,应考虑轧件外形尺寸、公差尺寸(见图 8-9 和表 8-4)、轧辊倾角、热胀冷缩系数等因素的影响。水平辊宽度总是越磨越小,为了提高轧辊寿命,应按 H 型钢成品腰高正偏差、腿厚负偏差来确定辊宽。万能精轧机辊型如图 8-10 所示,图 8-11 为万能精轧机孔型示意图。

表 8-4 尺寸允许偏差

项 目	H	B	W	T
公 差	$\pm\alpha$	$\pm\beta$	$\pm\gamma$	$\pm\delta$

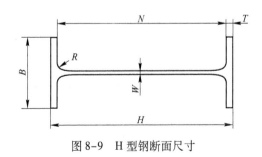

图 8-9 H 型钢断面尺寸

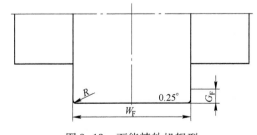

图 8-10 万能精轧机辊型

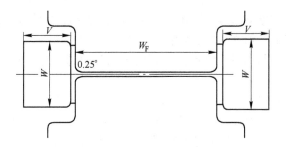

图 8-11　万能精轧机孔型示意图

W_F—精轧机轧辊辊身宽度；W—立辊辊身高度；V—立辊辊径

$$W_{F_{max}} = [H + \alpha - 2 \times (T - \beta) - \varepsilon] \times (1 + \mu_1 \times t_1)/(1 - \mu_2 \times t_2) \qquad (8-1)$$

$$W_{F_{min}} = [H - \alpha - 2 \times (T + \beta) - \varepsilon] \times (1 + \mu_1 \times t_1)/(1 - \mu_2 \times t_2) \qquad (8-2)$$

$$G_F \geqslant (B + \beta)/2 \qquad (8-3)$$

式中，μ_1 为轧辊的热膨胀系数；μ_2 为轧件的热膨胀系数；t_1 为轧辊本身的温度；t_2 为轧件的终轧温度；W_F 为万能精轧机的轧辊宽度；G_F 为精轧机轧辊斜面高度；ε 为矫直机的宽展量。

为了保证万能精轧机轧制结束时脱孔方便，另外，万能精轧机仅轧制一道次，相对来说，磨损不是很严重。因此，在设计万能精轧机的孔型时，侧壁斜度一般为 0.25°左右，轧辊圆角则根据标准进行制定。立辊圆角半径取 5 mm 左右。

b　万能粗轧机辊型设计

水平辊的辊身宽度和圆角是万能轧机辊型设计中极为重要的两个尺寸，它们的正确与否直接影响产品的尺寸精度和表面质量。如果粗、精轧辊的宽度及圆角尺寸相差过大，会因局部压下量过大而加剧精轧水平辊圆角部位的磨损，同时出现腰部根部凸棱，严重时还会造成轧卡；反之，则会导致精轧水平辊加工不到轧件圆角部位，严重时会出现 X 腿、腿部根部折叠等缺陷。

万能粗轧机辊型图如图 8-12 所示，通常水平辊宽度 $W_R = W_F - \delta$，$\delta = 2 \sim 5$ mm，轧制小规格 H型钢时，δ 取下限。实际生产中由于粗轧机组轧制道次多、变形量大、磨损大，为延长轧辊寿命，将 δ 的范围放宽为 $-2 \sim +5$ mm。

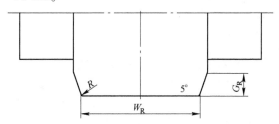

图 8-12　万能粗轧机辊型

W_R—万能粗轧机辊宽；G_R—斜面高度

轧制条件允许时，应尽量增大轧辊辊身侧壁斜度以增加轧辊车削次数、降低辊耗，同时使轧件易于咬入和脱孔，其值根据经验确定，一般取 5°。

粗轧辊圆角半径介于开坯机和万能精轧机轧辊圆角半径之间。为防止精轧机轧辊在圆角处粘钢，粗轧机轧辊圆角半径一般比精轧机轧辊圆角半径大 5 ~ 10 mm。

C　轧边机辊型设计

轧边机的作用主要是控制 H 型钢翼缘端部的形状，也能控制翼缘的宽度，但有一定的限度，对腹板并没有压下量。因此，轧边机的孔型与万能轧机的孔型有所不同。

轧边机孔型的轧辊宽度 $W_E = W_R - (0.5 \sim 5.0)$ mm。轧边机辊宽太小,会造成轧件在轧边轧制中不稳定,出现腰部偏心、腿部波浪等缺陷。

轧边机轧辊侧壁斜度与相对应的万能粗轧机侧壁斜度相同,轧边机孔型的槽底斜面与侧壁的夹角应为 90°,如图 8-13 所示。

轧边机孔型深度根据成品腿部高度与腰部厚度来确定,其设计原则是:在不接触轧件腰部的前提下,对轧件腿部端部进行加工,同时控制轧件腰部偏心。在异常情况下,如果轧边机轧辊接触到轧件腰部,由于辊径差的存在,轧件的腿部部位与腰部部位将出现较大的速度差,从而造成轧机振动与设备损坏。为此,在轧边机辊身中部刻一浅槽,避免(或减少)轧件腰部与轧边机轧辊的接触,减小轧件各部位的速度差,以免轧边机主电机负荷过大。设计时考虑上述因素,尺寸计算公式如下:

$$W_E = W_{F_{max}} + 1 \tag{8-4}$$
$$D = (B - W)/2 - \xi \tag{8-5}$$
$$T_E = W_E - (3 \sim 6) \tag{8-6}$$

式中,W_E 为轧边机的轧辊宽度;D 为轧边机的孔槽深度;ξ 为修正系数,范围为 2 ~ 5 mm。

一般情况下,ξ 不能给的太大,否则,轧件在孔型中晃动,易造成成品的腹板偏心。通常,对于窄翼缘 H 型钢,ξ 值偏下限较为合适;而对于中、宽翼缘 H 型钢,ξ 值偏中上限较为合适。另外,设计时,轧边机的圆角一般都比万能粗轧机的圆角大 2 ~ 3 mm。一具体轧边机的辊型如图 8-14 所示,图中的尺寸 A 主要根据开坯机来料的翼缘端部厚度来确定,一般情况下 A 取 100 ~ 120 mm。

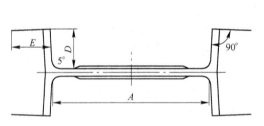

图 8-13　轧边机孔型示意图
A—轧边机轧辊辊身宽度;D—轧边机切槽深度;
E—轧边机根本宽度

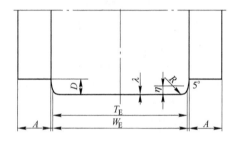

图 8-14　轧边机辊型

轧边辊的工作面与万能轧辊的工作面有所不同,万能轧辊的径向和轴向都有不同程度的磨损,尤其是轴向,磨损更大,而轧边机的径向比轴向的磨损要大得多。万能轧辊的宽度因消耗而不断变小,而轧边辊的宽度可以保持不变,因此在万能轧辊宽度不断变化的过程中,与轧边辊的宽度差值也不断地变大。为了消除这种差值变动,可将轧边机的侧壁设计成双斜度,实际轧制效果非常明显。其中靠近腿部端部的斜度与万能粗轧机的斜度一样,为 5°角,而靠近腹板的部分,斜度要大于 5°角,根据腿部高度的不同,其斜度也有所不同,见表 8-5。

表 8-5　轧边机侧壁斜度值

腿部高度/mm	≤150	175 ~ 200	250 ~ 300	≥350
$\eta /(°)$	30	50	70	90

8.1.3.2　万能轧机的孔型配置

根据 H 型钢的特点,各机架轧辊宽度可以在某一个范围内变化,但由于轧制条件、冷却条件、轧制道次等方面的不同,各机架的轧辊宽度不可能同步变化,当这种变化超过轧件在轧制时所能承受的极限时,就会出现各种缺陷和事故,如轧辊圆角粘钢、腹板游动、腹板凹沟、成品圆角折叠等。为了防止和避免以上缺陷和事故的发生,必须进行合理的轧辊配置。对万能粗轧机组来说,两机架轧辊宽度的差值不能太大,一般情况下,保证差值在 3 mm 以内,尤其对翼缘宽度在 200 mm 以下、翼缘厚度较薄的规格。否则,经小辊宽轧制后进入大辊宽机架时,轧件翼缘容易咬入水平辊的辊缝中而出现轧卡事故。另外,两架万能轧机和轧边机的宽度也不能相差太大,尤其是轧边机的辊宽不能太小,因为轧边辊与轧件接触面太小,对轧件的夹持力不够,轧件易在孔型内晃动、不稳定,易造成翼缘波浪。(同时,轧边辊的工作面与万能轧辊的工作面有所不同,万能轧辊的径向和轴向都有不同程度的磨损,尤其是轴向,磨损更大,而轧边机的径向比轴向的磨损要大得多。万能轧辊的宽度因消耗而不断地变小,而轧边辊的宽度可以保持不变,在万能轧辊宽度不断变化的过程中,与轧边辊的宽度差值也不断地变大。为了消除这种差值变动,将轧边机的侧壁设计成双斜度,实际轧制效果非常明显。)

为了更好地控制成品翼缘端部的质量,减小翼缘端部的凸度,在万能粗轧机最后一道次轧制时,轧边机下游的万能轧机空过,不参与轧制。这样使得万能粗轧机 U1 机架的轧辊宽度与精轧机轧辊宽度的差值在一定的范围内。一般来说,粗轧机 U1 与精轧机 UF 的轧辊宽度差值应在 −3 ~ 1 mm 的范围内。若万能精轧机辊宽过大,轧件由 U1 进入 UF 时腹板强迫宽展,轧件腹板表面会出现条状的凹沟。另外,由于强迫宽展,精轧机轧辊两侧圆角磨损较快,轧制量不大时,轧辊圆角会磨成尖角,在成品上反映是圆角出现线状沟槽。若精轧机轧辊宽度过小,成品轧件的圆角部位容易产生折叠。

8.1.3.3 万能轧机压下规程设计

H 型钢万能轧机有可逆式轧机和连轧机两种,H 型钢万能孔型由一对水平辊和一对立辊构成,无论可逆轧制或连续轧制,轧件均可在同一形状轧辊构成的孔型中轧制多道次,只需不断设定辊缝,与板带轧制方式相似,对万能轧机则应设定辊缝。

A 辊缝设定值

根据尺寸标准和特殊要求所规定的上下限,取中间值作为设定的腰厚,仿造板带轧制方法设定辊缝。

$$S_0 = t_{\mathrm{w}} - \frac{P - P_0}{K_{\mathrm{m}}} \tag{8-7}$$

式中　S_0——空载辊缝设定值;

　　　t_{w}——轧件腰厚设定值;

　　　P_0——调零时压力预报值;

　　　P——轧制时轧制力预报值;

　　　K_{m}——轧机刚度。

B 压下规程设计

在四辊万能轧机上轧制 H 型钢时,必须使腹板与翼缘的变形是均匀变形或近似均匀变形,也就是腹板与翼缘的延伸相等或接近相等。违反这一原则就会引起重大的质量问题,严重时将破坏轧制的稳定进行。若腹板的延伸系数 μ_{w} 比翼缘的延伸系数 μ_{f} 大得多,将出现腹板波浪;若 μ_{f} 比 μ_{w} 大得多,则将引起腹板拉裂或翼缘波浪。当 μ_{f} 与 μ_{w} 相差很大时,可能使腿腰分开,甚至完全不能轧制。为了保证 H 型钢的正常轧制,必须满足下式:

$$F_{\mathrm{w}i-1}/F_{\mathrm{w}i} = F_{\mathrm{f}i-1}/F_{\mathrm{f}i} = \mu_i \tag{8-8}$$

式中　$F_{\mathrm{w}i-1}$、$F_{\mathrm{w}i}$——轧制前、后腰部面积;

　　　$F_{\mathrm{f}i-1}$、$F_{\mathrm{f}i}$——轧制前、后腿部面积;

　　　μ_i——该道次延伸系数。

　　腰部面积用腰厚 t_w 和腰内宽 b 表示，$F_w = t_w b$；腿部面积用腿厚 t_f 和腿宽 B_f 表示，$F_f = t_f B_f$。则式(8-8)可写成

$$\frac{t_{wi-1} b_{i-1}}{t_{wi} b_i} = \frac{t_{fi-1} B_{fi-1}}{t_{fi} B_{fi}} = \mu_i \tag{8-9}$$

　　由于在万能孔型中轧制 H 型钢时，轧件腰内宽 b 和腿高 B_f 变化很小，可以近似认为 $b_{i-1} \approx b_i$，$B_{fi-1} \approx B_{fi}$，则式(8-9)可写成

$$t_{wi-1}/t_{wi} = t_{fi-1}/t_{fi} = \mu_i$$

也可以写成

$$t_{wi-1}/t_{fi-1} = t_{wi}/t_{fi} \tag{8-10}$$

　　式(8-10)把轧制过程中腰部延伸等于腿部延伸的均匀变形条件转化为轧前与轧后的腰部与腿部之比相等的关系。将式(8-10)推广可写成

$$\frac{t_{w0}}{t_{f0}} = \frac{t_{w1}}{t_{f1}} = \cdots = \frac{t_{wn-1}}{t_{fn-1}} = \frac{t_{wn}}{t_{fn}} = 常数 \tag{8-11}$$

式中　　t_{wn}——成品道次的腰厚；

　　　　t_{fn}——成品道次的腿厚。

　　因为 $t_{w0} = t_{w1} + \Delta t_w$，$t_{f0} = t_{f1} + \Delta t_f$，代入式(8-11)得

$$\frac{t_{w1} + \Delta t_w}{t_{f1} + \Delta t_f} = \frac{t_{w1}}{t_{f1}} \tag{8-12}$$

　　式(8-12)经过一系列变换和整理后可得

$$\Delta t_w / \Delta t_f = t_{wn}/t_{fn} = 常数 \tag{8-13}$$

　　式(8-13)是万能轧机轧制 H 型钢设计压下规程的理论基础，制定压下规程时可参考。按上述关系，当所轧 H 型钢规格已定时，坯料断面可按下式确定：

$$F_{w0}/F_{f0} = F_{wn}/F_{fn} \tag{8-14}$$

式中　　F_{w0}——坯料的腰部面积；

　　　　F_{wn}——成品的腰部面积；

　　　　F_{f0}——坯料的腿部面积；

　　　　F_{fn}——成品的腿部面积。

　　万能轧机轧制 H 型钢，关键要分配好翼缘和腹板的延伸关系，控制翼缘和腹板的温差，控制腹板偏心，提高成品质量。要使成品具有良好的表面质量和尺寸精度，应确保腹板与翼缘的绝对延伸相等，而延伸并不等价于压下率，其原因在于，轧件腹板由于受到两侧立辊的限制，无宽展，几乎所有的压下量都转为了延伸，而轧件翼缘有宽展，仅部分压下量转为了延伸，因此必须使翼缘的压下率大于腹板的压下率，从而保证二者的绝对延伸相等。在制定压下规程时，往往取腿部的压下系数大于腰部压下系数，其值为

$$\frac{1}{\eta_f} \bigg/ \frac{1}{\eta_w} = 1.002 \sim 1.028 \tag{8-15}$$

式中　　$\dfrac{1}{\eta_f}$——H 型钢腿部压下系数，$\dfrac{1}{\eta_f} = t_{fi-1}/t_{fi}$；

　　　　$\dfrac{1}{\eta_w}$——H 型钢腰部压下系数，$\dfrac{1}{\eta_w} = t_{wi-1}/t_{wi}$。

　　当然，在制定万能轧机压下规程时还应具体情况具体分析，比如必须考虑钢种变化和控温轧制对成品表面质量和尺寸精度的影响，但其基本原则是：在水平辊、立辊轧制力和轧制电流允许的情况下，合理分配各道次压下量，确保后续道次的翼缘与腹板的实际延伸相同。

C UEU机组压下规程的制定

a 压下量分配原则

压下量分配原则如下:

(1)由于来料与万能轧机孔型形状不一致,腿部和腰部不均匀变形严重,因此万能轧机第一道次的腰部与腿部的压下量均不能过大。

(2)为了使成品获得良好的表面质量和尺寸精度,并共用同一个开坯机成形孔,应在前续道次将轧件轧制成最适宜后续道次所需要的中间坯料,同时考虑到轧件厚度大、温度高,因此前续道次的腿部压下率可大亦可小于腰部压下率。

(3)后续道次由于温度低、腿部宽展较大,导致腿部的绝对延伸量较小。为保证腿部与腰部的绝对延伸量一致,避免腰部出现波浪,应使腿部压下率大于腹板压下率,一般为5%~10%。

(4)UF道次轧件温度低,轧辊磨损快,为提高轧件表面质量和降低辊耗,UF道次一般只给很小的压下量。

万能轧机实际的道次压下量分配如图8-15所示。

万能孔型中的腰部道次压下率为5%~30%,其中成品万能孔型中腰部压下率为

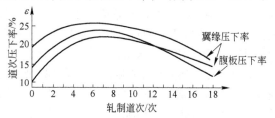

图8-15 道次压下量分配示意图

5%~10%,其他各道次可逐渐加大。为了保证轧件腰部不出现波浪,在成品道次以及成品前1~3个道次,边部压下率应比腰部压下率大0~5%。在轧制顺序的前几个道次,由于轧件腰厚,同时由于轧制条件需要,可适当采用腿部压下率小于腰部压下率的设计方法。

b 压下规程实例

生产规格为594 mm×302 mm×14 mm×23 mm的H型钢,UEU可逆连轧机组的压下规程见表8-6,万能轧机来料腰部厚度为55 mm,平均腿部厚度为101 mm。

表8-6 594 mm×302 mm×14 mm×23 mm的H型钢压下规程

道次	机架	水平辊辊缝 /mm	立辊辊缝 /mm	轧件宽度 /mm	截面积 /mm²	工作辊径 /mm	轧制速度 /m·s⁻¹	咬入速度 /m·s⁻¹
1	U_1	49.7	98.5	775	94302	φ1400	2.50	2.00
1	E	59.9		775	94302	φ670	2.52	2.02
2	U_2	44.9	88.2	755	84972	φ1400	2.71	2.17
3	U_2	39.7	77.3	733	75052	φ1400	4.50	2.00
3	E	49.9		733	75052	φ670	4.57	2.04
4	U_1	35.0	67.5	713	65975	φ1400	5.08	2.26
5	U_1	30.8	58.9	696	58134	φ1400	5.00	2.00
5	E	40.5		696	58134	φ670	5.09	2.05
6	U_2	27.2	51.4	680	50311	φ1400	5.71	2.28
7	U_2	23.9	44.8	667	44394	φ1400	5.00	2.00
7	E	33.1		667	44394	φ670	5.10	2.04
8	U_1	21.1	39.2	655	38727	φ1400	5.69	2.28
9	U_1	18.7	34.3	646	34436	φ1400	5.00	2.00
9	E	27.9		646	34436	φ670	5.10	2.05
10	U_2	16.6	30.3	637	30473	φ1400	5.64	2.25
11	U_2	14.9	26.9	630	27443	φ1400	5.00	2.00
11	E	24.1		630	27443	φ670	6.09	2.05
12	U_1	13.5	24.1	624	24769	φ1400	6.67	2.22
13	U_1	12.8	21.9	620	22881	φ1400	7.50	2.00
13	E	19.6		620	22881	φ670	7.65	2.06
14	U_2	16.6	26.9	620	22881	φ1400	7.86	2.10
15	UF	12.9	21.8	620	21852	φ1400	6.00	2.00

8.1.3.4　开坯机孔型设计

A　开坯轧制方法

H 型钢的轧制工艺是,同型号产品共用一套开坯机孔型和万能轧机配辊方案,通过更换压下图表来生产该型号下不同规格的产品。由于一个型号的产品共用同一组异形孔,异形孔的翼缘厚度不可调,只能通过调整异形孔的腹板厚度来生产同一型号不同规格的 H 型钢产品。因此,为获得满意的成品尺寸,提高成材率,降低轧辊消耗,正确设计和配制开坯机的孔型至关重要。开坯机孔型如设计不合理,将会产生轧机负荷大、成品波浪、腹板撕裂、翼缘高度超差、万能轧制粘钢等问题。

开坯机主要对异形坯厚度进行减薄,并根据需要对异形坯的内宽进行拓展或压缩,以供给万能轧机合适的中间坯料。坯料内宽的拓展由异形孔实现,而坯料内宽的压缩则由箱形孔立轧来实现。为了减小轧辊直径、降低轧辊储备资金的占用,应选用开口孔型设计并减少异形过渡孔,使一套开坯机轧辊配制数个型号的异形孔。此外,在开坯机上还采用了矩形坯切分法、辊环/腰部压腿法、共轭轧槽辊法、套孔法等特殊轧制工艺与方法,减少了轧辊占用量,拓宽了产品规格范围。

开坯机把连铸异形坯轧制成万能轧机需要的成品异形坯,其孔型设计需要兼顾坯连铸异形坯尺寸及 H 型钢成品规格的要求。国内某厂采用的连铸异形坯尺寸见表 8-7,二辊开坯机孔型系统由两个异形孔、一个箱形孔构成,如图 8-16 所示。

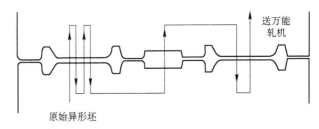

图 8-16　开坯机配辊图

表 8-7　连铸异形坯尺寸　　　　　　　　　　　　　　　　　（mm）

坯料序号	H	B	T_w	T_{f1}	T_{f2}
1	500	300	120	68	102
2	750	450	120	75	135

根据连铸异形坯及所生产的 H 型钢规格的不同,开坯轧制方法有以下几种(如图 8-17 所示):

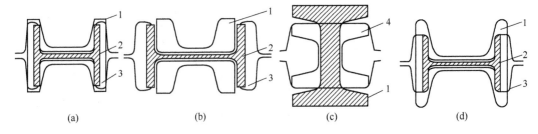

图 8-17　开坯机上异形坯轧制种类

(a) 标准异型坯轧制;(b) 延长腹板高度轧制;(c) 减小腹板高度轧制;(d) 减小翼缘高度轧制
1—异形坯;2—H 型钢;3—二辊开坯机最终轧件;4—立轧后轧件

（1）标准异形坯的轧制方法。轧制时只进行腰部压下和展宽变形即可得到所需的二辊开坯机的最终轧件，如图 8-17(a)所示。

（2）延长腰部高度的轧制方法。首先经若干道次工字形孔，延伸腰部内高和总高，使之达到所需工字形轧件，如图 8-17(b)所示。

（3）减小腰部高度轧制方法。首先将异形坯在箱形孔中立压，使腰部内宽减小，使之达到所需工字形轧件，如图 8-17(c)所示。轧制中，腰部厚度增加量按立轧压下量的 20% ~25% 计。

（4）减小腰部宽度轧制方法。用异形坯轧制窄缘 H 型钢时，要对腿部高度进行大幅度压下，如图 8-17(d)所示。开坯机承受较大变形量，以便异形坯达到供 UEU 机组轧制的工字形尺寸。

B　第二个异形孔设计

a　孔型腰部厚度、宽度

开坯机第二个异形孔腰部厚度的设计，应兼顾万能区域腰部与腿部延伸关系、开坯机孔型数目、开坯机及万能区域生产节奏等多方面因素的影响。

H 型钢成品断面如图 8-18 所示，第二个异形孔轧后异形坯（成品异形坯）断面如图 8-19 所示。根据万能轧制各道次平均延伸系数 $\bar{\mu}$ 与总轧制道次 n，求出从成品异形坯到 H 型钢成品总的延伸系数 μ_Σ：

$$\mu_\Sigma = \bar{\mu}^n \tag{8-16}$$

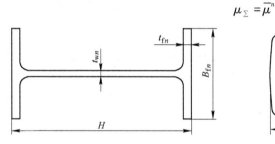

图 8-18　H 型钢成品尺寸

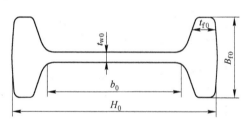

图 8-19　成品异型坯尺寸

平均延伸系数 $\bar{\mu}$ 可根据 H 型钢腰部高度 H 取 1.15 ~1.33（大规格取下限，小规格取上限）。

成品异形坯的腰部厚度 t_{w0} 和腰部内宽 b_0 按下列式子取值：

$$t_{w0} = \mu_\Sigma t_{wn} \tag{8-17}$$

$$b_0 = b - (2 \sim 5)\,\text{mm} \tag{8-18}$$

式中　t_{wn}——H 型钢成品腰部厚度；

　　　　b——成品 H 型钢腰部内宽。

b　孔型平均腿部厚度 t_{f0}

成品异形坯腿部、腰部厚度与 H 型钢腿部、腰部的关系为：

$$\frac{t_{f0}}{t_{w0}} \Big/ \frac{t_{fn}}{t_{wn}} = (0.9 \sim 1.5):1$$

式中　t_{f0}——成品异形坯腿部厚度；

　　　　t_{w0}——成品异形坯腰部厚度；

　　　　t_{fn}——H 型钢成品腿部厚度；

　　　　t_{wn}——H 型钢成品腰部厚度。

即

$$\frac{t_{f0}}{t_{fn}} \times \frac{t_{wn}}{t_{w0}} = \frac{t_{f0}}{t_{fn}} \Big/ \frac{t_{w0}}{t_{wn}} = (0.9 \sim 1.5):1 \tag{8-19}$$

在式(8-19)的系数 0.9～1.5 中,对于成品轧件腿部宽度较宽,需要在万能区域给予一定不均匀变形来强迫展宽的 H 型钢产品,选上限;对于成品腿部宽度较窄,且生产中较易出现腿部波浪等缺陷的,选下限。

根据以上关系式确定成品异形坯腿部厚度和开坯机孔型数。一般孔型侧压量设计为 5～20 mm。

$$t_{f0} = (0.9 \sim 1.5)t_{fn}\mu_{\Sigma} \tag{8-20}$$

c　孔型腿部宽度 B_{f0}

在确定孔型腿部宽度 B_{f0} 时,应考虑万能区域腰部与腿部延伸关系、H 型钢成品腿部宽度 B_{fn} 等因素。成品异形坯腿部高度 $B_{f0} = B_{fn} + (5 \sim 30)$ mm。

d　孔型侧壁斜度

通常,内侧壁斜度取 10%～25%,外侧壁斜度取 5%～15%。

C　开坯机压下规程实例

国内某厂生产 600 mm × 300 mm × 12 mm × 20 mm 的 H 型钢所用的开坯机孔型如图 8-20 所示,其压下规程见表 8-8。

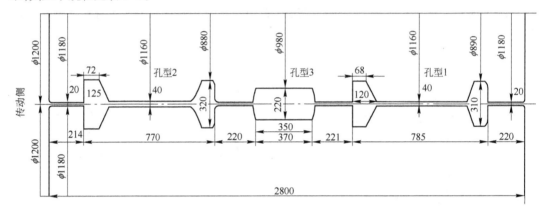

图 8-20　开坯机孔型及配辊图

表 8-8　开坯机压下规程

道次	孔型代号	翻钢编号	截面尺寸					辊缝 /mm	工作辊径 φ/mm	转速 /r·min⁻¹	轧制速度 /m·s⁻¹	咬入速度 /m·s⁻¹	轧件长度 /m
			腰部厚度 /mm	腿部厚度 /mm	腰部高度 /mm	截面面积 /mm²	面缩率 /%						
0			120	450	750	160800							11.0
1	2		140	420	770	150400	6.9	120	1005	34.2	2.0	2.0	11.7
2	2		100	380	770	135000	11.4	80	1025	33.5	2.0	2.0	13.0
3	2		85	365	770	123450	8.6	65	1040	36.7	2.5	2.0	14.2
4	2		70	350	770	111900	9.4	50	1055	36.7	2.5	2.0	15.7
5	3	1	70	350	750	111000	0.8	550	980	48.7	3.0	2.0	15.8
6	1	1	58	328	785	97000	12.6	38	1076	44.3	3.5	2.0	18.1
7	1		50	320	785	90690	6.5	30	1085	52.8	3.5	2.0	19.4

注:规格尺寸/mm:JIS588 × 300 × 12 × 20;钢种:Q345;开轧温度:1200℃;坯料尺寸/mm:750 × 450 × 120;长度:11.0 m。

8.1.4　X—H轧法孔型设计

X—H轧法适用于UEU可逆连轧机组,因此,开坯机不需任何变动,沿用原来的规程即可,但UEU机组的压下规程要发生变化。

在X—H轧法中第二架万能轧机(H机架)作为精轧机,它既要参与粗轧机每次的轧制,又必须保证精轧道次成品的表面质量,压下规程编制时将压下率向X机架(即第一架万能轧机)倾斜,避免精轧辊过度磨损而增加换辊次数。压下规程见表8-9。

表8-9　X—H轧法典型压下规程

道　次	机　架	水 平 辊			立 辊		
		厚度/mm	压下量/mm	压下率/%	厚度/mm	压下量/mm	压下率/%
0	BD	55.0			94.0		
1	U_1	50.2	4.8	8.73	91.8	2.3	2.50
1	E	54.4	0.6	0.18			
2	UF	45.5	4.8	9.36	82.8	9.0	9.80
3	UF	41.0	4.5	9.89	74.0	8.8	10.63
3	E	45.0	9.4	4.78			
4	U_1	34.7	6.3	15.37	61.8	12.2	16.49
5	U_1	29.14	5.6	16.14	51.1	10.7	17.31
5	E	33.9	11.1	3.37			
6	UF	26.9	2.2	7.56	46.7	4.4	8.61
7	UF	24.1	2.8	10.41	41.4	5.3	11.35
7	E	28.6	5.3	1.67			
8	U_1	20.4	3.7	15.35	34.4	7.0	16.91
9	U_1	17.3	3.1	15.20	28.6	5.8	16.86
9	E	22.9	5.7	1.82			
10	UF	16.0	1.3	7.51	26.0	2.6	9.09
11	UF	14.3	1.7	10.63	22.8	3.2	13.31
11	E	19.4	3.5	1.14			
12	U_1	12.3	2.0	13.39	19.2	3.6	15.79
13	U_1	10.6	1.7	13.82	16.2	3.0	15.63
13	E	16.2	3.2	1.05			
14	UF	10.0	0.6	5.57	15.0	1.2	7.53

另外,轧件由H型进入X孔型时,咬入较为困难,易出现咬偏现象。考虑到轧边机的辊面部分与轧件不接触,将轧边机的辊型设计成双斜度,方便H形轧件咬入,再施以一定的压下量,使H形轧件经过轧边机的轧件变成X形,再进入X孔型时咬入就变得很容易了。轧边机辊型如图8-21所示。

为了确保轧件在每道次能正确咬入,将轧件咬入的正常速度由原来的2.5 m/s改成1.5 m/s,效果非常好,无异常情况出现。

在采用X—H轧制法试轧过程中主要出现以下几个方面的问题:

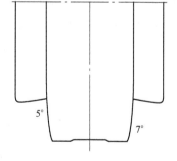

图8-21　轧边机辊型

(1)腰部偏心。成品轧件通条出现上腿短下腿长的现象,中心偏差S最大约10 mm,在轧件的尾部表现得较为明显。

(2)圆角磨损。从轧后情况来看,X机架圆角与侧壁直线段相交处粘钢较为严重,而H机架轧辊的圆角处磨损相当严重。在X—H轧制法中,两架轧辊宽度相等,而圆角则有区别,X机架的圆角比 H 型大 6 mm 左右。当轧件由 X 形进入 H 孔型轧制时,圆角处的压下量相对其他地方来说较大,金属流动也相对较大,易造成圆角磨损。若减小两机架轧辊圆角的差值,圆角粘钢和磨损将有一定的改善。

8.1.5　万能轧机导卫装置设计

8.1.5.1　万能轧机导卫的装配形式

万能粗轧机组侧导板主要从左右两个方位对轧件进出孔型进行导向,同时对轧件的侧弯加以矫正。轧件轧制时的轧制线对正是由万能粗轧机组前后的升降辊道、推床与机架间导卫的共同作用来实现的,机架间侧导板的具体装配形式如图 8-22 所示。

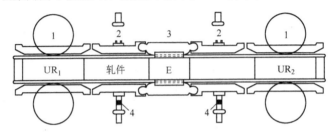

图 8-22　万能粗轧机组侧导板装配示意图

1—立辊侧导板;2—中间侧导板;3—轧边机侧导板;4—中间侧导板液压缸

立辊侧导板固定在立辊轴承座上并随立辊的压入一起动作,它与轧件之间的间隙值基本保持不变。中间侧导板与轧边机侧导板铰接在一起,通过中间侧导板液压缸带动轧边机侧导板一起动作,其各轧制道次的位置根据万能轧机压下规程中给出的轧件宽度与电气程序中给定的间隙值计算得出,轧机操作工则可根据轧制情况通过修正间隙值来微调其各道次的位置。

腹板导卫主要是对轧件的腹板部位起作用,与普通型钢轧机卫板不同的是,除防止轧件出孔后上冲、下栽外,其还对轧件的咬入具有对中作用。UR₁—E 之间的腹板导卫布置如图 8-23 所示,E—UR₂ 之间的导卫布置与之相同。万能轧机与轧边机腹板导卫的尾部搁置在偏心轴上,头部依靠自重搭放在水平辊辊面上;中间腹板导卫的两端分别搁置在万能轧机偏心轴与轧边机偏心轴上;腹板导卫侧向由偏心轴法兰或锁紧液压缸固定;机架间无辊道,万能轧机下腹板导卫、中间腹板导卫与轧边机下腹板导卫通过公母槽凹凸相连而成为一体,既支撑轧件重量又可保证轧件在机架间的对中轧制;腹板导卫的标高位置通过各道次轧辊辊缝的改变与偏心轴的调整共同来确定。

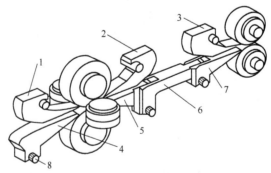

图 8-23　万能粗轧机组腹板导卫装配示意图

1—UR₁ 机前上腹板导卫;2—UR₁ 机后上腹板导卫;3—E 轧边机上腹板导卫;4—UR₁ 机前下腹板导卫;

5—UR₁ 机后下腹板导卫;6,7—中间腹板导卫;8—下腹板导卫调整偏心轴

万能精轧机为一架单独布置的轧机,其导卫系统的装配形式相对较简单。侧导板由立辊侧导板构成,腹板导卫由万能轧机上、下腹板导卫构成。导卫系统的调整形式与万能粗轧机组类同。

8.1.5.2 设计原则

H型钢生产过程中,腹板导卫系统是其重要组成部分,如果设计合理,可获得正确形状和良好表面质量的成品,并可避免出现腹板偏心、扭条等轧制缺陷。与普通型钢轧机导卫相比,万能轧机腹板导卫系统有以下特点:

(1)在轧制过程中,腹板导卫的标高可根据需要进行无级调整。

(2)对轧件的咬入具有对中孔型的作用。

(3)同一套腹板导卫可覆盖多个产品规格。

万能轧机采用"电机—万向接轴—蜗轮蜗杆箱—螺母螺杆—偏心轴—腹板导卫"的传动链,配合对腹板导卫长、宽、高的正确设计,有效地实现了上述功能。各腹板导卫的设计原则是相同的,设计的主要参数是腹板导卫宽度 B 和腹板导卫边圆角 R。

国内某H型钢厂采用腹板内高一定的轧制工艺,同型号成品的万能轧机水平辊宽度相同,因此同一套腹板导卫的宽度相同且可供同一型号成品共用。腹板导卫与轧件的相对位置关系如图8-24所示。轧制生产时,轧件内腔与腹板导卫之间在宽度方向存在一定的间隙值 s_1、s_2,其大小与成品规格有关系,一般根据生产经验来确定。对于厚壁、长腿、单重较大的产品规格,间隙值较大;而薄壁、短腿、单重较小的产品规格,间隙值较小。根据间隙值的大小和产品规格范围,便可确定腹板导卫的宽度、套数与各套导卫所能覆盖的产品规格。由于对轧件的咬入对中功能主要依靠下腹板导卫来实现,上腹板导卫主要是防止轧件出孔后的上冲,s_2 比 s_1 大得多,因此上腹板导卫的共用性更强。

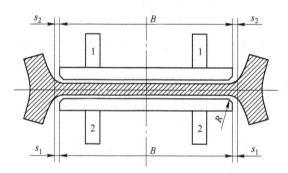

图8-24 轧件内腔与腹板导卫之间的间隙
1—上腹板导卫;2—下腹板导卫

腹板导卫宽度 B 的设计公式如下:

$$B = H_0 - 2t_2 - 2s_1 \tag{8-21}$$

式中　B——腹板导卫的宽度,mm;

　　　H_0——成品H型钢的高度,mm;

　　　s_1——间隙值,mm;

　　　t_2——成品H型钢的翼缘厚度,mm。

从德国SMS公司提供给国内某厂20个品种规格的导卫中可得出,UR进口腹板导卫 s_1 取值为4.5~9.5mm,随着腹板宽度和翼缘厚度变大,s_1 取上限值;UR出口腹板导卫 s_1 取值为3.5~4.5mm,随着腹板宽度变大,s_1 取下限值;UF进出口腹板导卫 s_1 取值相同,为2.5~4mm,随着腹板宽度变大,s_1 取下限值;E进出口腹板导卫 s_1 取值相同,为5~8.5mm,随着腹板宽度变大,s_1

取上限值。

对于腹板导卫边圆角 R，UR 出口腹板导卫、UF 进出口腹板导卫、E 进出口腹板导卫的腹板导卫边圆角 R 均相同，为 $R = r + 5$ mm；而 UR 进口腹板导卫为 $R = r + 10$ mm。

8.2　重轨万能轧法孔型设计

8.2.1　钢轨分类及断面特性

钢轨是铁路轨道的主要组成部件，它的功用在于引导车辆的车轮前进，承受车轮的巨大压力，并将压力传递到轨枕上。钢轨要求有足够的承载能力、抗弯强度、断裂韧性、稳定性及耐蚀性，它由轨头、轨腰和轨底三部分组成，如图 8-25 所示。

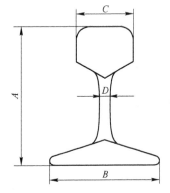

图 8-25　钢轨横断面形状与尺寸
A—轨高；B—底宽；C—头宽；D—腰厚

根据用途的不同，现代钢轨可以分为三类：

（1）供矿山铁路用的轻轨，国内主要有 9 kg/m、12 kg/m、15 kg/m、22 kg/m、30 kg/m 五种规格。

（2）供客货运铁路用的重轨，国内铁路使用的重轨主要有 38 kg/m、43 kg/m、50 kg/m、60 kg/m、75 kg/m 五种规格。

（3）供工厂吊车用的吊车轨，国内主要有 70 kg/m、80 kg/m、100 kg/m、120 kg/m 四种规格。

按钢轨的最低抗拉强度可分为 780 MPa（如欧洲 EN220、中国 U74 等）、880 MPa（如 EN260、EN260Mn、UIC900A、U71Mn 等）、980 MPa（如美国 AREA 普通钢轨、中国 U75V 等）、1080 MPa（如日本 HH370 在线热处理钢轨、EN320Cr 合金钢轨等）、1180 MPa（如日本 HH370 在线热处理钢轨、中国 U75V 淬火钢轨等）以及 1200～1300 MPa 微合金或低合金热处理钢轨。一般强度为 1080 MPa 及以上的钢轨被称为耐磨轨或高强轨。

钢轨断面的设计，除考虑它的抗弯能力、轨头的抗压和耐磨能力、轨底的支撑面积以及抗倾倒能力和稳定性因素外，还须考虑经济合理性和轧制技术可行性等因素。随着铁路车速和轴重的不断提高，要求钢轨具有更大的刚度和更好的耐磨性。

为了使钢轨具有足够的刚度，可适当增加钢轨高度，以保证钢轨有大的水平惯性矩。同时为使钢轨有足够的稳定性，在设计轨底宽度时应尽可能选择宽一些。为使刚度与稳定性匹配最佳，各国通常在设计钢轨断面时控制其轨高 H 与底宽 B 之比 H/B，一般控制在 1.15～1.248 之间。

改进轨头断面设计也是提高刚度和耐磨性的方法之一。各国在轨头踏面设计上遵循了这样一条原则：轨顶踏面圆弧尽量符合车轮踏面的尺寸，即采用了轨头在接近磨耗后的踏面圆弧尺寸，如 UIC 的 60 kg/m 钢轨，轨头圆弧采用 $R300$—$R80$—$R13$，如图 8-26 所示。所以现代钢轨轨头断面设计的主要特点是采用三个半径的复曲线；在轨头侧面则采用上窄下宽的直线形，直线斜度一般为 1:20～1:40；在轨头下颚处多采用斜度较大的直线，其斜度一般为 1～4。

在轨头与轨腰过渡区为减少应力集中所造成的裂缝，增加鱼尾板与钢轨间的摩擦阻力，在轨头与轨腰过渡区也采用复曲线，在腰部采用大半径设计。如 UIC 的 60 kg/m 钢轨，其轨头与轨腰过渡区采用 $R7$—$R35$—$R120$。

在轨腰与轨底过渡区，为实现断面平稳过渡，也采用复曲线设计，逐步过渡与轨底斜度平滑相连。如 UIC 的 60 kg/m 采用的是 $R120$—$R35$—$R7$，中国的 60 kg/m 钢轨，则采用的是 $R400$—$R20$，如图 8-27 所示。

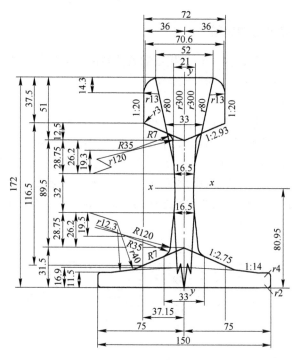

图 8-26 UIC 的 60 kg/m 钢轨的断面图

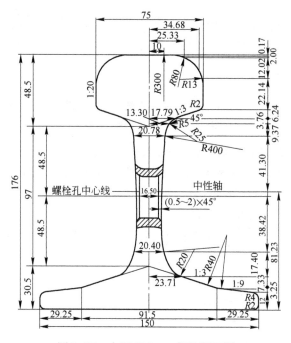

图 8-27 中国 60 kg/m 钢轨断面图

轨底底部全采用平底,以使其断面有很好的稳定性。轨底断面均采用直角,然后用小半径圆角,一般采用 R4—R2。轨底内侧多采用两组斜线设计,斜线斜度有的采用双斜度,也有的采用单斜度。如 UIC 的 60 kg/m 钢轨,采用的是 1:2.75 + 1:14 的双斜度。中国 60 kg/m 钢轨采用的是1:3 + 1:9 的双斜度。

8.2.2　万能轧法与孔型轧法的比较

重轨轧制是重轨生产中重要的一环,直接影响着重轨的产品质量和综合力学性能。目前重轨轧制主要有两种方法,即孔型轧法和万能轧法。

8.2.2.1　孔型轧法

孔型轧法是全部采用二辊孔型的轧法,是生产重轨的传统方法,有直轧和斜轧两种。直轧法,即重轨孔型中心线与轧辊轴线平行布置,孔型开口在同一侧,钢轨变形严重不均,轧制不稳定。直轧轨形孔在轧辊上的配置如图8-28(a)所示。斜轧法则将轨形孔的中心线与轧辊轴线成一定角度布置,有较大的侧壁斜度,有助于咬入,轧制时轧件容易脱槽,对调宽展有一定的控制作用,轧制比较稳定,因而曾在生产中普遍使用。斜轧轨形孔在轧辊上的配置如图8-28(b)所示。

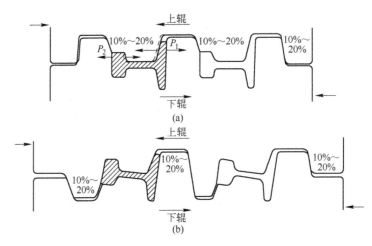

图 8-28　轨形孔在轧辊上的配置
(a) 直轧轨形孔配置;(b) 斜轧轨形孔配置

我国传统轨梁轧机典型布置如图 8-29 所示,呈二阶横列式布置,ϕ950 轧机为第一列,ϕ800×2/ϕ850 为第二列。该套轧机轧制 60 kg/m 重轨的孔型系统由箱形孔—梯箱形孔—帽形孔—轨形孔组成,如图 8-30 所示,在各架轧机上轧制道次如图 8-29 所示。

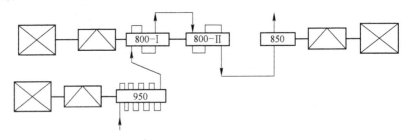

图 8-29　我国传统轨梁轧机典型布置简图

传统的孔型轧法由于受孔型系统的限制,存在断面尺寸精度及外形质量不良的缺点,主要表现在:

(1) 轨高、轨底的精确度控制难。

(2) 轨头踏面形状难保证。

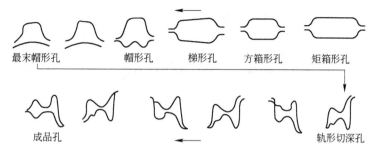

图 8-30 轧制 60 kg/m 重轨的传统孔型系统

（3）钢轨外形不良。

（4）各部分连接圆弧尺寸控制难。

（5）钢轨表面清洁度不高。

（6）各部分延伸系数不同，轧件出口弯曲过大。

（7）轧制过程变形不对称，轧辊的消耗量大。

（8）轧制中调整的自由度小且不易调整。

因此，老式轧机很难生产出表面质量好、尺寸精度高的钢轨。

8.2.2.2 万能轧法

重轨万能轧法是由法国的旺代尔—西代洛尔公司央日厂先发明并用于生产上的，该法是使轨形坯在万能机座和紧接其后的轧边机座中交替地进行轧制。重轨万能轧法的轧机布置及孔型系统如图 8-31 所示。与二辊孔型轧法不同，在万能轧制中，压力方向主要对轨头和轨底进行压缩，同时整个截面均匀变化，如图 8-32 所示。

重轨万能轧机具有以下特点：

（1）左右立辊直径不同，压下量较大的头部立辊直径较小，而压下量较小的底部立辊直径较大，以保证咬入时左右立辊能同时接触轧件，保持其变形区长度和左右立辊轧制力近似相等，防止轧件弯曲和左右窜动。为了保证轧件咬入，防止腰部产生偏离，应使轧件的腰部先于立辊接触水平辊。为此，减小立辊直径，采用带支承辊的小立辊，如图 8-33 所示。

（2）轧边机必须能快速横移以更换孔型。由于万能轧机的水平辊和立辊辊型固定，轨高、底厚、腰厚等尺寸可以随各道辊缝而变，而轧边机只轧轨头和轨底侧面，不轧腰，其作用是减小和控制底宽、头宽，并加工腿端，因此轧边机轧辊上刻有数个尺寸不同的孔型，在往复轧制过程中轧边机快速横移，使万能轧机出来的不同轨形坯腿端与相应的

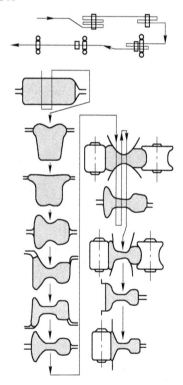

图 8-31 重轨万能轧法的轧机
布置及孔型系统

轧边孔型吻合和充分接触。如果轧边机不能移动，则必须增加轧边机架数。以相同的轧边孔型轧制尺寸变化的轨形坯，则腿端不能得到良好的加工，如图 8-34 所示的为第三道轧边机不移动的情况。

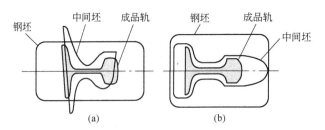

图 8-32　重轨的两种成形法

（a）二辊孔型轧法；（b）万能轧法

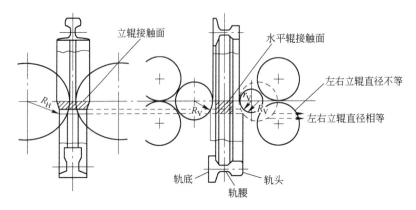

图 8-33　重轨万能轧机的小直径及左右直径不等的纵轧方式

R_H—水平轧辊半径；R_V—大直径轧辊半径；r_V—小直径轧辊半径

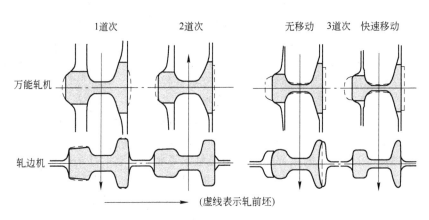

图 8-34　轧边机不移动和移动情况下腿端与轧边孔型接触情况

（3）万能轧制过程中，要固定重轨水平轴线位置，以便 4 个轧辊同时进行上下对称轧制。为此，在轧机上设有自动导引装置，依靠可调整的入口上下导卫板，使每道轧件水平轴线与水平轧制线对中。

（4）由于轨形坯在左右方向为不对称轧制，水平辊会受到轴向力作用。为防止水平辊轴向移动，影响钢轨尺寸精度，可以采用水平辊与一侧的立辊接触的方法，使这个立辊承受这一轴向力，如图 8-35 所示。

重轨万能轧制法优点如下：

（1）钢轨轨头、轨底加工良好，细化了晶粒，改善了金相组织，提高了综合力学性能。

（2）钢轨在水平和垂直两个方向上压缩变形，均匀延伸，残余应力小。

（3）成品断面尺寸精度高，规格控制稳定，尤其是轨头踏面圆弧及轨高尺寸控制较好。

（4）采用组合式轧辊，辊型简单，轧辊消耗大幅度降低，一般比孔型法低 0.7~1 kg/t。

（5）孔型调整简单，能实现 AGC 控制，作业率高。

（6）均匀延伸，轧件弯曲小，导卫装置对钢轨表面不易产生划伤。

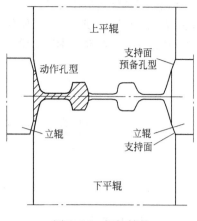

图 8-35　钢轨精轧

（7）万能道次延伸系数大，可提高到 1.25~1.40，一般孔型法仅为 1.2~1.22。

（8）万能道次采用四辊对称轧制，轧件与轧辊之间摩擦减小，氧化铁皮不易带入孔型，成品表面质量好。

8.2.3　钢轨万能轧法常见工艺布置形式及孔型系统

万能法轧制钢轨技术经过不断发展，形成了三种生产工艺，这三种工艺都采用两架开坯轧机，差别在于万能轧机数目不同，一种是两机架万能轧机，一种是三机架万能轧机，一种是四机架万能轧机。开坯轧机一般表示为 BD_1 和 BD_2，万能轧机则一般表示为 U 轧机和 E 轧机，其中 U 轧为四辊万能轧制，E 轧机则为两辊轧制。这三种布置方式的共同点是开坯都采用两架二辊轧机，利用孔型轧制将矩形坯轧制成轨形坯。

8.2.3.1　两机架布置（两架粗轧机 + 紧凑式万能连轧机组）

该布置形式是由德国 SMS 公司研制的紧凑式万能机组（CCS）组成，各机架形成连轧，将万能轧机数减到最少，连铸矩形坯经过 BD_1 轧机、BD_2 轧机开坯后，送到万能连轧机组往复三道次轧制成钢轨，如图 8-36 所示。万能机组控制系统采用计算机自动控制，实现自动轧钢。使用 SMS 公司开发的液压 AGC（辊缝自动控制系统）与 TCS 张力控制系统，提高了轧机控制精度；轧边机采用移动定位设计，一架轧边机相当于两架轧机使用，轧机布置极为紧凑。我国鞍钢大型厂、包钢轨梁厂和武钢大型厂钢轨万能生产线均采用这种布置形式。

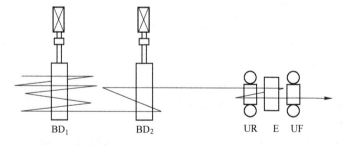

图 8-36　万能轧制法两机架布置形式

8.2.3.2　三机架布置（两架粗轧机 + 万能粗轧 + 万能中、精轧）

该布置方式利用万能轧机进行往复轧制工艺设计和设备自动控制，是目前钢轨万能轧制法比较流行的一种布置方式，如图 8-37 所示。连铸矩形坯经过 BD_1 轧机、BD_2 轧机开坯轧制后，送到万能粗轧机和轧边机往复轧制三道次,再送到万能中轧机和轧边机轧制一道次,然后送到万能精轧机轧制一道次。该布置方式使各万能机组间不存在连轧关系,避免了由于机架间的张力作用而造成产品尺寸波动。攀钢轨梁厂采用的即是这种万能轧机布置形式。

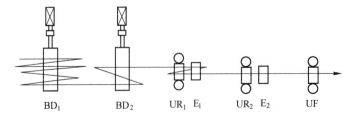

图 8-37 万能轧制法三机架布置形式

8.2.3.3 四机架布置

法国钢铁集团哈亚士厂采用此布置方式,如图 8-38 所示,每一架万能轧机只轧制一道次,不形成往复轧制,轧机动作少,孔型变形组合比较稳定,万能机组之间不形成连轧,自动控制难度小,轧件尺寸不受张力波动影响。但该轧制线的长度比较长,一般大于 580 m,占地投资较大,万能轧机数目多。

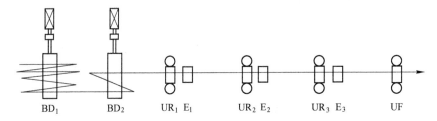

图 8-38 万能轧制法四机架布置形式

8.2.3.4 万能轧法孔型系统

在上述三种工艺布置形式下,根据不同坯料断面及轧制道次,开发出了多种孔型系统,主要有以下几种形式:

(1)BD_1 轧机轧制七道,其中 1 个箱形孔轧三道,3 个不同帽形孔各轧一道,1 个轨形切深孔轧一道;BD_2 轧机轧制三道,3 个不同轨形孔各轧一道;万能轧制部分,U_1E_1 连轧往复轧制三道,U_2E_2 连轧一道,成品机架(UF)轧一道。

(2)BD_1 轧机轧制五道,其中 1 个箱形孔轧一道,1 个箱形孔轧两道,1 个梯形孔轧一道,1 个帽形孔轧一道;BD_2 轧机轧制三道,3 个不同轨形孔各轧一道;万能轧制部分,U_1E_1 连轧往复轧制三道,U_2E_2 连轧一道,成品机架(UF)轧一道。

(3)BD_1 轧机轧制九道,其中 1 个箱形孔轧五道,3 个不同帽形孔各轧一道,1 个轨形切深孔轧一道;BD_2 轧机轧制三道,3 个不同轨形孔各轧一道;万能轧制部分,UE 连轧往复轧制三道,成品机架(UF)轧一道。

(4)BD_1 轧机轧制七道,其中 1 个箱形孔轧三道,3 个不同帽形孔各轧一道,1 个轨形切深孔轧一道;BD_2 轧机轧制三道,3 个不同轨形孔各轧一道;万能轧制部分,UE 连轧往复轧制三道,成品机架(UF)轧一道。

(5)BD_1 轧机轧制五道,其中 1 个箱形孔轧一道,3 个不同帽形孔各轧一道,1 个轨形切深孔轧一道;BD_2 轧机轧制三道,3 个不同轨形孔各轧一道;万能轧制部分,UE 连轧往复轧制三道,成品机架（UF）轧一道。

8.2.4　连铸坯尺寸的确定

在型钢的轧制过程中,坯料的形状对孔型设计起到至关重要的作用。选择合适的坯料形状可以减少孔型设计的工作量,减少轧制道次数,大幅降低设备投资和减少基础建设工作。

随着连铸技术的进步,连铸坯用于钢轨生产的优势日益明显。连铸坯与模铸坯相比具有更好的表面质量和内部质量以及更高的金属利用率。更重要的一点是,连铸坯的冷却速度快,铸坯内部晶粒细化,成分均匀,有利于改善钢轨的焊接性能。但从连铸坯到成品钢轨的变形量至少不小于8:1,这样才能保证钢轨的使用性能。20世纪80年代中期,我国大多数钢厂开始采用连铸坯生产钢轨,连铸加万能轧制法生产钢轨的工艺是近几十年来冶金技术的重大进步。

虽然适合的异形坯料优点很多,但是异形连铸坯的生产却受到连铸机结晶器形状的影响,往往很多复杂的异型坯难以生产,导致大多数型钢特别是异形断面型钢,不可避免地需要不同程度的开坯。

使用连铸坯代替初轧坯轧制重轨,为了保证产品质量,要求轧件的总压缩比达到某一定值。由于冶炼、连铸和轧制条件的区别,对于可以满足质量要求的最小总压缩比,目前尚无很准确的定量数据,但通常认为是越大越好,即使是优质连铸坯,生产重轨的总压缩比也不能小于10。世界各国所选连铸坯尺寸与成品尺寸之比综合平均为12.5:1,对于50 kg/m钢轨平均压缩比为11:1,对于60 kg/m钢轨平均压缩比为11.2:1,对于65 kg/m钢轨平均压缩比为11.6:1。从上可以看出,随着钢轨断面增大,连铸坯断面有增大的趋势,需以更大的压缩来保证钢轨的实物质量。根据这一原理,新日铁生产60 kg/m钢轨选择了断面积为1156 cm^{2}的340 mm×340 mm方形连铸坯;加拿大西尼厂为生产65.5 kg/m钢轨选择了断面积为1135.5 cm^{2}的279 mm×406 mm的矩形连铸坯。

近年来的研究又发现,断面形状对连铸坯内部质量有很大影响,矩形坯比方形坯有更好的内部质量,尤其是对改善偏析较为显著。表8-10为世界主要钢轨生产厂所用连铸坯与钢轨尺寸对照表。

表8-10　世界主要钢轨生产厂所用连铸坯与钢轨尺寸对照表

厂　名	连铸坯尺寸		钢轨尺寸		热压缩比
	断面尺寸/mm×mm	断面积/cm^2	单重/kg	断面积/cm^2	
阿尔戈马	266×225	598.5	49.6	63.6	9.4:1
阿格尔马	266×225	598.5	57	73	8.2:1
	318×266	845.9	65.5	84	10.1:1
沃金顿	330×254	838	56.3	72	11.6:1
利库姆	200×200	400	50	64.1	6.3:1
日本钢铁	250×355	887.5	60.3	76.9	11.5:1
新日铁	340×340	1156	59.5	77	15:1
萨西洛	255×320	816	60.3	76.9	10.6:1
悉　尼	279×406	1135.5	56.1	76.2	14.9:1
	279×406	1135.5	65.5	87.9	13:1
蒂　森	250×320	800	60.3	76.9	10:1

8.2.5　BD孔型系统与帽形孔设计

8.2.5.1　BD孔型系统的作用

BD孔型系统(如图8-39所示)主要由箱形孔、帽形孔、梯形孔、轨形切深孔、轨形延伸孔和先导孔组成,其在万能法轧制钢轨技术中不仅要完成坯料的开坯轧制,同时还要完成钢轨的初步成型。通过BD孔型系统,坯料由矩形逐步变成轨形,钢轨头、腰、底三部分金属量分配基本完成,同时钢轨轧制过程中的大量不均匀变形也主要集中在BD孔型系统。由此可见,BD孔型系统设计是否合理将不仅直接影响到最终成品尺寸,对轧制出钢影响也非常大。而成品尺寸和轧制出钢则是钢轨生产的关键,因此,BD孔型系统在万能法生产钢轨技术中具有非常重要的作用。

在BD孔型系统中,通过箱形孔、帽形孔、轨形孔等孔型逐步将矩形钢坯轧制成钢轨的形状,并由BD孔型的最后一道先导孔决定钢轨头、腰、底三部分金属量分配。若这三部分金属量分配不当,则无论万能轧制部分如何设计都无法使成品尺寸满足标准要求。这就要求孔型设计者在设计先导孔时,首先要考虑好底宽、腹腔高度(轨腰)和头宽三个尺寸。

BD孔型系统对轧制出钢的影响主要体现在两个方面,一是对BD轧制道次出钢的影响,二是对万能轧制出钢的影响。由于成品钢轨头、腰、底三部分金属量差别较大,因此轧制过程中必然存在不均匀变形。按照型钢孔型设计理论,这种不均匀变形必须尽量在开坯道次完成,因此钢轨轧制过程中的不均匀变形主要集中在了BD孔型系统。通过梯形孔、轨形切深孔、轨形延伸孔和先导孔将矩形坯料逐步轧制成钢轨的初步形状,这个过程中由于钢轨头、腰、底三部分金属量差异,很难做到延伸率相同,因此轧制过程中常会出现侧弯、扭转、上翘下钻等问题,孔型设计不当极易导致废钢,影响轧制进行。对万能轧制出钢的影响,则主要是先导孔头、腰、底三部分金属量分配不当,导致万能轧制时头、腰、底三部分延伸不一致,出钢弯曲,影响轧制顺利进行。

8.2.5.2　BD孔型系统常见类型及特点

目前万能法轧制钢轨都采用矩形坯轧制,其采用的箱形孔差别不大,主要是异型孔不同,主要有三种,如图8-39所示。

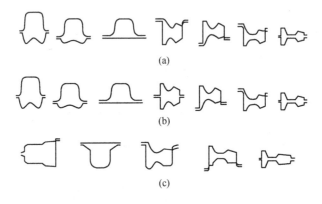

图8-39　万能法轧制钢轨开坯机孔型系统

三种BD孔型系统均采用直轧方式,图8-39所示的系统(a)、(b)的共同优点在于用小坯料通过帽形孔强制展宽获得较大的底宽尺寸,但其共同的缺点在于帽形切深孔磨损严重,易产生轨底裂纹缺陷,同时该系统成形孔太多出钢不易控制,受轧辊辊身长度限制,无备用孔型,因而轧制量偏低。系统(b)除了上述缺点外,对于轨形切深孔来说,由于轧辊开口在钢轨的轨头和轨底中央,因此,还存在辊缝处易出现过充满、轧件进下一孔即轨形延伸孔困难等缺点。孔型系统(c)

则较好解决了孔型系统(a)、(b)存在的问题,孔型系统(c)所代表的直轧方式与斜轧方式相比,其优点主要有以下三点:

(1) 孔型切槽浅、大辊径轧辊使用少。

(2) 辊身长度占用短,可配置更多孔型。

(3) 轧辊轴向力小、轴向窜动小,轧制精度高。

但孔型系统(c)也存在孔型侧壁斜度小、轧辊车削难恢复等问题。

BD孔型系统的主要问题是对成品尺寸和轧制出钢的影响,其中影响成品尺寸可以通过先导孔修改得到解决,而对轧制出钢影响则需综合考虑。

8.2.5.3 BD孔型系统常见问题与处理

BD孔型系统常见问题与处理如下:

(1) 梯形孔若大头和小头延伸差别过大,易产生扭转及咬铁丝,扭转严重时无法翻钢进入下一道轧制,导致废钢,而咬铁丝缺陷则容易导致钢轨产生轧疤。另外小头部位由于是中间开口,还易产生出耳子的缺陷。针对梯形孔出钢扭转问题,重点需考虑大头和小头的金属量分配,在保证二者金属量的前提下,应使大头和小头部分金属延伸尽量相等,从而达到消除轧件尾部扭转的目的。

(2) 帽形孔轧制时,易出现出钢上翘和下钻的问题,特别是出钢下钻对辊道冲击很大,并导致轧件进轨形切深孔时尾部咬铁丝。对于帽形孔出钢上翘下钻的问题,一方面在设计孔型时要考虑不同部分的延伸关系,另外还可以考虑施加适当压力以及采用导卫等辅助设备来解决。

(3) 轨形孔出钢侧弯和扭转。出钢侧弯在轨形切深孔和轨形延伸孔及先导孔中都易产生,主要是头、底部分延伸差别过大造成的。而出钢扭转则主要在轨形切深孔和轨形延伸孔中易产生,主要是头或底的上下部分延伸差别过大造成的。轨形孔出钢侧弯和扭转的问题,同样通过适当设计头、腰、底三部分延伸率解决,另外还必须对导卫进行专门设计。

(4) 先导孔轧后轨底尺寸无法满足万能部分轧制要求,导致最终成品底宽达不到标准要求,这时需对先导孔进行相应的修改。

(5) 由于都是采用直轧孔型系统,轧辊磨损严重,轧辊车削恢复困难,辊耗较大。对于轧辊磨损,一方面设计孔型考虑轧辊车削时可适当展宽孔型,但必须考虑展宽孔型后对轧制出钢的影响,另外在轧辊辊身长度允许的情况下,可适当配上备用孔。

(6) BD孔型系统延伸系数的选择。为了减小不均匀变形对成品钢轨质量的影响,在设计孔型系统时一般将不均匀变形集中在BD区的轨形孔进行消化,并尽量在对出钢要求不高的孔型中多考虑,在其余各孔应尽量让轧件各部分延伸系数相等,这样才能保证出钢平直,否则轧件出孔型后将向延伸小的方向弯曲。常见钢轨BD孔型系统轨形孔延伸系数的分配见表8-11。

表8-11 BD轨形孔头、腰、底三部分延伸系数

孔 号	轨 头	轨 腰	轨 底	总 延 伸
轨形切深孔	1.15 ~ 1.3	1.1 ~ 1.25	1.25 ~ 1.3	1.2 ~ 1.3
轨形延伸孔	1.35 ~ 1.45	1.2 ~ 1.3	1.35 ~ 1.45	1.15 ~ 1.2
先导孔	1.2 ~ 1.3	1.15 ~ 1.25	1.2 ~ 1.3	1.2 ~ 1.3

8.2.5.4 帽形孔设计

轧制重轨以使用底部深切的帽形孔系统为宜,从形成窄而厚的轨头和薄而宽的轨底的需要上看,只要选择的变形条件得当,可以只用三个帽形孔。在采用较高的钢坯、减少侧压等情况下,

也可以选择四个帽形孔。

A　最末帽形孔

确定最末(按逆轧制顺序)帽形孔的原始依据是轨形切深孔型,如图 8-40 所示,轧件在其内的变形是:腰部受到切入后,沿轨头和轨底的高度方向上受到强烈的拉缩,同时腰部的宽度有所增加。

有关的经验数据如下:

轨头拉缩量:3~8 mm。

轨底拉缩量:对轻轨为 20~25 mm;对重轨为 30~50 mm。

以上均指总高度而言。

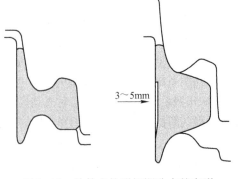

图 8-40　轧件在轨形切深孔中的变形

宽展量:3~8 mm。

为防止轧件在切深孔型中在轨底高度方向上受到过度拉缩,应使来料(指帽形孔)的底部厚度和斜度都较切深孔型的闭口轨底的相应尺寸小,以利于轧件的顺利插入。

切深孔型中的宽展余量与切入的深度和切入楔的角度有关。为减少切深孔型轨底外侧壁的磨损,应在帽形孔型的底部留有 3~5 的凸起量。

按以上变形条件,就可以顺利地绘制出最后一个帽形孔型的形状和尺寸来。

B　其他帽形孔型

从矩形钢坯到最后一个帽形孔型,仅有 3~4 个轧制道次,欲形成较窄的轨头和较宽的轨底,就必须借助于强烈的不均匀变形,否则目的难以达到,特别是当采用 3 个帽形孔型时,情况就更是如此。帽形孔型的设计主要还得依靠经验数据,特别是对其中的强迫宽展。

其他帽形孔型的设计原则如下:

(1) 帽形孔型的高度。进入轨形切深孔型的轧件宽度(最后一个帽形孔型高度)已被限定,其他帽形孔型的高度可按逆轧制顺序计算,通常其高度变形系数为 1.1~1.3。

(2) 头部的形成过程。轧件在帽形孔型的上轧槽内的变形条件,犹如工字钢孔型中的闭口腿部。头部宽度的减少主要有两种途径:一为按轧制顺序逐道减少帽形孔型侧壁斜度的斜度和宽度,即采用带较大侧压的帽形孔型系统;一为在帽形孔型之前采用一具有不同高度的箱型孔型,如图 8-41 所示,即采用无侧压或较小侧压的帽形孔型系统。前者上轧槽推搓着一部分金属向下流动,有利于轨底的形成,但这种侧压过大时,不仅加速轧辊的磨损和增加轧制能耗,并有生成折叠的危险,更重要的还会造成钢轨表面加工不良的现象,如图 8-42 所示。在帽形孔型中的侧压量一般为:槽底 5~12 mm,槽口 10~25 mm。以上数据,上限用于第一个帽形孔型,以后逐个减少。

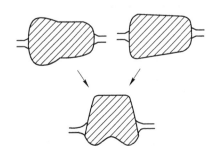

图 8-41　减小帽形孔型中侧压的方法

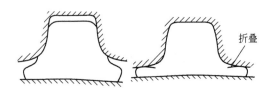

图 8-42　帽形孔型中侧压过大的后果

（3）轨底的形成过程。形成宽而薄的轨底是多方面因素作用的结果。对于第一个帽形孔型深切的轧件底部相继地进行扩展,各帽形孔型底部的形状和角度,有利于这种扩展的进行,如图 8-43 所示,被上轧槽推搓下来的金属,在辊缝处受到挤压,特别是在最后一个帽形孔型受强迫宽展作用,为此使该孔两侧的高度变形系数比其中部大 1.5~2.5 倍。

（4）帽形孔型下轧槽的形状与尺寸。钢坯在第一个帽形孔型中的切入深度与切入楔的角度,有助于轨底的形成与改善轨底的质量,如图 8-43 所示,但设计不当,也可能造成底部加工不良,如图 8-44 所示。帽形孔型的切入深度与切入楔角度的确定,主要考虑主电机能力、咬入条件、钢坯规格和立轧孔型数目等因素,通常切入楔角度:3 个帽形孔型时为 85°~100°,4 个帽形孔型时为 80°左右。对于切深深度,轻轨:3 个帽形孔型时为 13~20 mm;重轨:3 个帽形孔型时为 30~40 mm,4 个帽形孔型时为 50~60 mm。此外,为改善轨头质量,曾试图也如轨底一样对轨头进行切深,但由于这两处的变形条件不同,这种试验并未收到预期的效果,反而带来容易在轨头造成折叠或加工不良的麻烦,现在已很少使用这种方法。在帽形孔型中,轧件底部与头部的形成过程如图 8-45 所示。

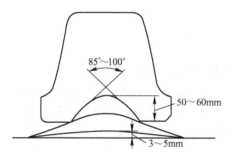

图 8-43 帽形孔型底部形状与尺寸

图 8-44 帽形孔型中底部加工不良现象

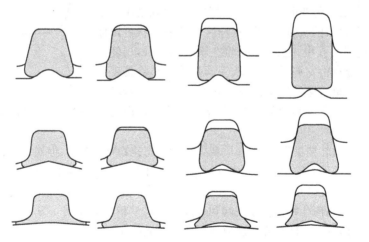

图 8-45 轨头与轨底在帽形孔型中的成型过程

8.2.6 三种重轨成品孔

重轨成品孔包括二辊成品孔、半万能成品孔和万能成品孔。三种孔型均可以轧出满足 200 km/h 和 300 km/h 标准要求的高精度重轨。成材率和尺寸精度按万能孔型、半万能孔型和二辊孔型的顺序依次降低。

8.2.6.1　二辊成品孔型

在较严格地控制轧件温差、放慢轧制节奏和及时更换轧槽的前提下,轧后再进行挑选,使用现有二辊轧机的成品孔型,也可以轧制出符合 200 km/h 标准要求的高精度重轨。孔型形状如图 8-46 所示。

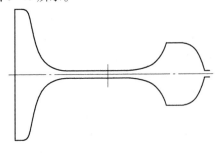

图 8-46　重轨的二辊成品孔型

使用二辊成品孔型、轧后进行挑选的方法轧制高精度重轨,效果并不理想,主要存在以下问题:

(1) 轧件合格率低,合格率由轧机条件、来料尺寸、温度均匀程度和操作水平决定,合格率为 65% ~75%。

(2) 轧件对称性差并且很难在轧制环节矫正,较难保证轨头和轨底的形状,尤其是轨头形状难以保证。

(3) 孔型难调整,一旦调整压下量,轨高尺寸即自由宽展变化,轨头形状则成为尖顶或平顶。

(4) 孔型寿命短,大约只能轧制 200 t。

8.2.6.2　半万能成品孔型

受传统思维的影响,当时的万能轧机是利用二辊轧机改造而来的,因为二辊轧机的压下调整非常困难,而且改造后的万能轧机水平轧制线与垂直轧制线很难调整到一个平面,所以只有采用半万能成品孔来生产钢轨,也就是说采用半万能成品孔的主要优点是可以避免轧机在有效压下调整方面带来的困难。而对于具有 AGC 功能的现代化万能轧机,这一点已经不再是限制因素,万能孔型已广泛用于生产钢轨。

在半万能孔型中(如图 8-47 所示),轧辊同时对轨头、轨底进行压缩,整个截面均匀变形。与二辊孔型相比,单独使用一个半万能成品孔型,钢轨的头宽、内腔、对称性和轨底形状可以保证。由于半万能成品孔中,上、下水平辊在轨头部位开口,轧件变形时轨头踏面处自由宽展,故钢轨轨头圆弧踏面形状精度无法得到保证。若调整轨腰处压下量或来料腰部厚度有波动时,会导致轨头出现强迫宽展和拉伸变形,明显影响轨头踏面的形状和轨高。

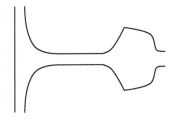

图 8-47　重轨成品半万能孔型

采用半万能钢轨轧制法生产钢轨,质量可以满足高速铁路的要求,但对钢轨精度的提高主要是在半万能成品孔前的万能粗轧机和中轧机组中完成的,当轧件进入最后的半万能成品孔时,半万能成品孔对精度的提高几乎已经不起作用。因此,半万能孔型不是一个严格意义上的精轧孔型,它只有与万能成品前孔相结合才能起到提高钢轨尺寸精度的作用。为了确保用一个成品孔型提高钢轨的尺寸精度,万能精轧道次应使用全万能成品孔型。

8.2.6.3　万能成品孔型

全万能成品孔型示意如图 8-48 所示,其由上、下两个水平辊和左、右两个立辊组成。水平辊轧制钢轨腰部方向,立辊对钢轨的轨底和轨头踏面同时进行轧制成形,轨头方向则使用带轨头踏面曲线的浅槽立辊轧制。

与普通二辊孔型和半万能成品孔型相比,全万能成品孔型踏面处没有辊缝开口,可充分对轨头踏面进行压缩,提高了踏面圆弧尺寸的精度,确保了轨高,在保证轨高及轨头圆弧精度方面,全万能成品孔型有其特有的优势。

高速铁路标准对钢轨高度尺寸精度的要求为 ±0.5 mm，轨头宽度尺寸精度要求为 ±0.5 mm，这说明对轨高尺寸精度的要求比轨头宽度尺寸的要求更为严格。与半万能成品孔相比，在只增加一个立辊的情况下，精轧道次采用全万能成品孔就可以确保轨高尺寸。

在使用全万能孔型成品孔时，无论对轧机的结构还是对轧机的调整能力都有特殊的要求，即要求轧机的上、下水平辊具有以下能力：(1)辊缝中心与立辊孔型轴向中心线对正；(2)具有动态轴向调整功能。若使用万能成品孔型时，上、下水平辊不具备上述的辊缝中心线对正和动态轴向调整能力，将导致轨头中心线与轨腰中心线不重合，如图 8-49 所示。

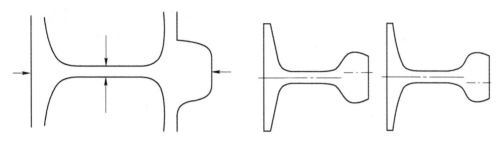

图 8-48　重轨的成品万能孔型　　　　　图 8-49　轨头与轨腰中心线不重合

国内各钢轨厂家都纷纷改造了钢轨生产线，在设备先进的情况下，万能轧机都已具备辊缝中心线与立辊孔型轴向中心线对正和动态轴向调整的功能，完全可以满足使用全万能孔型作为成品孔型时对轧机结构和调整能力的要求。因此，最后的成品孔应该采用全万能孔型。

相对于半万能成品孔型，采用全万能成品孔型对轧制的优化主要体现在三架万能轧机上。采用全万能轧制工艺时，轧件各部位的压下系数分配如表 8-12 所示。从表中数据不难看出，在万能轧机上，轧件轨底和轨腰的压下系数相同，而轧件轨头与轨底及轨腰的压下系数相差很小，轧件断面变形均匀。

表 8-12　全万能成品孔型中轧件各部位压下系数分配

孔　型	轨　底	轨　腰	轨　头
万能粗轧孔（UR_1）	1.486	1.500	1.314
万能中轧孔（UR_2）	1.306	1.304	1.331
全万能成品孔（UF）	1.102	1.102	1.044

而半万能轧制工艺中的三架万能轧机上，轧件各部位压下系数分配不合理，如表 8-13 所示，在万能粗轧机 UR_1 上，轧件轧制三道次，轨底与轨腰以及轨头的总压下系数分别相差 0.464 和 0.744，轨腰与轨头的总压下系数相差 0.280。在万能中轧机 UR_2 上，轨头与轨腰以及轨底的压下系数分别为相差 0.61 和 0.248，轨腰与轨底的压下系数相差 0.187，轧件容易出现不均匀变形，导致轧制缺陷。

表 8-13　半万能成品孔型中轧件各部位压下系数分配

孔　型	轨　底	轨　腰	轨　头	备　注
万能粗轧孔（UR_1）	2.626	2.162	1.882	轧制三道次
万能中轧孔（UR_2）	1.026	1.213	1.274	
半万能成品孔（UF）	1.093	1.096	1.012	

由于在全万能成品孔型中，可对轧件的水平和垂直四个方向进行轧制，避免了半万能成品孔

型轨头自由宽展的缺点,在 UF 轧机上可以有大的压下,提高了钢轨尺寸精度和形状精度。由表 8-12 可以看出,全万能轧制工艺在三架万能轧机上都有压下,而且依次减小,从而减轻了万能粗轧和中轧的轧制任务,各机架间的压下系数分配也更合理。

8.2.7　50 kg/m 重轨孔型设计

以国内某厂万能轧机轧制 50 kg/m 钢轨为例,介绍万能轧机钢轨孔型设计。

8.2.7.1　孔型系统

轧制 50 kg/m 重轨采用的孔形系统为:箱形孔 + 帽形孔 + 轨形孔 + 万能孔 + 轧边孔。其中,BD$_1$ 轧机配置箱形孔,BD$_2$ 轧机配置帽形孔 + 轨形孔,万能生产线孔型布置如图 8-50 所示。

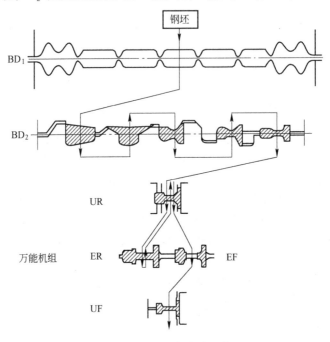

图 8-50　万能生产线孔型布置

孔型系统中,箱形孔、帽形孔、轨形孔的设计与传统的二辊孔型轧法设计思路一致,即减小钢坯断面尺寸,获得轨形毛坯料,为万能机组轧制创造条件,其中轨形孔采用直轧法设计。

万能粗轧孔 UR 和万能精轧孔 UF 分别由一对主动水平辊和一对被动立辊共同组成,且四辊的轴线位于同一平面上,形成万能孔型,水平辊对重轨的腰部进行压下,两侧立辊与水平辊的侧面形成加工变形区,分别对轨头、轨底进行压下。

轧边机 ER、EF 对轨头、轨底的端部进行压下,以控制底宽和头宽。

8.2.7.2　万能生产线孔型设计

A　BD$_1$ 孔型设计

BD$_1$ 轧机孔型配置均为箱形孔,280 mm × 380 mm 矩形坯经七道次轧制成 220 mm × 237 mm 中间坯。

B　BD$_2$ 孔型设计

BD$_2$ 轧机孔型配置为轨形孔、切深孔和帽形孔,其中轨形孔是介于切深孔和万能孔之间的过渡孔型,目的是向万能轧机提供上下形状对称的中间坯,以满足万能轧机来料要求。

C 轨形孔设计

轨形孔是开坯机的成形孔型,为后面各道万能孔型提供上下形状对称,且符合轨头、轨腰、轨底相互变形关系的中间轨形轧件,轨形孔为中间开口的孔型。设计步骤如下:

(1) 根据万能粗轧(UR)孔型的腰宽来确定轨形孔腰宽,一般情况轨形孔的腰宽比万能粗轧孔型的腰宽小 5~7 mm。

(2) 根据第一道次万能孔型的腰厚来计算轨形孔的腰厚,通常第一道万能孔的腰部压下系数为 1.3~1.4,由此,可以推算出轨形孔的腰厚。

(3) 确定轨形孔的底部宽度,其一般为钢轨标准底宽尺寸的 1.04~1.06 倍,以保证轧边道次有足够的压下量。

(4) 根据第一道次万能孔的腿厚来计算轨形孔的腿厚,根据腿部延伸关系,腿部延伸系数比腰部延伸系数稍大一些,为 1.35~1.45。

(5) 确定轨形孔的头部宽度,其比万能粗轧头部立辊的宽度大 3~5 mm。

(6) 各部分圆角及斜度按孔型设计的一般原则选取。

D 轨形切深孔设计

在钢坯开坯过程中,轨形切深孔一般为 2~3 个,设计中应该注意以下几点:

(1) 要考虑闭口腿的拉缩现象,以保证闭口腿的充满度。

(2) 孔型的侧壁斜度要适中,在满足工艺要求的前提下,尽量降低轧辊消耗。

(3) 配辊时要给予一定的压力,以解决闭口脱槽困难问题。

E 万能精轧机(UF)孔型设计

成品孔采用半万能控制,设计时应考虑产品标准尺寸公差及金属热膨胀系数,通常金属热膨胀系数取 1.010~1.015。50 kg/m 钢轨成品孔型如图 8-51 所示,万能轧机操作侧立辊采用平辊。万能轧机水平辊的孔型设计按以下原则进行:

(1) 考虑轧辊磨损,腰高按正偏差设计。

(2) 根据轧件填充情况,头宽、头厚按正偏差设计。

(3) 腰厚为标准断面尺寸与金属热膨胀系数之积。

(4) 万能轧机往复连轧过程中,由于存在张力作用,轧件通常范围内轨高波动很大。为了减小轨高波动及防止轧件端部产生耳子,将轨高设计在正偏差范围内,一般在 +0.5~+0.8 mm 以内。

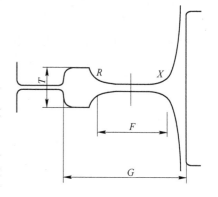

图 8-51 万能精轧机 UF 孔型图

(5) 对于半万能成品孔型,其头部辊缝 s_1 一般取 5 mm,底部辊缝取值 s_2 一般应保证水平辊与立辊水平段接触长度为 0.40 mm,一般情况下取 8 mm 即可。对于万能成品孔型,其头部辊缝 s_1 一般取 1 mm,底部辊缝取值 s_2 一般比轨底端部宽度小 0.1~0.3 mm。

F 万能粗轧机(UR)孔型设计

万能粗轧机的孔型,如图 8-52 所示,设计中应注意以下几点:

(1) 水平辊。腰高通常比成品孔 UF 腰高小 3~4 mm,以使 UF 腰部得到良好的加工,腰部两侧斜度 X 按标准断面斜度设计,圆弧 r 比 UF 水平辊相应处圆弧大 2~5 mm。

(2) 传动侧立辊。立辊凹槽深度通常为 16~22 mm,圆弧 R 与标准断面尺寸数据相同或略小,R 取值大小决定于成品轨头踏面的成形。

（3）腿部长度。在万能 UR 孔型中，轧件的腿端完全开口，其腿部延伸系数只能根据操作侧立辊的侧压量进行近似计算，腿部长度是进行轧边孔型设计的重要参数。

G　轧边机孔型设计

轧边机孔型为二辊孔型，起到控制钢轨的头宽和腿长的作用。轧边机孔型的腰部通常与轧件的腰部轻微接触或不接触，配置两个轧边孔 ER 和 EF，形状相似，如图 8-53 所示，腰部尺寸同 UR 水平辊，腿端宽度尺寸不宜过大，否则，影响成品腿端成形及单腿长度；腿长 L 要考虑轧件通过轧边孔型时的腿部压下量；头厚尺寸 T 不易过小，否则影响头部金属量。

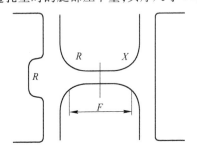
图 8-52　万能粗轧机 UR 孔型图

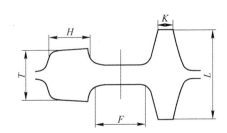
图 8-53　轧边机孔型图

8.2.8　60 kg/m 重轨孔型设计

根据某厂万能生产线轧机的分布情况，坯料和成品的断面形状、尺寸以及产品性能的要求，确定生产 60 kg/m 钢轨所需的孔型数量、轧制道次、各道次变形量、各孔型形状和尺寸以及各孔型在轧辊上的配置。坯料在选择的时候，为与连铸工艺相结合，采用 180 mm×380 mm 连铸矩形坯轧制 60 kg/m 钢轨。

8.2.8.1　轧机布置形式及轧制道次分配

万能生产线轧机布置形式如图 8-37 所示，由按 1—1—2—2—1 布置的七机架组成。其中开坯机两架（BD$_1$、BD$_2$）、万能粗轧机两架（UR$_1$、E$_1$）、万能中轧机两架（UR$_2$、E$_2$）、万能精轧机一架（UF）。确定轧制方案时，考虑到工艺设备条件及提高产品质量水平为目的，确定总轧制道次为16 道次，道次分配为 6—5—1—1—1—1—1。

8.2.8.2　万能生产线孔型设计

A　箱形孔

箱形孔配置在开坯机 BD$_1$ 机架上。箱形孔设计成左右不对称的形状，右侧具有与第一个帽形孔上部相同的斜度，以使之后的帽形孔上部有适当的侧压，轧件容易咬入。并且轧件经箱形孔轧制后，逆时针翻转 90°，左侧金属位于帽形孔底部，因此箱形孔在一定程度上起到与立轧帽形孔相同的作用。

轧件在箱形孔轧制第一道次后，逆时针翻转90°，调整辊缝，再进入箱形孔完成第二与第三道次的轧制。箱形孔形状如图 8-54 所示。轧件在箱形孔轧制三道次的延伸系数如表 8-14 所示，每道次相对压下量较大，轧件发生较大的延伸和宽展。采用较大压下量，可以细化晶粒尺寸，保证钢轨质量。

表 8-14　箱形孔各道次延伸系数

道 次 数	总面积/mm²	延伸系数	压下量/mm	道次压下率/%
1	100450	1.059	30	8
2	77700	1.293	77	26.8
3	54699	1.423	70	33.3

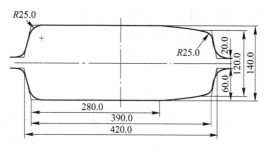

图 8-54 箱形孔

B 帽形孔

钢轨开坯轧制过程中一般配置三个帽形孔,以保证轧件底部宽度。本孔型系统中三个帽形孔型(K_{13}、K_{12}、K_{11})均配置在开坯机架 BD_1 上,轧件在帽形孔中各轧一道次,以使轧件过渡到下一步的轨形孔中。帽形孔孔型图如图 8-55 ~ 图 8-57 所示,轧件在帽形孔中各道次的延伸系数见表 8-15。

表 8-15 帽形孔的延伸系数

孔 型 号	辊缝值/mm	总面积/mm²	延伸系数
K_{13}	286	51073	1.07
K_{12}	262	42828	1.19
K_{11}	213	32517	1.32

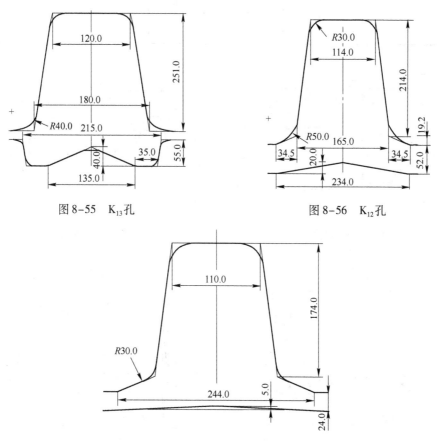

图 8-55 K_{13}孔 图 8-56 K_{12}孔

图 8-57 K_{11}孔

　　第一个帽形孔采用切楔、大张角度以及小圆弧半径,对轧件底部进行切楔,形成钢轨底部,后面两个道次轧平钢轨底部。在帽形孔的轧制中,轧件底部先与轧辊接触,变形量最大,形成脚部幅宽,并且在轧件高度上有较大压下。同时,轧辊对轧件底部的切楔变形有利于破碎轧件内部的柱状晶,保证钢轨质量。

　　C　轨形孔和立压孔

　　轨形孔主要是把轧件轧成初具轨形断面。立压孔对轨底和轨头部进行加工,并在轨高方向上进行大的压下。四个轨形孔(K_{10}、K_9、K_7、K_6)和一个立压孔(K_8)配置在开坯机架 BD_2 上,轧件在各孔型中均轧一道次。

　　不同于轨形孔通常采用的开闭口孔型,此次设计时轨形孔都采用上下对称设计,有利于轧件变形均匀。在设计中要注意轨头轨底部孔型侧壁的斜度及腰部宽度的确定,以保证轧件从上一孔型轧出后能顺利地咬入到下一个孔型中。轨形孔和立压孔如图8-58 ~ 图8-62所示。轧件在各轨形孔中各道次的延伸系数见表8-16。

表 8-16　各道次延伸系数

孔 型	腿厚/mm	总面积/mm²	延伸系数	轧件各部位延伸系数		
				头 部	腰 部	底 部
K_{10}	90	26249	1.24	1.13	1.23	1.13
K_9	70	22653	1.16	1.13	1.28	1.11
K_7	54	19346	1.13	1.12	1.14	1.10
K_6	36	16937	1.14	1.10	1.17	1.15

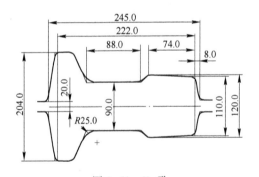

图 8-58　K_{10}孔　　　　　　　　　　图 8-59　K_9孔

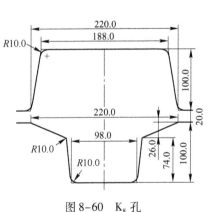

图 8-60　K_8孔

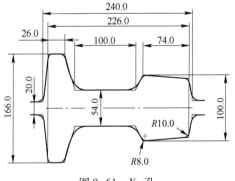

图 8-61　K_7孔

D 万能粗轧机、中轧孔及轧边孔

万能粗轧和万能中轧孔型从上、下、左、右四个方向对轧件进行轧制,以形成初具轨形的轧件。轧件腰部承受万能轧机上下水平辊的压下作用,头部和腿部的外侧承受万能轧机立辊的垂直侧压作用。在四个方向上的压下量很大,万能粗轧和万能中轧孔型的延伸系数分别为1.50和1.25,实现了轨腰、轨底和轨头的均匀延伸。水平辊及立辊各部位精确的圆弧尺寸设计,大大提高了辊内空腔尺寸和形状精度以及轨头、轨底形状和对称性精度。

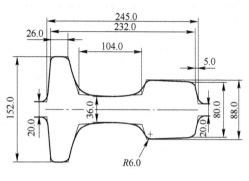

图 8-62 K$_6$孔

为控制钢轨轨底边部和轨头侧面的尺寸和形状,在万能粗轧和万能中轧机后各配置了一架轧边机,万能轧机和轧边机采用连轧方式。轧边机对轨头侧面和轨底边部进行加工,保证轧件的尺寸和形状精度。通过万能粗轧和万能中轧机组的轧制,轧件在进入成品孔前,具有更高的尺寸精度和更接近于成品的断面形状,保证了成品孔的断面形状,保证了成品的精度。万能粗轧、中轧孔孔型以及轧边机孔型如图8-63～图8-66所示。万能孔和轧边孔的延伸、压下系数见表8-17。

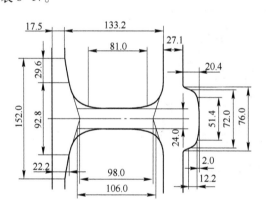

图 8-63 万能粗轧孔 K$_5$

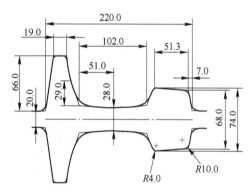

图 8-64 轧边孔 K$_4$

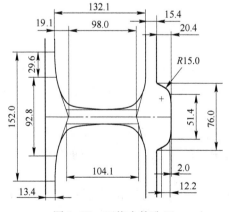

图 8-65 万能中轧孔 K$_3$

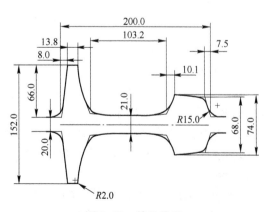

图 8-66 轧边孔 K$_2$

表 8-17　万能孔型与轧边孔的延伸、压下系数

孔　型	辊缝值/mm	延伸系数	轧件各部位压下系数		
			轨　头	轨　腰	轨　底
UR_1	16.70	1.50	1.486	1.500	1.314
E_1	21.00	1.02			
UR_2	18.40	1.25	1.306	1.304	1.331
E_2	28.00	1.02			

E　全万能成品孔

该厂的万能轧机具有 AGC 功能的有效下调整装置,所以在本次孔型设计中,改变了以往采用半万能成品孔的轧制方法,采用了全万能成品孔,真正意义上使用万能精轧机轧制钢轨。全万能精轧机由上、下水平辊和左、右立辊组成,同时对轨腰、轨底和轨头踏面进行轧制成形。轨头处使用带轨头踏面曲线的浅槽立辊,槽深不大于 20 mm。

成品孔设计的直接依据是钢轨断面尺寸及偏差。在确定成品孔各尺寸参数时,需考虑到各部分断面面积及截面模数不一样。在确定头部尺寸时,按较大的热收缩系数,取 1.0136;其他部位取较小的热收缩系数,为 1.0125。轧件最终通过成品孔进一步定形,以达到产品尺寸精度要求。万能成品孔型如图 8-67 所示。

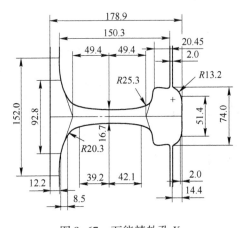

图 8-67　万能精轧孔 K_1

8.2.8.3　轧机参数及其孔型配置

A　开坯轧机及配辊

BD_1、BD_2 开坯机均为二辊可逆式牌坊轧机,轧辊最大直径为 1100 mm,辊身长度为 2300 mm,辊颈直径为 600 mm,电机功率为 5000 kW,轧制速度为 0.5 ~ 5.0 m/s。轧机均为右侧驱动,轧件需要翻钢时都按逆时针方向进行。

BD_1 轧机上按顺序配有一箱形孔、三个帽形孔(K_{13}、K_{12}、K_{11}),并且配有一个备用孔型 K_{11}。在 BD_1 轧机上轧制六道次,箱形孔轧制三道次,三个帽形孔各轧一道次。BD_1 轧机的配辊示意图如图 8-68 所示。

BD_2 轧机的配辊示意图如图 8-69 所示,轧机上按顺序配有两个轨形孔(K_{10}、K_9)、一个立压孔(K_8)和两个轨形孔(K_7、K_6),并配置一个备用轨形孔 K_6,在 BD_2 轧机上轧制五道次。

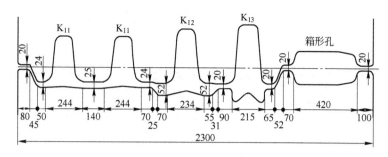

图 8-68 BD₁ 配辊图

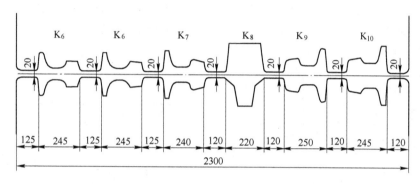

图 8-69 BD₂ 配辊图

B 轧边机配辊

轧边机电机功率为 1500 kW,轧辊最大直径为 900 mm,辊身长度为 1200 mm,最大轧制力为 2500 kN。轧边机可快速横移,保证从万能孔型出来的轧件进入合适的轧边孔型。轧边机 E_1、E_2 分别配轧边机孔型 K_4 和 K_2。考虑到孔型长度和辊身长度,各刻有三个孔型。配辊图如图 8-70 和图 8-71 所示。

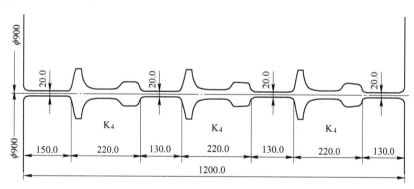

图 8-70 E₁ 配辊图

C 万能轧机及配辊

万能粗轧机电机功率为 5000 kW,万能中轧机电机功率为 3500 kW,万能精轧机电机功率为 2500 kW。万能轧机水平辊最大直径为 1200 mm,辊身长度为 1500 mm,最大轧制力为 6000 kN。立辊最大直径为 800 mm,辊身长度为 280 mm,最大轧制力为 4000 kN。

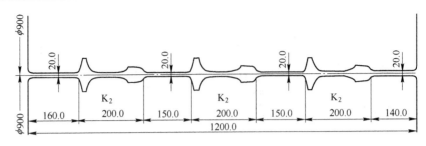

图 8-71 E₂ 配辊图

万能粗轧机架上配有万能孔型(UR₁),配辊图如图 8-72 所示;万能中轧机架上配有万能孔型(UR₂),万能孔型与轧边孔型采用连轧方式,如图 8-73 所示;在最后的万能精轧机上,配有万能成品孔型(UF),如图 8-74 所示。

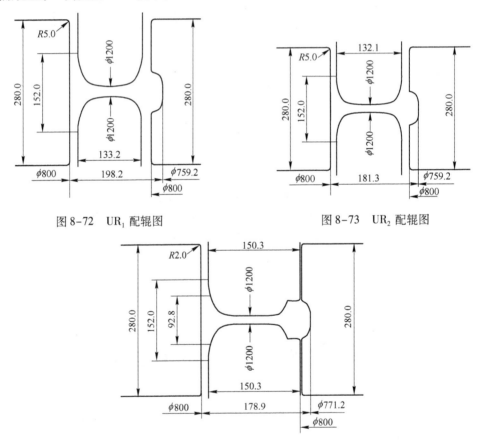

图 8-72 UR₁ 配辊图   图 8-73 UR₂ 配辊图

图 8-74 UF 配辊图

思 考 题

8-1 H 型钢轧机的布置形式有哪些,分别有什么样的特点?

8-2 X—X 和 X—H 轧制法的特点是什么?

8-3 H 型钢万能机架轧辊尺寸如何确定?

8-4 H 型钢万能精轧辊型设计时确定 $W_{F_{max}}$、$W_{F_{min}}$ 的意义是什么?

8-5 H 型钢轧边机轧辊上配置孔槽的作用是什么?

8-6 简单叙述万能轧机孔型配置的方法。

8-7 H 型钢万能机架压下规程设计时如何分配腿部和腰部的延伸系数,为什么?

8-8 钢轨按照最低抗拉强度是怎么分类的?

8-9 轨头断面设计对钢轨性能有什么影响?

8-10 重轨万能轧机的布置形式有哪些?

8-11 重轨轧制时坯料尺寸怎么确定?

8-12 叙述常用 BD 孔型系统的特点。

8-13 BD 孔型系统生产时常见的问题有哪些,如何处理?

8-14 叙述三种重轨成品孔的特点。

9 楔横轧孔型设计

楔横轧是一种高效金属成形工艺。它既是冶金轧制技术的发展,因为它将轧制等截面的型材发展到轧制变截面的轴类零件;又是机械锻压技术的发展,因为它将整体继续塑性成形发展到局部连续塑性成形。楔横轧是工件在回转运动中成形的,所以又称它为回转成形,也有人称它为特殊锻造。由于成形的零件都是回转体轴类零件,故又统称它为轴类零件轧制。

9.1 楔横轧的工艺特点和工艺参数

9.1.1 楔横轧机的类型

目前国内外常用的楔横轧机有三种,如图9-1所示,即单辊弧形式(简称弧形式)、辊式和板式楔横轧机。

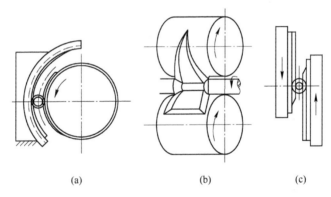

(a)　　　　　　　　　　(b)　　　　　　　　　(c)

图9-1　楔横轧机的三种基本类型
(a) 弧形式;(b) 辊式;(c) 板式

9.1.2 楔横轧的工作原理及工艺特点

楔横轧变形是在模具压力作用下,从轧件与模具接触的表面开始的。随着压下量的增加,塑性变形不断向里渗透,直到内部也产生塑性变形。随着模具的旋转,这样的变形将在轧件的整个断面上连续。楔横轧变形在轴向方向随着楔形的展宽逐渐移动,轧件中部在楔入开始时为变形区,随后变形区一分为二,中间段变为已变形区,并逐渐扩大,如图9-2所示。简单地说即在两个装在同向旋转轧辊上的楔形模具的楔形凸起作用下,轧件被带动旋转,毛坯产生连续局部小变形,最终轧制成楔形孔型的各种台阶轴。楔横轧的变形主要是径向压缩、轴向延伸。

9.1.3 楔横轧工艺的主要参数

9.1.3.1 断面收缩率

断面收缩率又称断面压缩率或断面缩减率,为轧前面积减去轧后面积与轧前面积的比值,用 ψ 表示,是楔横轧中的一个基本工艺参数。

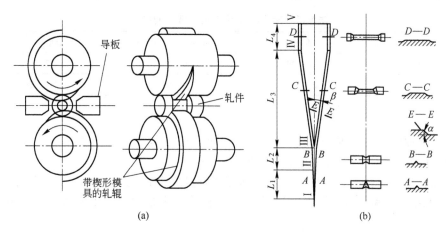

图9-2 楔横轧成形原理及成形过程图

（a）楔横轧工作原理；（b）楔横轧成形过程及基本楔

$$\psi = \frac{F_0 - F_1}{F_0} = \frac{d_0^2 - d_1^2}{d_0^2} = 1 - \left(\frac{d_0}{d_1}\right)^2 \tag{9-1}$$

式中　F_0——轧件轧前的面积；

　　　F_1——轧件轧后的面积；

　　　d_0——轧件轧前的直径；

　　　d_1——轧件轧后的直径。

楔横轧一次的断面收缩率 ψ 一般应小于75%，否则容易产生轧件的不旋转、螺旋颈缩甚至拉断等问题。如果轴类件产品直径相差很大，断面收缩率 ψ 大于75%，则一般采用在同一轧辊上两次楔入轧制，即每次楔入轧制的压缩率小于75%，两次总压缩率大于75%的方法，在个别情况下，可采用局部堆积（毛坯直径增大）轧制的方法使 ψ 大于75%。

当断面收缩率 ψ 小于35%时，若工艺设计参数选择不当，不仅轧制尺寸精度不易保证，而且容易出现轧件中心疏松等缺陷。因为 ψ 过小时，金属只产生表面变形，轴向基本没有变形，多余的金属在孔型间反复揉搓，中心将产生拉应力与反复剪应力使中心破坏。因此对于小的断面收缩率 ψ，为避免中心疏松应选择小的宽展角与大的成形角。

一般来说，楔横轧最佳的断面收缩率在50%～65%之间，且在此范围内可以选择较大展宽角轧制。

9.1.3.2　成形角

成形角是指成形面与基面之间的水平夹角，通常用 α 表示。它是楔横轧设计的两个最重要、最基本的工艺设计参数之一。

成形角 α 对轧件的旋转条件、疏松条件、缩颈条件以及轧制压力与力矩都有显著的影响。一般情况下，α 角越大，旋转条件越差，容易产生缩颈，但中心疏松条件有所改善。

根据理论与实践，成形角大多在以下范围内选择：

$$15° \leqslant \alpha \leqslant 35°$$

断面收缩率 ψ 不同时，成形角 α 应选择不同的值。一般情况下，ψ 越大越容易产生缩颈和不旋转，而不易发生中心疏松，故 α 应选择较小值。

断面收缩率 ψ 与成形角 α 的关系可按表9-1所列范围选取。

表 9-1　断面收缩率与成形角 α 的关系

断面收缩率 ψ/%	成形角 α/(°)	断面收缩率 ψ/%	成形角 α/(°)
80 ~ 70	18 ~ 24	60 ~ 50	26 ~ 32
70 ~ 69	22 ~ 30	< 50	> 28

9.1.3.3　展宽角

展宽角又称楔展角,是指两个成形楔之间的夹角,通常用 β 表示。展宽角与成形角一样,是楔横轧设计中最重要、最基本的工艺设计参数。

展宽角 β 对轧件的旋转条件、疏松条件、缩颈条件以及轧制压力与力矩都有显著的影响。一般情况下,β 角越大,旋转条件越差,容易产生螺旋缩颈、轧制压力与力矩增加,但中心疏松条件有所改善。

根据理论与实践,展宽角大多在以下范围内选择:

$$4° \leqslant \beta \leqslant 12°$$

为了减少孔型的长度,在孔型设计时在允许的条件下应尽可能选取较大的 β 角,但对于塑性较差的材料以及工艺上需要较低温度轧制的碳钢或低合金钢,轧制较小直径的轧件,由于温降快、塑性较差,在选择展宽角时,应选择较小的数值。

断面收缩率 ψ 对展宽角 β 的影响比较复杂。一般情况下,当 $\psi > 70\%$ 时,应选择较小的 β 角,否则容易产生缩颈;当 $\psi < 35\%$ 时,也应选择较小的 β 角,否则容易产生疏松。断面收缩率 ψ 与展宽角 β 的关系可以按照表 9-2 选取。

表 9-2　断面收缩率 ψ 与展宽角 β 的关系

断面收缩率 ψ/%	80 ~ 70	70 ~ 60	60 ~ 50	50 ~ 40	< 40
展宽角 β/(°)	4 ~ 8	5 ~ 9	7 ~ 12	5 ~ 9	< 8

9.2　楔横轧孔型设计

9.2.1　楔横轧孔型设计的原则

在设计楔横轧模具时,一般应遵循以下几个原则。

9.2.1.1　对称原则

楔横轧模具上的左右两条斜楔在工艺上希望完全对称。这样,在轧制过程中模具两边作用于轧件两边的 x、y、z 三个方向的力是对称的,因而轧件不会由于轴向力不等而窜动,也不会由于轧件两边转速不一致而扭曲。

如果轴类件本身在长度上就是对称的,如图 9-3(a)所示,那么只要在制造与工艺调整上加以注意就自然地满足这一对称轧制原则。

但是,多数轴类件在长度上是不对称的,如图 9-3(b)所示,为了使作用于轧件两边的力符合对称原则,有四种解决办法:

(1)成对轧制。将不对称的两个轴类件相对在一起轧制。这种办法不仅将非对称轴类件变为完全对称的轧制,并且使轧机的生产率提高一倍。但对某些长轴类件,往往受到模具尺寸的限制而无法采用该方法。

(2)分段对称轧制。将非对称轴分段用对称楔轧制。

(3)长棒料预轧楔轧制。用预轧楔的方法将非对称轴类件变为对称轧制。

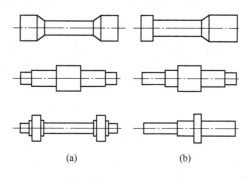

图 9-3 楔横轧轴类件

(a) 对称轴;(b) 非对称轴

(4) 对称力轧制。左右两条斜楔的工艺参数(成形角 α 与展宽角 β)采用不等数值,使其作用于轧件的力尤其是轴向力尽可能相等的办法。

9.2.1.2 旋转条件

设计楔横轧模具时,轧件在模具孔型的带动下能正常地旋转,这是楔横轧的先决条件。

楔横轧轧件的整体旋转条件,由于问题比较复杂,还写不出判别式。建议用最不利截面的旋转条件判别式进行判断,其判别式为:

$$\tan\alpha\tan\beta \leqslant \frac{d_1\mu^2}{\pi d_k\left(1 + \dfrac{d_1}{D_1}\right)} \tag{9-2}$$

式中 d_1——轧件轧后的直径;

D_1——轧辊上模具的楔顶直径;

d_k——轧件的滚动直径。

从旋转条件判别式中可以看出:

(1) 模具与轧件间的摩擦系数 μ 越大,旋转条件越好,而且是平方关系的影响。所以增加摩擦系数 μ 是保证旋转条件最重要最有效的方法,为此,在楔横轧模具的入口处和斜楔面上均刻有平行于轴线的刻痕,这样做可以把热楔横轧的摩擦系数 μ 从 0.2 ~ 0.3 提高到 0.35 ~ 0.6。

(2) 模具的成形角 α、展宽角 β、轧件的轧后直径与模具楔顶直径之比 d_1/D_1 越小,旋转条件越好,但这些参数还受其他重要条件的限制,调整余地不是很大。

9.2.1.3 缩颈条件

在设计楔横轧模具时,应满足轧件不因轴向力过大而将轧件拉细这个条件。轧件不被轴向力 P_z 拉细的判别条件为:

$$2P_z < \frac{1}{4}\pi d_1^2\sigma \tag{9-3}$$

或

$$P_z < \frac{\pi d_1^2\sigma}{8\sin\alpha}$$

式中 σ——轧件材料的变形阻力。

从式(9-3)中可以看出:当轧件的材料、轧制温度及轧后直径 d_1 等确定后,轧件是否会拉细,主要决定于成形角 α 的大小,α 角越大越易拉细。

当断面收缩率比较大时,容易产生拉细现象,故成形角 α 应取小的数值。

9.2.1.4　疏松条件

楔横轧的轧件,由于金属纤维沿零件的外形连续分布、晶粒细化等,使轧后零件的质量得到提高。

实践与理论都说明,横轧时,圆形毛坯在连贯转动中径向小变形量压缩时,毛坯除轴向延伸外,径向也产生扩展,因而在毛坯的心部产生拉应力。当毛坯旋转时,若轴向阻力过大,毛坯横向扩展积累,心部的拉应力将增加,当达到材料强度极限时,心部就出现超过允许级别的疏松甚至空腔,这是不允许的。

所以,在设计楔横轧模具时,为避免这种现象的出现,应作如下考虑:

(1)断面收缩率小时,容易产生疏松。因为 ψ 小时,变形不易透入中心,多是表面变形,故轴向变形小而横向变形大,易形成较大的心部拉应力。

(2)成形角小时,容易产生疏松。因为 α 小时,斜楔给毛坯的轴向拉力小,轴向变形小,易造成较大的横向变形,形成较大的心部拉应力。

(3)展宽角过小时,相当于径向压下量过小与同一位置拉压次数增加,容易产生横向变形及心部的较大拉应力。当展宽角过大(特别是在 ψ 较小)时,毛坯表面金属不容易碾轧出去,这部分多余金属在孔型顶面反复揉搓下,毛坯心部将产生较大的拉力。以上两种情况都容易产生疏松。

在设计时除应遵循以上四个基本原则或条件外,还应当使设计出的模具所占用的周长尽可能短以及加工制造尽可能方便等。

9.2.2　对称轴类楔横轧孔型设计

对称轴类件上孔型的主要特点是相对于轧辊轴线的某根垂线的两边斜楔线是完全对称的。这种对称轴类件的典型孔型设计如图9-4所示,分为五个区段:楔入段(A—B)、楔入平整段(B—C)、展宽段(C—D)、精整段(D—E)以及剪切段(E—F)。每一段的作用与设计说明如下。

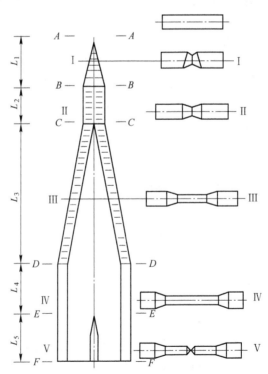

图9-4　对称轴类楔横轧孔型的区段图

9.2.2.1 楔入段

楔入段孔型的楔尖高度,按阿基米得螺线,由零增至楔顶高 h 处。

楔入段的作用是实现轧件的咬入与旋转,并将轧件压成由浅入深的 V 形槽,其最深处为 $\Delta r = r_0 - r_1$。如图 9-4 中的 I—I 截面所示。

楔顶高 h 与 Δr 的关系为

$$h = \Delta r + \delta \tag{9-4}$$

式中,δ 为轧件外径至辊基圆的距离,其数值一般为 $\delta = 0.3 \sim 2$ mm。

楔入段的长度 L_1 用下式进行计算:

$$L_1 = h\cot\alpha\cot\beta \tag{9-5}$$

楔入段成形角 α 与展宽角 β 的选择,主要考虑轧件的旋转条件。为了简化设计与加工,常常让楔入段的成形角 α 与展宽角 β 等于展宽段的数值。

为了防止楔入段轧件不旋转,除在斜楔面上刻痕外,还需要在楔入段开始处的前后基圆面上刻平行于轧辊轴线的刻痕,如图 9-4 所示。

9.2.2.2 平整段

楔入平整段孔型形状保持不变,即此段的楔尖高 h 不变,展宽角 $\beta = 0$。

楔入平整段的作用是将轧件在整周上全部轧成深度为 Δr 的 V 形环槽,如图 9-4 所示的 II—II 截面,其目的是为了改善展宽段开始时的塑性变形。

楔入平整段的长度 L_2 用下式进行计算:

$$L_2 > \frac{\pi}{2}d_k \tag{9-6}$$

一般取 $L_2 = 0.6\pi d_k$,即保证在二辊楔横轧机上轧件滚动半圈以上。

实践证明,在设计中取消这一楔入平整段,对轧制过程的稳定与产品的质量均无多大影响。取消楔入平整段,不仅可以减少孔型的长度,而且简化了机械加工。

楔入平整段与展宽段交接处(图 9-4 的 C 处),由于楔入平整段的展宽角 $\beta = 0$,而展宽段的展宽角 β 为某一角度,若不将其在此交接处分开是很不好加工的。

9.2.2.3 展宽段

展宽段模具孔型的楔顶高度不变,但楔顶面与楔底的宽度由窄变宽。

展宽段是楔横轧模具完成变形的主要区段,轧件直径压缩、长度延伸这一主要变形是在这里完成的,轧件在这段的形状如图 9-4 的 III—III 截面所示。

楔横轧的主要工艺设计参数 α 与 β 主要依据这一段的断面收缩率 ψ 等因素确定,模具的长度与轧辊的直径大小也主要受它的影响。

展宽段的长度 L_3 用下式进行计算:

$$L_3 = \frac{1}{2}l_1\cot\beta \tag{9-7}$$

式中 l_1——轧件轧后以 d_1 为直径部分的长度,如图 9-4 所示。

楔横轧的轧制压力与力矩在五个区段上是不相同的。在一般情况下,展宽段的压力与力矩在这些区段中是最大的。

9.2.2.4 精整段

精整段模具孔型的楔顶高与楔顶面与楔底的宽度都不变化,即展宽角 $\beta = 0$。

精整段的作用有两个:一是将轧件在整周上全部轧成所需的尺寸;二是将轧件的全部尺寸精度与表面粗糙度精整后达到产品的最终要求。轧件在这段的形状如图 9-4 的 IV—IV 截面所示。

精整段的长度 L_4 用下式进行计算：

$$L_4 > \frac{\pi}{2} d_k \qquad (9-8)$$

一般取 $L_2 = 0.6 d_k$，即保证在二辊楔横轧机上轧件滚动半圈以上。

由于轧机机座是一个弹性体，轧制时轧制压力大小是变化的，所以两个轧辊的轴心间距离以及两个模具间的距离是变化的。轧件在精整段中有一定的压力，当轧件完成精整并离开模具的一瞬间，由于压力突然消失，两个轧辊的轴心线将突然靠拢，给轧件表面留下轴向压痕。为此，需在精整段的最后部分设计一个卸载段。

卸载段的形状如图 9-5 所示，从楔顶面开始按阿基米得螺线（ab），其半径由 R_1 变为 R_2，$R_1 - R_2 = \delta$，此 δ 为半径减小值，它应大于机座精整结束时的弹跳值。

9.2.2.5　剪切段

剪切段的作用是将轧好的轧件切断，既可以把切刀放在中间把轧件一切为二或更多件，也可以放在两头，切去多余的料头。因切刀的寿命低，切刀多单独做好再固定在模具上。剪切段都放在孔型的最后，与卸载段重合。

9.2.3　楔横轧孔型设计实例

以汽车启动轴为例进行设计，启动轴零件如图 9-6 所示。

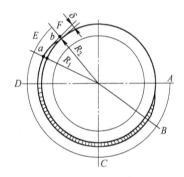

图 9-5　楔横轧模具的卸载段
AB—楔入段；BC—楔入平整段；
CD—展宽段；DE—精整段；
EF—卸载段

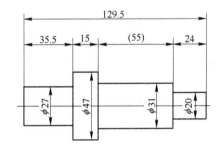

图 9-6　汽车启动轴零件图

启动轴为非对称轴件，故采用成对轧制，成为对称轴轧制，由于直径 20 mm 处的断面收缩率大于 75%，需要二次楔入轧制，因此将直径 20 mm 部位放在两端对轧，这样做可以避开二次轧制内直角台阶，有利于台阶的轧齐并简化模具加工，降低调整的难度，但缺点是料头损失大一些。

9.2.3.1　毛坯与坯料尺寸的确定

A　毛坯尺寸

根据零件外形尺寸确定毛坯尺寸。毛坯径向尺寸均在零件径向尺寸基础上增加 3 mm；毛坯轴向尺寸为零件轴向最大直径处单侧增加 2 mm。两端需要切除料头，每端增加 4 mm 切刀余量。成对轧制的轧件中间预留出切口余量 5 mm。汽车启动轴毛坯尺寸如图 9-7 所示。

B　坯料直径与长度的确定

a　坯料直径 ϕ_0

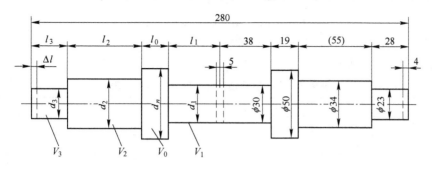

图 9-7 成对轧制汽车启动轴毛坯图

该轴坯料直径 ϕ_0 等于毛坯最大直径 d_0，即 $\phi_0 = d_0 = 50$ mm

b 坯料长度 L_0

坯料长度 L_0 的计算公式如下：

$$L_0 = \frac{V}{F_0} + 2\Delta l = \frac{2(V_0 + V_1 + V_2 + V_3)}{F_0} + 2\Delta l$$

$$= \frac{2(d_0^2 l_0 + d_1^2 l_1 + d_2^2 l_2 + d_3^2 l_3)}{\phi_0^2} + 2\Delta l \tag{9-9}$$

式中　　V——毛坯总体积，mm^3；

　　　　F_0——坯料截面积，mm^2；

　　　　Δl——单侧料头长度，$\Delta l = 15$ mm；

$V_0 、V_1 、V_2 、V_3$——如图 9-7 所示部位体积，mm^3；

$d_0 、d_1 、d_2 、d_3$——如图 9-7 所示部位直径，mm；

$l_0 、l_1 、l_2 、l_3$——如图 9-7 所示部位长度，mm。

将数值代入式(9-9)中可得：

$$L_0 = \frac{2(d_0^2 l_0 + d_1^2 l_1 + d_2^2 l_2 + d_3^2 l_3)}{\phi_0^2} + 2\Delta l$$

$$= \frac{2 \times (50^2 \times 19 + 30^2 \times 38 + 34^2 \times 55 + 23^2 \times 28)}{50^2} + 2 \times 15$$

$$= 158.07 \text{ mm}$$

9.2.3.2 模具型腔设计

A 热态毛坯尺寸

热态毛坯尺寸等于冷态毛坯尺寸乘以热膨胀系数，即

$$d_{\theta n} = d_n K_D \tag{9-10}$$

$$l_{\theta n} = l_n K_L \tag{9-11}$$

式中　$d_{\theta n}$——热态毛坯 n 部位的直径，mm；

　　　d_n——冷态毛坯 n 部位的直径，mm；

　　　K_D——径向热膨胀系数，$K_D = 1.009 \sim 1.013$。

　　　$l_{\theta n}$——热态毛坯 n 部位的长度，mm；

　　　l_n——冷态毛坯 n 部位的长度，mm；

　　　K_L——轴向热膨胀系数，$K_L = 1.012 \sim 1.018$。

　　例：

$$d_{\theta l} = d_1 K_D = 30 \times 1.01 = 30.3 \text{ mm}$$

$$l_{\theta l} = l_1 K_L = 38 \times 1.017 = 38.7 \text{ mm}$$

其余计算结果列于表9-3。

表9-3　汽车启动轴毛坯各部分热态尺寸表

直　径	冷态尺寸	热态尺寸	长　度	冷态尺寸	热态尺寸
d_0	50	50.5	l_0	19	19.3
d_1	30	30.3	l_1	38	38.7
d_2	34	34.3	l_2	55	55.9
d_3	23	23.2	l_3	28	28.5

B　模具精整区型腔尺寸

图9-8所示为成对轧制的汽车启动轴热态毛坯图,模具精整区型腔尺寸由热态毛坯尺寸确定,轴向尺寸与热态毛坯尺寸一致,径向尺寸为热态毛坯最大直径处增加1 mm深度(基圆间隙),如图9-9所示。

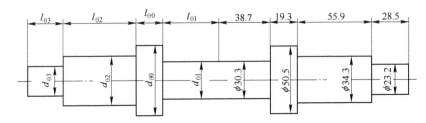

图9-8　成对轧制汽车启动轴热态毛坯图

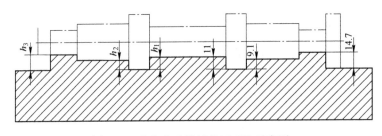

图9-9　汽车启动轴精整区型腔示意图

9.2.3.3　模具孔型设计

A　成形方案

图9-10所示为孔型展开及工件成形过程简图。由于孔型轴向完全对称,故只计算一侧,方案如下:

a　楔Ⅰ段

将坯料由d_0轧至d_1,长度轧至l_1。

b　楔Ⅱ段

将坯料由d_0轧至d_2,长度轧至l_2'。

$$l_2' = l_2 + \frac{d_3^2}{d_2^2} \times l_3 = 55.9 + \frac{23^2}{24^2} \times 28.5 = 68.9 \quad \text{取} \ l_2' = 69 \text{ mm}$$

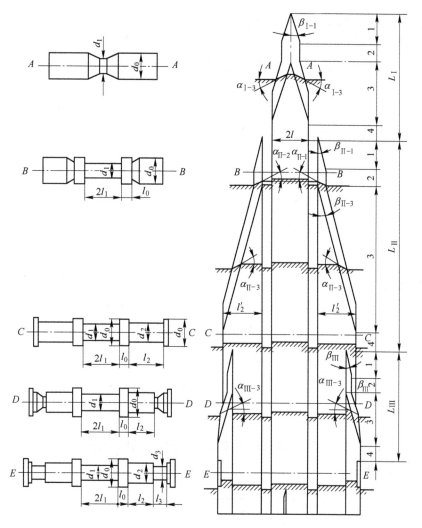

图 9-10 启动轴孔型展开及工件成形过程简图

c 楔Ⅲ段

将轴颈 d_3 轧制成形,精整后切断料头。

B 计算断面收缩率 ψ 与初选 β、α

$$\psi_1 = \left(1 - \frac{d_1^2}{d_0^2}\right) \times 100\% = \left(1 - \frac{30^2}{50^2}\right) \times 100\% = 64\%$$

$$\psi_2 = \left(1 - \frac{d_2^2}{d_0^2}\right) \times 100\% = \left(1 - \frac{23^2}{24^2}\right) \times 100\% = 53.7\%$$

$$\psi_3 = \left(1 - \frac{d_3^2}{d_0^2}\right) \times 100\% = \left(1 - \frac{23^2}{24^2}\right) \times 100\% = 54.2\%$$

根据计算结果最大断面收缩率为 64%,故成形角 α、展宽角 β 均可取较大数值。初选 $\alpha = 28° \sim 30°$,$\beta = 6.5° \sim 7.5°$。

C 孔型几何尺寸计算

以楔Ⅰ段为例进行下列计算。已知轧辊最大直径 $D_{max} = 800$ mm,楔Ⅰ段轧制时所对应的轧

辊半径 $R_1 = 396.5$ mm，取 $\alpha_1 = 28°, \beta_1 = 7.5°$。

　　a　楔入段长度及圆心角

$$L_{1-1} = h_1 \cot\alpha_1 \cot\beta_1 = \left(\frac{d_0 - d_1}{2}K_D + \delta\right)\cot\alpha_1 \cot\beta_1$$

$$= \left(\frac{50 - 30}{2} \times 1.01 + 1\right)\cot28° \cot7.5° = 158.57 \text{ mm}$$

式中　δ——基圆间隙，取 δ 为 1 mm。

$$\varphi_{1-1} = \frac{360 L_{1-1}}{2\pi R_1} = 57.296 \times \frac{158.57}{396.6} = 22.91°$$

　　b　楔入精整段长度及圆心角

$$L_{1-2} = 0.5\pi d_k = 0.5\pi \times 40 = 62.8 \text{ mm}$$

$$\varphi_{1-2} = 57.296 \times \frac{L_{1-2}}{R_1} = 57.296 \times \frac{62.8}{396.5} = 9.08°$$

　　c　展宽段长度及圆心角

$$L_{1-3} = l_{\theta l}\cot\beta_1 = 38.7 \times \cot7.5° = 293.96 \text{ mm}$$

$$\varphi_{1-3} = 57.296 \times \frac{L_{1-3}}{R_1} = 57.296 \times \frac{293.96}{396.5} = 42.48°$$

　　d　展宽精整段长度及圆心角

$$L_{1-4} = 0.5\pi d_k = 0.5\pi \times 40 = 62.8 \text{ mm}$$

$$\varphi_{1-4} = 57.296 \times \frac{L_{1-4}}{R_1} = 57.296 \times \frac{62.8}{396.5} = 9.08°$$

由上述关系式可求出楔 II 段、楔 III 段的长度和圆心角，计算结果列于表 9-5。

　　D　轧齐曲线计算

$$S_0 = \left(\frac{r_0^3}{3r_1^2} - r_0 + \frac{2r_1}{3}\right)\cot\alpha_1$$

$$= \left(\frac{25^3}{3 \times 15^2} - 25 + \frac{2 \times 15}{3}\right)\cot28° = 15.32 \text{ mm}$$

$$S_1 = (r_0 - r_1)\cot\alpha_1 = (25 - 15)\cot28° = 18.81 \text{ mm}$$

将 S_0、S_1 数值代入下列轧齐曲线方程：

$$X = (S_1 + S_0) - X_1 - \frac{\tan\alpha}{r_1}X_1^2 - \frac{\tan^2\alpha}{3r_1^2}X_1^3$$

$$Y = X\cot\beta$$

$$Z = r_1 + X_1\tan\alpha$$

令 $X_1 = 0.00$、4.00、8.00、12.00、16.00、18.86 分别代入上面几式，求出 X、Y、Z 值，其计算结果列于表 9-4。

表 9-4　汽车启动轴轧齐曲线数据

X_1	0.00	4.00	8.00	12.00	16.00	18.86
X	34.13	29.61	23.66	16.34	7.43	0.00
Y	259.24	224.90	179.71	124.11	56.44	0.00
Z	15.00	17.13	19.25	21.38	23.51	25.00

E 成形楔加工导程 T 计算

以楔 I 段成形展宽段为例：

$$T_{1-2} = 2\pi R_1 \tan\beta_{1-2} = 2\pi \times 396.5 \times \tan 7.5° = 327.98 \text{ mm}$$

其余计算结果列于表9-5。

表9-5 汽车启动轴孔型计算表

项 目		成形角 α/(°)	展宽角 β/(°)	长度 L/mm	圆心角 φ/(°)	导程 T/mm
楔 I 段	1	28	7.5	158.57	22.91	327.98
	2	28	0	62.80	9.08	0
	3	28	7.5	293.57	42.45	327.98
	4	0	0	62.80	9.08	0
楔 II 段	1	30	7	128.37	18.64	304.35
	2	30	0	65.97	9.58	0
	3	30	7	561.96	81.60	304.35
	4	0	0	65.7	9.58	0
楔 III 段	1	30	6.5	85.13	12.19	286.35
	2	30	0	57.33	8.21	0
	3	30	6.5	250.14	35.83	286.35
	4	0	0	57.33	8.21	0
切分段	左	82	0	120	17.19	0
	右	82	0	120	17.19	0

思 考 题

9-1 楔横轧的工作原理及工艺特点是什么？

9-2 楔横轧工艺的主要参数有哪些？

9-3 叙述楔横轧孔型设计的原则。

10 导卫装置设计

10.1 导卫装置的作用

在型钢生产中,安装在轧辊孔型前后,辅助轧件按既定的方向和状态准确、稳定地进入和导出孔型的装置,称为导卫装置。轧制任何断面形状的型钢,几乎在所有孔型的入口和出口,都要安装导卫装置,其主要作用是使轧件按一定的顺序和正确的状态在孔型中轧制,减少轧制事故,保证人身和设备安全,改善轧辊、轧件和导卫自身的工作条件。导卫装置设计和调整得当,可以弥补孔型设计的不足。所以导卫装置设计与安装的好坏,对产品的产量和质量有很大的影响,是型钢生产中非常重要的一个环节。

导卫装置又称诱导装置或轧辊辅件,一般包括横梁、导板、卫板、夹板、导板箱、托板、扭转导管、扭转管、围盘、导管和其他诱导、夹持轧件或使轧件在孔型以外产生既定变形和扭转等的各种装置等,如图 10-1 所示。

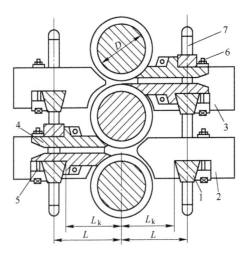

图 10-1 导卫装置

1—横梁;2—进口导板;3—出口导板;4—卫板;5—楔块;6—螺栓;7—牌坊槽

10.2 横梁

横梁又称导卫梁,是用来固定导卫装置用的。常见横梁的断面形状如图 10-2 所示。

在一般情况下,为了固定入口导板、出口导板和下卫板,在轧机的入口和出口各安装一根下横梁,只有在出口侧还需要安装上卫板的情况下,才需要在出口侧再安装一根上横梁。通常横梁的固定方法随着轧机的结构形式、轧机的大小不同而异。常用的固定方法有两种:一种是用楔子从侧面挤紧或从上面压紧于机架立柱内侧面的沟槽内;另一种是用放置于机架立柱正面沟槽内的螺栓固定,如图 10-3 所示。

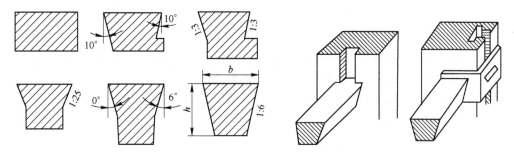

图 10-2　常见横梁的断面形状　　　　　图 10-3　横梁的两种固定方法

横梁的安装必须注意如下两个方面:(1) 横梁固定要牢固可靠,使用螺栓固定横梁时,必须用双层螺母,以防止轧件冲击震动造成螺母松动,使横梁离开正常工作位置。采用楔子挤压固定方法时,要注意楔子打入方向,楔子的斜向应与横梁面接触,保证楔子的牢固定位。(2) 横梁安装必须保持水平,即与轧辊的轴线平行。横梁的高低位置要适当,安装时入口横梁要比辊道或升降台低 $H_1 = 15 \sim 20$ mm,出口横梁要比工作辊径最小的孔型面低 $H_2 = h_1 + h_2$。式中的 h_1 为卫板表面至孔型槽底的距离,h_2 为最薄的卫板厚度,如图 10-4 所示。若横梁水平高低位置不当,会直接影响导板、卫板安装位置。当轧辊直径变化较大时,横梁的位置也应进行适当的调整。

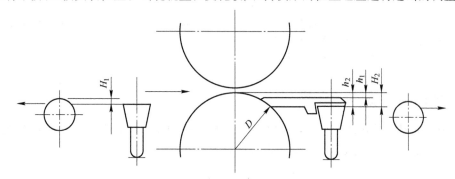

图 10-4　横梁的水平位置

在轧制过程中,横梁不但受到轧件的压力还会受到轧件的冲击,因此必须要求横梁有足够的强度。横梁的尺寸常根据经验数据选取。现以梯形断面横梁为例来说明,如图 10-5 所示,其有关尺寸为:$H = 0.1l$;$B = \dfrac{2}{3}H$;$l = l' - (5 \sim 20)$ mm,$L = L' - (5 \sim 20)$ mm;$b = b' - (3 \sim 15)$ mm。

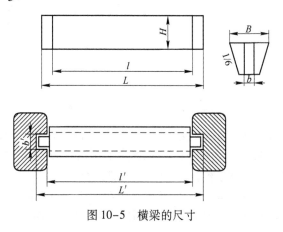

图 10-5　横梁的尺寸

10.3　卫板

卫板安装在出口侧的横梁上,其目的是防止轧件出孔型后向上或向下弯曲或缠辊。卫板又称辊刀。卫板分为上卫板和下卫板两种,如图 10-6 所示。

在某些开坯机上,为了减少卫板和孔型的相互磨损,常在横梁前加小横梁,使卫板前端不与槽底接触,如图 10-7 所示。

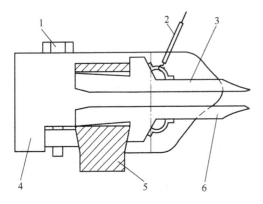

图 10-6　上下卫板的固定

1—导板固定螺丝;2—悬挂弹簧;3—上卫板;
4—导板;5—横梁;6—下卫板

图 10-7　某开坯机卫板的固定方式

10.3.1　简单断面卫板

平辊和箱形孔型使用的卫板形状简单,称为简单卫板,如图 10-8 所示。以简单形状的下卫板为例,其有关尺寸的确定原则如下,如图 10-8 所示。

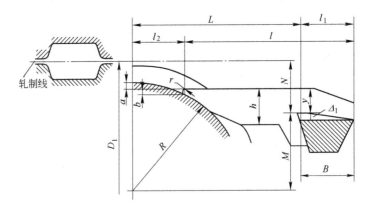

图 10-8　简单卫板尺寸的确定

a 表示孔型槽底到卫板上表面的距离,一般取 5～10 mm。b 表示卫板的上表面到卫板的前尖端的距离,一般取 5～10 mm。r 表示卫板前尖端圆弧半径,一般取 20～50 mm。a、b 和 r 必须保证轧件离开轧辊后能顺利地通过卫板,从而使轧制正常进行。

卫板应与横梁上表面的后边呈线接触,横梁上表面的前边与卫板有间隙值 $\Delta_1 = 5～10$ mm,以保证卫板靠自重或弹簧或重锤使前尖端永远保持与孔型槽底相接触。

卫板的厚度 y 是根据强度要求按经验数据确定的,也是卫板强度最薄弱处。一般情况下,$y \geqslant 20 \sim 50$ mm,对于大轧机当卫板宽度小时,y 值应取大些,反之,可取小些。小轧机的卫板厚度 y 可取小些。

卫板的长度为:

$$l = L - l_2 + l_1 \tag{10-1}$$

式中　L——横梁内侧边到轧辊中心连线之间的距离,如图 10-8 所示,是设计导卫装置所依据的尺寸,轧机已定,该距离则为常数;

　　　l_1——等于或稍小于横梁的宽度,即 $l_1 \geqslant B$;

　　　l_2——卫板前端到轧辊中心连线之间的距离,$l_2 = \sqrt{(a+b)\left[2R - (a+b)\right]}$。

不同轧机所使用卫板尺寸的经验数据如表 10-1 所示。

表 10-1　卫板的某些经验尺寸

轧 机	a/mm	b/mm	r/mm	y_{min}/mm	h/mm	Δ_1/mm
大型	$10 \sim 15$	$10 \sim 15$	$40 \sim 50$	>50	80	$5 \sim 10$
中型	$5 \sim 10$	$5 \sim 10$	$30 \sim 40$	>40	60	$5 \sim 10$
小型	$5 \sim 8$	5	30	>30	40	5

10.3.2　异形断面卫板

轧制异型钢材的导卫比轧制简单断面钢材的导卫要求高,尤其体现在对出口导卫装置的严格要求上,因为孔型或孔型轧槽异形,为了保证顺利地引导轧件,其上、下卫板前端与轧辊的轧槽接触部分应与轧槽的形状相吻合,而且其与轧辊轧槽吻合处随轧辊直径不同而异。因而卫板尖部与轧槽接触处的形状尺寸的确定就是异形断面出口卫板设计的关键。依靠作图法我们可以看出它们之间的关系。

现在以菱形孔型所使用的卫板为例,说明确定卫板与轧辊接触面的方法,如图 10-9 所示。

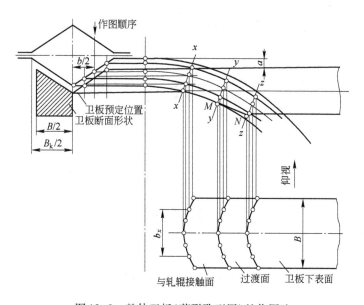

图 10-9　整体卫板(菱形孔型用)的作图法

作图时应首先确定卫板上表面与辊面的距离 a 值,这一点与简单卫板的作图法相同,然后按图中所示的顺序制图。图中卫板前沿与轧辊的接触线 $x-x$ 方向,是根据作图法确定的,中间一条 $y-y$ 通过切点 M,最后一条 $z-z$ 通过交点 N,其方向应近似平行于 $x-x$(是作图自取的)。图中卫板宽度 B 与孔型切槽宽度 B_k 的关系约为 $B = B_k - (8 \sim 16)$ mm。

在异型孔型中轧制时,为了卫板制作和安装调整的方便,常采用局部卫板,图10-10所示为各种孔型所需卫板个数不同及安装情况。图10-10表明,为了防止缠辊事故的发生,异型孔型的闭口槽需要安装卫板。

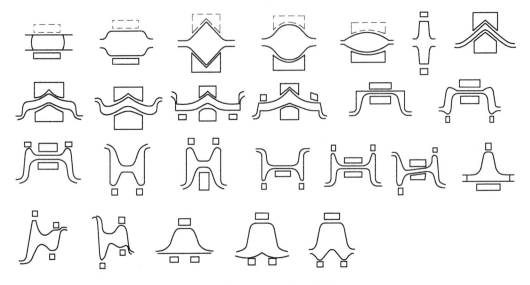

图 10-10　各种孔型使用卫板的情况

图10-11为钢轨闭口腿用局部卫板的作图法。

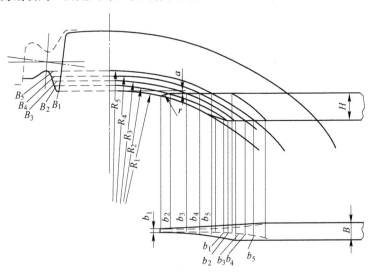

图 10-11　局部卫板(钢轨闭口腿部)的作图法

下面给出几种典型异形断面型钢的卫板结构图,如图10-12～图10-15所示。

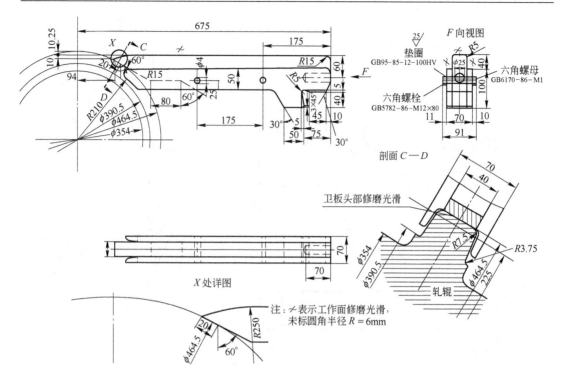

图 10-12　6.5 号槽钢成品机架出口装置的下卫板结构图

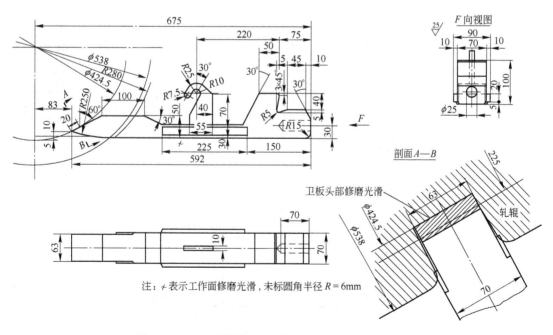

图 10-13　6.5 号槽钢成品机架出口装置的上卫板结构图

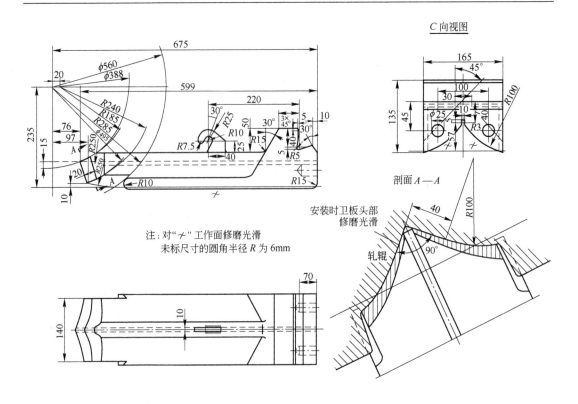

注：对"ꞟ"工作面修磨光滑
未标尺寸的圆角半径 R 为 6mm

图 10-14　10 号角钢(腿厚 6～20 mm)K₂ 机架出口装置的上卫板结构图

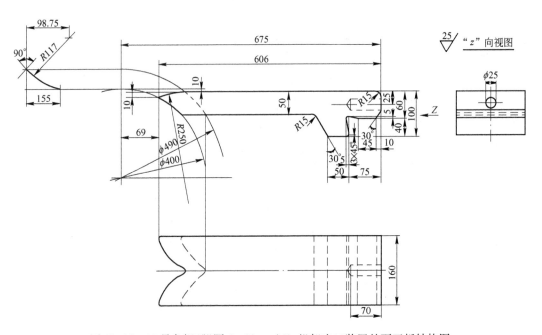

图 10-15　10 号角钢(腿厚 6～20 mm)K₂ 机架出口装置的下卫板结构图

10.3.3　卫板的安装

在各种不同的轧制情况下,卫板的安装位置、数目与要求也随之变动。正确的安装卫板需要注意如下几点:

(1)卫板的前端圆弧应与轧槽吻合,接触弧长不小于 25 mm。卫板两侧与导板之间应有一定的间隙,使卫板上下移动不受阻碍。

(2)卫板要装正、装稳,吊卫板的悬挂弹簧要牢固。

(3)卫板的材质要求可断而不可弯,因此一般采用铸钢 5 锻成。应经常检查卫板的磨损情况,必要时应及时更换。卫板安装前,对卫板前端用砂轮进行磨光加工,并进行预装检查。

(4)在异型孔型中轧制时,为了卫板的制作和安装调整方便,常采用局部卫板。

(5)开车后,卫板每小时需检查一次,对工字钢等型钢,卫板每 15 min 检查一次(用卫板钩检查),在轧件头部产生刮伤时应立即检查卫板。

10.4　导　板

导板被固定在横梁上,使轧件进入孔型或离开孔型后不左右弯曲,起导向作用,导板又称门子,有两种固定方式,如图 10-16 所示。当横梁为矩形断面时,一般采用双螺栓固定如图 10-16(a)所示,其主要缺点是固定不牢、拆装不方便,现已很少采用。目前大多采用单螺栓固定的导板和梯形断面的横梁配套,如图 10-16(b)所示。

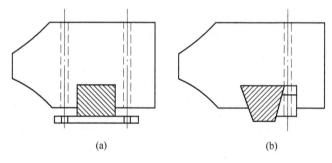

(a)　　　　　　　　　　　　　　(b)

图 10-16　导板的固定方法
(a)双螺栓固定;(b)—单螺栓固定

导板根据其所固定的位置不同,可分为入口导板和出口导板。装在入口处的导板称为入口导板,装在出口处的导板称为出口导板。由于入口、出口导板各自作用不同,在导板形状确定时要给予考虑。

导板的种类和形式很多,最简单的要属平面导板。平面导板有三种形式,如图 10-17 所示。图 10-17(a)所示的导板之间无互换性,图 10-17(b)所示的导板之间有部分互换性,图 10-17(c)所示的导板之间则有互换性,但喇叭口太小,引导轧件入孔型的范围小。

有时为了减轻导板的重量以便装卸,可将导板做成轻便单面导板,如图 10-18 所示。其特点是将与固定无关的各部分尽量减薄。

轧制某些型钢如角钢时,有时需要采用带台的入口导板,如图 10-19 所示,以保证轧件正确地进入孔型。

导板尺寸的设计如图 10-20 所示。首先画出轧辊的圆心 O、O',O 与 O' 的距离为 D_0,D_0 为轧辊的原始直径。根据卫板设计中定出的出口横梁位置 L_b 和 H_b,以 O 和 O' 为圆心,以 $R_h + \Delta R$ 为

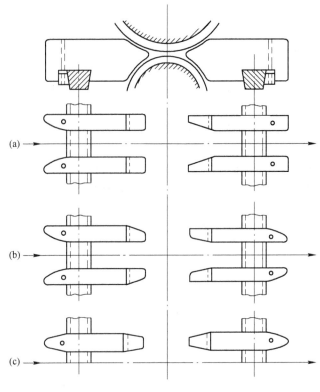

图 10-17　平面导板的三种形式

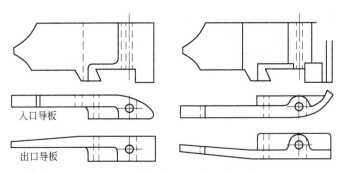

图 10-18　轻便的单面导板

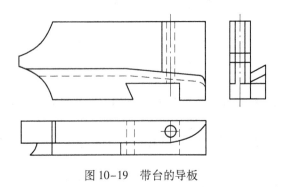

图 10-19　带台的导板

半径画出圆弧。R_h 为辊环半径,ΔR 取 15 ~ 20 mm。导板不与辊环接触,导板前端与轧辊中心线的间距为 C,在有效地引导轧件的前提下,C 值可取大些。为了保证导板在横梁上牢固固定,F 值一般不小于横梁的厚度的一半。E 值应以导板尾部有足够的强度,以免被折断为准,其值视轧机的大小而定,通常取 40 ~ 120 mm。M 值等于横梁宽度加楔铁顶部宽度减去 4 ~ 6 mm。导板的高度 H 应超过孔型上槽底,出口导板的高度 H 等于出口轧件高度加上下卫板

的厚度 h,再加上 20~40 mm。导板的斜面尺寸 P、N 和 P'、N',应根据轧机的大小和导板的长度和宽度而定,尽可能取大些。导板的宽度 B 则主要根据导板在横梁上能否牢固固定来确定。

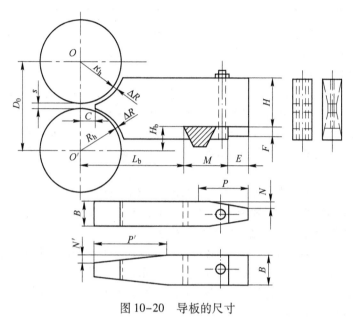

图 10-20　导板的尺寸

出口导板的结构尺寸及其卫板的安装,如图 10-21 所示。为了使导板共用性大些,既可作为左侧导板,又能作为右侧导板,可将导板的两侧都做成斜面。若仅用做单侧导板,则只在导板的一侧做出斜面。

固定导板的螺栓尺寸,因轧机的大小而定,不同轧机所用螺栓直径如表 10-2 所示。

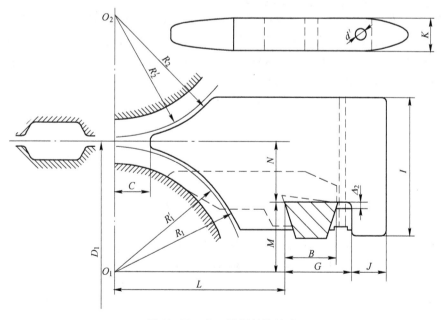

图 10-21　出口导板结构尺寸

表 10-2　轧机规格与导板螺栓直径的关系

轧机尺寸/mm	250~300	350~500	600~800
螺栓直径 d/mm	15~20	25~30	40 以上

导板除在设计过程中要根据不同的用途确定合理的形状和尺寸外,在安装上也应给予高度重视。安装正确与否,将直接影响正常轧制,同时还会给实际操作带来许多不必要的麻烦。导板正确安装应注意以下几点:

(1)一般情况下,进口导板宽度应稍大于来料轧件宽度,以保证既能扶正轧件,不产生夹卡,又不受轧件顶撞。箱形孔比轧件大 10~15 mm,立椭圆孔比轧件大 3~5 mm,平椭圆孔比轧件大 10~20 mm,切深孔比轧件大 10~15 mm,成品孔一般比轧件大 3~5 mm。另外,也有特殊情况。如角钢成品孔进口导板要比来料尺寸(角钢宽度)小几个毫米。在实际生产中,有经验者可不经测量。

(2)出口导板不小于轧槽宽度尺寸。有经验者可不经测量。

(3)导板与辊环间的距离一般为 10~25 mm,最大可用到 40 mm。

(4)导板工作面及与横梁接触面必须平直光滑。

(5)导板必须上正,即导板孔中心线必须对准轧辊孔型的中心线,以使轧件不偏不扭为准。导板固定螺丝必须拧紧,导板外侧也要用木头固定牢靠。开车后,每 15 min 应检查一次导板。

(6)不用的孔型要用木头把导板孔塞好或用其他遮挡物在辊道上进行遮挡,以免发生轧件送错孔型。进口导板的前尖端不得偏离轧槽。

10.5　夹板

在轧制小型轧件或轧制不稳定轧件,例如椭圆轧件进圆孔或进方孔时,容易造成轧件扭歪或倾倒。入口导板导卫装置常用夹板来维持轧件的稳定性。夹板又称导板或小瓦,其作用是当入口轧件不稳定容易倾倒时,给予扶正,维持其稳定状态。

常用的夹板如图 10-22 所示。O 与 O' 为轧辊的中心,D_0 为原始直径,R_h 为辊环半径,ΔR 为辊环与夹板间的间隙,L 为夹板的总长,B 为夹板的厚度,r 为夹板的前尖半径,H 为夹板的高度,C 和 G 为凸台的高度和厚度,R 为入口椭圆轧件的圆弧半径,b 为夹板的槽深,Q 为斜面尺寸,l_z 为夹板的直线段长度,l_d 加 G 为斜面的长度。

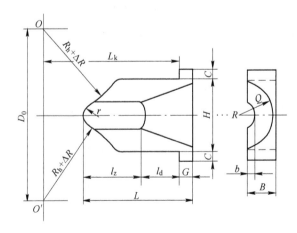

图 10-22　夹板的尺寸

在设计夹板时,应根据轧机的大小,按表 10-3 选取有关的尺寸。工作面的尺寸根据所诱导的轧件尺寸而定,若为椭圆轧件,则

$$b = \frac{\text{出椭圆孔的椭圆件高度}}{2} - (2 \sim 5) \text{ mm} \tag{10-2}$$

直线段长度 l_z 主要取决于轧件的大小,l_z 一般取 80 ~ 120 mm,也有用大于 200 mm 的。轧件断面大,l_z 取长一些;轧件断面小,l_z 取短一些。在能扶正轧件的条件下,l_z 越短越好。因 l_z 过长,会使轧件进入孔型困难;l_z 过短,则难以扶正轧件。

表 10-3 夹板尺寸与辊径的关系

辊径 D/mm	ΔR	r	L	G	l_z	l_d	H	C	B	Q
500 以上	15	20 ~ 30	~0.5D	45 ~ 60	$\left(\frac{1}{2} \sim \frac{1}{3}\right)L - G$	$L - l_z - G$	300 ~ 350	20 ~ 30	100 ~ 140	30 ~ 50
300 ~ 500	10	10 ~ 20	~0.5D	40 ~ 50	$\left(\frac{1}{2} \sim \frac{1}{3}\right)L - G$	$L - l_z - G$	250 ~ 300	20 ~ 30	70 ~ 90	30 ~ 50
250 ~ 350	5	5 ~ 10	~0.5D	20 ~ 30	$\left(\frac{1}{2} \sim \frac{1}{3}\right)L - G$	$L - l_z - G$	70 ~ 120	10 ~ 15	20 ~ 45	10 ~ 20

为了可靠地扶正和夹持轧件,并为提高夹板的使用寿命,在可能的条件下,应使夹板的工作面与轧件呈四点接触,即夹板工作面的中间做成小槽,如图 10-23 所示。也有的夹板是用上凸台和侧向凸台使夹板固定在导板箱中,如图 10-24 所示,这种夹板的设计方法及尺寸关系同前。

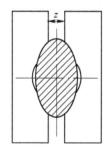

图 10-23 有小槽的夹板

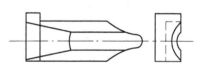

图 10-24 小夹板

夹板一般是用冷硬铸铁浇铸而成。为了提高夹板的耐磨性,也有用镀铬、钨钢、镍铬合金等耐磨材料铸成的。夹板工作表面必须光洁,铸件需要用砂轮、刨床加工,成品孔夹板加工后应用样板检查,保证尺寸的正确。另外,夹板与夹板盒直接接触面要光洁,以保证夹板在夹板盒中平稳。修复时要用耐磨合金焊条进行修复,并进行抛光。

图 10-22 中的尺寸 L_k 为设计导板箱的依据,根据已有的导板箱设计夹板,也需要尺寸 L_k。

夹板的安装、调整与使用应注意以下几个方面:

(1) 两夹板间的木片或卡子尺寸与成品公称尺寸的关系是,成品公称尺寸 - 5 mm = 两夹板中间空隙尺寸 + 木片(卡子)尺寸。由于木片有可压缩性,通过调整导板箱两侧螺丝即可达到所需尺寸。

(2) 当夹板在轧制中产生磨损后,可适当调节导板箱两侧螺丝,使夹板间尺寸得到恢复。当夹板磨损严重时,应及时更换。

(3) 在生产中,夹板与轧件直接接触,为了减少夹板磨损,可不断给夹板喷水冷却,降低夹板工作面温度。

10.6　导板箱

导板箱又称夹板盒或导板盒。它是用来安装夹板的,同时也借助它来调整夹板。导板箱实际上是将左右两块入口导板用上盖和底板连在一起构成的。导板箱上盖设有两个螺孔,用以穿过螺栓来调整和固定夹板在导板箱中的位置和所处状态。导板箱底板上留有螺孔,用以将导板箱固定在横梁上。导板箱底板弯折处备有两个螺孔,用以穿过螺栓调整导板箱方向。

导板箱两侧的设计方法与入口导板相同,如图 10-25 所示。导板箱的主要尺寸如下:

上盖后端到轧辊中心线 OO' 的距离 L_k 应与图 10-22 中的 L_k 相同。h_0 应略大于图 10-22 中所示的 C 值。

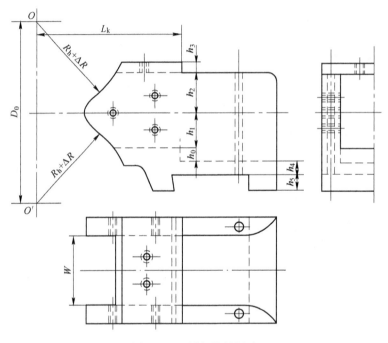

图 10-25　导板箱的尺寸

$$h_1 = \frac{H}{2} \quad (H \text{ 为图 10-22 中的夹板高度}) \tag{10-3}$$

$$h_2 = \frac{H}{2} + (5 \sim 10)\,\text{mm} \tag{10-4}$$

$$h_3 = 15 \sim 20\,\text{mm} \tag{10-5}$$

$$h_4 = 2d \quad (d \text{ 为固定螺栓直径}) \tag{10-6}$$

$$h_5 = 40 \sim 60\,\text{mm 或更大些} \tag{10-7}$$

$$W = 2B + Z + (20 \sim 50)\,\text{mm} \tag{10-8}$$

式中　　B——图 10-22 中夹板的厚度;

　　　　Z——两夹板之间的间隙;

　　$20 \sim 50$——宽度余量,为导板箱的共用性所需要。

夹板与导板箱的安装分在线安装和离线预安装两种,离线预安装一般是为轧制做准备,它的安装方法是:

（1）正确选择夹板,根据生产品种规格和工艺要求,选择对应的夹板编号。

（2）将夹板(加工面朝下)安装在导板盒内,两夹板之间用若干块(根据夹板间隙确定木片数)木片或卡子垫在轧件的上下,如图 10-26 所示。均匀拧紧两侧螺丝。

（3）用冷试样或内卡测量两夹板中心间距,夹板孔型要略大于冷试样,使安装尺寸能符合工艺要求。

（4）当夹板尺寸确定后,要拧紧导板箱上盖板螺丝,固定夹板位置。

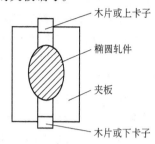

图 10-26　夹板安装示意图

夹板与导板箱在线安装主要用于换辊或夹板磨损更换。当换辊工作结束,应将预安装的夹板与导板箱对准所轧制的孔型,待试轧小料前做精调和最后固定。夹板在正常轧制中也常进行调整,原因是夹板在生产中不断磨损,间隙不断变大。

10.7　滚动导卫装置

为了提高型钢的表面质量和提高轧机的生产能力,在先进的轧机上都尽量使用滚动的导卫装置来代替前述的各种滑动接触的导卫装置。不论在毛轧或精轧孔型上,滚动导卫装置的使用都日益增多。实践表明,使用滚动的导卫装置对于提高产品质量、减少导卫的消耗以及提高轧机的生产能力等都有良好的效果。图 10-27 所示为滚动夹板,图 10-28 所示为小型轧机轧制圆钢时使用的滚动导板箱。

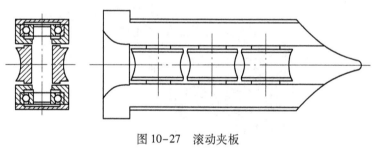

图 10-27　滚动夹板

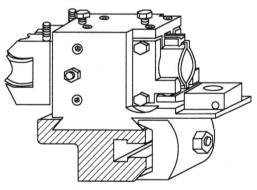

图 10-28　滚动导板箱

10.7.1　滚动入口导卫装置

10.7.1.1　滚动入口导卫装置的结构

根据所诱导轧件的断面尺寸大小可将滚动入口导板分为:用于粗轧机组的大型滚动导板,用于中轧或预精轧机组的中型滚动导板和用于精轧机组的小型滚动导板。

　　滚动入口导卫装置结构图如图10-29所示,各主要部件中导板盒5是滚动导板的主框架,用于安装滚动导板的零部件;其中的夹板6由耐热耐磨不锈钢制成,用以承受轧件头部撞击,顺利平稳地诱导轧件进入导辊槽内。其导板盒和夹板的设计与前述的相类似。导辊支架3是支撑导辊1的主要部件,支架装配在导板盒上,用调整螺丝4进行水平方向的间隙调整。在这种滚动导卫装置中的导辊辊型和前述夹板工作面的设计方法相同。导辊轴承2是在高温、高转速的恶劣条件下工作的,为改善导辊与轴承的工作条件,从入水口8用水进行冷却。这种导卫装置的关键是导辊轴承的润滑和冷却,其轴承多数采用滚动轴承,也有采用胶木轴承的。在粗、中轧机组低速运转条件下,轴承用油润滑。在高速精轧机组中则采用油—汽润滑。

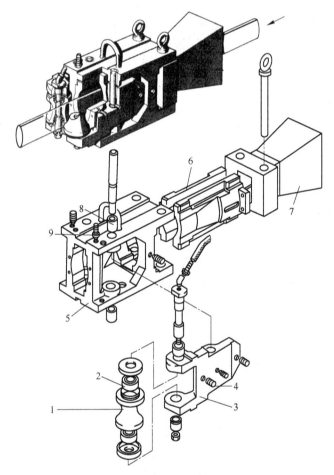

图 10-29　滚动入口导板的各主要部件的拆装和装配示意图
1—导辊;2—导辊轴承;3—导辊支架;4—导辊水平间隙调整螺丝;5—导板盒;
6—夹板;7—喇叭口;8—入水口;9—润滑口

　　图 10-30 所示是精轧机组用的小型滚动入口导板的结构图,其导板尖是为精轧机组的小型滚动入口导板而增设的,用来扶持轧件尾部。因为小型滚动导板的导辊距离轧辊中心线相对较远,而传送的轧件断面又小,为使轧件尾部离开导辊后不翻倒而增设一个导板尖来给予扶持,以提高轧件质量,减少轧制事故。

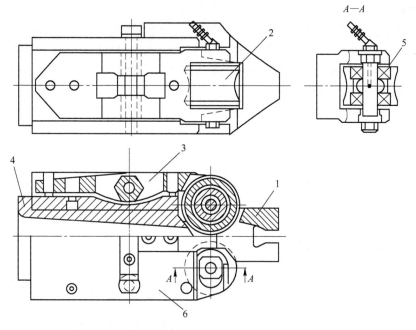

图 10-30　精轧机组用的小型滚动入口导板的结构图

1—导卫尖;2—导辊;3—导辊支架;4—夹板;5—轴承;6—导板盒

10.7.1.2　导辊

导辊是滚动入口导板的关键部件。导辊的材质随轧制速度不同而不同,低速时多为高合金钢,高速时多为碳化钛和碳化钨。导辊的孔槽设计加工成与所诱导扶持的轧件相关的形状,常用的孔槽形状有两种,如图 10-31 和图 10-32 所示,即菱形和椭圆形。

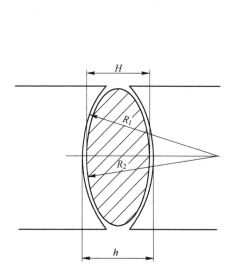

图 10-31　粗、中轧导辊孔槽构成图

H—上道次轧件高度;h—两导辊槽底的最大间距;

R_1—椭圆槽的半径;R_2—椭圆轧件的半径

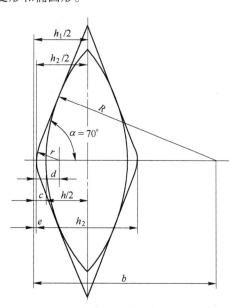

图 10-32　精轧机组的菱形导辊槽构成图

（1）菱形孔槽：夹持轧件稳定，共用性大，导辊磨损不均，寿命短。

（2）椭圆形孔槽：槽形与椭圆形轧件形状相吻合，导辊磨损均匀，寿命长，缺点是共用性差。

目前滚动入口导板导辊槽的孔形状，在粗、中轧机组多采用椭圆形，该椭圆的半径 R_1 与所诱导的椭圆轧件圆弧半径 R_2 相同。导辊槽底的最大间距为 h（如图 10-31 所示），粗轧机组的 $h = H + 1\ mm$，中轧机组的 $h = H + 0.5\ mm$。

为了提高共用性，精轧机组的导辊槽多采用顶角为 140° 的菱形孔槽，如图 10-32 所示。菱形槽底的间距：

$$h_2 = h + 2\left(\frac{1}{\sin\alpha} - 1\right)(R - r) \tag{10-9}$$

式中　h_2——两导辊槽底的最大间距；

　　　h——椭圆形轧件的高度；

　　　R——椭圆形轧件的圆弧半径；

　　　r——导辊孔槽槽底的圆角半径；

　　　α——二分之一菱形槽底顶角，$\alpha = 70°$。

实际调整时，菱形槽底间距在精轧机组前面两架较计算值大 0.2 mm，以后各架较计算值大 0.1 mm。

此外，在轧制异形轧件时，还用到异形孔槽，比如在轧制等边角钢的成品机架上，如图 10-33 所示。其主要作用是保证轧件由 K_2 的蝶式孔中正确并且没有表面擦伤地进入 K_1 成品孔内。

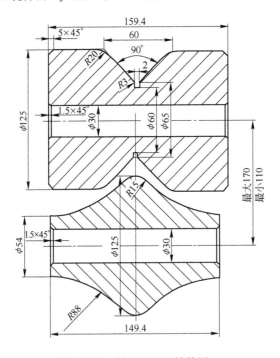

图 10-33　蝶式孔导辊结构图

10.7.2　滚动出口导卫装置

滚动出口导卫装置在导板和卫板的末端装有小辊，以达到滚动接触的目的，同时也可使小辊对轧件起翻转作用，这种出口导卫装置（如图 10-34 所示）的小辊还可以转动，以调整所需的扭转角,达到使轧件进入下一机架前所要求的翻钢角度。

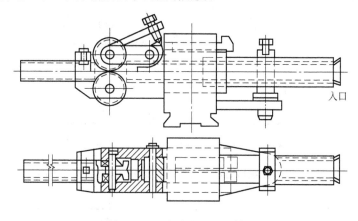

图 10-34　滚动出口导卫装置

10.7.3　扭转辊

在由水平机座组成的连轧机上,轧件由一架轧机进入另一架轧机时,有时需要翻钢90°或45°,在前一架轧机的轧件出口处采用扭转辊(轧件断面较大时)可达到此目的。较大的扭转辊须安装在轧机前面的专门框架上,如图 10-35 所示。

扭转辊对轧件扭转的角度为 φ,φ 的大小取决于轧辊轴线到扭转辊轴线的距离 l、两机架间的距离 L 以及后一机架的入口导卫装置到后一架轴线的间距 l_1,如图 10-36 所示。当轧件进入下一机架要求扭转90°角时,扭转辊需使轧件扭转 φ 角,即:

$$\varphi = \frac{l}{L - l_1} \times 90° \qquad (10-10)$$

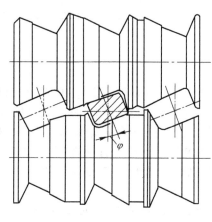

当 $l_1 = 0$ 时,即后一机架无入口导卫装置时,$\varphi = \frac{l}{L} \times 90°$。这时在后一机架咬入轧件时,要求轧件完成90°角的翻钢,因而扭转辊的扭转角不应当根据 L 来确定,因为轧件前端进入下一机架被轧辊咬入时,其前端并没有到达轧辊轴线,而是相差一个咬入弧。因此精确计算 α 角可按下式:

图 10-35　扭转辊

$$\alpha = \frac{1}{L - \sqrt{R\Delta h - \dfrac{\Delta h^2}{4}}} \times 90° \qquad (10-11)$$

式中　R——后一机架轧辊的工作半径;

　　　Δh——轧件在后一机架中的压下量。

当需要改变扭转角时,可调整扭转辊的辊缝。因减小辊缝可使扭转角增大;反之,可使扭转角减小。

在设计扭转辊的孔型时,应考虑断面孔型设计所用的孔型系统、孔型与出孔型轧件的断面形状和尺寸。先根据前一机架的孔型形状和尺寸,考虑充满度画出前一机架的轧件断面形状,然后根据在扭转辊中须将轧件扭转的角度 α 来设计扭转辊的孔型,如图 10-37 所示。

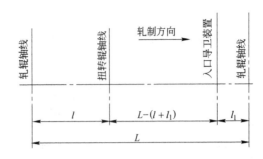

图 10-36　轧辊和扭转辊以及导卫装置的相对位置和距离

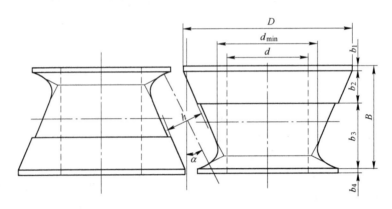

图 10-37　扭转辊的孔型尺寸

扭转辊工作面的宽度 $b_2 = 0.35[B - (b_1 + b_4)]$ mm 或 $b_2 = b_3/2$,其中 B 为被扭转轧件扭转 α 角后的水平投影宽度再加上一定的余量,其目的是使被扭转的轧件不与扭转辊的孔型侧壁接触。扭转辊孔型的辊环宽度 b_1 和 b_4 可取 5~10 mm。

扭转辊直径应根据其壁厚 $(d_{min} - d)/2$ 来确定,一般取最小壁厚为 10 mm。若每次车修时按辊径计算的车修量为 3~5 mm,而且总的车修次数为 10 次,则扭转辊的最小直径处的初始直径应为:

$$D_{max} = d_{min} + 5 \times 10 = d_{min} + 50 \text{ mm}$$

扭转辊的其他尺寸是根据扭转角和 d_{max} 用作图法确定的,其轴的直径 d 按强度设计。

思　考　题

10-1　在型钢生产中,导卫装置的作用是什么?

10-2　导卫装置包括哪些内容?

10-3　横梁的安装和使用应注意什么问题?

10-4　卫板的作用是什么,卫板在安装和使用上应注意什么?

10-5　导板的种类有哪些,导板在设计与使用应注意什么?

10-6　夹板的安装和使用应注意什么?

10-7　导板箱的作用是什么?

10-8　滚动导卫装置的作用是什么?

10-9　扭转辊孔型的设计应注意什么?

11　计算机辅助孔型设计

孔型设计虽有百年历史,但曾长期处于感性设计和经验试错阶段,即主要凭借设计者丰富的生产经验进行设计,设计周期往往长达几个月甚至半年以上,这就丧失了对市场做出快速反应的时机。随着计算机在轧制领域中的深入应用,使得利用计算机辅助设计(CAD)技术进行孔型设计成为可能,由此诞生计算机辅助孔型设计(CARD:Computer Aided Roll Pass Design)。由于CARD技术是借助于计算机高速精确的数据运算能力和大容量的存储以及复杂图形的快速处理能力,因此极大地提高了孔型设计的效率,大幅度地缩短了孔型设计的周期,减少了试轧的次数。例如对于给定的产品规格,其孔型设计的方案常常不是唯一的,要想从中挑选出最为理想的方案,常需大量的分析计算,而计算机能够快速、精确地完成上述工作。同时利用计算机存储的大量经验数据和复杂的数学模型,可对各种设计方案进行全面的比较、选择和充分论证,从而增加了孔型设计的可靠性。由此可以看出,应用计算机编制程序来进行孔型设计是钢铁企业从传统制造向现代敏捷制造企业转型的一个必要条件。因此,利用计算机编程进行孔型设计的课题研究意义十分重大。

11.1　计算机辅助孔型设计系统

11.1.1　计算机辅助孔型设计系统的功能模块

CARD软件是由一系列具有各种功能的模块和界面组成的。在设计工作中,设计者根据需要不断地调用各种模块,以便完成确定的设计任务。根据功能不同,可将所有模块分成三大部分,即设计计算部分、逻辑判断部分以及输入输出部分。图11-1所示即为CARD程序软件的功能。

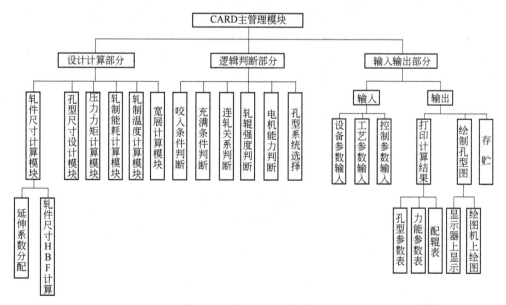

图 11-1　CARD 的软件模块

11.1.2　计算机辅助孔型设计系统程序框图

用 CARD 系统进行孔型设计也应遵循一般的孔型设计思想和步骤,只是在设计过程中引进了先进的计算工具——计算机和现代的计算方法——最优化方法,在必要的时候可以进行理论计算和分析。这里主要介绍具有中间等轴孔的简单断面 CARD 系统程序框图。

尽管对完成同样的设计任务,不同的设计人员会编出各种不同的 CARD 程序,但总的设计思想应该是基本相同的,设计步骤也是大体一致的。下面简述具有"中间等轴孔"的简单断面 CARD 设计步骤。

步骤一:输入设备、工艺、控制参数。

首先要通过键盘、数据文件或数据库向计算机输入孔型设计过程中需要的各种参数,如设备参数(包括轧辊直径、轧辊材质、轧辊转速、轧机允许最大轧制压力、转矩、电机功率等)、工艺参数(包括坯料尺寸、成品形状、成品尺寸、技术条件、开轧温度、轧制道次、堆拉系数、钢种、屈服强度、导热系数、热容量、热膨胀系数等)、控制参数(包括最大咬入角、充满程度、各种迭代、优化计算精度等)。

步骤二:选择孔型系统。

选择孔型系统是孔型设计中极为重要的一项工作,它直接影响设计的整体质量。选择孔型系统的灵活性很大,同一个产品,由于不同的轧机组成、不同的轧机布置及辅助设施、不同的生产习惯,可能选出几种不同的孔型系统。把这项工作完全交给计算机完成,有一定的局限性和困难。因此,大多采用设计者根据经验选择孔型系统的方法。

步骤三:成品精轧孔孔型设计。

对于简单断面型钢,精轧孔包括成品 K_1 孔往后的 $3 \sim 5$ 个孔型,这些孔型按成品孔的设计方法编写出精轧孔型 CARD 设计程序,计算出孔型的所有尺寸。

步骤四:延伸系统"中间等轴孔"延伸系数的分配

无论选择箱—箱、六角—方、椭—方、菱—方、椭—圆哪种孔型系统,都有"中间等轴孔",可根据不同系统的特点,分配每对"中间等轴孔"的延伸系数,分配方法有两种:

(1)经验分配法。可根据设计者的实践经验,参考类似厂的实际生产情况,按选择的孔型系统不同,人工分配每对等轴孔的延伸系数,并输入计算机。

(2)最优化分配法。用最优化方法,按追求的目标函数,求出最优的延伸系数分配方案。

步骤五:确定"中间非等轴孔"轧件尺寸及孔型尺寸

已知相邻等轴孔的轧件及孔型尺寸,按照"定等轴断面插非等轴断面"方法求出非等轴断面轧件及孔型尺寸。以圆—椭圆方案(如图 11-2 所示)为例说明这种算法。

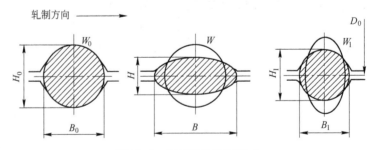

图 11-2　椭圆轧件断面尺寸

计算逆轧向第一道次轧辊的折算直径和两道总延伸系数:

$$D^* = D_0 - H_1 \tag{11-1}$$

$$A_1 = D^*/H_1 \tag{11-2}$$

$$\mu_\Sigma = F_0/F_1 \tag{11-3}$$

式中 D^*——轧辊孔型槽底直径；

A_1——第一道次轧辊的折算直径；

H_1——第一道次孔型的高度；

μ_Σ——两等轴断面间的延伸系数。

在圆—椭圆—圆孔型系统下延伸系数 μ 和压下系数 $1/\eta$ 的计算公式为：

圆入椭圆时，

$$\mu_2 = \frac{1.03}{\eta_2^2(a + 0.098)} \tag{11-4}$$

$$\frac{1}{\eta_2} = 1 + (\sqrt{a} - 1)\left(1.314 + \frac{2.8}{A_1}\right) \tag{11-5}$$

式中 $1/\eta_2$——在逆轧向第二孔型中的压下系数；

a——轧件轴比。

椭圆入圆时，

$$\mu_1 = \frac{0.97(a + 0.0098)}{\eta_1^2 a^2} \tag{11-6}$$

$$\frac{1}{\eta_1} = 1 + [3.16(\sqrt{a} - 1) - 0.1] \times \left(0.4 + \frac{1}{A_1}\right) \tag{11-7}$$

将式(11-4)和式(11-6)相乘得：

$$\mu_\Sigma = \mu_1\mu_2 = \frac{1.03 \times 0.97}{(\eta_1\eta_2 a)^2} \tag{11-8}$$

将式(11-5)和式(11-7)代入式(11-8)，整理得：

$$\left[\left(1 - 1.314 - \frac{2.8}{A_1}\right) + \left(1.314 + \frac{2.8}{A_1}\right)\sqrt{a}\right]\left[1 + \left(0.4 + \frac{1}{A_1}\right) \times\right.$$

$$\left. 3.26 + \left(0.4 + \frac{1}{A_1}\right) \times 3.16\sqrt{a}\right] = a\ \sqrt{\mu_\Sigma/(1.03 \times 0.97)} \tag{11-9}$$

解方程(11-9)即可得到轴比 a，将所解轴比 a 分别代入式(11-6)和式(11-7)，可求出逆轧向第一孔型中的压下系数 $1/\eta_1$ 和延伸系数 μ_1；设定椭圆孔型的充满度 $\delta = 0.85$，计算椭圆断面轧件尺寸和孔型尺寸 $B = H_1 \times (1/\eta_1)$，$H = B/a$，$B_K = B/\delta$；计算逆轧向第二个孔型中的延伸系数 $\mu_2 = \mu_\Sigma/\mu_1$ 和压下系数 $1/\eta_2 = H_0/H_1$。

初步设计椭圆孔型后，还要用迭代法进行修正。取轧件原始高度初步值 $H_{01} = B$ 和轧件轴比初步值 $a_{01} = a$，调用宽展模型计算宽展系数 β_1，计算轧前轧件宽度(椭圆孔型的高 H_y)的修正值 $B_{01} = H_y = B_1/\beta_1$；计算第二道中宽展系数 β_2 和椭圆孔型中轧件的修正宽度 $B_y = B_0\beta_2$，此时椭圆孔型的轴比初步取 $a_K = a_{01}/\delta = B/H_y\delta$，计算椭圆轧件的修正轴比 $a_y = B_y/H_y$(第一次迫近)。

按下式确定椭圆轧件宽度修正值 B_y 与初步值 B 的重合性：

$$\delta_B = \left|\frac{B_y - B}{B_y}\right| \leqslant 0.005 \sim 0.01 \tag{11-10}$$

式中，0.005 用于计算大断面，而 0.01 用于计算中、小断面。

如式(11-10)得不到满足，则按第一次迫近值(H_y、B_y 和 a_y)取代原来的值 H、B 和 a，并重复上面修正椭圆的步骤，最后按求得的椭圆轧件尺寸确定孔型尺寸和轧件的断面面积。

步骤六:计算咬入角、孔型轴比、轧制温度、轧制压力、力矩、能耗、连轧常数等工艺参数。计算轧制速度,若是连轧机,终轧速度为 v_n ,考虑轧辊最大转速的 $10\% \sim 15\%$ 为余量,则 $v_n = (0.85 \sim 0.90)\dfrac{\pi D_{kn} n_{n\max}}{60}$,并从精轧机座开始逆轧向计算各道轧制速度:

$$v_{i-1} = v_i/\mu_i \tag{11-11}$$

式中 μ_i ——第 i 架的延伸系数 $(i = n, n-1, n-2, \cdots, 2, 1)$ 。

轧机各架轧辊工作直径近似值为:

$$D_{ki} = D_{0i} - \sqrt{\omega_i} = D_{0i} - \sqrt{\omega_{i+1}\mu_{i+1}} \tag{11-12}$$

式中, ω_i 、 ω_{i+1} 为第 i 道、第 $i+1$ 道的轧件断面积。

在检验速度制度方面限制时,若限制条件不满足,则应修正延伸系数和轧制速度制度。

步骤七:通过各限制条件检验。

步骤八:按优化条件进行优选。

步骤九:输出设计结果。打印孔型参数、力能参数表;绘制孔型图、配辊图。

将以上设计步骤绘出 CARD 程序框图,如图 11-3 所示。

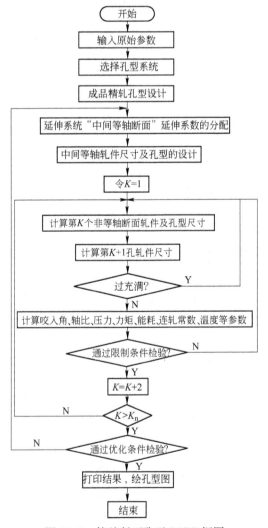

图 11-3 简单断面孔型 CARD 框图

11.2 孔型中轧制的数学模型

11.2.1 各道次变形系数分配模型

在孔型设计中,当总的变形系数(即延伸系数)和道次数确定后,要进行各道次变形系数的分配。变形系数的分配原则一般是开始阶段给以较大的变形,以后变形系数逐渐减小;但有时开始几道变形系数不能太大,而以后随着断面的减小,变形系数加大,随后又逐渐减小;也有时各道次变形系数可接近相等。连轧机的变形系数分配要考虑连轧常数。在计算机辅助孔型设计中,为了实现由计算机自动分配变形系数,需要建立能实现以上变形系数分配原则的模型。

根据坯料原始断面尺寸、轧件最终断面尺寸和轧制条件计算出总延伸系数 μ_Σ、道次数 n 以及从一个等轴断面到另一个等轴断面的平均系数 μ_{Qm} 之后,从一个等轴断面到另一个等轴断面的延伸系数可按下式求得:

$$\mu_{Qi} = z^y \mu_{Qm} \tag{11-13}$$

式中 z——系数,$z = 1.001 \sim 1.1$。z 取值越小,各道次之间延伸系数的差别也越小;反之,则差别增大;

$y = [(n'+1)/2] - i \quad (1 \leqslant i \leqslant n')$;

n'——按等轴断面计算的道次数,$n' = \dfrac{\ln\mu_\Sigma}{\ln\mu_{Qm}} = \dfrac{n}{2}$。

当这样计算出的第一对孔型延伸系数大于限制条件所允许的最大延伸系数 $[\mu_{Qmax}]$ 时,则取

$$\mu_{Q1} = [\mu_{Qmax}] \tag{11-14}$$

并令以后各对中

$$\mu'_{Qm} = {}^{(n'-1)}\sqrt{\mu_\Sigma / [\mu_{Qmax}]} \tag{11-15}$$

$$\mu_{Qi} = z^{y'} \mu'_{Qm} \tag{11-16}$$

其中 $y' = [(n'+2)/2] - i \quad (2 \leqslant i \leqslant n')$

若在第二对孔型又出现这种情况,则再取

$$\mu_{Q2} = [\mu_{Qmax}] \tag{11-17}$$

并令以后各对中

$$\mu''_{Qm} = {}^{(n'-2)}\sqrt{\mu_\Sigma / [\mu_{Qmax}]^2} \tag{11-18}$$

$$\mu_{Qi} = z^{y'} \mu''_{Qm} \tag{11-19}$$

其中 $y' = [(n'+3)/2] - i \quad (3 \leqslant i \leqslant n')$

依此类推,这样可以得到开始道次中 μ 小,以后道次中 μ 增大然后再减小的分配规律。而通过 z 的取值可以改变逐道变化的斜率,包括得到 μ_{Qi} 接近水平的分配。这样就可以实现上述延伸系数的各种分配原则,且便于在计算机上自动计算。

11.2.2 宽展模型

在孔型设计中,必须正确地确定宽展的大小,否则不是孔型充不满,就是过充满。由于问题本身的复杂性,到目前为止,还没有一个能适应多种情况下准确计算宽展的理论公式。所以在生产实际中习惯于使用一些经验公式和数据,来适应各自的具体情况。孔型中金属流动的宽展模

型很多,这里主要介绍斯米尔诺夫宽展公式。用各种孔型系统轧制时,金属的宽展系数可按式(11-20)计算,计算符号可参考图 11-2:

$$\beta = 1 + C_0 \left(\frac{1}{\eta} - 1\right)^{C_1} A^{C_2} a_0^{C_3} a_K^{C_4} \delta_0^{C_5} \psi^{C_6} \tan\varphi^{C_7} \qquad (11-20)$$

式中　　$\dfrac{1}{\eta}$——压下系数,$\dfrac{1}{\eta} = \dfrac{H_0}{H_1}$;

A——轧辊转换直径,$A = D^*/H_1$;

D^*——轧辊孔型槽底直径,$D^* = D_0 - H_1$;

a_0——轧件轧前的轴比,$a_0 = H_0/B_0$;

a_K——孔型轴比 $a_K = B_K/H_1$;

δ_0——顺轧向前一道孔型充满度,$\delta_0 = H_0/H_0'$(H_0'为在顺轧向前一道孔型理想充满情况下轧件的最大可能高度);

ψ——摩擦指数,其值见表 11-1;

$C_0, \cdots, C_7$——系数,根据轧制方案取值(见表 11-2)。除箱形孔型系统系数 $C_7 = 0.362$ 外,其他所有孔型系数 $C_7 = 0$;

$\tan\varphi$——箱型孔的侧壁斜度。

表 11-1　不同孔型系统的摩擦指数值

轧 制 图 示	轧件不同温度(℃)时的 ψ 值				
	>1200	1100~1200	1000~1100	900~1000	<900
矩形—箱形孔,矩形—平辊,圆形—平辊	0.5	0.6	0.7	0.8	1.0
圆—椭,椭—圆,平椭—圆,椭—方,方—椭,椭—椭	0.6	0.7	0.8	0.9	1.0

表 11-2　宽展公式(11-20)中的各系数

轧 制 方 案	C_0	C_1	C_2	C_3	C_4	C_5	C_6
矩形—箱形孔	0.0714	0.862	0.746	0.763	—	—	0.160
方—椭圆	0.377	0.507	0.316	—	-0.405	—	1.136
椭圆—方	2.242	1.151	0.352	-2.234	—	-1.647	1.137
方—六角	2.075	1.848	0.815	—	-3.453	—	0.659
六角—方	0.948	1.203	0.363	-0.852	—	-3.450	0.629
方—菱	3.090	2.070	0.500	—	-4.850	-4.865	1.543
菱—菱	0.506	1.876	0.695	-2.220	-2.220	-2.730	0.587
圆—椭圆	0.227	1.563	0.591	—	-0.852	—	0.587
椭圆—圆	0.386	1.163	0.402	-2.171	—	-1.342	0.616
椭圆—椭圆	0.405	1.163	0.403	-2.171	-0.789	-1.342	0.616
立椭—椭圆	1.623	2.272	0.761	-0.582	-3.064	—	0.486
平椭—立椭	0.575	1.163	0.402	-2.171	-4.265	-1.342	0.616
方—平椭	0.134	0.717	0.474	—	-0.507	—	0.357
平椭—圆	0.693	1.286	0.368	-1.052	—	-2.231	0.629
矩形—平辊	0.0714	0.862	0.555	0.763	—	—	0.455
圆—平辊	0.179	1.357	0.291	—	—	—	0.511
	0.300	1.203	0.368	-0.852	—	-3.450	0.629

11. 2. 3　轧制温度模型

轧制过程中,轧件的温降对变形制度、加热制度及轧后冷却方式有重要影响。在轧制过程中,由于轧件的断面不断发生变化,轧件周围的换热条件复杂,变形热对温降也有很大的影响,给分析轧件温度变化增加了巨大的困难。轧钢生产中,导致温度变化有许多因素,概括如下:

（1）轧机塑性变形的变形功转化为热能,结果使轧件的温度上升;

（2）轧件表面向周围空气介质辐射热量,结果使轧件的温度下降;

（3）在变形区内,由于轧件和轧辊表面呈黏着状态,轧件向轧辊进行热传导,由于轧辊带走热量,结果使轧件温度下降;

（4）轧件在运行中,由于空气对流带走一部分热量,其结果使轧件温度下降;

（5）轧件和轧辊接触表面的相对摩擦运动产生了摩擦热,结果使轧件温度上升。

轧件在轧制过程中的温度变化,是由辐射、传导、对流引起的温降和金属变形产生的温升合成的,可用下式表示:

$$\Delta T = \Delta T_\mathrm{f} + \Delta T_\mathrm{z} + \Delta T_\mathrm{d} + \Delta T_\mathrm{b} \tag{11-21}$$

以上四项起主要作用的是辐射损失和金属变形热所产生的温升。各项变化的计算按下面介绍的方法进行。

11. 2. 3. 1　由辐射引起的温降计算

$$\Delta T_\mathrm{f} = 0.0072 \frac{Ft}{G} \left(\frac{T}{100} \right)^4 \tag{11-22}$$

式中　ΔT_f——辐射引起的温降,℃;

F——轧件的散热表面积,mm^2;

t——冷却时间,s;

G——轧件质量大小,kg;

T——轧件表面温度,K。

11. 2. 3. 2　由传导引起的温降计算

$$\Delta T_\mathrm{z} = \frac{\lambda F_\mathrm{z} t_\mathrm{z}}{1.8 c_0 G h_\mathrm{c}} \tag{11-23}$$

式中　ΔT_z——由传导引起的温降,℃;

λ——钢材的导热系数,$\lambda = 1.255 \mathrm{kJ/(m \cdot h \cdot ℃)}$;

F_z——轧件与导热体的接触面积,m^2,对于钢轧辊 $F_\mathrm{z} = 2 I_\mathrm{c} b_\mathrm{c} \times 10^{-6}$;

I_c——轧件与轧辊的接触弧长,mm;

b_c——轧件轧前与轧后的平均宽展,mm;

c_0——钢的平均比热容,在热轧温度下取 $c_0 = 0.627 \mathrm{kJ/(kg \cdot ℃)}$;

t_z——传导时间,s;

h_c——轧件轧前与轧后的平均高度,mm。

11. 2. 3. 3　由对流引起的温降计算

$$\Delta T_\mathrm{d} = \left(0.3 \sqrt[3]{T - T_0} + \sqrt[2.5]{\frac{v_0}{t^2}} \right) \cdot \frac{T - T_0}{\varepsilon_\mathrm{r}} \cdot \left(\frac{100}{T} \right)^4 \Delta T_\mathrm{f} \tag{11-24}$$

式中　ΔT_d——由对流引起的温降,℃;

T——轧件表面绝对温度，K；

v_0——轧件的移动速度，m/s；

t——对流时间，s；

ε_r——轧件表面的相对黑度，$\varepsilon_r = 0.8$；

ΔT_f——同时间的辐射温降，℃。

11.2.3.4 由变形热产生的温升计算

$$\Delta T_b = \frac{A(1-a)}{427c_0 G} \tag{11-25}$$

式中 ΔT_b——变形热产生的温升，℃；

       A——该道次所需的变形功，$A = pV\ln(H/h)$；

       p——平均单位压力，MPa，粗略估计可用 $p = (t_{y0} - t - 75) \times \sigma_b / 1500$ 计算；

       V——轧件体积，mm^3；

    H、h——轧件轧前、轧后的高度，mm；

       σ_b——强度极限，MPa；

      t_{y0}——钢材的熔点温度，K；

       a——系数，表明被轧件吸收的变形能的部分，在 $t/t_{y0} > 0.4$ 时，当静力变形时，$(10^2 s^{-1})$ 为 0.9% ~ 2.6%，当动力变形时，$(10^2 s^{-1})$ 为 19% ~ 21%；取钢材的密度 $\lambda = 7.8$，则得：

$$\Delta T_b = 0.184p(1-a)\ln(H/h) \tag{11-26}$$

由于传导和对流引起的温降很小，甚至可以忽略不计，故此时可采用采里柯夫方法计算在孔型中和移送到下一孔型时间内，温度的变化为：

$$\Delta t = \Delta t_p - k_\varphi \Delta t_\varphi - \Delta t_d \tag{11-27}$$

式中 Δt_p——变形功转变的温升；

      k_φ——轧机形式系数；

      Δt_φ——轧件热辐射温降；

      Δt_d——轧辊热传导引起的温降。

在轧制过程中，影响轧件温度变化的因素复杂，很难给出精确的温度预报。实际设定计算时也可采用如下的简化温降模型：

$$\Delta t = t_0 - \frac{1000}{\sqrt[3]{\dfrac{0.0255I\tau}{F} + \left(\dfrac{1000}{t_0 + \Delta t_1 + 273}\right)^2}} + 273 \tag{11-28}$$

式中 t_0——轧件的初始温度，℃；

       I——轧件的出口断面周长，mm；

       τ——冷轧时间，s；

       F——轧件出口断面面积，mm^2。

轧件变形温升 Δt_1 按下式计算：

$$\Delta t_1 = 0.183K_m\ln\mu \tag{11-29}$$

式中 K_m——轧件变形抗力，MPa；

      μ——该道次的延伸系数。

需要指出的是，由于轧件温度是逐道次由上式叠加求出的，前面道次温降计算的些许误差都会在很大程度上影响后面道次的计算结果，因此有必要根据现场的实测数据对上式进行修正。

11.2.4 轧制压力模型

金属作用在轧辊上的总压力等于单位压力及单位摩擦力在竖直方向的投影之和。由于在大多数情况下金属作用在轧辊上的总压力指向垂直方向，或者倾斜不大。因此可近似地认为金属作用在轧辊上的总压力等于其垂直分量，即等于单位压力（即单位摩擦力的垂直分量沿接触弧的积分）。

轧制压力用下式计算：

$$P = \bar{p}F$$

式中 P——轧制总压力；

$\bar{p}$——平均单位压力；

F——轧件与轧辊接触面积。

在轧制过程中可选择斯米尔诺夫单位压力公式：

$$\bar{p} = 1.15\sigma_s n_\sigma \tag{11-30}$$

式中 σ_s——金属变形抗力；

n_σ——不同孔型系统中的应力状态系数，见表11-3。

表 11-3   不同孔型系统的应力状态系数 n_σ 的计算公式

孔 型 系 统	n_σ 计算公式
矩形 - 箱式孔	$n_\sigma = \left(m + \dfrac{37.0}{m+5} - 5.55 \right)\left(0.0488A + \dfrac{0.534A}{A-1} \right)\left(0.745 + \dfrac{0.051}{\tan\varphi + 0.1} \right)$ $(1.108 - 0.102\sqrt{\alpha_0})\left(1.225 - \dfrac{0.18}{\psi} \right)$
方 - 平椭孔	$n_\sigma = \left(m + \dfrac{44.38}{m+4} - 8.0 \right)\left(1.747 - \dfrac{22.27}{A+20} \right)\left(1.08 - \dfrac{0.18}{\alpha_k} \right)\left(1.566 - \dfrac{0.737}{\psi + 0.5} \right)$
平椭圆 - 圆	$n_\sigma = \left(2m + \dfrac{30.5}{m+2} - 10.0 \right)\left(1.322 - \dfrac{1.80}{\sqrt{A+2}} \right)(0.875 + 0.0694\alpha_0)(0.70 + 0.375\psi)$
圆 - 椭圆	$n_\sigma = 0.9\left(m + \dfrac{40.5}{m+5} - 6.14 \right)\left(\dfrac{\alpha_k^2 + 1}{\alpha_k^2} \right)(0.63 + 0.37\psi)$
椭圆 - 圆	$n_\sigma = \left(m + \dfrac{18.0}{m+3} - 3.70 \right)(1.15 - 0.075\alpha_0)(0.88 + 0.16\psi)$

表11-3中 m 为变形区形状参数，对 n_σ 影响最大，可用无量纲参数表示为

$$m = \frac{\sqrt[2]{A/2(1/\eta - 1)}}{1/\eta + 1} \tag{11-31}$$

式中 A——轧辊折算直径；

$1/\eta$——压下系数。

物体有保持其原有形状而抵抗变形的能力。度量物体这种变形能力的力学指标即为塑性变形抗力（或简称为变形抗力）。

金属塑性变形抗力与变形速度、变形温度和变形程度有关，可按照下式计算：

$$\sigma_s = \sigma_0 \exp(\alpha_1 T + \alpha_2)(u/10)^{\alpha_3 T + \alpha_4} \times [\alpha_6(\gamma/0.4)^{\alpha_5} - (\alpha_6 - 1)(\gamma/0.4)] \tag{11-32}$$

其中 $T = \dfrac{t + 273}{1000}$

式中 σ_0——基准变形抗力，即 $t = 1000℃$、$\gamma = 0.4$ 和 $u = 10\ \mathrm{s}^{-1}$ 时的变形抗力，MPa；

t——变形温度，℃；

u——变形速度，s^{-1}（$u = 0.105n\sqrt{\gamma D^*/2H_0}$）；

γ——变形程度（$\gamma = \ln H_0/H_1$）；

σ_0、$\alpha_1 \sim \alpha_6$——回归系数，其值取决于钢种，几种常见材料的回归系数见表 11-4。

表 11-4　计算变形抗力的回归系数

钢　　种	回　归　系　数					
	σ_0/MPa	α_1	α_2	α_3	α_4	α_5	α_6
Q235	150.6	-2.878	3.665	0.1861	-0.1216	0.3795	1.402
45	158.8	-2.780	3.539	0.2262	-0.1569	0.3417	1.379
16Mn	156.7	-2.723	3.446	0.2545	-0.2197	0.4658	1.566
40Cr	153.4	-2.839	3.614	0.1731	-0.1050	0.3570	1.383
65Mn	147.5	-2.840	3.616	0.1153	0.0122	0.3666	1.493

接触面积是指轧件与轧辊接触面的水平投影，它取决于轧件与孔型的几何尺寸和轧辊直径。孔型中确定接触表面积 F 用下列公式：

$$F = \frac{B+b}{2}\sqrt{R\Delta h_c}$$

式中　Δh_c——平均压下量，$\Delta h_c = \dfrac{F_0}{B} - \dfrac{F_1}{b}$；

F_0——轧前的轧件断面积；

F_1——轧后的轧件断面积。

11.2.5　轧制力矩模型

轧制力矩模型可选用斯米尔诺夫轧制力矩计算公式：

$$M = 0.287\sigma_s H_1^3 A^2 n_{Ban} \tag{11-33}$$

n_{Ban} 称为轧制力矩系数，其计算公式见表 11-5。

表 11-5　计算轧制力矩系数 n_{Ban} 的公式

轧 制 图 示	n_{Ban}计算公式
矩形—箱形孔	$n_{Ban} = \dfrac{1}{\eta}\left(\dfrac{1}{\eta} - 1\right)\left[0.25 + \dfrac{0.0105 - 0.0012a_0^2}{\tan\varphi} - 0.024a_0^2 + \dfrac{0.254(1.02 - 0.2\tan\varphi)}{(a_0 + 0.1)^2}\right]\left(0.315 + \dfrac{3.425}{A-1}\right) \times \left(1.225 - \dfrac{0.18}{\psi}\right)$
方—平椭圆	$n_{Ban} = \mu(\mu - 1)\left(0.15 + \dfrac{4.3}{A+2}\right)\left(1.46 - \dfrac{0.69}{\psi + 0.5}\right)$
平椭圆—圆	$n_{Ban} = \mu(\mu - 1)\left(0.078 + \dfrac{2.6}{A+2}\right)\left(1.36 - \dfrac{0.27}{\psi}\right)$
圆—椭圆	$n_{Ban} = (\mu^2 - 1)\left(0.094 + \dfrac{3.66}{A+5}\right)\left(1.31 - \dfrac{0.31}{\psi}\right)$
椭圆—圆	$n_{Ban} = \mu(\mu - 1)\left(0.115 + \dfrac{2.3}{A+2}\right)\left(1.36 - \dfrac{0.27}{\psi}\right)$

11.2.6　能耗模型

在轧制过程中，单位重量（或体积）的轧件产生一定变形所消耗的能量称作能耗。能耗用下式表示：

$$Q = \sum_{i=1}^{n} q_i = \sum_{i=1}^{n} M_i v_i \tau_i / D_i \tag{11-34}$$

式中 n——轧制道次；

　　q_i——第 i 道次的轧制能耗；

　　M_i——第 i 道次的轧制力矩；

　　v_i——第 i 道次的轧制速度；

　　τ_i——第 i 道次的轧制时间；

　　D_i——第 i 道次轧辊工作直径。

11.3 计算机辅助孔型设计的优化

合理地制定工艺制度是轧钢车间工艺设计的重要内容,其目的是在保证产品质量的基础上追求高产量,降低各种原材料及能源消耗,降低成本,以满足产品标准和用户要求。工艺制度的主要内容包括变形制度、速度制度和温度制度。所谓合理制定工艺制度,就是要求制定出来的工艺制度不仅是可行的,而且是最优的。最优化设计是在 20 世纪 60 年代,在数学规划的基础上发展起来的。利用这种方法可以设计出用传统的设计方法所无法得到的最优方案,因此,它被广泛地应用于建筑结构、化工、冶金、机械、铁路、航空等工程设计领域,并取得了显著的效果。

概括起来最优化设计工作包括两个部分的内容：

(1) 如何建立最优化设计的数学模型。

(2) 如何根据数学模型快速地求出其最优解。

11.3.1 计算机辅助孔型设计的目标函数

目标函数是根据所优化的问题,由设计变量所构成的函数。其表达式可以写成：

$$f(x) = (x_1, x_2, \cdots, x_n)$$

当一组设计变量有其确定值之后,则目标函数值也即确定。当设计变量变化时,相应目标函数值也会变化。优化设计则是在变化的设计变量中,确定使目标函数达到极值的设计变量。根据所研究的对象,函数的极值可以是极大值或极小值。在进行优化设计时,只有一个目标函数的,称为单目标函数的优化设计。如果有多项设计指标都要求达极值,则称为多目标函数的优化设计。在优化设计中,正确地确定目标函数是关键的一步。目标函数的确定与优化结果和计算量有着密切关系。因此,在确定目标函数时,应该注意到生产中的实际要求,并能客观反映设计变量与优化目标的关系,同时建立优化目标的数学模型。数学模型应客观反映所优化对象的本质,物理意义明确,这样才能使优化结果具有真实性和可靠性。

由于型钢产品的种类和规格繁多,型钢轧机的布置各异,因此,在不同条件下,型钢孔型设计所追求的最优化目标也是不同的,常用的优化目标函数有以下几种。

11.3.1.1 总轧制能耗最小的轧制规程

轧制能耗最小是指在一定轧制条件下,由一定的原料轧制成一定的成品所消耗的轧制能耗最小。其目标函数为：

$$Q = \sum_{i=1}^{n} q_i = \sum_{i=1}^{n} a M_i v_i \tau_i / D_i \rightarrow \min \tag{11-35}$$

由原料到成品,共轧制 n 道次,尽管各道次的轧制能耗不同,有高有低,但是应使总的轧制能耗最小。这样可以达到节能、降低生产成本的目的。

11.3.1.2　相对等负荷的轧制规程

相对等负荷是指当棒材连轧机各机架的主电机功率不相等时,若按等负荷分配,会造成小容量主电机能力不足,而大容量主电机不能充分发挥其能力。这种情况下,可按轧机各机架主电机的相对等负荷来制定轧制规程,即主电机容量大的轧机,让其多消耗一部分轧制功率,容量小的轧机则让其少消耗一部分轧制功率。这样不仅可以充分发挥设备能力,而且避免了因负荷分布不均衡而发生的轧制事故。

轧机负荷均衡的目标函数可描述为:

$$\min S = \sum_{i=1}^{n} (N_i' - \lambda N_i)^2 \rightarrow \min \tag{11-36}$$

式中　　N_i'——第 i 机架主电机的轧制功率;

　　　　N_i——第 i 机架主电机的额定功率;

　　　　λ——机组主电机的负荷系数,$\lambda = \sum_{i=1}^{n} N_i' \Big/ \sum_{i=1}^{n} N_i$。

该目标函数表明各道次的轧制功率与负荷系数和额定功率之积的差平方之后的总和达到最小,即轧机的负荷达到相对均衡。

11.3.1.3　轧制节奏最短

在可逆式型钢轧机上,有时为了提高轧机的生产效率,往往追求轧制节奏最短。如有一台可逆式轧机把坯料厚度为 H 的金属板经过若干道次往返轧制,轧成厚度为 h_n 的成品。设 k 道次轧制的前后厚度为 h_{k-1} 和 h_k,压下量 $\Delta h = h_{k-1} - h_k$。而最大允许转速 $\omega_k = g_1(\Delta h_k)$,轧辊所受轧制力矩 $M_{zk} = g_2(h_{k-1}, \Delta h_k)$,轧制压力 $P_k = g_3(h_{k-1}, \Delta h_k)$。第 k 道次纯轧时间 $\tau_{Mk} = f(h_{k-1}, \Delta h_k)$,而每轧一次后调整辊缝和调整转向所需间隙时间若为固定值 τ_p。因为轧后成品的出口在原料输入的异侧,所以总轧制道次 N 必须是奇数。要求出一奇数 N 和一系列压下量 $\Delta h_1, \Delta h_2, \cdots, \Delta h_n$,既能满足最大允许转速、轧制力矩、轧制压力等限制条件,又使总的轧制节奏最短,即

$$T = \sum_{k=1}^{n} \tau_{Mk} + N_{\tau p} = \min \tag{11-37}$$

满足于 $g_u(X) \geqslant 0$　　$(u = 1, 2, \cdots, m)$。

11.3.1.4　各道次轧制负荷相等

在可逆式轧机上,为了充分利用轧机的能力,提高产量,节约能耗,平衡各道次的轧辊磨损,应该使各道次的轧制负荷相等。以各道次轧制负荷相等为最优化目标时,其目标函数为:

$$S = \sum_{i=1}^{n} \Delta S_i^2 \rightarrow \min \tag{11-38}$$

满足于 $g_u(X) \geqslant 0$　　$(u = 1, 2, \cdots, m)$。

式中　　ΔS_i——各道次间的轧制负荷之差。

以上是型钢孔型设计最优化目标函数的常见形式。由于轧机形式各异,生产条件和设备条件不同,最优化目标函数还可以有其他形式。

11.3.2　孔型中轧制时的约束条件

在求解目标函数的过程中,受许多约束条件影响和制约。在线棒材的轧制过程中,约束条件应该考虑电机能力、轧机能力、轧件的咬入条件、轧件的稳定性条件等方面的因素。概括起来可归纳为以下几个方面:

（1）电机能力——在正常轧制条件下，要求电机不能过热和超过负荷。

（2）轧机能力——轧机的生产能力主要受机架强度、轧辊强度及轧制速度范围等因素影响。

（3）轧件的咬入条件——为了保证轧件顺利通过轧辊，实现正常稳定轧制，必须考虑咬入条件的限制，通常都是用轧件进入轧辊的咬入角来衡量咬入条件。

（4）轧件的稳定条件——如由椭圆孔轧出的轧件进入圆孔进行轧制，工艺上要求椭圆形轧件进入圆孔时在孔型中不能倾倒，以保证轧制过程的稳定，一般采用椭圆轧件的长短轴之比来衡量稳定性条件。

（5）充满度条件——如果轧出的轧件宽度超过了轧辊孔型的槽口宽度，则轧件会出"耳子"；若轧出的轧件宽度远小于孔型的槽口宽度，则轧出的轧件断面形状不合格。因此，要保证轧出高质量、高精度的合格产品，必须保证如下充填条件：

$$[\xi_{imin}] < \xi_i < [\xi_{imax}] \tag{11-39}$$

式中 ξ_i——第 i 道次轧件的充填系数；

ξ_{imin}——第 i 架轧机允许的最小充填系数；

ξ_{imax}——第 i 架轧机允许的最大充填系数。

（6）延伸能力——在型钢轧制过程中，轧件在孔型中的延伸能力是有一定限度的，要求：

$$\mu_i < [\mu_{imax}] \tag{11-40}$$

式中，μ_i、μ_{imax} 分别为第 i 道中轧件的实际延伸系数和最大允许延伸系数。

一般在线材轧制设备设计时，电机的能力远远超过实现轧制的条件，因此，在进行孔型设计时，对电机能力的约束可以不考虑。由于有稳定性条件、咬入条件和填充条件的约束，而能够满足这些条件的延伸系数远远小于最大可能的延伸系数，因此这一约束条件也不需要考虑。下面列出棒线材编程时考虑的约束条件。

A 咬入条件

为了保证轧件顺利通过轧辊，实现正常稳定轧制，必须考虑咬入条件的限制。通常都是用轧件进入轧辊时的咬入角来衡量咬入条件。

$$\alpha_i \leqslant \alpha_{max} \tag{11-41}$$

各孔咬入角可以用下式计算：

$$\alpha = 2\arccos\sqrt{\Delta H/2D^*} = 2\arcsin\sqrt{(1/\eta - 1)A} \tag{11-42}$$

苏联学者 B. A. 希洛夫等人的回归公式可计算出最大咬入角，并用回归方法分析出了最大允许咬入角与各工艺参数间的经验公式。公式中考虑了轧制速度 v_0、轧件温度 t、轧辊表面状态 μ、轧件钢种 M 以及坯料和孔型形状等因素的影响。

数学模型为：

$$\alpha_{max} = k_\alpha \overline{\alpha} \tag{11-43}$$

式中 α_{max}——最大咬入角；

k_α——咬入系数，见表 10-6；

$\overline{\alpha}$——平均咬入角，

$$\overline{\alpha} = \frac{100}{a_0 + a_1 v_0^2 + a_2\mu + a_3 M + a_4 t \times 10^{-3} + a_5\delta_0} \tag{11-44}$$

v_0——轧制速度；

μ——轧辊表面状态系数，对于铸铁辊取 1.0，对于无刻痕的钢辊取 1.25，对于有刻痕的钢辊取 1.45；

M——轧制钢种系数，对于碳钢 $M=1.0$，对于合金钢、高碳钢以及工具钢 $M=1.4$；

t——轧制温度；

a_i——常数，$i = 0、1、2、3、4、5$，见表 11-6；

$\delta_0 = B_0 / H_0$；

B_0——上一道次孔型的最大宽度。

表 11-6　咬入系数和常数表

轧 制 方 式	a_0	a_1	a_2	a_3	a_4	a_5	k_α
圆进椭	23.54	0.00265	-0.44	0.374	-12.1	-5.22	1.13
椭进圆	27.74	0.0023	-0.44	2.15	-19.8	-3.98	1.25

B　稳定性条件——最大允许轴比模型

棒材轧机的轧制速度可达 20 m/s，轧件在如此高的速度下轧制容易产生振动，使之左右摆动而造成轧件的偏移和扭转。所以棒材轧制的稳定性问题是至关重要的。由前述，椭圆—圆孔型系统轧件较为均匀，由于轧件断面无尖角，使断面钢温度均匀。尤其是圆件进椭圆孔时，不存在倒钢问题。而椭圆件进圆孔进行轧制，工艺上要求椭圆轧件进入圆孔时在孔型中不能倾倒，以保证轧制过程中的稳定。一般采用椭轧件的长短轴之比 a 来衡量稳定条件，采用 B. A. 希洛夫的统计模型，即

$$a_i \leqslant a_{max} = k_\alpha a \qquad (11\text{-}45)$$

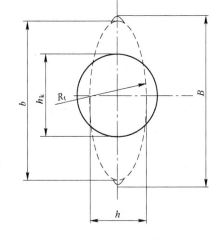

式中　a_{max}——轧前轧件的长短轴最大允许轴比；

a_i——轧前轧件的长短轴之比，$a_i = B_i / H_i$；

其中　　　　　$a_{max} = k_\alpha a$

k_α——比例系数，$k_\alpha = 1.19$；

a——允许轴比，圆件进椭圆孔时不存在稳定性问题。椭圆件进圆孔进行轧制时的允许轴比，在连轧机上可由下式求出：

$$a = 1.59 - 0.618 \frac{1}{\left(\dfrac{b}{B} \right)^2} - 0.023v + 0.81 \frac{R_t}{h} + 0.45 \frac{h_k}{b}$$

$$(11\text{-}46)$$

图 11-4　基本尺寸符号

式中的尺寸符号如图 11-4 所示。

C　设备能力限制

型材生产必须在满足轧机能力的条件下进行。孔型尺寸的变化将影响轧制压力。压下量增大将使轧制压力增大。所以对轧制压力进行校核，以保证离散后的孔型在轧制中满足轧辊强度要求。采用不同的孔型尺寸轧制时，轧机轧制力将发生变化，所以以轧制压力为约束条件，保证最优化设计时，离散后的孔型在轧制时，轧制压力应不大于轧机最大轧制力，同时考虑电机能力和扭矩条件，即

$$P_i \leqslant P_{imax} \qquad (11\text{-}47)$$

$$N_i \leqslant N_e \qquad (11\text{-}48)$$

$$M_i \leqslant M_{max} \qquad (11\text{-}49)$$

式中　P_i——第 i 道次轧制力；

P_{imax}——第 i 道次最大轧制力；

N_i——第 i 道次轧制功率；

N_e——第 i 道次轧机额定功率；

M_i——第 i 道次实际扭矩；

M_{max}——第 i 道次最大理论扭矩。

轧辊主要破坏形式为折断或者表面剥落。工作中轧辊同时承受弯曲应力、热应力和残余应力。由于影响轧辊强度的各种因素很难准确计算，因此在此只对辊身作弯曲计算、对辊颈作弯扭计算，对辊头作扭转计算。

在型钢生产中，轧辊上布置有许多轧槽，把轧制力近似看成集中力。这时，轧辊校核的计算模型就可简化为在集中载荷和传动力矩作用下的简支梁，如图 11-5 所示。

a　辊身强度计算

设轧制力为 F，则力 F 所在的断面上的弯矩为：

$$M_b = R_1 x = x \left(1 - \frac{x}{a}\right) F \qquad (11-50)$$

弯曲应力为：

$$\delta_b = \frac{M_b}{0.1D^3} \qquad (11-51)$$

式中　D——计算断面处的轧辊直径；

　　　a——压下螺丝间的中心距；

　　　M_b——计算断面处的弯矩。

b　辊颈强度计算

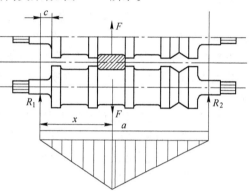

图 11-5　轧辊受力力矩示意图

辊颈上危险断面处的弯矩 M_n 由最大的支反力决定，其计算公式为：

$$M_n = RC \qquad (11-52)$$

式中　R——最大的支反力；

　　　C——压下螺丝中心线到辊身边缘的距离，可近似取为辊颈长度 l 的一半，即 $C = l/2$。

作用在辊颈危险断面上的弯曲应力 σ 和扭转应力 τ 分别为：

$$\sigma = \frac{M_n}{0.1D^3} \qquad (11-53)$$

$$\tau = \frac{M_k}{0.2d^3} \qquad (11-54)$$

式中　M_n——作用在轧辊上的扭转力矩；

　　　d——辊颈直径。

辊颈的强度要按弯扭合成应力计算。合成应力按莫尔理论计算，即

$$\sigma_F = 0.375\sigma + 0.625\sqrt{\sigma^2 + 4\tau^2} \qquad (11-55)$$

在以上所述约束条件同时满足的条件下，所构成的孔型尺寸才可以成立，才可形成轧辊上的孔型。

11.3.3　基于动态规划法的孔型设计优化

动态规划(dynamic programming)是运筹学的一个分支，是求解决策过程(decision process)最优化的数学方法。动态规划问世以来，在经济管理、生产调度、工程技术和最优控制等方面得到

了广泛的应用,例如最短路线、库存管理、资源分配、设备更新、排序、装载等问题用动态规划方法比用其他方法求解更为方便。

以能耗为目标函数的动态规划方法可以看作最优路径问题,如图 11-6 所示。该问题要找到一条从 A 点经过 B、C、D 到 E 的最短路线,这和孔型设计中能耗最小问题极为相似,就是找出 A 到 E 的最短路径,即能耗最小。

如应用动态规划法,我们可以把最短路线问题中所考虑的过程分为若干个阶段,从 $A \rightarrow B$,$B \rightarrow C$,$C \rightarrow D$,$D \rightarrow E$。因此上述问题可以看成一个四阶段的过程。每一阶段开始,我们都面临做出决策,在几条不同的路线中选择一条最优的路线。决策不同,所走的路线也不同。这可以看成是一个多阶段的决策过程。

在孔型设计中,一般轧制道次数都在 10 以上。在进行能耗最小优化计算时,我们可以把 N 道次能耗的计算过程分为 N 个阶段,在每一阶段对压下量的取值做出决策,在确定了各道次压下量的取值范围后,就可以根据动态规划法进行计算。此时状态变量就是各道次压下量的变化范围,决策变量就是各道次能耗的取值。根据上述原理进行迭代计算即可找出最优解。

计算机辅助优化孔型设计是基于现场生产中工艺条件已经确定、以能耗为目标函数、编制孔型优化软件、满足各种约束条件的情况下,修改原有孔型尺寸的基础上,实现轧制过程的能耗最小。目标函数的模型确定之后,利用动态规划法进行优化得到目标函数值。以椭圆—圆孔型系统为例,将计算机辅助优化孔型设计介绍如下:

(1) 对等轴断面孔型(圆孔型)各道次的高度进行等间隔离散,离散间隔可取为 1.0 ~ 0.1,粗轧取上限,精轧取下限。

(2) 按圆孔型离散的不同间距分别构成椭圆孔型,如图 11-7 所示。第 $i-1$ 道次的 Y_1 孔分别与第 $i+1$ 道次的 Y_4、Y_5、Y_6 构成第 i 道次的椭圆孔 T_{15}、T_{14}、T_{16};第 $i-1$ 道次的 Y_2 孔分别与第 $i+1$ 道次的 Y_4、Y_5、Y_6 构成第 i 道次的椭圆孔 T_{25}、T_{24}、T_{26};第 $i-1$ 道次的 Y_3 孔分别与第 $i+1$ 道次的 Y_4、Y_5、Y_6 构成第 i 道次的椭圆孔 T_{35}、T_{34}、T_{36}。由于圆孔型离散的数目不同,所以构成的椭圆孔的数目也不同,但构孔的方法一样。同理,以后各道次可按以上方法构孔。

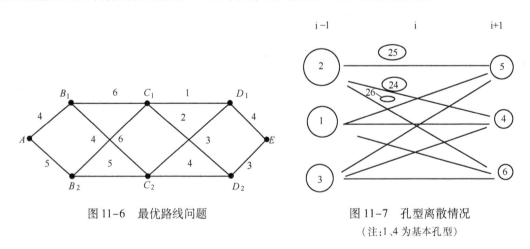

图 11-6　最优路线问题　　　　　　　图 11-7　孔型离散情况
　　　　　　　　　　　　　　　　　　　　　　　　　(注:1、4 为基本孔型)

(3) 分别计算出第 $i-1$ 道次到第 $i+1$ 道次(中间有椭圆孔型)的轧制力、轧制力矩和轧制功率。这样,由原料到成品便构成了众多变形过程,如图 11-8(两圆孔型之间有按其尺寸构成的椭圆孔)所示。

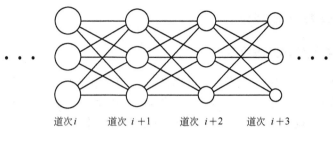

图 11-8　变形过程路线图

　　各道次的离散值越多,那么从原料到成品的变形过程就越多。也就是说,从原料到成品有许多变形路径可选择,而路径不同,各道次的变形 μ 也不同,将使得总轧制功率不同。那么在这众多的路径中必然有一条路径在约束的范围内轧制功率是最小的,这就是优化的目标。用动态规划法进行优化即可求出总轧制功率的最小值。

　　要注意由于受孔型构成尺寸及咬入条件、稳定性条件、电机条件等的限制,离散的范围有一定限制。同时,连轧棒、线材时,各机架间要保持严格的连轧关系,所以,在程序编制过程中,计算力能参数时必须考虑这方面的因素,计算框图如图 11-9 所示。

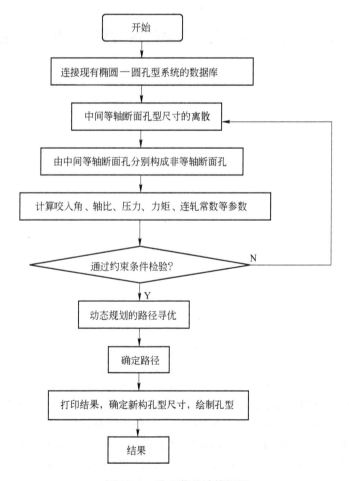

图 11-9　孔型优化计算框图

11.4　棒材 CARD 系统简介

11.4.1　CARD 系统结构及流程图

首先输入设备、工艺、控制参数等原始数据,然后计算轧制道次并分配压下系数,再通过多次的设计、校核,确定比较合理的各个孔型尺寸。当需要优化设计时,需经过若干次的循环计算,并重新设定各参数,最后调用 AutoCAD 软件画出各个孔型的尺寸图并进行尺寸标注。系统程序的流程图可参考图 11-3。

11.4.2　CARD 系统的界面

11.4.2.1　系统主界面

主界面集成了棒材 CARD 系统的所有功能,用户通过点击主界面的菜单项来进行设计。由图 11-10 可以看出,本 CARD 系统的菜单由"孔型设计"、"查询"、"CAD 绘图"、"显示"、"帮助"、"退出"六个一级菜单组成。"孔型设计"下面包括子菜单"新设计"、"载入设计"、"保存"、"关闭"、"退出";"查询"下面包括"孔型尺寸"、"力能参数的查询";点击"查询"菜单下的"孔型尺寸",可以查询此次设计中某一道次的孔型尺寸。点击 CAD 绘图菜单,可以弹出 CAD 绘图子窗体,便于绘图。

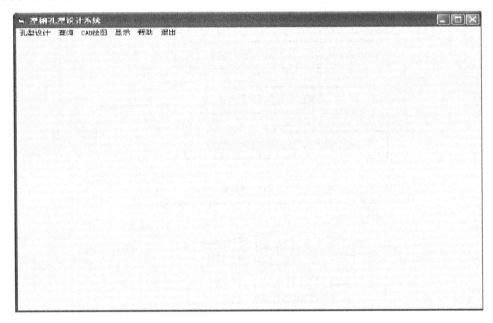

图 11-10　系统主界面

11.4.2.2　参数输入菜单及窗体

设计参数的输入分别在两个窗体内进行。程序运行后,首先弹出的是工艺参数输入窗体,如图 11-11 所示。本窗体也可以点击输入菜单的工艺参数子菜单,即可调出孔型工艺参数输入窗体。这个窗体主要是输入孔型设计的原始参数,包括原始坯料形状、尺寸、坯料长度和成品断面的形状、尺寸及其轧制到最终断面的道次数;此外,还有原始的工艺数据,包括轧制钢种、坯料加热的温度和终轧速度。

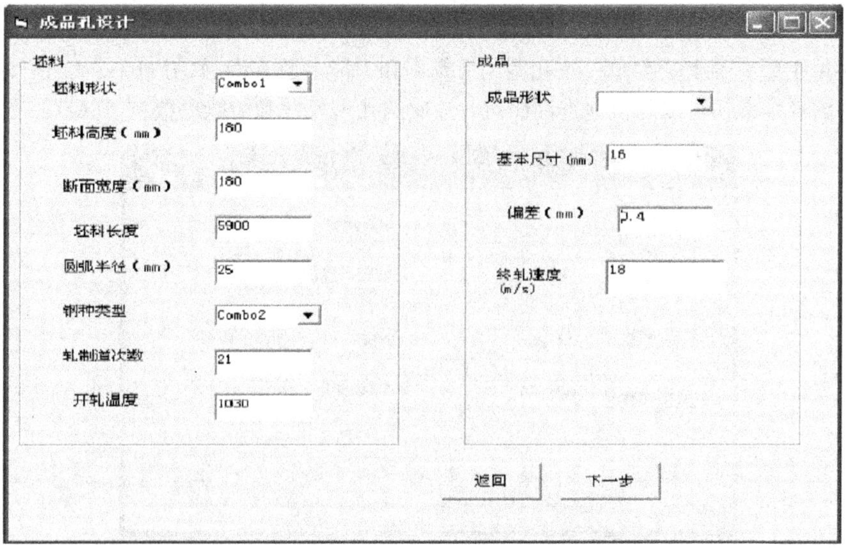

图 11-11　工艺参数输入界面

　　完成本窗体的参数输入后,单击"下一步",确认本道次参数的输入并进入下面一个参数输入窗体。单击"返回",此窗体将返回到主窗体界面上。孔型系统的设备参数的输入如图 11-12 所示。这个窗体主要是选择各道孔型和输入轧机的技术特性,在棒线设计中应用的关于轧机的设备参数有轧辊原始直径、轧辊辊颈的允许轧制力、允许轧制力矩、电机的额定功率、电机的调速范围、转速比和轧辊材质。单击"输入数据"按钮后,输入的数据将作为系统变量进行赋值,以便为后面的计算作数据准备。单击"存盘"按钮后,输入的数据就存入数据库,以便形成工程数据库。

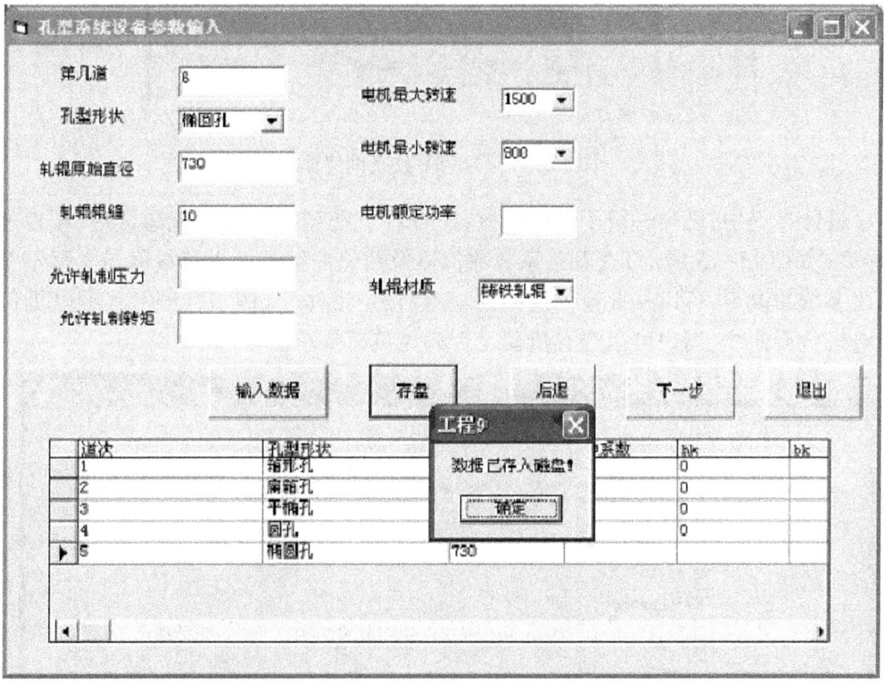

图 11-12　设备参数输入界面

11.4.2.3　查询菜单及窗体

查询菜单主要有两个子菜单——孔型尺寸查询和力能参数查询,如图 11-13 和图 11-14 所示。通过窗体中的各个按钮可以随机地查询任何一道次的孔型尺寸和力能参数,直到最后一道次。

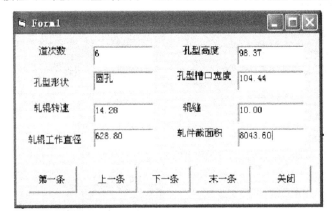

图 11-13　孔型尺寸查询界面

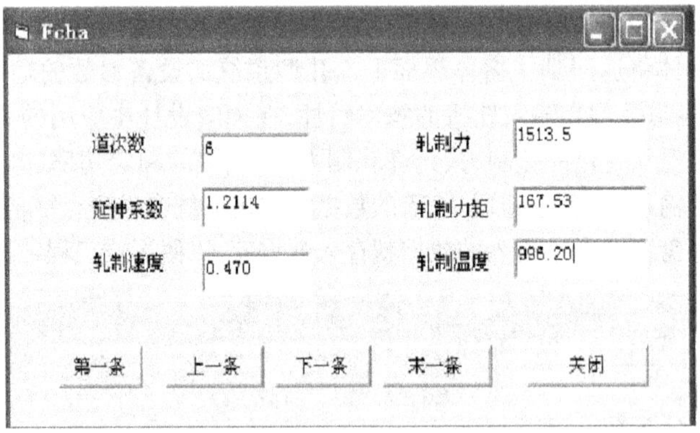

图 11-14　力能参数查询界面

在程序设计过程中,已经进行了参数校核,在查看了孔型尺寸和力能参数后,可以通过"参数校核窗体"(如图 11-15 所示)查看各系数数值以及数值曲线。如果某数值与实际不符或者人为地要更改参数的设定,可以从此窗体返回到"参数设定窗体"。例如,点击"查看电机负荷",就可以出现电机负荷曲线,用户可以查看负荷是否满足负荷要求。

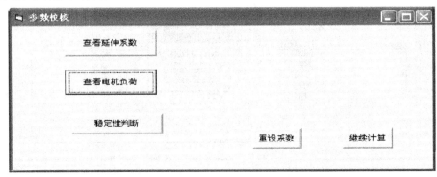

图 11-15　参数校核查询界面

11.4.2.4 打印报表窗体

输入要打印报表的项目编号,即可打印孔型参数报表,如图 10-16 所示。

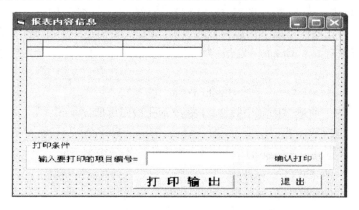

图 11-16 打印报表界面

11.4.3 孔型设计的参数化绘图

在计算机辅助孔型设计系统中,参数化绘图是十分重要的。采用系统专门的参数化设计程序语言,将需要绘图的参数设定为变量,运行程序时给定不同的数据输入值即可改变变量参数的值,得到不同尺寸的几何图形。

目前国内外多数企业生产加工制造的产品通常都是标准化、系列化的,许多新的产品均是在原有产品的基础上对其参数做适当的修改得到的。在计算机上实现这一过程时,只需输入或者改变几个基本的参数值,就可以由程序迅速生成修改后的产品几何轮廓图,这就为新产品的开发提供了良好的技术支持,缩短了产品的设计周期。

参数化绘图的实质就是数据 + 程序 = 结果。参数化绘图法通过分析模型的特点,确定产品几何尺寸之间的数字关系,给定输入参数,然后确定其他相关参数,并使用高级语言在 CAD 系统中加以实现。

对于计算机辅助孔型设计而言,其主要任务就是绘制孔型图和配辊图等,因而 CARD 系统中的参数化绘图就显得尤为重要。虽然一套孔型图由多种不同的孔型构成,如箱形、圆形、六角形、椭圆形等,但是对于某一道次的具体孔型而言,一旦孔型确定之后,不同设计方案的孔型图仅是在尺寸上有所不同,因此采用参数化绘图能够方便、快捷、准确地绘制出各个道次的孔型图。

为了实现在棒材 CARD 系统中的参数化绘图功能,首先要对棒材孔型图纸进行分析。很明显,这些孔型图均是由直线和圆弧组成的,每个道次的孔型图都可以表示成直线和圆弧的有序排列,例如箱形孔(如图 11-17 所示)。

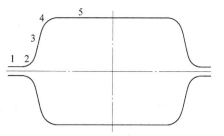

图 11-17 箱形孔的参数化绘图

图 11-17 中所示,箱形孔是轴对称图形,因此绘出其图形的 1/4 即可,然后采用镜像法绘出其余部分。图中的 1 到 5 段是由直线和圆弧组成的,其中 1、3、5 为直线,2、4 为圆弧,并且直线与圆弧之间的连接关系是固定的。因此可以采用一个一维数组 Graph( ) 来描述。数组的元素取值为直线或圆弧,这样图中的 1 到 5 段可以表示为:

$$Graph(1\cdots5)$$

其具体取值为：

Graph(1) = 直线；Graph(2) = 圆弧；Graph(3) = 直线；Graph(4) = 圆弧；Graph(5) = 直线。

同样，其他各种孔型均可以采用这种方法表示。因此，要描述一个有 n 个轧制道次的棒材孔型系统方案，就应该有 n 个 Graph( )数组，为了便于绘图计算，可以用一个二维数组来描述螺纹钢孔型设计方案：

$$Graph(1\cdots m, 1\cdots n) \tag{11-56}$$

式中　m——孔型图中的最多图元个数，对于螺纹钢孔型图可取 $m = 40$；

　　　　n——轧制道次数。

因此，如果螺纹钢孔型系统中的第一、第二道次孔型均为箱型，那么：

Graph(1,1) = Graph(1,2) = 直线

Graph(2,1) = Graph(2,2) = 圆弧

Graph(5,1) = Graph(5,2) = 直线

如果是第 i 道、第 j 道、第 k 道……均为同一种孔型，那么只需要对这种孔型的拓扑（即直线与圆弧关系）表示成 Graph(1,i)、Graph(1,j)、Graph(1,k)…即可。这也就表示了不同道次同样孔型的图形拓扑关系（由直线和圆弧组成的孔型）是一致的。

为了在螺纹钢 CARD 系统中实现参数化绘图，可定义以下数据类型：

```
Type DrawDATA
    mode As Integer 0 表示为直线,1 表示圆弧
    X1 As Double
    Y1 As Double
    X2 As Double
    Y2 As Double
    R As Double
    Arcl As Double
    Arc2 As Double
End Type
```

然后将数组 Graph( )定义如下：

```
Dim Graph(1 to m,1 to n) As DrawDATA
```

这里的 m、n 同式(11-56)中的意义。通过定义数组 Graph( )，一套孔型方案就以 Graph( )数组形式在计算机中完整地表现了出来。在螺纹钢 CARD 系统中，可以用孔型的几何参数对数组 Graph( )进行赋值，之后便可以调用绘图模块进行绘图，具体的绘图流程如图 11-18 所示。在绘图之前，首先要采用相应的高级语言（这里是 Visual Basic 语言）对 AutoCAD 进行绘图环境设置，如线层、颜色、绘图单位与精度等。为使孔型图设计和计算方便，选定 CAD 图纸中心和孔型中心作为原点。

11.4.4　计算机辅助设计中的工程数据库系统

数据库管理系统的功能就是对设计中涉及的数据进行储存和管理，实现各种关键数据的传递，确保数据的一致性，保证工艺和孔型设计参数不会发生干涉。工程数据库应提供以下的功能：

(1) 支持对工艺数据所需的数据类型的定义，保证工艺参数有合理精度，对结构化的数据有合理的描述。

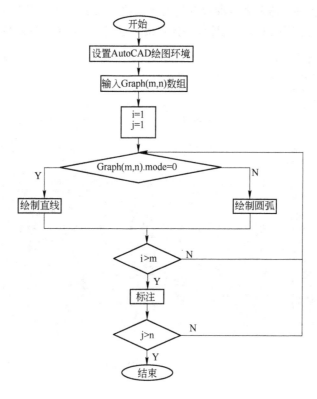

图 11-18　参数化绘图流程图

（2）支持复杂数据模型的定义、描述与操作。工艺数据常常涉及到多对多关系,这要求数据库应保证数据的关联性、完整性。

（3）支持快速查询和良好的访问接口,还要有方便的数据输出形式。棒材 CARD 系统所处理的工艺数据信息按照数据性质和存在形式,可分为静态和动态两大类。静态数据指在一定时间内基本不会变更的数据,主要指一些固定了的工艺数据,如棒材加工公差、成品断面面积、材料特性等。而动态数据则主要指在工艺规划过程中产生的相关信息,如中间过程数据、中间孔型图形数据等。这些数据在计算过程中产生。在设计过程中,由于设计人员对不同类别、不同性质的数据根据标准和经验进行选取,因此为使计算机能够准确、高效地对各种数据进行访问,就必须对数据进行系统化处理以及合理的组织、存储和维护。

程序设计时,可以采用 Visual Basic 6.0 与 Microsoft Access 之间的连接实现数据的存储、查询和输出。

在 Visual Basic 中数据库的创建主要是在可视化数据管理器中实现。选择"外接程序"菜单中"可视化数据管理器(Visdata)"命令并激活它,在打开的 Visdata 窗口中的"文件"菜单,选择"新建(New)"命令,然后选择"Microsoft Access"中的"Version 7.0 MDB(7)"命令,如图 11-19所示。

然后在出现的对话框中选择或直接输入将要建立的数据库路径和名称,单击"保存"。这时在可视化数据管理器中出现数据库窗口。

ActiveX 数据对象(ADO)可以使用户通过任何 OLE DB Provider 访问数据库服务器中的数据,ADO 趋向于提供一种稳定的接口来使用户利用多种不同的数据源,包括从文本文件到 ODBC 关系型数据库到复杂的数据库组。应用以上 VB 与数据库的连接方式,可建立两个数据库查询窗体——孔型尺寸查询窗体和力能参数查询窗体。数据的输出可以用 Visual Basic 6.0 中的数据报表设计器,数据报表可以像其他控件一样直接绑定到数据环境中的对象上。

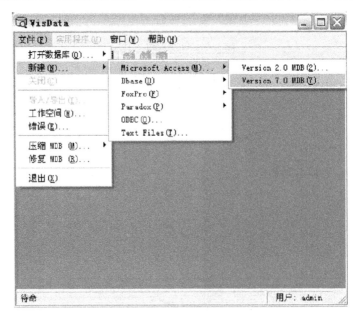

图 11-19　创建数据库

思　考　题

11-1　叙述计算机辅助孔型设计的意义。

11-2　计算机辅助孔型设计系统的功能模块有哪些?

11-3　绘制椭圆—圆孔系统确定中间椭圆轧件和孔型尺寸的程序框图。

11-4　轧件温度的计算要考虑哪些因素?

11-5　计算机辅助孔型设计的目标函数有哪些?

11-6　计算辅助孔型设计时的约束条件有哪些?

11-7　对椭圆—圆孔型系统如何采用动态规划法进行孔型设计优化?

11-8　什么是参数化绘图? 对简单断面孔型如何实现参数化绘图?

参 考 文 献

[1] 赵松筠,唐文林. 型钢孔型设计[M]. 北京:冶金工业出版社,1993.

[2] 许云祥. 型钢孔型设计[M]. 北京:冶金工业出版社,1993.

[3] 上海市冶金工业局孔型学习班. 孔型设计:上、下册[M]. 上海:科学技术出版社,1979.

[4] 白光润. 型钢孔型设计[M]. 北京:冶金工业出版社,1995.

[5] 袁志学,马水明. 中型型钢生产[M]. 北京:冶金工业出版社,2005.

[6] 小型型钢连轧生产工艺与设备编写组. 小型型钢连轧生产工艺与设备[M]. 北京:冶金工业出版社,1999.

[7] 四川省金属学会. 全国轧钢孔型设计技术交流会孔型设计论文集[C]. 成都:[出版者不详],1996.

[8] 高速轧机线材生产编委会. 高速轧机线材生产[M]. 北京:冶金工业出版社,1995.

[9] 谢显宏. 型钢生产与孔型设计[M]. 重庆:重庆大学出版社,1989.

[10] 中岛浩卫. 型钢轧制技术:技术引进、研究到自主技术开发[M]. 李效民译. 北京:冶金工业出版社,2004.

[11] B. K. CMMPHOB 等. 轧辊孔型设计[M]. 鹿守理,黎景全译. 北京:冶金工业出版社,1991.

[12] 李芳春,徐林平. 切分轧制[M] 北京:冶金工业出版社,1995.

[13] 胡正寰,等. 楔横轧理论及应用[M]. 北京:冶金工业出版社,1996.

[14] 张鹏. 楔横轧轧齐曲线的解析研究[D]. 北京:北京科技大学,1982.

[15] 胡正寰,等. 楔横轧零件成形技术与模拟仿真[M]. 北京:冶金工业出版社,2004.

[16] 锻模设计手册编写组. 锻模设计手册[M]. 北京:机械工业出版社,1991.

[17] 中国机械工程学会锻压学会. 锻压手册[M]. 北京:机械工业出版社,1993.

[18] 李登超. 现代轨梁生产技术[M]. 北京:冶金工业出版社,2008.

[19] 刘宝昇,赵宪明. 钢轨生产与使用[M]. 北京:冶金工业出版社,2009.

[20] 苏世怀,等. 热轧 H 型钢[M]. 北京:冶金工业出版社,2009.

[21] 鹿守理. 计算机辅助孔型设计[M]. 北京:冶金工业出版社,1993.

[22] 鞍钢轧钢设计室. 中型型材生产[M]. 北京:冶金工业出版社,1978.

[23] 崔彦洲. 棒材计算机辅助孔型设计及优化[D]. 秦皇岛:燕山大学,2005.

[24] 王生朝. 基于动态规划的孔型优化系统研究[D]. 武汉:武汉科技大学,2004.

[25] 唐辉. 螺纹钢孔型计算机辅助优化设计[D]. 重庆:重庆大学,2003.

[26] 杨士弘,张景进,等. 集体传动连轧机组椭圆—圆孔型设计[J]. 河北冶金,2003(96):39～41.

[27] 陈超杰. 250×5 轧机轧制螺纹钢的延伸孔型设计[J]. 钢铁研究,1999,110(6):29～31.

[28] 肖国栋,姜振峰,李子文,刘京华. 棒材粗轧机组无孔型轧制技术的开发与应用[J]. 轧钢,2005(3).

[29] 唐文林,赵静. 对棒材连轧机带肋钢筋切分轧制方式的探讨[J]. 轧钢,2006,23(2):33～35.

[30] 王吉林,赵勖. 球扁钢的工艺方案设计[J]. 江苏冶金,2003,31(5):9～11.

[31] 范银平,程德朝,王艳菊,王晓燕. 船用热轧球扁钢的研制与开发[J]. 河南冶金,2008,16(5):7～11.

[32] 谢权. 22a 号槽钢蝶式孔型设计[J]. 轧钢,2004,21(3):52～55.

[33] 姜振峰. 圆钢切分导卫装置的设计[J]. 轧钢,2005,22(1):53～56.

[34] 王兵,杨乐彬. 深入探讨切分机理优化切分轧制工艺参数[J]. 山东冶金,2000,22(1):35～36.

[35] 黄武军. 水平连轧机组应用切分轧制技术的探讨[J]. 轧钢,2001,18(4):60～62.

[36] 张忠峰,袁永文,赵衍鹏,等. φ12 mm 带肋钢筋四线切分轧制生产工艺开发[J]. 山东冶金,2008,30(5):27～29.

[37] 曲辉祥,王慧玉,赵瑞明. φ16 mm 带肋钢筋二线切分轧制孔型与导卫设计[J]. 轧钢,2005,22(6):67～69.

［38］　徐海仁. φ10 mm 带肋钢筋三线切分轧制工艺的控制要点［J］. 轧钢,2005,22(5):24～25.

［39］　朱正勤,鲁兴宏. 三线切分孔型系统中预切分孔的设置［J］. 轧钢,2006,22(3):62～63.

［40］　夏朝开,杨延,周汝文,严拥军. 棒材四线切分轧制技术的开发与应用［J］. 轧钢,2006,21(2):30～32.

［41］　梁元成,赵文革,康庄. 棒材三线切分轧制技术的应用与改进［J］. 轧钢,2000,17(1):19～21.

［42］　姜振峰. 四线切分轧制技术分析［J］. 钢铁研究,2005,143(2):45～47.

［43］　李艳平,张春燕. 连轧棒材多线切分原理简析［J］. 金属世界,2006,(2).

［44］　Schossler V. Multi-strand Slit Rolling［J］. Metallurgical Plant and Technology International,2000,23(2):36～38.

［45］　Matsuo G,Suzuki M. The Latest Technology of Multi-slit Rolling［J］. SEAISI Quarterly,1995,24(3):49～58.

［46］　Nicoll IR. Four-times Slit-rolling in One Step at BSW［J］. Steel Times Inter. ,1995,19(5):17～20.

［47］　赵松筠,赵静. 二切分带肋钢筋计算机辅助孔型设计［J］. 轧钢,2006,23(5):48～51.

［48］　高伟. 三线切分时影响棒材张开角的几个因素［J］. 钢铁,2003,38(5):33～35.

［49］　李公达,杨乐彬,朱国民. 小型半连轧 φ10 mm 钢筋三切分轧制工艺［J］. 轧钢,2008,25(3):58～60.

［50］　贾丽娜,王海儒. 棒材连续切分轧制计算机辅助孔型设计［J］. 钢铁,2006,41(3):59～62.

［51］　李子文,肖国栋,姜振峰,刘京华. 高速线材轧机无槽轧制技术的开发与应用［J］. 轧钢,2008,25(1):31～33.

［52］　李子文,肖国栋,姜振峰. 全连续棒材无孔型轧制技术的开发与应用［J］. 轧钢,2006,23(3):21～24.

［53］　吴迪,赵宪民,董学新,等. 初轧机无孔型轧制工艺研究及生产应用［J］. 轧钢,2004,21(2):1～3.

冶金工业出版社部分图书推荐

书 名	作 者	定价(元)
流体仿真与应用(高等教材)	刘国勇 编著	49.00
散体流动仿真模型及其应用	柳小波 等编著	58.00
C#实用计算机绘图与 AutoCAD 二次开发基础(高等教材)	柳小波 编著	46.00
烧结节能减排实用技术	许满兴 等编著	89.00
等离子工艺与设备在冶炼和铸造生产中的应用	许小海 等译	136.00
钢铁工业绿色工艺技术	于 勇 等编著	146.00
铁矿石优化配矿实用技术	许满兴 等编著	76.00
稀土采选与环境保护	杨占峰 等编著	238.00
稀土永磁材料(上、下册)	胡伯平 等编著	260.00
中国稀土强国之梦	马鹏起 等主编	118.00
钕铁硼无氧工艺理论与实践	谢宏祖 编著	38.00
冷轧生产自动化技术(第2版)	孙一康 等编著	78.00
冶金企业管理信息化技术(第2版)	许海洪 等编著	68.00
炉外精炼及连铸自动化技术(第2版)	蒋慎言 编著	96.00
炼钢生产自动化技术(第2版)	蒋慎言 等编著	108.00
微机原理及接口技术习题与实验指导	董 洁 等主编	46.00
数据挖掘学习方法(高等教材)	王 玲 编著	32.00
过程控制(高等教材)	彭开香 主编	49.00
工业自动化生产线实训教程(高等教材)	李 擎 等主编	38.00
自动检测技术(第3版)(高等教材)	李希胜 等主编	45.00
钢铁企业电力设计手册(上册)	本书编委会	185.00
钢铁企业电力设计手册(下册)	本书编委会	190.00
物理污染控制工程(第2版)(高等教材)	杜翠凤 等编著	46.00
稀土在低合金及合金钢中的应用	王龙妹 著	128.00
煤气安全作业应知应会300问	张天启 主编	46.00
智能节电技术	周梦公 编著	96.00
钢铁材料力学与工艺性能标准试样图集及加工工艺汇编	王克杰 等主编	148.00
刘玠文集	文集编辑小组 编	290.00
钢铁生产控制及管理系统	骆德欢 等主编	88.00
安全技能应知应会500问	张天启 主编	38.00
变频器基础及应用(第2版)	原 魁 等编著	29.00
走进黄金世界	胡宪铭 等编著	76.00
解字与翻译	赵 纬 主编	76.00